大学数学教学设计系列

大学数学教学案例集：
概率论与数理统计篇

主　编　赵鲁涛
副主编　李　娜　陈学慧
参　编　张志刚　范玉妹　徐　尔　王　萍

机械工业出版社

教学设计是指教师在教学过程中，依据教学的一般原理和教学内容、目标、要求，结合自身的经验和特点，从学生知识、能力状况的实际出发，对各种教学要素进行统筹整合，制订教学方案的技术性活动，它是根据教学对象和教学目标，确定适当的教学起点与终点，将教学诸要素有序地安排并优化，形成教学方案的过程.

本书共 7 章，内容包括总论、随机事件与概率、一维随机变量及其分布、多维随机变量及其分布、随机变量的数字特征、极限定理、数理统计. 涉及教学设计总论和 24 节课程教学设计，每节课程教学设计包括：教学目的、教学思想、教学分析（教学内容、教学重点、教学难点、对重点、难点的处理）、教学方法与策略（课堂教学设计思路、板书设计）、教学安排（教学进程框架、教学进程详细内容）和教学评价 6 个部分. 本书适合高校教师作为教学参考，或作为学生学习的参考材料.

图书在版编目（CIP）数据

大学数学教学案例集. 概率论与数理统计篇 / 赵鲁涛主编 . —北京：机械工业出版社，2023.4（2024.10 重印）
（大学数学教学设计系列）
ISBN 978-7-111-72732-3

Ⅰ.①大… Ⅱ.①赵… Ⅲ.①高等数学—教案（教育）—汇编—高等学校 Ⅳ.① O13

中国国家版本馆 CIP 数据核字（2023）第 040030 号

机械工业出版社（北京市百万庄大街 22 号　邮政编码 100037）
策划编辑：汤　嘉　　　　　责任编辑：汤　嘉　李　乐
责任校对：李小宝　李　杉　封面设计：鞠　杨
责任印制：李　昂
北京捷迅佳彩印刷有限公司印刷
2024 年 10 月第 1 版第 3 次印刷
184mm×260mm · 19.75 印张 · 478 千字
标准书号：ISBN 978-7-111-72732-3
定价：98.00 元

电话服务　　　　　　网络服务
客服电话：010-88361066　机 工 官 网：www.cmpbook.com
　　　　　010-88379833　机 工 官 博：weibo.com/cmp1952
　　　　　010-68326294　金 书 网：www.golden-book.com
封底无防伪标均为盗版　机工教育服务网：www.cmpedu.com

前　言

　　教学设计是根据教学对象和教学目标，确定适当的教学起点和终点，将教学诸要素有序地安排并优化，形成教学方案的过程．它以教学效果最优化为目的，以解决教学问题为宗旨，是一门运用系统方法科学地解决教学问题的学问．作为课堂教学的前奏，教学设计对于保证课堂教学活动的顺利进行，提高课堂教学的质量、效率和效果，有着至关重要的作用．随着概率论与数理统计在各个领域中的广泛应用，"概率论与数理统计"课程已成为高等院校学生的一门重要的、必修的基础数学课程．如何对概率论与数理统计课程的教学进行更好的设计就是一个迫切需要解决和值得研究的课题．

　　编者赵鲁涛、李娜、陈学慧以本书内容为基本素材参加教学竞赛，分获第二、三届全国高校青年教师教学大赛一等奖和全国高校数学微课程教学设计竞赛华北赛区一等奖．通过在比赛过程中不断对内容进行充实、优化，以及日常教学中不断改进，第 2 版得以成形，在第 1 版的基础上对已有教学设计完善更新，并增加了"几何概型""条件概率""指数分布""数字特征的综合应用"4 个教学环节．

　　本书按照概率论与数理统计知识结构编写，其中：总论中概述课程基本情况、学情分析、教学进程、教学创新等；第 1 章～第 6 章，包含 24 个课程教学设计，将每个知识点均划分为"问题提出""问题定义 / 分析"和"问题求解 / 应用"3 部分，始终以问题为导向，以分析为重点，以应用为巩固拓展，引导学生进行学习．为了让学生能够直观感受随机现象，对理论有更深层次的了解，课程团队借助 MATLAB 等数学软件，自主设计开发了大量模拟仿真程序，通过仿真随机实验帮助学生理解掌握抽象的概念．

　　本书的编写得到了北京市教育科学"十三五"规划 2017 年度优先关注课题"大数据在提高学校教育质量方面的应用研究"（编号：CEHA17066）的资助．指导教师范玉妹、王萍、徐尔和张志刚参与本书编写，臧鸿雁、赵金玲、刘林、傅双双等北京科技大学数学学科老师们，均在编写过程中提出了宝贵的修改建议，谨在此致以诚挚谢意．

　　虽然编者努力将教学中所做的一些工作展现出来，但限于水平，对书中不妥和错漏之处，望读者不吝指正．

编　者

目　录

第 0 章

总　　论

一、课程的一般信息

1. 基本信息

课程名称：概率论与数理统计　　　　课程类别：公共必修课

授课对象：理工科二年级学生　　　　先修课程：高等数学、线性代数

2. 课程简介

"概率论与数理统计"是一门研究和探索客观世界随机现象规律的数学学科，它以随机现象为研究对象，是现代数学的重要分支，在金融、保险、经济与企业管理、工农业生产、医学、地质学、气象与自然灾害预报等各领域都起到了非常重要的作用．近些年来，随着计算机科学的迅速发展，大批功能强大的统计软件和数学软件涌现出来，经典理论和现代信息技术的结合为这门学科注入了新的活力，使其在自然科学和社会科学的各个领域得到了越来越广泛的应用．

3. 主要内容

"概率论与数理统计"课程的主要内容由概率论与数理统计两大部分组成，其中，概率论是数理统计的基础，数理统计是概率论的应用．概率论部分是从数量关系角度研究自然界和社会生活中普遍存在的不确定现象，即随机现象的规律性，并为后续内容提供理论基础．数理统计部分是从理论与实际相结合的角度研究随机现象的统计规律性，它以概率论为理论基础，根据试验或观察得到的数据来研究随机现象，对研究对象的客观规律性做出合理的估计与判断．

4. 教学意义

"概率论与数理统计"课程是学习后续课程的先修课程，也是在各个学科领域中进行理论研究和实践工作的必要基础．概率论与数理统计对于培养学生的综合能力，提高学生的数学素养以及整体的素质，并且为学习和工作中提高科研能力和创新能力都具有重要的作用．

二、学生特点分析

1. 知识基础

本课程教学对象为理工科二年级学生，通过第一学年对高等数学、线性代数的学习，他们具备了一定的数学思想和素养，本课程的先修课程为高等数学、线性代数．

2. 认知特点和学习风格

通过一年在大学的学习和生活，大学二年级学生既具备了学习的心理条件又有较为充分的学习心理准备，他们的学习兴趣和学习热情处于全盛时期，独立学习能力日益增强．这一阶段的学生对于所学理论知识如何应用于实际产生了浓厚的兴趣，学以致用的意识不断增强，学习的专业要求进一步明确，学生的专业方向逐步明晰，因此在授课过程中要根据学生课程发展需求，有意识地进行引导，如将古典概型扩展到密码学等．为激发学生的学习主动性和学习热情，在课堂教学中应注重理论应用部分的展示，通过贴近生活的实际应用案例，帮助学生深刻理解相关理论，开阔学生视野，真正达到"学以致用"的目的．

三、教学手段与教学模式

1. 教学手段

动态多媒体课件、板书和讲解有机结合，将数学知识以生动直观的形象展示出来，激发学生的学习兴趣，真正让学生享受课堂．

2. 教学模式

根据学生的学习特点及古典概型的教学要求，形成图 0-1 所示的教学模式，分别通过引例导入、提出问题、分析问题、构建知识和应用拓展对相关模型和应用进行讲授．

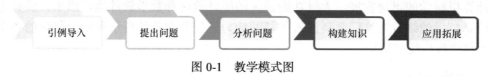

图 0-1　教学模式图

四、教学创新点

1. 以学生深层次的学习需求作为贯穿整个课程的主线

过去的学习，学生往往被动地接受知识，满足于会做题即可，学习具有一定盲目性．如果不能很好地解决学生深层次的学习需求，那么整个的学习过程将缺乏一种主动的导向和目标，最终将导致学生丧失学习动力．学生学习最大的困惑在于不知道为什么学习，不知道学了之后有什么用处，因此在课程的设计、讲授过程中，应致力于解决这个问题，通过教学过程，除了完成知识的转移和传递，更进一步地告诉学生知识的产生背景，从实际上升到理论，而后，从理论又回归到实际．例如古典概型这个小节，通过实际应用案例——利用古典概型解决密码学中的"生日攻击"问题，让学生切实地感知到知识的"用途"以及其应用的过程．通过实际——理论——实际这样一个往复的过程，学生完成了思想意识上一个螺旋式的上升，也达到真正掌握知识的目的．

2. 在教学过程中，采用动画展示，使抽象的数学思考过程形象化

数学问题基本上都是抽象的，因此在理解上具有一定的难度，在本节教学过程中，运用了动画展示，如放球模型、赌金分配，学生可以对解题过程有个直观的认识，增强了课

程的趣味性，也提高了学生的学习兴趣.

3. 将 MATLAB 数学软件应用于教学过程

为发现统计规律，需要进行多次试验，这在教学过程中是较难实现的，为了在短时间内进行大量重复试验，让学生能够对概率统计的意义、定义有更深入、更直观的理解，教师使用 MATLAB 数学软件编程，模拟课程中涉及的各种试验，几乎每个重要的知识点都设计了计算机模拟演示，通过模拟演示，使学生直观地感受到试验的意义，还可以验证所学知识点，并发现一些新的正常讲授中涉及不到的细节. 同时，向学生展示了数学软件 MATLAB 的强大功能，吸引学生对课程的兴趣，拓展学生的知识视野，为后续的全校公共课"数学实验"做铺垫. 图 0-2 所示就是生日问题计算机仿真程序运行结果.

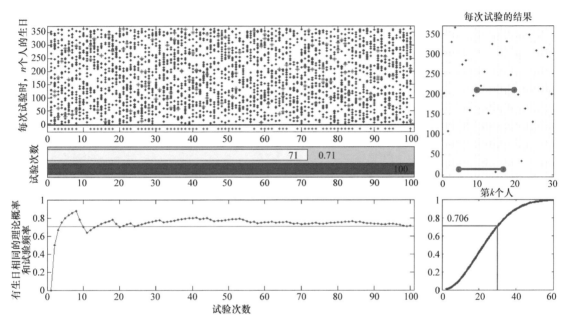

图 0-2 生日问题计算机仿真程序运行结果图

4. 充分利用信息技术，打造"全链路概率论与数理统计"学习环境

在课堂教学经验不断积累，课程内容不断完善的基础上，课程组不断探索线上课程特点，经过教学阶段划分、课程内容选取、应用案例设计、题库建设、视频录制等工作，完成了"概率论与数理统计 MOOC"课程，并于 2018 年 12 月正式上线"中国大学 MOOC"平台，迄今共开设 6 期，特别地，2020 年为了配合兄弟院校开展在线教学，先后上线"学堂在线""智慧树"平台，目前三个平台已有中国农业大学、北京工业大学、北京联合大学、南京审计大学、湖北文理学院、天水师范学院等 10 余所高校 1.7 万人选用，在教学战"疫"中贡献北京科技大学的力量. 2019 年 9 月至 2020 年 12 月，开设三轮"概率论与数理统计"混合式教学讲台，采用线上线下相结合的方式开展教学，将理论讲解放在线上，应用拓展放在线下，结合课程特点和任课教师的科研项目，补充了"贝叶斯网络""隐马尔可夫模型""投资组合理论"等，减少课堂学时的同时，增加教学内容，提高课程难度，扩

展知识面，体现了"两性一度"的"金课"特点. 除此之外，利用新媒体，在课程中对每章推出一个关键问题，线上线下充分讨论后，进一步通过微信公众号推送大量文章，重点对课堂知识的外延内容进行系统讲解，以图文并茂的方式把知识点讲通讲透，开阔了学生的视野，强化了概率统计知识的应用，培养了学生的科研能力和数学素养. 传统的课堂教学、新型的 MOOC 教学、线上线下混合式教学和微信公众号的结合，为学生个性化学习、主动学习打造了"全链路概率论与数理统计"学习环境.

第 1 章

随机事件与概率

1.1 古典概型

一、教学目的

深刻理解和掌握古典概型的定义、法则和公式,重点掌握古典概型基本模型的内容及主要应用. 不仅要牢记古典概型及其基本模型的先决条件和重要结论,而且要知道它的基本思想和概率统计意义,以及与其他概念、规律、现实应用之间的联系和用途. 能够根据模型、公式正确地进行运算. 借助问题背景分析及试验,让学生认识古典概型的特征,充分掌握古典概型的概率计算方法. 能够对所研究的问题进行观察、类比、抽象、概括,并提出解决方法. 在学习过程中积累数学活动经验,培养学生由浅入深地分析问题、解决问题的思维方式,锻炼学生提出质疑、独立思考的习惯与精神,帮助学生逐步建立正确的随机观念. 能够自觉地运用所学的知识去观察生活,通过建立简单的数学模型,解决生活中的实际问题.

二、教学思想

古典概型是概率论的重要模型之一,也是概率论的起源,它的引入避免了大量的重复试验,并且得到了事件概率的精确值,是对概率统计意义定义及公理化定义的诠释,同时也是学习后面相关知识的基础,起到承前启后的作用,在概率论的整个学习中占有相当重要的地位. 另外,古典概型贴近实际生活,虽然模型简单但却不乏深刻的理论意义和实际应用价值,在众多学科中,例如密码学、经济学、管理学等有着重要的应用,具有旺盛的生命力.

三、教学分析

1. 教学内容

1)古典概型的定义.
2)古典概型问题的分析方法和计算步骤.
3)典型的古典概型——赌金分配模型和放球模型的问题背景及其概率求解.
4)放球模型的应用——生日问题、生日悖论、生日攻击和抽屉原理.

2. 教学重点

1)理解古典概型的概念,掌握古典概型计算公式的证明.

2）掌握古典概型中随机事件概率的计算步骤.

3）掌握"至少"这类问题的求解思路.

4）掌握正反概率问题的求解过程，培养学生的逆向思维.

3. 教学难点

1）如何判断一个试验是否为古典概型.

2）如何求解古典概型中随机事件包含的基本事件的个数和样本空间中基本事件的总数.

3）如何在具体问题中应用放球模型.

4. 对重点、难点的处理

1）通过教师在长期教学过程中总结的解题口诀，帮助学生掌握古典概型的计算方法，并举一反三，使学生学会灵活运用口诀，最终达到归纳总结、提炼学习内容本质的目的.

2）加强课堂互动，引导学生在学习过程中发现问题、思考问题，通过启发学生自主思考、主动参与，让学生体验感性认识与理性计算的差异，使学生对古典概型有更加深刻的认识，并掌握其计算方法.

3）学以致用，结合古典概型在现实生活和科学研究中的实际应用，引导学生学会应用古典概型，提升古典概型的认知层次，激发学生探究新知识、新领域的兴趣.

四、教学方法与策略

1. 课堂教学设计思路

1）以美国总统生日问题引出本节新课，为整堂课奠定良好的基础. 在大多数同学心里，数学课总是相对比较枯燥的，因此以一个有趣的引例引起学生的注意，吸引学生的"眼球"，能够有效地提高学生的学习兴趣.

2）本节课的教学内容通过提出问题、分析问题、解决问题和应用"问题"的模式串联起来，使学生对所学内容有全面的认识，形成完整的知识框架. 对于学生来讲，学习中面临的主要问题是为什么要学习？所学习知识有什么用处？通过这样的教学模式，可以较好地解决这个问题，使学生有目的地去学习.

3）在古典概型的求解过程中，问题的设计遵循逐步深入的原则，既让学生反复体验求解古典概型的方法和步骤，也向学生传达了一种解决复杂问题的思维方法. 对于刚接触的新知识，学生掌握得不够扎实，通过反复试验，可以达到及时总结、巩固新知识的目的.

4）引导学生思考和研讨生日问题、生日悖论等贴近生活的实例，展示古典概型的应用. 在基本知识的讲解告一段落后，通过让学生合作探讨、研究与生活贴近的一些实例，更加深入地掌握古典概型，让学生去体会数学的力量和魅力.

5）通过学术论文，展示古典概型在学术研究中的应用，培养学生深入挖掘知识的能力，从本源上理解和掌握知识. 只有明白了知识的源头和背景，才能达到对知识的真正掌握，因此设计此环节，培养学生对知识追本溯源的能力，同时满足部分学生进行更深层次学术研究的需求.

6）计算机模拟演示. 为了理解生日问题中两人生日相同的概率，特设计了计算机模拟演示. 借助于新颖的教学手段, 给学生一个直观感受, 两人生日相同的概率值与试验模拟的频率值是非常接近的.

2. 板书设计

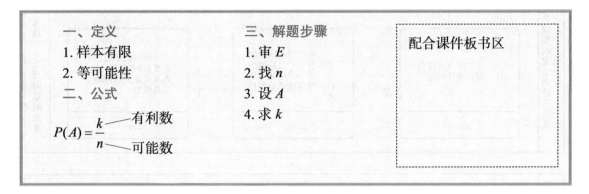

一、定义
1. 样本有限
2. 等可能性
二、公式
$P(A) = \dfrac{k}{n}$ ——有利数
$\phantom{P(A) = \dfrac{k}{n}}$ ——可能数

三、解题步骤
1. 审 E
2. 找 n
3. 设 A
4. 求 k

配合课件板书区

五、教学安排

1. 教学进程框架

根据教学要求和教学计划安排, 以教学过程图所示的教学进程进行安排, 将各部分教学内容分解为"问题提出""问题定义 / 分析"和"问题求解 / 应用"三部分, 始终以问题为导向, 以分析为重点, 以应用为巩固拓展, 引导学生进行学习.

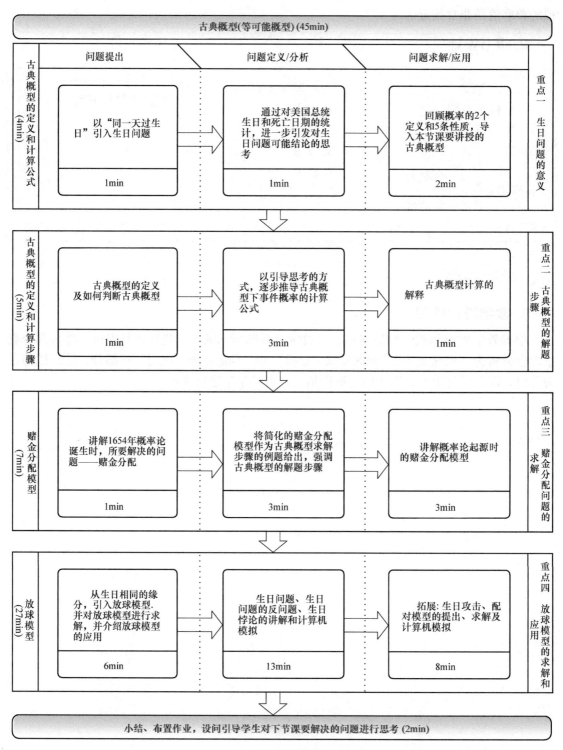

教学过程图

2.教学进程详细内容

根据教学框架，针对每个知识点进行详细设计，具体内容如下：

教学进程表

教学意图	教学内容	教学环节设计
	1.古典概型的定义和计算公式（4min）	
问题引入 （累计1min）	• 问题提出  首先我提一个问题，今天在场的老师和同学当中有没有两人生日相同呢？好，跟我一起来看一个很有趣的例子.	时间：1min 以生日问题开始本节课，吸引学生注意力
通过对生日问题的计算结果进行检验，引出放球模型的其他应用 （累计2min）	• 美国总统生日问题 截至2010年美国共有44位总统，在这么多总统中有没有两人生日相同呢？  11月2日 波尔克和哈定的生日 12月26日 杜鲁门和福特的祭日 3月8日 菲尔莫尔和塔夫脱的祭日 7月4日 亚当斯、杰斐逊和门罗的祭日 根据统计： ◆ 第11任总统波尔克和第29任总统哈定生于11月2日； 另外：有生就有死，祭日相同和生日相同在数学里面是同一个问题. ◆ 第13任总统菲尔莫尔和第27任总统塔夫脱卒于3月8日； ◆ 第33任总统杜鲁门和第38任总统福特卒于12月26日； ◆ 第2任总统亚当斯、第3任总统杰斐逊和第5任总统门罗卒于7月4日 结合定量计算、计算机模拟、自然班检验和总统实例，请学生思考，为什么计算结果大大超过自己的预期？引导学生思考并进行后续问题的讨论	时间：1min 提问：这44位总统中，为什么会有这么多巧合呢？ 通过"总统"的例子，活跃课堂气氛，使学生对后续内容产生浓厚兴趣

（续）

教学意图	教学内容	教学环节设计
梳理本次课之前概率的定义与性质，引入本节内容，即如何计算各事件的概率（累计4min）	**·概率的定义与性质** 概率的统计意义定义： $$频率（波动）\xrightarrow{n\to\infty}概率（稳定）$$ 概率的公理化定义： 1）非负性； 2）规范性； 3）可列可加性 由公理化定义推导出5条性质： 1）$0\leqslant P(A)\leqslant 1$，$P(S)=1$，$P(\varnothing)=0$； 2）若$A_1$，$A_2$，$\cdots$，$A_n$是两两互不相容事件，则有 $$P(A_1\bigcup A_2\bigcup\cdots\bigcup A_n)=P(A_1)+P(A_2)+\cdots+P(A_n)$$ 3）$P(\bar{A})=1-P(A)$ 4）$P(A-B)=P(A)-P(AB)$ 5）$P(A\bigcup B)=P(A)+P(B)-P(AB)$	时间：2min **提问式复习**，达到以下目的： 1）引起学生的注意，使学生尽快静下心，进入上课状态； 2）考察上节课程内容的掌握情况，对学生的回答进行评述； 3）考勤
	2. 古典概型的定义与计算步骤（5min）	
给出古典概型的定义及如何判断古典概型的方法（累计5min）	**·古典概型的定义** 1）试验的样本空间只包含有限个元素； 2）试验中每个基本事件发生的可能性相同，具有以上两个特点的试验称为等可能概型或古典概型 样本有限：$\qquad S=\{e_1,e_2,\cdots,e_n\}$ 等可能性：$\qquad P(\{e_1\})=P(\{e_2\})=\cdots=P(\{e_n\})$ 解释： 1）样本有限指样本空间里包含有限个样本点，样本空间是由有限个基本事件所组成的； 2）等可能性是指每个基本事件发生的可能性相同，这也是等可能概型得名的由来	时间：1min **引导思考**：随机现象的统计规律是通过试验来研究的，为了计算概率，首先从试验模型开始 **板书**：古典概型定义
古典概型中事件概率的计算公式推导过程（续）（累计9min）	**·古典概型的计算公式** 提出两个问题： 1）古典概型中，每个基本事件发生的概率为多大？ 因为① $\{e_1\},\{e_2\},\cdots,\{e_n\}$ 两两互不相容；② $\bigcup\limits_{i=1}^{n}\{e_i\}=S$；③ $P(S)=1$， 由有限可加性得 $$1=P(S)=P\left(\bigcup_{i=1}^{n}\{e_i\}\right)=\sum_{i=1}^{n}P(\{e_i\})=nP(\{e_i\})$$ $$\boxed{P(\{e_i\})=\frac{1}{n},i=1,2,\cdots,n}$$ 2）若A是S中任一事件，A的概率如何计算？ 设$A=\{e_{i_1},e_{i_2},\cdots,e_{i_k}\}\subset S$，则$P(A)=$？ $$P(A)=\frac{k}{n}=\frac{A\text{中包含样本点的个数}}{\text{样本点总数}}$$ 有利数 / 可能数	时间：4min **PPT演示及板书讲解**：根据古典概型定义和概率性质，通过PPT显示3个已知条件，而后板书基本事件概率的推导，在黑板与多媒体的配合下，让学生同时看到条件和推导过程，便于学生对证明过程的理解 **引导思考**：应如何计算事件A的概率？

（续）

教学意图	教学内容	教学环节设计
	解释： 1）可能数 n 是指样本空间包含"可能结果"的总数，而有利数 k 是因为它"有利"于事件 A 的发生，也就是 k 越大，A 发生的概率就越大； 2）由此概率问题转换为计数问题，通过排列组合确定可能数和有利数	反馈：肯定学生的正确回答，并给予鼓励
	3. 古典概型的基本模型一：赌金分配模型（7min）	
讲解概率的起源，引出赌金分配模型 （累计 10min）	• 概率的起源 　1654 年，法国一个名叫梅累（De Mere）的骑士提出如下问题："两个赌徒约定赌若干局，且谁先赢 c 局便算赢家，若一赌徒胜 a 局（$a < c$），另一赌徒胜 b 局（$b < c$）时便终止赌博，问应如何分赌本？"他以此问题求教于天才数学家帕斯卡（Pascal），1654 年 7 月 29 日，帕斯卡与费马（Fermat）通信讨论这一问题，当时，荷兰年轻的物理学家惠更斯（Huygens）也到巴黎参加讨论，于 1654 年共同建立了概率论的第一个基本概念——数学期望 　概率实际上是从研究赌博问题开始的	时间：1min 从问题求解的思路，引出赌金分配模型．通过生动幽默的故事，吸引学生的"眼球"，让学生带着问题进入下一环节学习
将简化的赌金分配模型作为古典概型求解步骤的例题给出，强调古典概型的解题步骤 （累计 13min）	• 简化的赌金分配模型 甲、乙两人连续赌 4 次，每次双方赢的机会均相同，求乙连赢 4 次的概率 解： 1）审 E　　E——两人连比 4 次 2）找 n　　$n = 2^4 = 16$　　判断是否为古典概型？ 3）设 A　　A——乙连赢 4 次 4）求 k　　$k = 1$　　因此：$P(A) = \dfrac{1}{16}$ 板书　　　　多媒体 两个关键点： 1）解题首先要判断是否为古典概型，也就是是否满足两个条件，样本有限较好判断，而等可能性多由均衡性和对称性判断； 2）要养成设事件的习惯，用形式化符号表示待求结果．这也是本章的重点和难点	时间：3min PPT 演示及板书：两者同步，并在黑板上保留解题的主要步骤，为后续放球模型提供帮助 提醒学生：部分学生解题时不会设事件，在此例题中重点强调
赌金分配模型的实例求解，引入赌金模型的应用，回应概率起源问题 （累计 16min）	• 赌金分配模型 　甲、乙两人赌博，每人拿出等额的现金（4000 元），双方约定，谁先赢得预先设定的局数（10 局）就可以拿走所有的赌金（8000 元），可是在赌局的进行中（甲赢了 9 局，乙赢了 6 局）发生了意想不到的事情，使得赌局不能继续进行下去，这时，乙提议用目前的输赢比来分钱，甲不同意，然后两人去请教天才数学家帕斯卡，应该如何分配赌金．右面是板书内容： 　利用上题的结果，用机会比代替输赢比，更为合理，这也是当时的数学家所给出的答案，甲会比乙多得 7000 元，相对于输赢比的分配方法，可以多得 5400 元 甲　　　　　乙 4000　　　　4000 　　8000 9　　：　　6 4800　　　3200　　差1600 $\dfrac{15}{16}$　：　$\dfrac{1}{16}$ 7500　　　500　　差7000 板书	时间：3min 引导思考：如何将现实中的复杂问题抽象为一个概率问题．为了在教学中便于计算，本例中设置"每人拿出现金数为 4000 元"，使得无论按 9：6 还是 15：1 进行分配都是易于计算的整数

教学意图	教学内容	教学环节设计
	4. 古典概型的基本模型二：放球模型（22min）	
引入放球模型 （累计17min）	**· 放球模型的引入** 有缘千里来相会，无缘对面不相逢，在茫茫人海中相逢是一种缘分，如果在相逢的人们中又有人生日相同，这岂不是缘分中的缘分？那么我们一个宿舍的好兄弟有这样缘分的可能性多大呢？在我们的班集体中，出现这种缘分的概率为多少呢？	时间：1min 用来源于生活的问题带动学生主动思考，提高学生学习的兴趣
放球模型 （累计18min）	**· 放球模型** 提出问题： 将 m 个不同编号的球随机放入 N（$N \geq m$）个盒子中，每球以相同的概率放入盒子，盒子容量不限，令： A_1——某指定的 m 个盒子中各有一球； A_2——恰有 m 个盒子中各有一球； A_3——至少有两球在同一个盒子中； 求：$P(A_i)$，$i = 1$，2，3 	时间：1min 说明借助于二项分布律，可以解决有关的概率计算问题 有了分布律，就可以将概率计算转换为求和计算
放球模型求解 （累计21min）	**· 放球模型** 1）计算 A_1——某指定的 m 个盒子中各有一球 参照黑板上预留的古典概型的解题步骤，分4步对 $P(A_1)$ 求解 解： · 审 E：E——放球 · 找 n：$n = \overset{m}{\overbrace{N \times N \times \cdots \times N}} = N^m$ · 设 A：A_1——某指定的 m 个盒子中各有一球 · 求 k：$k_1 = m \times (m-1) \times \cdots \times 1 = m!$ $$P(A_1) = \frac{m!}{N^m}$$ 在对可能数 n 的计算时，通过 PPT 上的动画和板反的配合，讲解为什么是 N^m，类似求得有利数 k 2）计算 A_2——恰有 m 个盒子中各有一球 $$k_2 = C_N^m \times m! = A_N^m \longrightarrow P(A_2) = \frac{A_N^m}{N^m}$$ 引导学生判断 A_2 与 A_1 的区别，A_2 需要先选盒子再放球，利用 A_1 的结果，快速求得 A_2 的概率 3）计算 A_3——至少有两球在同一个盒子中 因 $\overline{A_3} = A_2$ 故 $P(A_3) = 1 - P(\overline{A_3}) = 1 - P(A_2) = 1 - \frac{A_N^m}{N^m}$ 对于 A_3 先从正面分析什么是"至少"，可能会出现两球在同一盒子中，还有可能是 3 个、4 个、5 个、…，让学生体会到直接计算是很麻烦的，因此要由对立事情的考虑迂回到解 A_3 的概率，而 A_3 的对立事件就是 A_2，因此，可以方便求得 $P(A_3)$ 的结果	时间：3min **巩固**：加深学生对古典概型解题步骤的掌握 **注意**：注重教学难点——古典概型判断的分析讲解 **引导思考**：提醒学生注意问题的层次性，培养概率解题思维方式 通过设置 A_1，A_2 和 A_3 事件，由浅入深，循序渐进，引导学生思考 **提升**：让学生掌握将复杂问题分解为若干简单问题，逐个击破的思维方式

（续）

教学意图	教学内容	教学环节设计
承上启下，引出 放球模型的应用 （累计22min）	• 放球模型应用 　放球模型是古典概型的重要模型，在生活和科研中有着极为重要的作用，本次课主要讨论4个应用，分别为 	时间：1min 给出放球模型应用的提纲，使学生清晰地把握课程结构
生日问题的分析 及求解 （累计25min）	• 生日问题描述 　从班级中的"缘分"引出生日问题如下：30人的班级中，至少有两位同学生日相同的概率为多大？ 　先与学生交流，让学生估计概率的大小，并且按照学生的思路向问题的反方向引导，"30人与365天相比，不足1/12，这样的概率会多大呢？10%，20%，50%？"这样做是为了与计算结果形成巨大反差，为后续生日悖论的提出埋下伏笔.   　解：设 B——至少两个人生日相同，将365天当作365个盒子，一个盒子对应一天，两个人生日相同，也就是两球在同一个盒子，所以有 $$P(B) = 1 - \frac{A_{365}^{30}}{365^{30}} = 0.706$$　0.706 　计算结果令人意想不到，请学生用频率来描述这个结果，即做100次试验观察，出现生日相同的约有71次. 为了检验这样的结果，通过计算机仿真模拟. 借此引出下面的仿真试验	时间：3min 提问：在生日问题中，什么对应盒子？什么对应小球？采用启发式问答，吸引学生的注意力，控制听课效果. 0.706 意味着什么？ 板书：放球模型中小球与盒子同生日问题中生日与日期的关系

（续）

教学意图	教学内容	教学环节设计
生日问题计算机模拟 （累计 27min）	**• 生日问题计算机模拟** 右下图：30 人的班级中生日相同的理论概率值 右上图：为一次试验的模拟图. 框图内共有 30 个随机点，代表 30 名同学，若出现生日相同，就用红点和一条紫线连接. 如图中的这次试验就有两对同学生日相同 左上图：共模拟了 100 次试验结果，每一纵列是一次试验结果，红点表示有生日相同的 左中图：100 次试验中出现生日相同的次数 左下图：100 次试验中出现生日相同的累积频率 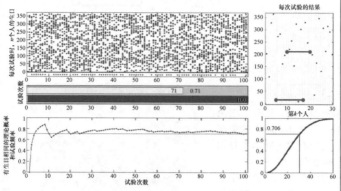	时间：2min 仿真试验：通过Matlab 程序，直观演示计算机仿真结果，图形界面内容丰富，有助于学生理解生日问题. 同时，通过试验的动画效果，吸引学生的注意力
用实际数据检验生日问题的计算结果. 说明实际检验与理论计算相吻合 （累计 28min）	**• 生日问题实际数据检验** 选取我校 2005～2012 级本科生班级，验证生日问题的结果 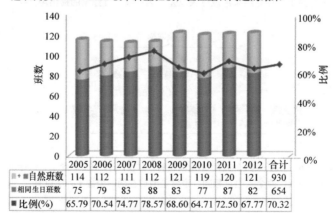 图中的柱子高度为当年的班数，蓝颜色代表出现相同生日的班数，红颜色的线就是频率，最终的合计，共 930 个班，出现生日相同的有 654 个班，比例为 70.32%，与前面计算的 70.6% 很接近. 实际数据检验的结果与理论计算相吻合	时间：1min 引导学生：通过对本科生班级的统计，得到实际数据，并且可以在讲台上，当场把生日相同的同学找出来，从而调动学生的互动性和积极性

下表数据：

	2005	2006	2007	2008	2009	2010	2011	2012	合计
自然班数	114	112	111	112	121	119	120	121	930
相同生日班数	75	79	83	88	83	77	87	82	654
比例(%)	65.79	70.54	74.77	78.57	68.60	64.71	72.50	67.77	70.32

（续）

教学意图	教学内容	教学环节设计
已知事件发生的概率，反求事件应满足的条件（累计 31min）	• 生日问题的反问题 若要以 0.99 的概率，确保班里有两个人生日相同，试问该班级有多少位同学？ 这是另一类常见的概率计算问题，已知概率反求条件，解题思路是将待求变量设出来，代入公式表示成概率，再解方程. 解：设该班级有 m 位同学，B：两个人生日相同，则 $$P(B) = 1 - \dfrac{A_{365}^m}{365^m} = 0.99$$ 此问题涉及 m 的高阶方程，直接求解比较困难，因此采用 MATLAB 数值求解，结果如下： 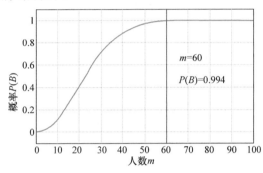 从图中可以看到，有 60 个人的时候，至少两人生日相同的概率为 0.994，非常接近 1，可以认为是个必然事件，在 120 人的讲台上，以过道为分界线，对左右两边的同学进行生日试验，每边出现"至少两位同学生日相同"的概率都将非常大	时间：3min 引导学生：引导学生思考如何在概率已知的前提条件下，反求变量值？启发学生逆向思考问题 拓展：在 MATLAB 求解过程中，N^m 计算时容易出现溢出，启发学生用对数变换的方式求解问题
生日悖论问题的分析及求解（累计 33min）	• 生日悖论描述 在此班级里（60 人），有人与"我"生日相同的概率为多大呢？ 解：设 C：有人与"我"生日相同 　　$\overline{C}$：无人与"我"生日相同 $$P(\overline{C}) = \dfrac{C_{364}^1 C_{364}^1 \cdots C_{364}^1}{C_{365}^1 C_{365}^1 \cdots C_{365}^1} = \left(\dfrac{364}{365}\right)^{60} = 0.848$$ $$P(C) = 1 - P(\overline{C}) = 0.152$$ 这个结果比 0.994 小得多，其实这就是生日悖论——当我们在谈论生日相同时，经常以自己作为参照，所以会大大低估事件 B（至少两人生日相同）发生的概率	时间：2min 提问：此处的"有人"应当如何理解？引导学生将"有人"，转换为"至少有一人"，将问题变成"至少"这类的问题，先考虑逆事件
分析生日悖论的原因，引出生日攻击问题（累计 35min）	• 函数图像分析 进一步对至少两人生日相同的概率 $P(B)$ 和有人与"我"生日相同的概率 $P(C)$ 关于 m 的函数图像进行讨论：	时间：2min 引导思考：回应前面所提到的宿舍中好兄弟生日相同的可能性，以及 44 位总统的巧合的原因. 通过函数图像分析，引出生日攻击问题

（续）

教学意图	教学内容	教学环节设计
分析生日悖论的原因，引出生日攻击问题（累计 35min）	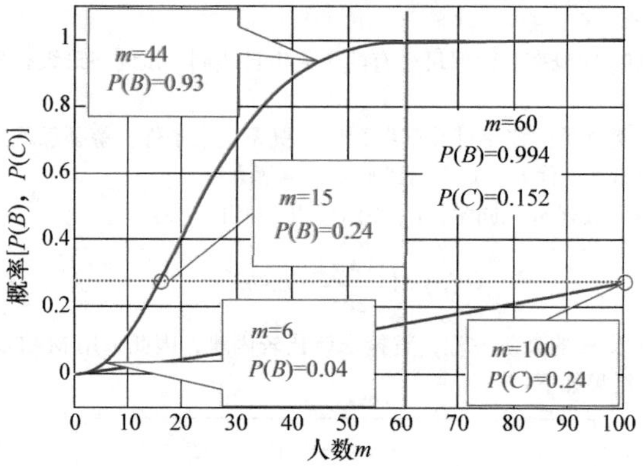 从图中可以看出，当 $m=60$ 时，$P(B)$，$P(C)$ 的值差别很大，同样对于 $P(B)$，$P(C)$ 相同的概率值，对应的 m 也差别很大，当 $m=100$ 时，$P(C)=0.24$，而 $P(B)=0.24$ 时，对应的 $m=15$，这就是我们感性认识和理性计算的矛盾，因此才有生日悖论问题. 在谈论生日相同的时候，我们不经意地以自己作为参照对象，大大低估了两人生日相同的概率 从图形上看到随着人数的增多，出现生日相同的概率会以惊人速度增长. 现实生活中，出现生日相同是个缘分，是件好事，可是在某些科学研究中，这样的"缘分"未必是件好事	提升：分析感性认识与理性计算的差异，让学生了解定量计算的重要性

生日攻击问题的分析及求解（累计 36min）	• 生日攻击描述
	在密码学中，经常使用哈希（Hash）函数对明文密码进行加密，例如常用的 MD5 加密算法就是这样的一种哈希函数，哈希函数的定义为：
	    输入：可以任意长度字符串；
	    输出：必须固定长度二进制编码，一般为 64bits、128bits 等；
	    目的：为需认证的数据产生一个"指纹"
	当然在转换的过程中，希望不同的字符经过哈希函数处理后，变成不同的编码，但是，如果将输入的字符串作为小球，固定长度的二进制编码作为盒子（板书：与放球模型的关系），那么随着字符串的增多，会有两个不同的字符串，对应同一个编码的情形，如右图所示： 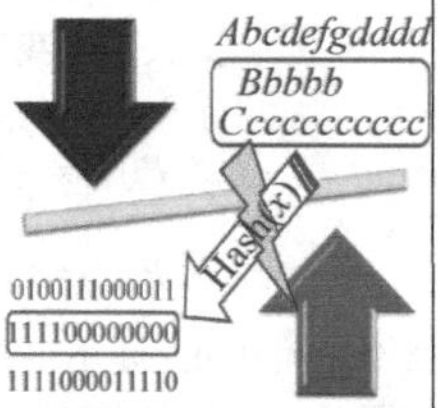
	此时称发生了哈希碰撞，如果碰撞则意味着容易伪造或欺骗，相当于用两把不同的钥匙打开了同一个房间，由于当时该问题的引入是受到生日问题的启发，所以将其称为生日攻击
		时间：1min
		引导思考：生日攻击与放球模型的关系，如何应用放球模型理解生日攻击
		
		板书：生日攻击的输入、输出与放球模型的小球、盒子的对应关系

分析 $P(B)$ 与 N 的关系，给出生日攻击的应对措施（累计 38min）	• 生日攻击的应对 根据放球模型的讨论，采取什么措施能够减缓由于 m 的增加，带来的这样的碰撞呢？ 从 $P(B)$ 与 N，m 函数关系入手，看下面的图形：	时间：2min

（续）

教学意图	教学内容	教学环节设计
分析 $P(B)$ 与 N 的关系，给出生日攻击的应对措施（累计 38min）	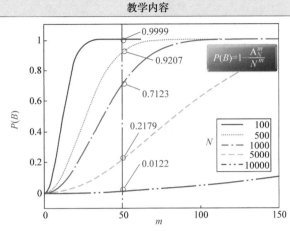 这幅图展示了不同 N, m 与碰撞概率之间的关系，从上到下对应的 N 值分别是 $100,500,1000,5000$ 和 10000. 从图中可以看出对于相同的 m，N 越大碰撞发生的概率就越小，也就是说 N 的增大，可以有效减缓碰撞发生的可能性，因此密码学中，散列值需要足够大，才能抵抗生日攻击 下面我们固定 m，分析 N 与碰撞概率之间的关系，来看看是否能得到相同的结论，首先将排列数展开，变成这种形式，我们很容易看出分子和分母都是关于 N 的 m 次多项式，当 N 趋于正无穷时，分子、分母都是无穷大，这是高等数学里所讲的无穷比无穷型极限，又因为分子和分母是 N 的同阶多项式，所以根据高等数学的知识知道，N 趋于正无穷时，这个极限值为幂次最高项系数之比，于是这个极限的结果为1，所以当 N 趋于无穷时，事件 B 发生的概率为0 $$P(B)=1-\frac{A_N^m}{N^m}, N\geq m$$ $$=1-\frac{N(N-1)\cdots(N-m+1)}{N^m}$$ $$\downarrow N\to+\infty$$ 所以，$\lim_{N\to+\infty}P(B)=0 \qquad 1$	引导思考：从图中能得到什么结论呢？重点讨论 $P(B)$ 与 N 的关系
	5. 配对模型（5min）	
问题引入 配对模型（累计 39min）	• 问题引入 配对模型 某人将3封写好的信随机装入3个写好地址的信封中. 问没有一封信装对地址的概率是多少？ 解：设 $A_i=\{$第 i 封信装入第 i 个信封$\}$，$i=1$，2，3 $A=\{$没有一封信装对地址$\}$ 则 $\qquad \bar A=\{$至少有一封信装对地址$\}$ 直接计算 $P(A)$ 不易，先计算 $P(\bar A)$，由于 $$\bar A=A_1\cup A_2\cup A_3$$	时间：1min 引导思考：直接求某个事件的概率不易时，可考虑先求其对立事件的概率

（续）

教学意图	教学内容	教学环节设计
配对模型求解 （累计 41min）	**· 配对模型求解（续）** $P(\bar{A}) = P(A_1 \cup A_2 \cup A_3)$ $\quad = P(A_1) + P(A_2) + P(A_3) - P(A_1A_2) - P(A_1A_3) - P(A_2A_3) + P(A_1A_2A_3)$ 其中，$\quad P(A_1) = P(A_2) = P(A_3) = \dfrac{2!}{3!} = \dfrac{1}{3}$ $\quad P(A_1A_2) = P(A_1A_3) = P(A_2A_3) = \dfrac{1}{3!} = \dfrac{1}{6}$ $\quad P(A_1A_2A_3) = \dfrac{1}{3!} = \dfrac{1}{6}$ $\quad P(\bar{A}) = P(A_1 \cup A_2 \cup A_3) = 3 \times \dfrac{1}{3} - 3 \times \dfrac{1}{6} + \dfrac{1}{6} = \dfrac{2}{3}$ 因此 $\quad P(A) = 1 - P(\bar{A}) = 1 - \dfrac{2}{3} = \dfrac{1}{3}$ 推广到 n 封信，用类似的方法可得：把 n 封信随机地装入 n 个写好地址的信封中，没有一封信装对的概率为 $1 - \left(1 - C_n^2 \dfrac{(n-2)!}{n!} + C_n^3 \dfrac{(n-3)!}{n!} - \cdots + (-1)^{n-1} C_n^n \dfrac{1}{n!} \right)$ $= \dfrac{1}{2!} - \dfrac{1}{3!} + \cdots + (-1)^n \dfrac{1}{n!}$ 利用函数 e^{-x} 的泰勒展开式 $e^{-x} = 1 - x + \dfrac{x^2}{2!} - \dfrac{x^3}{3!} + \cdots + \dfrac{(-1)^n x^n}{n!} + \cdots$ 随着信的数目 n 的增大，"没有一封信装对"的概率将趋向于 $e^{-1} \approx 0.36$，至少有一封信装对的概率趋向于 $1 - e^{-1} \approx 0.64$	时间：2min 引导学生：将复杂事件的概率求解转化为若干个相对简单的事件的概率运算
配对问题的计算机模拟 （累计 43min）	**· 配对模型模拟** 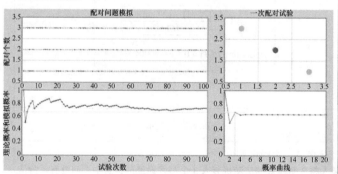 右上图：为一次试验的模拟图. 图内共有 3 个随机点，代表 3 封信随机装入三个写好地址的信封的结果，若装对地址，就用红点表示；若装错地址，就用绿点表示. 如图中的这次试验就是第二封信装对了，第一和第三封信装错 左上图：共模拟了 100 次试验结果，每一纵列是一次试验结果，红点表示装对地址的信 左下图：在 100 次试验中出现至少有一封信装对地址的累积频率 右下图：随着信的数量的增多，至少有一封信装对地址的概率曲线	时间：2min 仿真试验：通过 MATLAB 程序，直观演示计算机仿真结果，图形界面内容丰富，有助于学生理解配对问题. 重点说明左下图的含义，体现了概率是频率稳定值

（续）

教学意图	教学内容	教学环节设计
	6. 小结与思考拓展（2min）	
小结、设问来加深学生对本节内容的印象，并引导学生对下节要解决的问题进行思考（累计45min）	• 小结 1）古典概型的定义； 2）古典概型问题的分析方法和计算步骤； 3）典型的古典概型——赌金分配模型和放球模型的问题背景及概率求解； 4）放球模型的应用——生日问题、生日悖论、生日攻击和抽屉原理	时间：1min 根据本节讲授内容，做简单小结
	• 思考拓展 1）除了课本上介绍的古典概型的基本模型，还有哪些经典模型？ 2）赌金分配模型在现实生活和科学研究中有哪些应用？ 3）在讨论放球模型时，小球不可分，我们的结论会有什么样的变化呢？ 4）请以班级为单位，进行生日试验，学习概率论研究随机现象的方法——随机试验； 5）对密码学有兴趣的同学，请查阅相关文献，学习生日攻击的应对措施	时间：1min 根据本节讲授内容，给出一些思考拓展的问题
	• 作业布置 习题一 A：5，6，7，9	要求学生课后认真完成作业

六、教学评价

本单元的教学设计符合理工科二年级学生的认知规律和实际水平，由动画展示、计算机仿真模拟、现实数据检验等营造出的轻松活跃的教学氛围将非常有效地激发学生的学习兴趣，加深学生的学习印象，有助于学生掌握本节课的学习内容．可以预期，在本单元的教学过程中，学生将有较高的积极性和较大的情感投入，可获得理想的学习效果，实现本单元的教学目标．通过课程的向外延伸，使学生将枯燥的数学知识与鲜活的生活和科研结合在一起，达到"学以致用"的目的；同时，通过实践解决实际问题，又可以"用以促学"，提高学生发现问题、分析问题、解决问题的能力，培养了学生的创新精神和独立思考的能力．

1.2　几何概型

一、教学目的

理解和掌握几何概型的定义、概率公式及其与古典概型的区别和联系，重点掌握几何概型基本模型的内容及主要应用．不仅要牢记几何概型及其基本模型的先决条件和重要结论，而且要知道它的基本思想和概率统计意义，以及与其他概念、规律、现实应用之间的联系和用途．能够根据模型、公式正确地进行运算．借助问题背景分析及试验，让学生认识几何概型的特征，充分感知用几何概型的图形方法解决概率问题，培养学生逻辑推理的能力．

二、教学思想

几何概型是概率论的重要模型之一，起源于著名的蒲丰投针问题，将随机事件的个数从有限拓展到无限，进而把研究对象从古典概型扩展到了几何概型．蒲丰投针问题的结果恰好和 π 相关，据此几何概型在数学的发展中多次地被应用到无理数 π 的近似求解中．另外，几何概型贴近于实际生活，把代数上的无限转换为几何上的有限，虽然模型简单但却不乏深刻的理论意义和实际应用的价值，在生活中有着重要且广泛的应用．

三、教学分析

1. 教学内容

1）几何概型的定义．
2）几何概型问题的分析方法和计算步骤．
3）典型的几何概型——约会问题、蒲丰投针问题、贝特朗悖论的背景及概率求解．

2. 教学重点

1）理解几何概型的概念，掌握其与古典概型的区别与联系．
2）掌握几何概型中基本事件的确定和几何度量的选择，随机事件概率的计算步骤．
3）掌握"约会""投针"这类问题的求解思路．

3. 教学难点

1）如何判断一个试验是否为几何概型．
2）如何选择几何概型的几何度量．

4. 对重点、难点的处理

1）通过教师在长期教学过程中总结的解题口诀，帮助学生掌握几何概型的计算方法，并举一反三，使学生学会灵活运用口诀，最终达到归纳总结提炼学习内容本质的目的．

2）加强课堂互动，引导学生在学习过程中发现问题，思考问题，通过启发学生自主思考、主动参与，让学生体验感性认识与理性计算的差异，使学生对几何概型有更加深刻的认识，并掌握其计算方法．

3）学以致用，结合几何概型在现实生活和科学研究中的实际应用，引导学生学会应用几何概型，提升几何概型的认知层次，激发学生探究新知识、新领域的兴趣．

四、教学方法与策略

1. 课堂教学设计思路

1）以约会问题引出本节新课，吸引学生们的学习兴趣，引发学生们的集体探讨与思考，感知生活中的概率问题．

2）在求解约会问题时，引导学生发现约会问题的样本空间是无限的，古典概型似乎不能解决此问题，激励学生寻求解决问题的新方法．

3）在几何概型的求解过程中，问题的设计遵循逐步深入的原则，即让学生反复体验求解几何概型的方法和步骤，体会把无限的基本事件组合进行几何度量的原理，理解其与古典概型的区别.

4）引导学生思考和研讨约会问题、蒲丰投针问题、贝特朗悖论等贴近生活的实例，展示几何概型的应用.

5）基本知识讲解过后，通过让学生合作交流、研究与生活贴近的案例，更加深入地掌握几何概型，多角度地去体会数学的魅力.

2. 板书设计

一、定义

1. 样本有限

2. 等可能性

二、公式

$$P(A) = \frac{S_A}{S_\Omega}$$

—— 事件 A 度量

—— 样本空间度量

三、解题步骤

1. 审 E

2. 转 G

3. 找 S_Ω

4. 设 A

5. 求 S_A

配合课件板书区

五、教学安排

1. 教学进程框架

根据教学要求和教学计划安排，以教学过程图所示的教学进程进行安排，将各部分教学内容分解为"问题提出""问题定义 / 分析"和"问题求解 / 应用"三部分，始终以问题为导向，以分析为重点，以应用为巩固拓展，引导学生进行学习.

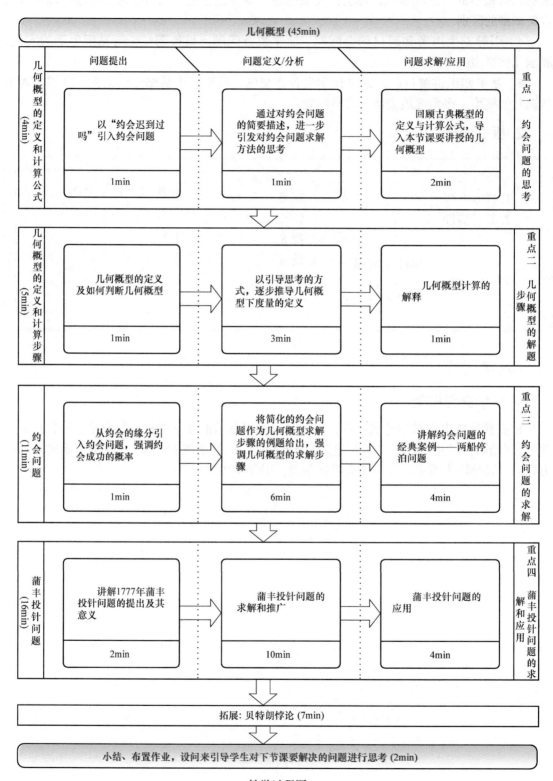

教学过程图

2. 教学进程详细内容

根据教学框架, 针对每个知识点进行详细设计, 具体内容如下:

教学进程表

教学意图	教学内容	教学环节设计
	1. 几何概型的定义和计算公式 (4min)	
问题引入 (累计 1min)	· 问题引入 首先我提一个问题, 今天在场的同学们约会迟到过吗? 迟到后还可以见到自己的约会对象吗?	时间: 1min 以约会问题开始本节课, 吸引学生注意力
(累计 2min)	· 约会问题 小红、小明两人约定在下午 5 点到下午 6 点之间在咖啡厅约会, 并且事先约定先到达的同学等待 20min, 如果到时另一人尚未出现, 即可离去, 那么两个人能见面约会成功的概率是多少呢?	时间: 1min 提问: 同学们平时见面约会成功的概率是多少呢?
梳理本次课之前古典概型的定义与性质, 引入本节内容, 即如何计算样本空间包括无限个基本事件的情况 (累计 4min)	· 古典概型的定义 1) 试验的样本空间只包含有限个元素; 2) 试验中每个基本事件发生的可能性相同 具有以上两个特点的试验称为等可能概型或古典概型 样本有限: $S = \{e_1, e_2, \cdots, e_n\}$; 等可能性: $P(\{e_1\}) = P(\{e_2\}) = \cdots = P(\{e_n\})$ · 古典概型的计算公式 $$P(A) = \frac{k}{n} = \frac{A \text{ 中包含样本点的个数}}{\text{样本点总数}}$$ 有利数 / 可能数	时间: 2min 提问式复习, 达到以下目的: 1) 引起学生的注意, 使学生尽快静下心, 进入上课状态; 2) 考察上节课程内容的掌握情况, 对学生的回答进行评述; 3) 考勤
	2. 几何概型的定义和计算步骤 (5min)	
给出几何概型的定义及如何判断几何概型的方法 (累计 5min)	· 几何概型的定义 1) 试验的样本空间 Ω 充满某个区域, 其度量大小可以用 S_Ω 表示; 2) 任意一点落在度量相同的子区域内是等可能的; 具有以上两个特点的试验称为几何概型	时间: 1min 引导思考: 随机现象的统计规律是通过试验来研究的, 为了计算概率, 首先从试验模型开始

（续）

教学意图	教学内容	教学环节设计
	解释： 1）度量表示长度、面积或体积等概念，样本无限指样本空间里包含无限个样本点，样本空间是由无限个基本事件所组成； 2）等可能性具体来说在样本空间 Ω 中存在一长方形 A 和一正方形 B，点落在区域 A 和 B 是等可能的，因为这两个区域面积相等 	**板书：**几何概型的定义
几何概型中事件概率的计算公式推导过程 （累计9min）	**· 几何概型的计算公式** 与古典概型类似，在几何概型中，如果事件 A 为 Ω 中的某个子区域，且其度量大小可用 S_A 表示，则事件 A 的概率为 $$P(A)=\frac{S_A}{S_\Omega}=\frac{\text{事件}A\text{的度量}}{\text{样本空间}\Omega\text{的度量}}$$ **解释：**求解几何概型的关键是用图形（一般为平面或空间图形）清楚地描述样本空间 Ω 和所求事件 A，然后计算出相关图形的度量（一般为面积或体积）	**时间：4min** **PPT演示及板书讲解：**根据几何概型定义和概率性质，通过PPT显示事件 A 和样本空间 Ω 的关系，在黑板与多媒体的配合下，让学生对几何概型的图形概念有更清晰的认识与理解 **引导思考：**应如何计算事件 A 的度量？ **反馈：**肯定学生的正确回答，并给予鼓励
	3. 几何概型的基本模型一：约会问题（11min）	
引入约会问题 （累计10min）	有缘千里来相会，同学们好不容易约上了心仪的朋友，若因为迟到无缘见面，该是多大的遗憾，倘若能设置好见面的等待时间，计算出见面成功的概率是不是离约会成功又进了一步呢？	**时间：1min** 用来源于生活的问题带动学生主动思考，提高学生学习的兴趣
将简化的约会问题作为几何概型求解步骤的例题给出，强调几何概型的解题步骤 （累计13min）	**· 简化的约会问题** 甲、乙两人约定在下午5点到下午6点之间在某地约会，并事先约定先到者需等候另一人20min，过时可离开，求两人约会成功的概率？ **解：** 	1）审 E	E——下午5点到下午6点甲、乙约会	判断是否为几何模型？
2）转 G	问题的几何转换？	
3）找 S_Ω	Ω，S_Ω——？	
4）设 A	A——甲、乙成功约会，$\|t_甲-t_乙\|\le 20$	
5）求 S_A	S_A——？	
板书	多媒体			**时间：3min** **PPT演示及板书：**两者同步，并在黑板上保留解题主要步骤，为后续两船停泊问题提供帮助

（续）

教学意图	教学内容	教学环节设计
	两个关键点： 1）解题首先要判断是否为几何概型，也就是是否满足两个条件，样本无限较好判断，而等可能性多由均衡性和对称性判断； 2）把实际问题转换为几何问题，用图形进行表示．这也是本节的重点和难点	提醒学生：部分学生解题时不会转换为几何空间，在此例题中重点强调
约会问题的实例求解 （累计16min）	·约会问题的求解 由于甲、乙都是在下午5点到下午6点内等可能地到达，并且两人到达时间的组合为无限个，可判定为几何概率问题 转 G：以 x，y 分别表示甲、乙两人到达约会地点的时间（以 min 计），建立二维坐标系 找 S_Ω：(x,y) 的所有可能取值是边长为60的正方形，据此得到 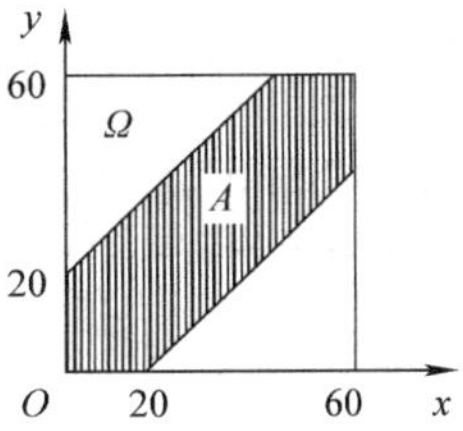 $$S_\Omega = 60^2$$ 设 A：事件 A 代表甲、乙成功约会 求 S_A：相当于 $|x-y| \leqslant 20$ 如图中阴影部分所示，具体计算得 $$S_A = 60^2 - 40^2 = 2000$$ $$P(A) = \frac{S_A}{S_\Omega} = \frac{2000}{60^2} = \frac{5}{9} \approx 0.556 = 55.6\%$$ 结果表明：按此规则约会两人能会面的概率不超过60%．那么有什么方法可以增加约会成功的概率呢？	时间：3min 引导思考：如何将现实中的复杂问题抽象为一个几何概率问题 延伸：如何增加约会成功的概率呢？激发学生的想象力
约会问题的案例——两船停泊问题 （累计17min）	甲、乙两船驶向一个不能同时停泊两艘船的码头，它们在24h内到达该码头的时刻是等可能的．如果甲船停泊时间为1h，乙船停泊时间为2h，求它们中的任意一船都不需要等待码头空出的概率	时间：1min 提问：约会问题和两船停泊问题的区别与联系
两船停泊问题的实例求解 （累计20min）	·两船停泊问题的求解 审 E：由于甲、乙都是在24h内等可能地到达，并且两船到达时间的可能为无限个，可判定为几何概率问题 转 G：以 x，y 分别表示甲、乙两船到达码头的时间（以 h 计），建立直角坐标系． 找 S_Ω：(x,y) 的所有可能取值是边长为24的正方形，$\Omega = \{(x,y) \mid 0 \leqslant x \leqslant 24, 0 \leqslant y \leqslant 24\}$，据此得到 $S_\Omega = 24^2$ 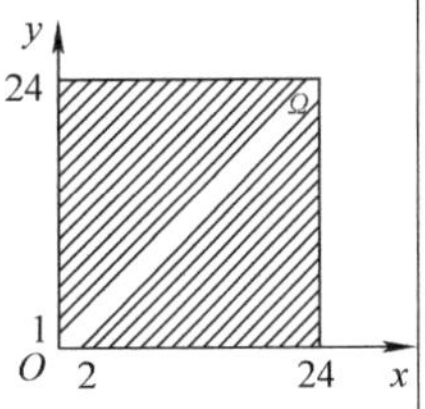 设 A：甲、乙两船都不需要等待码头空出 求 S_A：相当于甲比乙早到达1h以上，或乙比甲早到达2h以上，即 $$x - y \geqslant 2, y - x \geqslant 1$$ 如图中阴影部分所示，具体计算得 $$S_A = (24-1)^2 \times \frac{1}{2} + (24-2)^2 \times \frac{1}{2} = \frac{1}{2} \times 1013$$ $$P(A) = \frac{S_A}{S_\Omega} = \frac{\frac{1}{2} \times 1013}{24^2} = \frac{1013}{1152}$$	时间：3min PPT演示及板书：让学生主导依据几何概型的5步骤进行解题 重点：画出坐标系，比较其与约会问题的不同

（续）

教学意图	教学内容	教学环节设计
	4. 几何概型的基本模型二：蒲丰投针问题（16min）	
讲解蒲丰投针的提出及其意义（累计22min）	**· 蒲丰投针问题的引入** 　　古典概型是指包含有限个等可能随机事件的概率模型，在很长一段时间是数学家们的研究主题. 1777年法国科学家蒲丰提出了著名的蒲丰投针问题，将随机事件的个数从有限扩展到了无限，这也是几何概型的起源. 　　后来数学家们把投针问题扩展到投小圆片等，这一类问题都被称之为"蒲丰问题". 因为蒲丰投针问题的结果恰好和 π 相关，当时的科学家普遍关注 π 的近似计算，由此蒲丰投针问题获得了较为快速的发展. 　　曾经有数学家自己进行数千次投针试验，结合频率近似概率的思想来估计 π，在未来这一几何概型的经典问题，越来越多地被应用到对无理数 π 的近似求解中	时间：2min 通过生动幽默的数学故事，吸引学生的"眼球"，让学生了解蒲丰投针问题在数学史上的贡献
蒲丰投针问题（累计23min）	**· 经典的蒲丰投针问题** 　　在平面上有一组间距为 d 的平行线，将一根长度为 l 的针（$l \leq d$）随机地投掷到平面上，求针和平行线相交的概率	时间：1min **引导思考**：如何进行几何表示？
蒲丰投针问题求解（累计27min）	**· 蒲丰投针问题求解** 　　解： 　　· 审 E：E——投针，满足样本无限和等可能性，是一个几何概率问题 　　· 转 G：以 x 表示针的中点与最近一条平行线的距离，又以 θ 表示针与此直线的夹角，将其转换为几何问题 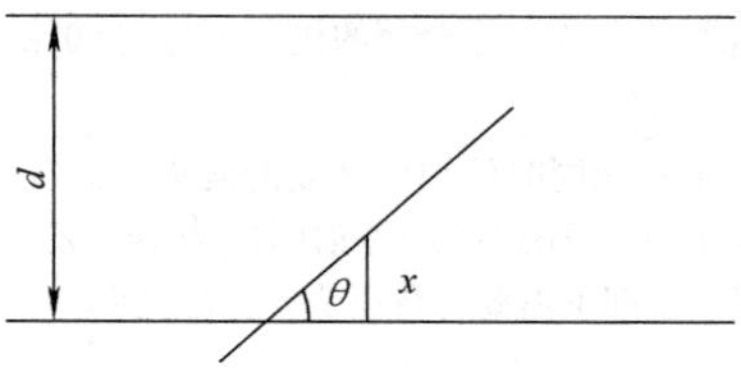 　　· 求 S_Ω：首先找 Ω，$0 \leq x \leq \dfrac{d}{2}, 0 \leq \theta \leq \pi$，样本空间为 (x, θ)，平面上矩形 Ω 的面积为 $S_\Omega = \dfrac{d\pi}{2}$ 　　· 设 A：A——针与平行线相交 　　· 求 S_A：根据几何概念，针与平行线相交的充分条件为 $$x \leq \frac{l}{2}\sin\theta$$ 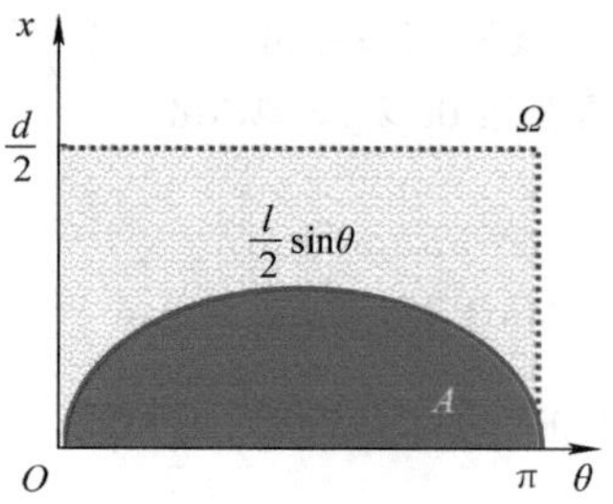 	时间：4min **巩固**：加深学生对几何概型解题步骤的掌握 **引导思考**：提醒学生注意问题的层次性，培养概率解题思维方式

（续）

教学意图	教学内容	教学环节设计
	由积分概念得 $$S_A = \int_0^\pi \frac{l}{2}\sin\theta \, \mathrm{d}\theta$$ $$P(A) = \frac{S_A}{S_\Omega} = \frac{\int_0^\pi \frac{l}{2}\sin\theta \, \mathrm{d}\theta}{\frac{d}{2}\pi} = \frac{2l}{d\pi}$$ 在 l 和 d 已知的情况下，把 π 的值代入上式即可得到事件 A 发生的概率 $P(A)$	
承上启下，引出蒲丰投针问题的推广 （累计28min）	• 蒲丰投针问题推广 在经典的蒲丰投针问题中，投掷细针可以看作一个一维的线段．在之后的研究中，数学家们对于经典的蒲丰投针问题进行了推广，将投掷的物品从一维线段扩展到二维曲面、三维几何体等，并就此类问题进行了解答 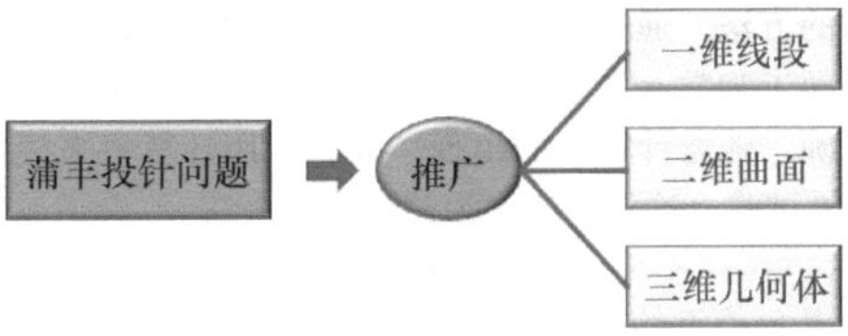	时间：1min 给出蒲丰投针问题推广的提纲，使学生清晰地把握课程结构
投硬币问题的分析及求解 （累计32min）	• 投硬币问题描述 在平面上有一组间距为 d 的平行线，将半径为 $r\left(r \leqslant \dfrac{d}{2}\right)$ 的硬币随机地投掷到平面上，求硬币和平行线相交的概率 先与学生交流，让学生考虑一些硬币代表性的位置进行相应的几何转换  解： • 转 G：以 R 表示硬币圆心到距离它最近的直线的距离，转换为一个几何问题 • 求 S_Ω：首先找 Ω，R 的范围在 0 和 $\dfrac{d}{2}$ 之间，即 $\Omega = \left\{R \mid 0 \leqslant R \leqslant \dfrac{d}{2}\right\}$ 样本空间长度：$S_\Omega = \dfrac{d}{2}$ • 设 B：B——硬币与平行线相交 • 求 S_B：如果 $0 \leqslant R \leqslant r$，则代表事件 B 成立，即 $$S_B = r$$ $$P(B) = \frac{S_B}{S_\Omega} = \frac{2r}{d}$$ 可以看出计算结果非常简便	时间：4min 提问：在投针问题中，采用针的中点进行几何转换，那么在投硬币问题中应采用什么位置呢？采用启发式问答，吸引学生的注意力，控制听课效果

（续）

教学意图	教学内容	教学环节设计
蒲丰投针问题的应用 （累计 36min）	**·蒙特卡罗方法估计 π** 在蒲丰投针问题的结果中，$P(A)=\dfrac{2l}{d\pi}$，如果已知 $P(A)$ 的值，则可以利用上式去求 π. 而关于 $P(A)$ 的值，可用从实验中获得的频率去近似它：即投针 N 次，其中针与平行线相交 n 次，则频率 $\dfrac{n}{N}$ 可用来估计 $P(A)$，即 $$\frac{n}{N}=P(A)=\frac{2l}{d\pi}$$ $$\pi=\frac{2lN}{dn}$$ 历史上很多数学家进行蒲丰投针的试验来估计 π，其中，最为著名的是意大利科学家马里奥·拉扎里尼通过在平面上投针 3405 次，得到 π 的估计值 $\dfrac{355}{113}$，也就是 3.1415929，精确到 7 位小数 这是一个奇妙的方法，通过一个随机试验的多次重复试验，以频率估计概率，进而得到未知数 π 的近似解. 一般来说，试验次数越多，则得到的近似解越精确. 随着计算机的出现，人们利用计算机来模拟设计好的大量的重复随机试验，这种方法称为蒙特卡罗方法	时间：4min **提问**：π 在我们生活中有广泛的应用，同学们知道 π 的值如何估计出来吗？ **板书**：频率估计概率，进一步估计 π
<td colspan="2" align="center">5. 几何概型的基本模型三：贝特朗悖论（7min）</td>
贝特朗悖论的提出 （累计 37min）	**·贝特朗悖论** 几何概型是 19 世纪末新发展起来的一门学科，它使很多概率问题的解决变得简单而不用运用微积分的知识. 然而，1899 年，法国学者贝特朗提出了所谓"贝特朗悖论"，矛头直指几何概率概念本身：在一圆内任取一条弦，问其长度超过该圆内接等边三角形的边长的概率？ 	时间：1min **引导学生**：几何概型会不会因为存在不同的几何转换方法得出不同结果的情况呢？调动学生的互动性和积极性
贝特朗悖论的三种解法 （累计 40min）	**解法一**：考虑对称性，只观察特定方向的弦，作一条直径垂直于这个方向. 显然，只有交直径于 1/4 与 3/4 之间的弦才能超过正三角形的边长，则 $P(A)=\dfrac{1}{2}$ **解法二**：考虑对称性，可让弦的一端点固定，让另一端点在圆周上做随机移动，若在固定端点作一切线，则与此切线交角在 60°~120° 之间的弦才能超过正三角形的边长，如此，$P(A)=\dfrac{1}{3}$ **解法三**：圆内弦的长度被其中的点唯一确定，在圆内做一同心圆，其半径仅为大圆半径的一半，则大圆内弦的中点落在小圆内，此弦长才能超过正三角形的边长，如此，$P(A)=\dfrac{1}{4}$ 	时间：3min **引导学生**：引导学生思考为何同一问题有 3 种不同的答案？

（续）

教学意图	教学内容	教学环节设计
贝特朗悖论的样本空间 （累计43min）	解法一： 假定弦的中点在直径上均匀分布，直径上的点组成样本空间 Ω_1 解法二： 假定弦的另一活动端点在圆周上均匀分布，圆周上的点组成样本空间 Ω_2 解法三： 假定弦的中点在大圆内均匀分布，大圆内的点组成样本空间 Ω_3 三种解法针对于不同的样本空间，进而得到不同的结果，该问题也提醒大家，在定义概率时要明确指出样本空间是什么	时间：3min 板书：明确样本空间
	5. 小结与思考拓展（2min）	
小结、设问来加深学生对本节内容的印象，并引导学生对下节课要解决的问题进行思考 （累计45min）	·小结 1）几何概型的定义； 2）几何概型问题的分析方法和计算步骤； 3）典型的几何概型——约会问题、蒲丰投针问题和贝特朗悖论的问题背景及概率求解	时间：1min 根据本节讲授内容，做简单小结
	·思考拓展 1）除了课本上介绍的几何概型的基本模型，还有哪些经典模型？ 2）蒙特卡罗方法在现实生活和科学研究中有哪些应用？ 3）贝特朗悖论带给你什么启示？	时间：1min 根据本节讲授内容，给出一些思考拓展的问题
	·作业布置 三角形问题：在长度为 a 的线段内任取两点将其分为3段，求它们可以构成一个三角形的概率	要求学生课后认真完成作业

六、教学评价

本单元的教学设计符合理工科二年级学生的认知规律和实际水平，由约会问题、贝特朗悖论等营造出的轻松活跃又严谨好奇的教学氛围将非常有效地激发学生的学习兴趣，同时带有数学故事色彩的蒲丰投针问题、蒙特卡罗方法有助于提升同学们对于数学的认知，掌握本节课的学习内容。可以预期，在本单元的教学过程中，学生将有较高的积极性和较大的情感投入，并可获得理想的学习效果，实现本单元的教学目标。通过课程的向外延伸，使学生将枯燥的数学知识与鲜活的生活和科研结合在一起，达到"学以致用"的目的；同时，通过实践解决实际问题，又可以"用以促学"，提高学生发现问题、分析问题、解决问题的能力，培养学生的创新精神和独立思考的能力。

1.3　条件概率

一、教学目的

在概率论中，条件概率是非常重要的基本概念，是乘法公式、全概率公式以及贝叶斯公式的基础。条件概率与上述公式相结合有着广泛的应用领域。

本节要求学生深刻理解条件概率产生的背景，掌握条件概率的概念、意义以及计算，体会条件概率与事件同时发生概率的差异性. 掌握乘法公式，能熟练运用乘法公式计算并解决实际问题.

在教学中，通过问题的提出、概念的讲解、例题的设置等多个环节，由浅入深，由易到难，让学生充分理解条件概率、乘法公式的重要性以及应用的广泛性. 在深刻理解的基础上，通过大量生动有趣的生活实例，引导学生运用所学知识去观察生活、解决生活中的实际问题.

特别是在教学中采用新颖的教学手段，通过数值模拟将各种分析及应用直观化，加深学生对知识点的理解，增加学习兴趣.

二、教学思想

条件概率是概率论中的最重要公式之一，同时也是后续相关知识学习的基础，起到承前启后的作用，在概率论的整个学习中占有相当重要的地位. 另外，条件概率应用范围非常广，计算简单但却不乏深刻的理论意义和实际应用的价值.

三、教学分析

1. 教学内容

1）随机取数问题.
2）条件概率的计算公式与乘法公式.
3）条件概率与事件同时发生的概率.
4）应用实例的讨论.

2. 教学重点

1）条件概率的计算公式与乘法公式.
2）条件概率与事件同时发生的概率.

3. 教学难点

1）如何理解条件概率的意义.
2）如何区分条件概率与事件同时发生的概率.
3）理解条件概率在实际问题中的应用.

4. 对重点、难点的处理

1）通过教师在长期教学过程中总结的解题口诀，帮助学生掌握条件概率的计算方法，并举一反三，使学生学会灵活运用口诀，最终达到归纳总结提炼学习内容本质的目的.
2）加强课堂互动，引导学生在学习过程中发现问题，思考问题，通过启发学生自主思考、主动参与，让学生体验感性认识与理性计算的差异，使学生对条件概率有更加深刻的认识，并掌握其计算方法.
3）学以致用，结合条件概率在现实生活和科学研究中的实际应用，引导学生学会应用条件概率.

四、教学方法与策略

1. 课堂教学设计思路

1）以"随机取数"问题引出本节新课，为整堂课奠定良好的基础. 在大多数同学心里，数学课总是相对比较枯燥的，因此以一个有趣的引例引起学生的注意，抓住学生的"眼球"，能够有效提高学生的学习兴趣.

2）本节课的教学内容通过提出问题、分析问题、解决问题和应用"问题"的模式串联起来，使得学生对所学内容有全面的认识，形成完整的知识框架. 对于学生来讲，学习中面临的主要问题是为什么要学习，所学习知识有什么用处？通过这样的教学模式，可以较好地解决这个问题，使学生有目的地去学习.

3）在条件概率的计算过程中，问题的设计遵循逐步深入的原则，即让学生反复练习熟悉公式的步骤，对于刚接触的新知识，学生掌握得不够扎实，通过反复的实验，可以达到及时总结、巩固新知识的目的.

4）引导学生思考和研讨"遗传对智力的影响""波利亚罐子"和"富不过三代"等贴近生活的实例，展示条件概率的应用. 在基本知识的讲解告一段落后，通过让学生合作探讨、研究与生活贴近的一些实例，更加深入地掌握条件概率，让学生去体会数学的力量和魅力.

5）通过生活中通俗易懂的例子展示了乘法公式与条件概率的应用，培养学生深入挖掘知识的能力，从本源上去理解和掌握知识. 只有明白了知识的源头和背景，才能达到对知识的真正掌握，因此设计此环节，培养学生对知识追本溯源的能力，同时满足部分学生进行更深层次学术研究的需求.

6）计算机模拟演示. 为了更深入地理解条件概率与乘法公式，特设计了两个计算机模拟演示的例子. 借助于"三门问题"与"空战问题"两个演示，给学生一个直观感受.

2. 板书设计

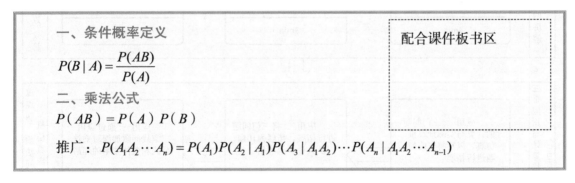

配合课件板书区

一、条件概率定义

$$P(B \mid A) = \frac{P(AB)}{P(A)}$$

二、乘法公式

$$P(AB) = P(A)P(B)$$

推广：$P(A_1 A_2 \cdots A_n) = P(A_1)P(A_2 \mid A_1)P(A_3 \mid A_1 A_2) \cdots P(A_n \mid A_1 A_2 \cdots A_{n-1})$

五、教学安排

1. 教学进程框架

根据教学要求和教学计划安排，以教学过程图所示的教学进程进行安排，将各部分教学内容分解为"问题提出""问题定义／分析"和"问题求解／应用"三部分，始终以问题为导向，以分析为重点，以应用为巩固拓展，引导学生进行学习.

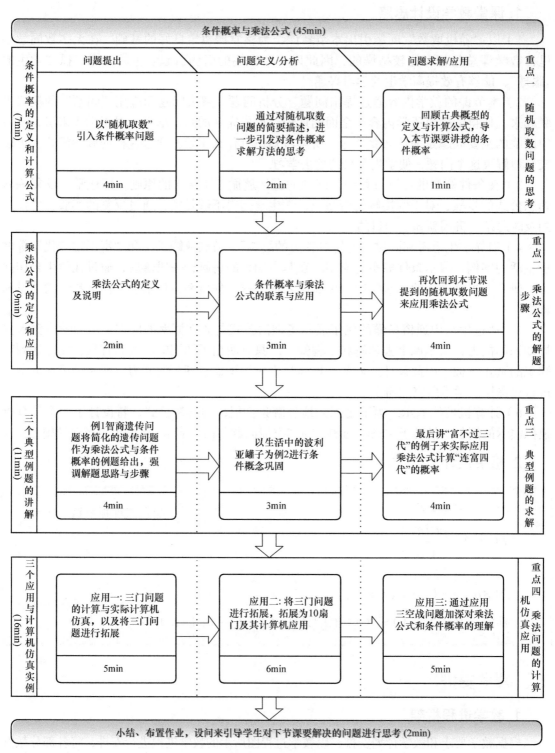

教学过程图

2. 教学进程详细内容

根据教学框架，针对每个知识点进行详细设计，具体内容如下：

教学进程表

教学意图	教学内容	教学环节设计
问题引入（4min）		
随机取数问题的引入 （累计4min）	• 问题引入 随机取数问题 从1至10这10个整数中随机地取1个数. 用 A 表示事件"取到的是奇数"，用 B 表示事件"取到的是质数". 已知取到的数是奇数，求它是质数的概率 分析：记 $P(B\|A)$：事件 A 发生的条件下，事件 B 发生的概率. 其中 $S=\{1,2,3,4,5,6,7,8,9,10\}$，$A=\{1,3,5,7,9\}$， $B=\{2,3,5,7\}$，$AB=\{3,5,7\}$. 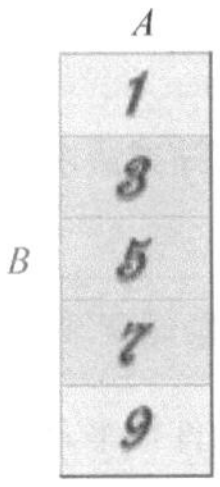 如右图所示：若只考虑奇数中随机取到质数的概率，即在事件 A 发生的条件下，事件 B 发生的概率则为 $P(B\|A)=\dfrac{3}{5}$. 然而本问题最初是从1至10这10个整数中随机地取1个数，因此回到原样本空间中考虑 $P(B\|A)=\dfrac{3/10}{5/10}=\dfrac{3}{5}$，如右图所示. 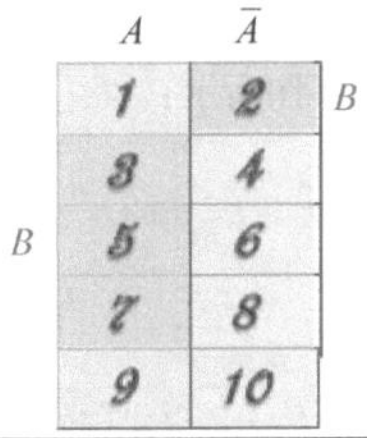	时间：4min 在学习古典概型的基础上，随机取数问题应该较容易理解 本题目实质上应用了两种方法解决问题. 一是缩小样本空间，二是条件概率计算公式 本题重点在于引出条件概率的定义和一般计算公式
条件概率（3min）		
条件概率的定义与说明 （累计6min）	• 条件概率的定义 设 A，B 为两个事件，且 $P(A)>0$，事件 A 发生的条件下，事件 B 发生的条件概率为 $P(B\|A)=\dfrac{P(AB)}{P(A)}$. 说明： • 条件概率也是一种概率； • 集合函数 $P(\cdot\|A)$ 满足3条公理： 1）对任意事件 B，有 $P(B\|A)>0$； 2）$P(S\|A)=1$； 3）若 $\{A_i\}_{i=1}^{\infty}$ 两两不相容，有 $P\left(\bigcup_{i=1}^{\infty}A_i\middle\|A\right)=\sum_{i=1}^{\infty}P(A_i\|A)$	时间：2min 板书：条件概率的定义
条件概率计算方法 （累计7min）	• 条件概率的计算 条件概率也是一种概率，有以下两种计算方法： 定义法 $P(B\|A)=\dfrac{P(AB)}{P(A)}=\dfrac{3/10}{5/10}=\dfrac{3}{5}$ 缩减法 $P(B\|A)=\dfrac{3}{5}$	时间：1min 板书：缩减样本空间 结合引例，介绍两种计算方法
乘法公式（12min）		
乘法公式 （累计9min）	乘法公式 由条件概率，不难得到下面的乘法公式： 1）两个事件 A 和 B 的积事件发生的概率	时间：2min

教学意图	教学内容	教学环节设计
	$P(AB) = P(A)P(B)$，　$P(A) > 0$ 2）3 个事件 A、B 和 C 的积事件发生的概率 $$P(ABC) = P(A)P(B|A)P(C|AB)，\quad P(AB) > 0$$ 3）推广至 n 个事件的积事件发生的概率 $P(A_1 A_2 \cdots A_n) = P(A_1)P(A_2|A_1)P(A_3|A_1 A_2) \cdots P(A_n|A_1 A_2 \cdots A_{n-1})$，$P(A_1 A_2 \cdots A_{n-1}) > 0$ **乘法公式的说明：**用条件概率计算无条件的概率，公式中的条件概率按照缩减法求解	由乘法公式简单变形便可得到乘法公式，并将其从两个事件的积事件发生的概率推广到 n 个事件的积事件发生的概率
条件概率与乘法公式的关系 （累计 11min）	**·条件概率与乘法公式** 条件概率 $P(B|A) = \dfrac{P(AB)}{P(A)}$ 表示在事件 A 中事件 B 所占的（面积）比例 乘法公式 $P(AB) = P(A)P(B)$ 表示事件 A 与事件 B 公共部分的面积 如下图所示： 	**时间：2min** 结合本节问题的引入，讲解条件概率与乘法公式的关系
智商遗传问题 （累计 15min）	**·例 1** 科学研究表明，遗传对智力是有影响的，根据医学统计，生男孩和生女孩的可能性各为 50%，而智力遗传因素都来自 X 染色体. 问：在孩子智力遗传因素中，来自母亲的可能性多大？ 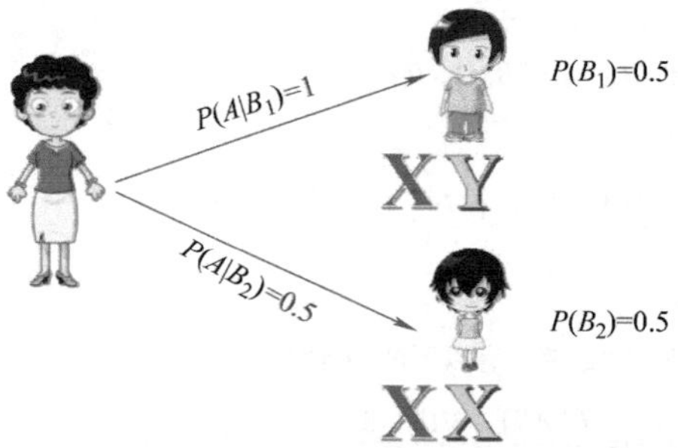 **分析：**设 A 表示智力遗传来自母亲，B_1 为男孩，B_2 为女孩，于是有 $$\begin{aligned} P(A) &= P(A(B_1 \cup B_2)) = P(AB_1 \cup AB_2) \\ &= P(AB_1) + P(AB_2) \\ &= P(B_1)P(A|B_1) + P(B_2)P(A|B_2) \\ &= 0.5 \times 1 + 0.5 \times 0.5 = 0.75 \end{aligned}$$ 可见孩子智力遗传因素中，来自母亲的可能性是 75%，而来自父亲的可能性是 25%	**时间：4min** 考虑孩子智商时，其来源当然有父亲和母亲的遗传影响，那么谁的影响会大些呢？ **强调：**这仅仅是从染色体的角度来考虑的. 事实上，影响孩子的智力还受其他因素影响，这里就不讨论了

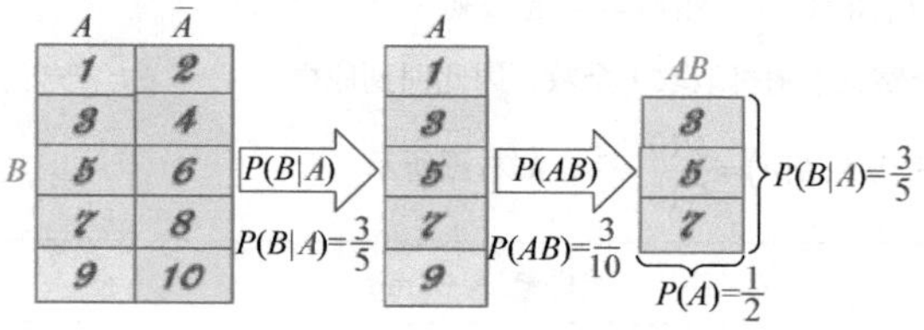

（续）

教学意图	教学内容	教学环节设计
波利亚罐子 （累计19min）	• **例2 波利亚罐子** 从有 r 个红球、b 个黑球的罐子中随机取1个球，记下颜色后放回袋中，并加进 c 个同色球．之后再从罐中任取1个球，求取到红球的概率 解：记 B 表示第一次取出1个红球，A 表示第二次取出一个红球，于是有 $A = (B \cup \bar{B})A = BA \cup \bar{B}A$，$BA$ 与 $\bar{B}A$ 不相容 $$P(A) = P(BA) + P(\bar{B}A)$$ $$= P(B)P(A|B) + P(\bar{B})P(A|\bar{B})$$ $$= \frac{r}{r+b}\frac{r+c}{r+b+c} + \frac{r}{r+b}\frac{r}{r+b+c} = \frac{r}{r+b}$$ 所以 $$P(A) = P(B)$$ 每次取出球后会增加下一次也取到同色球的概率．该模型可作为描述传染病的数学模型．即每次发现1个传染病患者，都会增加再传染的概率	时间：4min 提问：生活中有哪些例子和波利亚罐子有极相似的模型结构呢？
经济阶层流动模型 （累计23min）	• **例3 经济阶层流动模型** **转移概率矩阵** 根据已知转移概率矩阵表，可知 $$P(U_2|U_1) = 0.45$$ 表示父辈经济处于上层水平的条件下，子辈经济处于上层的概率是0.45，根据第一代经济水平分布和转移概率矩阵便可以计算"连富三代"的概率 $$P(U_1|U_2|U_3) = P(U_1)P(U_2|U_1)P(U_3|U_2)$$ $$= 0.01 \times 0.45 \times 0.45$$ $$= 0.002025$$ 而按照此方法"连富四代"的概率仅为0.00091125，由此看来"富不过三代"这一说法有道理	时间：4min 提问：俗语道"富不过三代"这一说法有道理吗？

转移概率矩阵

		子辈		
		U_2（上）	M_2（中）	L_2（下）
父辈	U_1（上）	0.45	0.48	0.07
	M_1（中）	0.05	0.70	0.25
	L_1（下）	0.01	0.50	0.49

第1代经济水平分布

（续）

教学意图	教学内容	教学环节设计
	应用实例（24min）	

三门问题曾引起大家激烈的讨论，因为其结果与人们的直观感受恰好相反，通过该问题的介绍，调动学生的好奇心
（累计28min）

• 应用一 三门问题

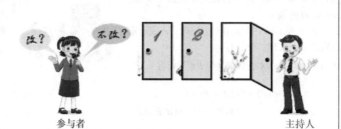

参与者　　　　　　　　　　　　　　　主持人

三门问题（Monty Hall problem）也称为蒙提霍尔问题或蒙提霍尔悖论，出自美国的电视游戏节目《Let's Make a Deal》. 问题名字来自该节目的主持人蒙提·霍尔（Monty Hall）

参赛者会看见三扇关闭了的门，其中一扇的后面有一辆汽车，选中后面有车的那扇门可赢得该汽车，另外两扇门后面则各藏有一只山羊. 当参赛者选定了一扇门，但未去开启它的时候，节目主持人开启剩下两扇门的其中一扇，露出其中一只山羊. 主持人其后会问参赛者要不要换另一扇仍然关上的门

此时参赛者是应该坚持首选还是改选另一扇门呢？

解：假设参赛者选定了1号门，主持人打开了3号门，露出了山羊. 求汽车在1号门的概率. 设 B_1 表示汽车在1号门后；B_2 表示汽车在2号门后；B_3 表示汽车在3号门后；设 A 表示主持人打开了3号门. 则所求概率为 $P(B_1|A)$，由条件得

$$P(B_1)=P(B_2)=P(B_3)=\frac{1}{3}$$

$$P(A|B_1)=\frac{1}{2},\quad P(A|B_2)=1,\quad P(A|B_3)=0$$

由条件概率的定义得

$$P(B_1|A)=\frac{P(AB_1)}{P(A)}=\frac{P(AB_1)}{P(AB_1)+P(AB_2)}=\frac{P(B_1)P(A|B_1)}{P(B_1)P(A|B_1)+P(B_2)P(A|B_2)}$$

$$=\frac{\frac{1}{3}\times\frac{1}{2}}{\frac{1}{3}\times\frac{1}{2}+\frac{1}{3}\times 1}=\frac{1}{3}$$

由条件概率的性质得 $P(B_2|A)=1-P(B_1|A)=\frac{2}{3}$

所以主持人打开3号门的情况下，参赛者改选2号门赢得汽车的概率会增加1倍

时间：5min
模拟游戏环节
提问：参赛者换另一扇门会否增加其赢得汽车的机会率？
追问：是巧合吗？
反馈：前提是主持人事先知道每扇门后面是汽车还是山羊

（续）

教学意图	教学内容	教学环节设计
三门问题计算机模拟（累计31min）	**三门问题计算机模拟** 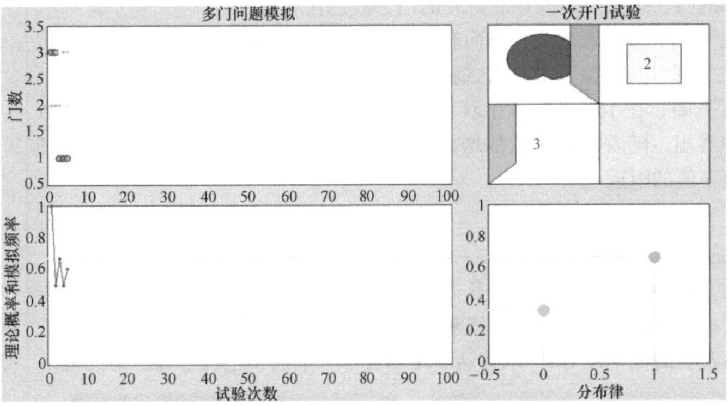 右上图：一次试验的模拟图. 蓝色门是参赛者首选，黄色框是主持人打开的门，绿色门为改选后打开的门，红色代表汽车 右下图：参赛者改变首选而获得汽车的理论概率值 左上图：共模拟了100次试验结果，每一纵列是一次试验结果 左下图：在100次模拟中获得汽车的累积次数和累积频率，可以从数据中看出，随着模拟次数的增加，参赛者改选获奖的频率逐渐稳定在理论概率值的附近	时间：3min 　计算机模拟可以给学生打开另一种看问题的方式. 概率是用试验来研究随机现象的，而计算机又可以通过随机点描述一个试验的结果
将三门问题拓展到10扇门（累计33min）	**· 应用二　三门问题拓展** 　现在有10扇门，游戏开始前一辆汽车等可能地被放置于10扇门的其中一扇后面，其他门后均为山羊. 参与者选定任意一扇门后，主持人将打开8扇有山羊的门. 此时参与者是应坚持首选还是改选另一扇门呢？ 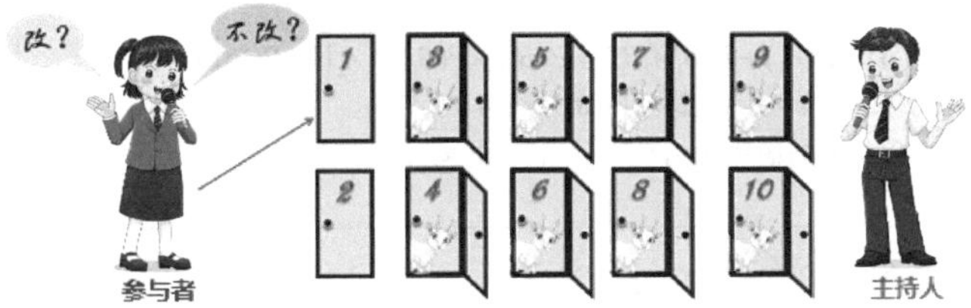 分析：虽然将三门拓展到10扇门，但是问题的本质是一样的	时间：2min 　为了更深刻地理解三门问题，我们拓展到10扇门，也可以以此类推至更多的门
三门问题拓展的计算机模拟（累计35min）	**三门问题拓展计算机模拟** 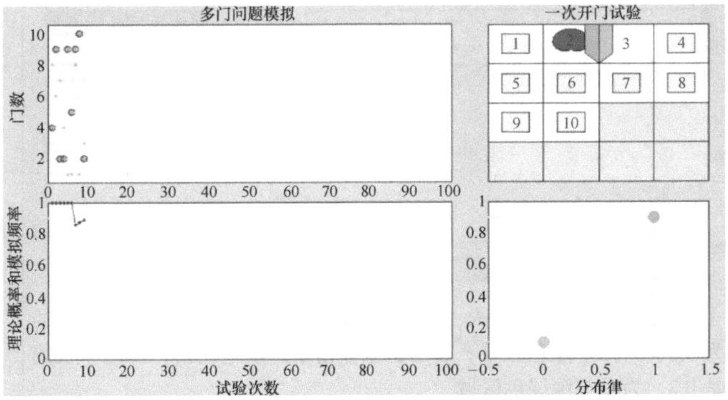 	时间：2min 　计算机模拟可以给学生打开另一个看问题的方式. 同时又可以通过随机点描述一个试验的结果. 　通过模拟可以认识到，当试验次数足够大时，频率与概率值是非常接近的

（续）

教学意图	教学内容	教学环节设计
	右上图：一次试验的模拟图. 蓝色门是参赛者首选，黄色框是主持人打开的门，绿色门为改选后打开的门，红色代表汽车 右下图：参赛者改变首选而获得汽车的理论概率值 左上图：共模拟了100次试验结果，每一纵列是一次试验结果 左下图：在100次模拟中获得汽车的累积次数和累积频率，可以从数据中看出，随着模拟次数的增加，参赛者改选获奖的频率逐渐稳定在理论概率值的附近	
空战问题 （累计40min）	**•应用三　空战问题** 　在空战中，甲机先向乙机开火，击落乙机的概率是0.2；若乙机未被击落，就地还击，击落甲机的概率是0.3；若甲机未被击落，则再进攻乙机，击落乙机的概率是0.4. 求在这3个回合中，甲机、乙机各被击落的概率   　解：设 A 表示甲机被击落，B 表示乙机被击落，并设 B_1 表示乙机在第一回合被甲机击落，A_2 表示甲机在第二回合被乙机击落，B_3 表示乙机在第三回合被甲机击落，于是所求概率为 $P(A)$，$P(B)$ 　已知　　　　$P(B_1)=0.2\quad P(A_2|\overline{B_1})=0.3\quad P(B_3|\overline{B_1}\,\overline{A_2})=0.4$ 　根据乘法公式：$P(A)=P(\overline{B_1}A_2)=P(\overline{B_1})P(A_2|\overline{B_1})=(1-0.2)\times 0.3=0.24$ $P(B)=P(B_1)+P(\overline{B_1}\,\overline{A_2}B_3)=P(B_1)+P(\overline{B_1})P(\overline{A_2}|\overline{B_1})P(B_3|\overline{B_1}\,\overline{A_2})$ $=0.2+(1-0.2)\times(1-0.3)\times 0.4=0.424$ 　故甲机被击落的概率为0.24，乙机被击落的概率为0.424	时间：5min 　通过空战问题，加深对乘法公式和条件概率的理解
空战问题计算机模拟 （累计43min）	**空战问题计算机模拟** 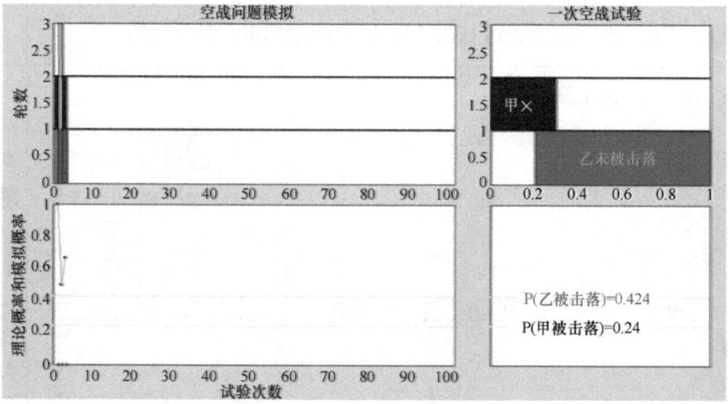 　右上图：甲机先向乙机开火，击落乙机的概率是0.2，即乙未被击落的概率为0.8，为图中蓝色区域；若乙机未被击落，就地还击，击落甲机的概率是0.3，为图中深绿色区域	时间：3min 　通过具体实例和模拟动画演示，让学生能够直观感受到条件概率的本质

（续）

教学意图	教学内容	教学环节设计
空战问题计算机模拟 （累计 43min）	右下图：在几个回合中甲机被击落的概率为 0.24，乙机被击落的概率为 0.424 左上图：共模拟了 100 次试验结果，每一纵列是一次试验结果 左下图：在 100 次模拟中甲和乙分别被击落的累积次数和累积频率，可以从数据中看出，随着模拟次数的增加，甲乙被击落的频率逐渐稳定在理论概率值的附近	时间：3min 通过具体实例和模拟动画演示，让学生能够直观感受到条件概率的本质
小结与思考拓展（2min）		
小结、设问来加深学生对本节内容的印象，并引导学生对下节课要解决的问题进行思考 （累计 45min）	·小结 1）条件概率的定义； 2）条件概率的计算方法； 3）乘法公式的应用； 4）条件概率和乘法公式的应用和例题	时间：1min 根据本节讲授内容，做简单小结
	·思考拓展 1）三门问题中假如有十扇门，主持人推开五扇门时的情况； 2）条件概率 $P(B|A)$，积事件概率 $P(AB)$ 和概率 $P(B)$ 之间的关系	时间：1min 根据本节讲授内容，给出一些思考拓展的问题
	·作业布置 习题五 A：10，23	要求学生课后认真完成作业

六、教学评价

本单元的教学设计符合理工科二年级学生的认知规律和实际水平．条件概率在实际生活中应用广泛，本节课在设计过程中，能够运用动画展示、计算机仿真模拟、"富不过三代"等实例形成生动有趣的教学氛围，而后设置不同例题，由浅入深，由易到难使学生在学习中逐步掌握知识，并通过解决"三门问题"和"空战问题"进行了拓展提升，对于激发学生的学习兴趣，加深学生的学习印象十分有利，有助于学生掌握本节课的学习内容．可以预期，在本单元的教学过程中，学生将有较高的积极性和较大的情感投入，可获得理想的学习效果，实现本单元的教学目标．通过本节课的学习，学生不仅掌握了条件概率和乘法公式及其应用，而且能够理解条件概率背后的本质，同时提升了学生用理论知识解决实际问题的能力和素养．

1.4 全概率公式

一、教学目的

理解和掌握样本空间划分的定义和几何解释，能够利用条件概率的定义及乘法公式推导全概率公式，重点掌握全概率公式产生的背景及其本质，并能够应用公式正确地进行运算．在实际问题中，培养学生由浅入深的分析问题、解决问题的思维方式，进一步提高解决实际问题的能力．

二、教学思想

全概率公式是概率论这门学科中的一个非常重要的公式，实质上是加法公式和乘法公式的综合运用，主要用于计算复杂事件中由因索果类问题的概率，将解题过程化繁为简．同时，全概率公式也是后面相关知识学习的基础，起到承前启后的作用．

另外，虽然全概率公式本身比较简单，但它可以和很多复杂问题联系起来，具有深刻实际应用的价值，在医疗诊断、投资、保险等不确定问题中有着重要的应用．

三、教学分析

1. 教学内容

1）样本空间的划分．
2）全概率公式及其意义．
3）全概率公式的应用举例．

2. 教学重点

1）样本空间的划分．
2）全概率公式．
3）掌握运用全概率公式解决问题的一般步骤．

3. 教学难点

1）样本空间划分的方法．
2）全概率公式的理解．

4. 对重点、难点的处理

1）通过对实例——父母对孩子的智力影响问题的分析，启发学生主动思考，提出问题，引出全概率公式思想，激发学生学习的兴趣．
2）通过举例分析，引导学生寻找样本空间划分的方法，强调划分的两个要点．
3）举一些学生感兴趣的例子，如网球比赛，调动学生学习的积极性．同时对例题做深入细致地分析，层层推进，把问题分析透彻．
4）运用计算机仿真，增加内容的直观理解，提高学习的兴趣，拓展学生的知识面．

四、教学方法与策略

1. 课堂教学设计思路

1）以生动的引例——父母的基因对孩子的智力影响问题引出本节内容，抓住学生的"眼球"，提高学生的兴趣，让学生充分了解全概率公式的产生背景（全概率公式是为了解决复杂问题中由因索果问题产生的），为整堂课奠定良好的基础.

2）引例讲解后，复习一下乘法定理. 然后重点讲一下样本空间的划分. 强调划分的两点：互不相容、不能遗漏. 样本空间的划分是全概率公式的关键环节，没有划分就无法使用全概率公式. 所以举两个例子，说明寻找样本空间划分的两个方法. 例1的方法是，按照试验的前后次序，把所考虑事件前面的试验结果全部列出，就可得到样本空间划分. 例2的方法是，将导致事件发生的所有原因全部列出，就可得到样本空间划分.

3）全概率公式的重点是公式的意义，就是在样本空间划分的前提下，将概率分解到每一个原因下去考虑，由于在每个原因下发生的概率及先验概率是比较容易求得的，所以概率的计算会变得比较简便. 这个思想和高等数学中定积分的定义思想是完全一致的，简单说，就是化整为零，把每个局部问题解决后，再积零为整，最终使问题得到解决. 全概率公式的"全"，体现在事件的概率值，是它在各个原因下的条件概率值的加权平均值，可以理解为，是所有原因引导下，事件发生的概率.

4）重点例题分析. 本段教学选取了一个重点例题背景——三门问题. 三门问题曾引起大家激烈的讨论，因为其结果与人们的直观感受恰好相反，通过该问题的介绍，调动学生的好奇心. 给出三门问题介绍后，详细分析参赛者如果改选另一扇门的3种不同情形，进而引出全概率公式，而后再返回三门问题，用全概率公式对其求解.

5）本段还设计了一个抽签问题，这个问题也比较典型，是概率论中经常涉及的一个知识点. 结果是抽签不分先后，中签概率完全一样. 把抽签问题总结为抽签模式，让学生熟练掌握，并会自觉运用.

6）计算机模拟演示. 为了让学生更好地掌握全概率公式，也为了更好地把比赛赛制问题搞清楚，特意设计了一个计算机模拟演示. 之后给出计算机模拟演示，演示4位选手在四强赛的比赛结果，计算机共演示50次试验，试验结果与理论概率值很接近. 模拟既说明了问题，又可以增加学生学习的兴趣，调动课堂气氛，所以使用模拟手段是教学的一大亮点.

2. 板书设计

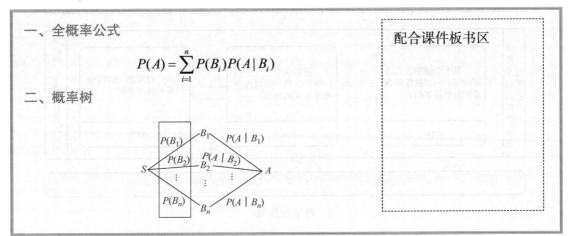

五、教学安排

1. 教学进程框架

根据教学要求和教学计划安排，以教学过程所示的教学进程图进行安排，将各部分教学内容分解为"问题提出""问题定义/分析"和"问题求解/应用"三部分，始终以问题为导向，以分析为重点，以应用为巩固拓展，引导学生进行学习.

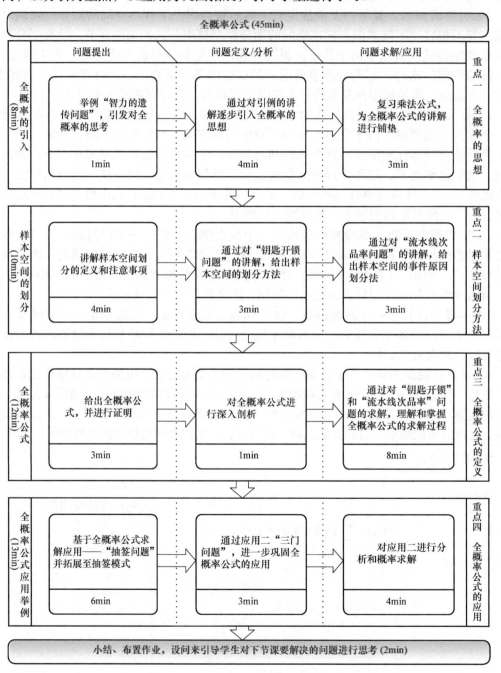

教学过程图

2. 教学进程详细内容

根据教学框架，针对每个知识点进行详细设计，具体内容如下：

教学进程表

教学意图	教学内容	教学环节设计
	1. 问题的引入（8min）	
问题的引入 （累计 5min）	• 问题的引入 科学研究表明，遗传对智力是有影响的，根据医学统计，生男孩和生女孩的可能性各为 50%，而智力遗传因素都来自 X 染色体. 问孩子智力遗传因素中，来自母亲的可能性多大？ $P(A\|B_1)=1$　$P(B_1)=0.5$ XY $P(A\|B_2)=0.5$　$P(B_2)=0.5$ XX 分析：设 A 表示智力遗传来自母亲，B_1 为男孩，B_2 为女孩，于是有 $$\begin{aligned}P(A)&=P(A(B_1\cup B_2))=P(AB_1\cup AB_2)\\&=P(AB_1)+P(AB_2)\\&=P(B_1)P(A\|B_1)+P(B_2)P(A\|B_2)\\&=0.5\times1+0.5\times0.5=0.75\end{aligned}$$ 注意到 $(B_1\cup B_2)=S$，将 B_1,B_2 称为 S 的一个划分. 可见孩子智力遗传因素中，来自母亲的可能性是 0.75，而来自父亲的可能性是 0.25	时间：5min 引入一个有意思的例子. 考虑孩子智商时，其来源当然有父亲和母亲的遗传影响，谁的影响会大些呢？ 强调，这仅仅是从染色体的角度来考虑的. 事实上，影响孩子的智力还受其他因素影响，这里就不讨论了
复习乘法公式 （累计 8min）	• **复习乘法公式** 由条件概率定义式，自然得到积事件的概率公式 $$P(AB)=P(A)P(B\|A),\quad P(A)>0$$ 该乘法公式，也称为乘法定理. 两次使用乘法公式，可以得到 3 个事件的乘法公式 $$P(ABC)=P(A)P(B\|A)P(C\|AB),\quad P(AB)>0$$ 可以类似推出多个事件的乘法公式 $$P(A_1A_2\cdots A_n)=P(A_1)P(A_2\|A_1)P(A_3\|A_1A_2)\cdots P(A_n\|A_1A_2\cdots A_{n-1}),P(A_1A_2\cdots A_{n-1})>0$$ 说明： 1）乘积事件的前后顺序一般是按照试验的先后顺序排序； 2）公式中的条件概率是按照定义法来计算	时间：3min 复习乘法公式，为全概率公式的引出做铺垫

（续）

教学意图	教学内容	教学环节设计
	2. 样本空间的划分（10min）	
样本空间的划分 （累计12min）	**· 样本空间的划分** 定义　设 S 为试验 E 的样本空间，B_1，B_2，…，B_n 为 E 的一组事件，若： 1）$B_i B_j = \varnothing$，$i \neq j$，$i, j = 1, 2, \dots, n$ 2）$B_1 \cup B_2 \cup \dots \cup B_n = S$， 则称 B_1，B_2，…，B_n 是样本空间 S 的一个划分. 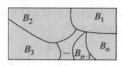 例如，引例中 B_1，B_2 就是 S 的一个划分 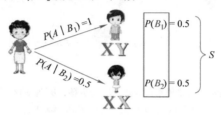	时间：4分钟 从引例中，已经看到样本划分的作用 样本空间划分的两个要点：互不相容、不能遗漏
样本空间划分的方法 （累计18min）	**· 样本空间划分的确定** **例1**　设 n 个钥匙中有两把能将锁打开. 求第3次把锁打开的概率. **分析**：A_i——第 i 次把锁打开，$i = 1, 2, 3$ 开锁分成了3个子过程，问题关心的是第3个子过程. 由于只有两把能开锁的钥匙，则第3次把锁打开时，无法判断前两次开锁的情况，就是说前两次试开不只是一种情况. 这时，把前两次开锁的所有情形都列出，就得到了样本空间的划分： $B_1 = A_1 \bar{A}_2$（第1次打开、第2次没打开） $B_2 = \bar{A}_1 A_2$（第1次没打开、第2次打开） $B_3 = \bar{A}_1 \bar{A}_2$（前两次都没打开） $B_4 = A_1 A_2$（前两次都打开） 特别注意，所列情形要完全，不能遗漏. **例2**　某工厂有3条流水线生产同一种产品，3条流水线的产量分别占该产品总产量的46%，33%，21%，且3条流水线生产产品的次品率分别是0.015，0.025，0.035. 问：恰好抽到次品的概率为多少？ **分析**：当考虑次品的可能性时，由于我们不知道这个次品来自于哪条流水线，所有无法一下回答这个概率问题. 这个问题与例1情况不同，没有明显的试验前后关系，所以换一个角度去分析. 我们把抽到次品视为结果，而不同的流水线视为原因，按照因果关系，将造成结果的所有原因全部列出，就得到了样本空间的划分. 记 B_i 为取出的次品来自第 i 条流水线，$i = 1, 2, 3$. 	时间：6min 给出样本空间划分的两种常用方法 例1的方法是，按照试验的前后次序，把所考虑事件前面的试验结果全部列出，就可划分样本空间 例2的方法是，将导致事件发生的所有原因全部列出，就可划分样本空间

（续）

教学意图	教学内容	教学环节设计
	3. 全概率公式（12min）	
全概率公式 （累计21min）	• 全概率公式 设 1）S 试验为 E 的样本空间，$A \subset S$； 2）B_1，B_2，$\cdots$，B_n 是样本空间 S 的一个划分，且 $$P(B_i) > 0, \quad i = 1,2,\cdots,n$$ 则 $$P(A) = \sum_{i=1}^{n} P(B_i)P(A|B_i)$$ 证明：因为 $A = AS = A(B_1 \bigcup \cdots \bigcup B_n) = AB_1 \bigcup \cdots \bigcup AB_n$ 　　　 且 $AB_1,\cdots,AB_n$ 两两不相容， 　　　 所以 $P(A) = P(AB_1) + \cdots + P(AB_n)$ 　　　　　　　　 $= P(B_1)P(A|B_1) + \cdots + P(B_n)P(A|B_n)$ 化整为零 各个击破 板书全概率公式的概率结构图：	时间：3min 讲解全概率公式 这个证明不难，用到概率可加性和乘法公式 　重点是公式的思想，划分的意思是化整为零，计算出每一个乘积事件概率，各个击破是方法，最后求和是目的
全概率公式说明 （累计22min）	• 全概率公式说明 1）公式的结构：由两组概率可以计算出事件 A 发生的概率 　　先验概率 $\{P(B_i)\}_{i=1}^{n}$ 　　条件概率 $\{P(A|B_i)\}_{i=1}^{n}$ $\bigg\rangle \longrightarrow P(A)$ 2）公式的含义：概率 $P(A)$ 是 $\{P(A|B_i)\}_{i=1}^{n}$ 的加权平均值； 3）公式的意义：在各种可能原因下，事件 A 发生的概率； 4）公式的核心：样本空间的划分	时间：1min 　全概率公式的几点说明，帮助学生理解
例1求解 （累计26min）	• 例1 求解 设 10 把钥匙中有 2 把能将锁打开，求第 3 次把锁打开的概率 解：设 A_i——第 i 次把锁打开，$i = 1, 2, 3$，求 $P(A_3)$	时间：4min 　继续前面的讨论，已经找到了样本空间划分，所以直接使用全概率公式来求解

（续）

教学意图	教学内容	教学环节设计
例 1 求解 （累计 26min）	将前两次开锁的情况全部列出，就得到本问题的划分： $B_1 = A_1\bar{A_2}$（第 1 次打开、第 2 次打开） $B_2 = \bar{A_1}A_2$（第 1 次没打开、第 2 次打开） $B_3 = \bar{A_1}\bar{A_2}$（前两次都没打开） $B_4 = A_1A_2$（前两次都打开） 根据题意，很容易计算出 $$P(B_1) = \frac{2}{10} \times \frac{8}{9}, \ P(B_2) = \frac{8}{10} \times \frac{2}{9}, \ P(B_3) = \frac{8}{10} \times \frac{7}{9}, \ P(B_4) = \frac{2}{10} \times \frac{1}{9}$$ $$P(A_3|B_1) = \frac{1}{8}, \ P(A_3|B_2) = \frac{1}{8}, \ P(A_3|B_3) = \frac{2}{8}, \ P(A_3|B_4) = 0$$ 由全概率公式得 $$P(A_3) = \sum_{i=1}^{4} P(B_i)P(A_3|B_i) = \frac{1}{5}$$ 即第 3 次把锁打开的概率为 0.2	
例 2 求解 （累计 30min）	• **例 2 求解** 某工厂有 3 条流水线生产同一种产品，3 条流水线的产量分别占该产品总产量的 46%，33%，21%，且 3 条流水线生产产品的次品率分别是 0.015，0.025，0.035。问：恰好抽到次品的概率为多少？ **解**：记 A 为取出的一件是次品，B_i 为取出的次品来自第 i 条流水线，$i = 1$，2，3，求：$P(A)$ 由题意得 $$P(B_1) = 0.46, \ P(A|B_1) = 0.015$$ $$P(B_2) = 0.33, \ P(A|B_2) = 0.025$$ $$P(B_3) = 0.21, \ P(A|B_3) = 0.035$$ 由全概率公式知 $$P(A) = \sum_{i=1}^{3} P(B_i)P(A|B_i) = 0.0225$$ 即恰好抽到次品的概率 0.0225	时间：4min 继续前面的讨论，由于已经找到了样本空间划分。所以直接使用全概率公式求解
	4. 全概率公式应用实例（13min）	
应用一 抽签问题 （累计 34min）	• **应用一 抽签问题** 2014 年巴西世界杯决赛时，5 个球迷好不容易才买到两张入场券。大家都想去，只好用抽签的方法来解决 5 张同样的卡片只有两张上写有"入场券"，其余的什么也没写。现将它们放在一起洗匀，让 5 个人依次抽取。问后抽签的人比先抽签的人吃亏吗？	时间：4min 以抽取 2014 年巴西世界杯球票为背景，利用全概率公式，分析抽签问题

（续）

教学意图	教学内容	教学环节设计
	 解：设 A_i 表示"第 i 个人抽到入场券"，则 $\overline{A_i}$ 表示"第 i 个人未抽到入场券"，于是有 $$P(A_1)=\frac{2}{5}, P(\overline{A_1})=\frac{3}{5}$$ $$P(A_2)=P(A_1)P(A_2|A_1)+P(\overline{A_1})P(A_2|\overline{A_1})$$ $$=\frac{2}{5}\times\frac{1}{4}+\frac{3}{5}\times\frac{2}{4}=\frac{2}{5}.$$ 同理 $$P(A_3)=\frac{2}{5}, \quad P(A_4)=\frac{2}{5}, \quad P(A_5)=\frac{2}{5}$$ 结论：抽签不必争先恐后	
抽签问题模式 （累计35min）	• 抽签问题模式 将抽签问题概括一下，有如下抽签模式. **抽签模式** ⚽ 抽取对象分为甲、乙两类； ⚽ 每次任取一个，不放回； ⚽ 问第 i 次抽到甲类对象的概率 p； ⚽ 则 $p = \dfrac{甲类对象数}{对象总数}$	时间：1min 　一个问题是不是抽签问题，只要明确什么是抽签模式，就可以分辨出什么是抽签问题
抽签问题举例 （累计36min）	• 抽签问题举例 设10把钥匙中有两把能将锁打开. 求第3次把锁打开的概率. 　解：前面运用全概率公式得到第3次把锁打开的概率为1/5. 是否有更好的求解方法呢？ 　用抽签模式来求解. 检验几点： 　手中的钥匙分成两组：能打开的2把，不能打开的8把，每次任取一把，不放回，问的是第3次把锁打开，结论是第3次把锁打开的概率 = 2/10 = 1/5	时间：1min 　还是开锁的问题. 如果用抽签模式来分析，求解相当简单 　细节是检验此问题是否满足抽签的三个条件

（续）

教学意图	教学内容	教学环节设计
应用二 三门问题 三门问题曾引起大家激烈的讨论，因为其结果与人们的直观感受恰好相反，通过该问题的介绍，调动学生的好奇心 （累计 39min）	**·应用二 三门问题** 三门问题也称为蒙提霍尔问题或蒙提霍尔悖论，出自美国的电视游戏节目《Let's Make a Deal》. 问题名字来自该节目的主持人蒙提·霍尔. 参赛者会看见三扇关闭了的门，其中一扇的后面有一辆汽车，选中后面有车的那扇门可赢得该汽车，另外两门后面则各藏有一只山羊. 当参赛者选定了一扇门，但未去开启它的时候，节目主持人开启剩下两扇门的其中一扇，露出其中一只山羊. 主持人其后会问参赛者要不要换另一扇仍然关上的门. 问题是：换另一扇门是否会增加参赛者赢得汽车的概率？ 〔问题的提出〕 三门问题 现在有三扇门，游戏开始前一辆汽车等可能地被放置于三扇门的其中一扇后面，其他门后均为山羊. 参与者选定任意一扇门后，主持人将打开一有山羊的门，此时参与者是应坚持首选还是改选另一扇门呢？ 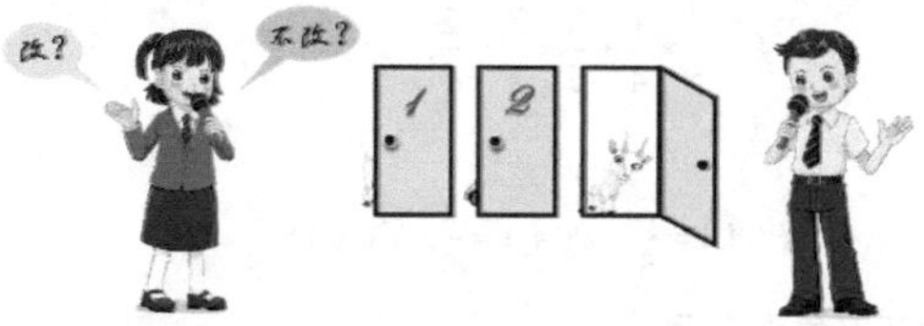 参与者　　　　　　　　　主持人	时间：3min **模拟游戏环节** 提问：参赛者换另一扇门是否会增加其赢得汽车的概率？ 追问：是巧合吗？
详细分析参赛者如果改选另一扇门的三种不同情形，配合动画效果图，吸引学生的注意力 （累计 41min）	**参赛者改选结果的情形分析**  按照如上问题的描述，主持人事先知道每扇门后面是山羊还是汽车. 则在参赛者改变初选门的情况下，做如下三种情形的分析 情形一：参赛者初选山羊 1，那么主持人只能打开有山羊 2 的门，若此时改选则参赛者获得汽车； 情形二：参赛者初选山羊 2，那么主持人只能打开有山羊 1 的门，若此时改选则参赛者获得汽车； 情形三：参赛者初选有汽车的门，主持人可能打开山羊 1 的门，也可能打开山羊 2 的门，若此时改选则不能获得汽车 经过分析，不难得出若参赛者改变初选，则有三分之二的可能会赢得汽车	时间：2min 提问：导致这一结果的关键是什么？ 反馈：前提是主持人事先知道每扇门后面是汽车还是山羊
更形象地理解全概率的含义 （累计 43min）	**三门问题的图解法：** 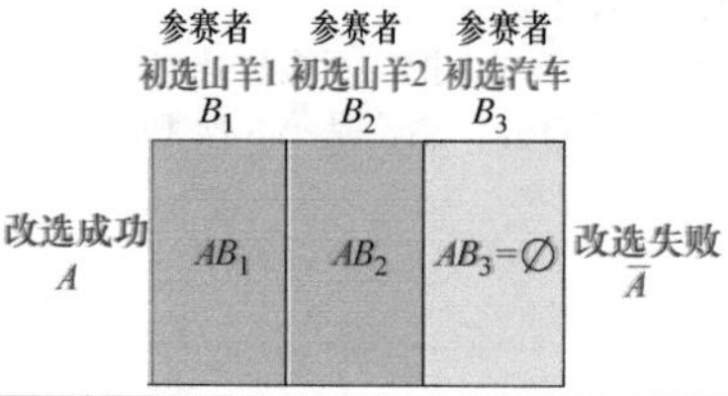 	时间：2min

（续）

教学意图	教学内容	教学环节设计
	如上页图所示 B_1：参赛者初选山羊 1；B_2：参赛者初选山羊 2；B_3：参赛者初选汽车是对样本空间的划分．若 A 表示参赛者改选且成功获得汽车，则该事件发生的概率，即为图中紫色区域（AB_1 与 AB_2）面积	划分的意思是化整为零，计算出每一个乘积事件的概率，是各个击破的方法，最后求和是目的
	**5. 小结与思考拓展（2min）**	
小结、设问来加深学生对本节内容的印象，并引导学生对下节课要解决的问题进行思考（累计 45min）	• 小结 1）给出了条件概率的定义及求法； 2）给出了乘法定理及其应用； 3）给出并证明了全概率公式； 4）给出了全概率公式的应用实例	时间：1min 根据本节讲授内容，做简单小结
	• 思考拓展 1）完备事件组的事件个数可以是无穷多吗？ 2）举一个生活中用抽签模式的例子； 3）用全概率公式分析足球彩票中奖的概率问题； 4）全概率公式的逆问题是什么？由结果如何分析原因？	时间：1min 根据本节讲授内容，给出一些思考拓展的问题
	• 作业布置 习题一 A：10，11	要求学生课后认真完成作业

六、教学评价

　　本单元的教学设计符合理工科二年级学生的认知规律和实际水平，由动画展示、计算机仿真模拟、现实数据检验等营造出的轻松活跃的教学氛围将非常有效地激发学生的学习兴趣，加深学生的学习印象，有助于学生掌握本节课的学习内容．我们经常观看一些比赛，也有不少人喜欢预测比赛结果．但是用概率知识进行系统的预测，并用 Matlab 模拟比赛结果，还是比较有新意的．其实生活中会有很多事物，都可以用概率的眼光去发现研究．通过对实例的分析，旨在培养学生自觉主动地用课堂上领悟到的思想去分析他所碰到的问题，总之，培养学生的数学素养，是每一个数学教师的责任和追求．

1.5　贝叶斯公式

一、教学目的

　　深刻理解贝叶斯公式的本质——求解条件概率的反问题，能够利用条件概率的定义及全概率公式推导出贝叶斯公式，并应用公式正确地进行运算．借助问题背景分析及实验，让学生充分掌握解题步骤和计算方法．能够对研究问题进行观察、类比、抽象、概括，明确所求问题的性质"是正问题还是反问题"，然后选择合适的解决方法．在学习过程中积累数学活动经验，培养学生由浅入深地分析问题、解决问题的思维方式，锻炼学生质疑、独立思考的习惯与精神，帮助学生逐步建立正确的随机观念．能够自觉地使用所学的知识去观察生活，通过建立简单的数学模型，解决生活中的实际问题．

二、教学思想

在日常生活中，我们会遇到许多由因求果的问题，也会遇到许多由果溯因的问题，例如某种传染病已经出现，寻找传染源，机械发生了故障，寻找故障源等. 贝叶斯公式正是用来求解这类由果溯因问题而产生的. 贝叶斯公式不仅是概率论与数理统计中的一个重要教学内容，也是贝叶斯统计的核心和理论基石，在整个学习中占有相当重要的地位.

另外，贝叶斯公式贴近于生活，在金融、互联网、医疗、工程等领域中有着实际应用的价值，如风险评估、故障诊断、预测预警等.

三、教学分析

1. 教学内容

本次课主要讲授以下内容：
1）贝叶斯公式及其计算.
2）先验概率与后验概率.
3）贝叶斯公式的应用举例.

2. 教学重点

1）先验概率和后验概率的含义.
2）掌握贝叶斯公式的本质.
3）掌握正反概率问题的求解过程，培养学生的逆向思维过程.

3. 教学难点

1）如何从反问题的角度出发，引出贝叶斯公式？
2）如何理解先验概率和后验概率的本质？如何理解贝叶斯公式的本质？
3）如何应用贝叶斯公式解决具体问题？

4. 对重点、难点的处理

1）从引例"流水线问题"出发，提出问题，让学生了解"是条件概率反问题导致了贝叶斯公式的产生"，帮助学生理解公式的本质，为后面运用公式解决实际问题奠定基础.

2）以癌症诊断问题为例，讲解先验概率和后验概率. 在具体问题的求解过程中，通过互动，启发学生自主思考、主动参与，让学生感受其中的乐趣，加深学生对贝叶斯公式的理解，达到对解题步骤的熟练掌握.

3）学以致用，结合贝叶斯公式在现实生活和科学研究中的实际应用，引导学生学会应用公式并进行推广，提升知识层次，激发学生探究新知识、新领域的兴趣.

四、教学方法与策略

1. 课堂教学设计思路

1）大多数同学心里，数学课总是相对比较枯燥的，因此以一个生活中的案例"流水线问题"引入逆概率问题，以逆概率值作为投资决策的依据，提高学生的学习兴趣，为整堂课奠定良好的基础.

2）通过引例,引导学生比较正反问题的不同,了解知识的背景(贝叶斯公式是为解决条件概率的反问题而产生的),进一步共同探索反问题的特点及其在条件概率框架下的形式,最终得到贝叶斯公式的具体形式及求解方法. 这样可以让学生理解贝叶斯公式的本质,培养学生对知识追本溯源的能力,深化学生理解层次,增强解决实际问题的能力.

3）在介绍贝叶斯公式,并用来求解流水线问题后,给出先验概率、后验概率、贝叶斯决策和贝叶斯统计等概念. 先验概率和后验概率是本节的难点,后面还要结合具体例题进一步解释. 贝叶斯公式成就了一个统计学科方向,这就是贝叶斯公式的力量,所以简单介绍一下贝叶斯的生平. 有些数学家虽然名气不大,著作很少,但对后来人影响很大,贝叶斯就是一个典型代表人物.

4）精心设计并讲解癌症诊断问题,这是一个教科书中通常使用的例子,怎样才能讲出特色,确实花了一番心思. 在讲明问题的求解细节后,重点做了两点分析,借此题进一步解释先验概率与后验概率、正概率与反概率等问题. 并且,还用图形和计算机模拟的手段,更加清晰地讲解所需说明的问题. 通过详细有序的讲解,相信学生会较好地掌握本节的知识点.

5）癌症诊断问题后,又设计了一个实际问题——文本自动纠错. 在大家都比较熟悉的问题中,挖掘出贝叶斯公式应用这个亮点. 告诉学生,贝叶斯公式是怎样在人工智能方面运用的,扩展学习的知识面.

6）然后介绍了两个贝叶斯公式的典型范例. 一个是贝叶斯分类问题,这是由贝叶斯公式衍生出的分类方法,可扩展至贝叶斯网络方面的知识. 另一个是贝叶斯决策案例分析,这个案例的重点是说明先验概率和后验概率是怎样的辩证关系.

7）在基础知识的讲解告一段落后,作为知识拓展,以通信的编码与解码为例,介绍了多层贝叶斯公式和贝叶斯网络,最后介绍了贝叶斯公式的应用.

8）计算机模拟演示. 为了更好地理解贝叶斯公式,针对癌症诊断问题,设计了一个计算机模拟演示. 模拟了10000个案例的发病率、阳性等状况,给出了阳性条件下患病概率与发病率的函数关系图,由此可以清楚地说明本节知识点.

2. 板书设计

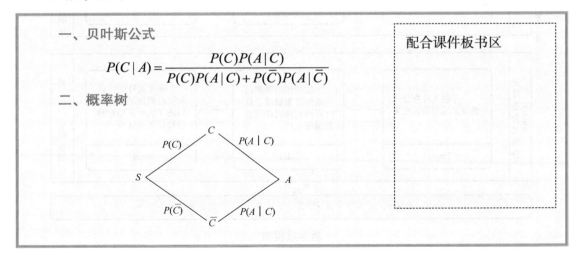

五、教学安排

1. 教学进程框架

根据教学要求和教学计划安排，以教学过程图所示的教学进程进行安排，将各部分教学内容分解为"问题提出""问题定义/分析"和"问题求解/应用"三部分，始终以问题为导向，以分析为重点，以应用为巩固拓展，引导学生进行学习.

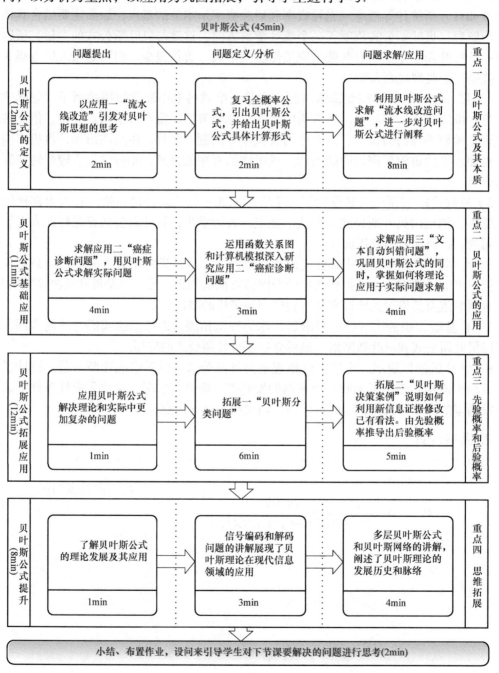

教学过程图

2. 教学进程详细内容

根据教学框架，针对每个知识点进行详细设计，具体内容如下：

教学进程表

教学意图	教学内容	教学环节设计
	1. 贝叶斯公式的定义（12min）	
问题引入 （累计 2min）	• **问题的引入　流水线改造** 　某工厂有三条流水线生产同一种产品，三条流水线的产量分别占该产品总产量的 46%，33%，21%，且三条流水线生产产品的次品率分别是 0.015，0.025，0.035. 　现公司为降低次品率，欲投资改造其中一条流水线，应如何决策？ **分析：** 投资第一条？投资第三条？ **思路：** 做试验，产品抽样 **分析结果：** 当抽得次品时，分析计算它来自哪条流水线的可能性大 记 A 为取出的一件是次品 B_i 为取出的次品来自第 i 条流水线，$i = 1，2，3，$ 求：$P(B_i|A)$，$i = 1,2,3$ 根据 $\max\limits_{i}\{P(B_i|A)\}$ 给出投资	时间：2min 由流水线改造问题引入，应该怎样做改造方案呢？ 用概率的方法来决策
复习全概率公式 （累计 3min）	• **复习　全概率公式** 设 1）$A \subset S$； 2）$B_1, B_2, \cdots, B_n$ 为 S 的一个划分，$P(B_i) > 0$， 则 $$P(A) = \sum_{i=1}^{n} P(B_i)P(A|B_i)$$ **说明：** 1）公式的结构：由两组概率可计算出事件 A 发生的概率，即 $$\left.\begin{array}{l}先验概率\{P(B_i)\}_{i=1}^{n} \\ 条件概率\{P(A|B_i)\}_{i=1}^{n}\end{array}\right\} \longrightarrow P(A)$$ 2）公式的意义：在各种可能原因下，事件 A 发生的概率	时间：1min 复习全概率公式的目的是对比给出贝叶斯公式
贝叶斯公式 （累计 4min）	• **贝叶斯公式** 逆问题：若事件 A 已经发生（结果已经出现），问各种原因对结果出现所作的"贡献"各有多大？即求 $P(B_i|A)$——由结果反思原因 设 1）$A \subset S$； 2）$B_1, B_2, \cdots, B_n$ 为 S 的一个划分，$P(B_i) > 0$，	时间：1min 由因果关系及条件概率的定义，很自然地给出贝叶斯公式

教学意图	教学内容	教学环节设计
	则 $$P(B_i \mid A) = \frac{P(B_iA)}{P(A)} = \frac{P(B_i)P(A \mid B_i)}{\sum\limits_{j=1}^{n} P(B_j)P(A \mid B_j)}, \quad i = 1, 2, \cdots, n$$	
应用一　流水线改造 （累计 7min）	**·应用一　流水线改造** 某工厂有三条流水线生产同一种产品，三条流水线的产量分别占该产品总产量的 46%，33%，21%，且三条流水线生产产品的次品率分别是 0.015，0.025，0.035. 现公司为降低次品率，欲投资改造其中一条流水线，应如何决策？ 解：记 A 为取出的一件是次品， B_i 为取出的次品来自第 i 条流水线，$i = 1, 2, 3$， 由题意得 $$P(B_1) = 0.46, \quad P(A \mid B_1) = 0.015$$ $$P(B_2) = 0.33, \quad P(A \mid B_2) = 0.025$$ $$P(B_3) = 0.21, \quad P(A \mid B_3) = 0.035$$ 由全概率公式和贝叶斯公式有 $$P(A) = \sum_{i=1}^{3} P(B_i)P(A \mid B_i) = 0.0225$$ $$P(B_1 \mid A) = \frac{P(AB_1)}{P(A)} = \frac{P(B_1)P(A \mid B_1)}{P(A)} = 0.306$$ 同理 $$P(B_2 \mid A) = 0.367, \quad P(B_3 \mid A) = 0.327$$ 该次品来自第二条流水线的可能性最大，故投资改造第二条流水线	时间：3min 用贝叶斯公式求解本节开头引入的流水线问题 依据计算出的概率，第二条流水线，在次品出现后导致其出现的可能性最大，所以给出投资决策，改造第二条流水线 逆概率计算出来与直觉相悖，说明直觉是靠不住的
贝叶斯公式说明 （累计 8min）	**·贝叶斯公式说明** $$P(B_i \mid A) = \frac{P(B_iA)}{P(A)} = \frac{P(B_i)P(A \mid B_i)}{\sum\limits_{j=1}^{n} P(B_j)P(A \mid B_j)}, i = 1, 2, \cdots, n$$ 说明： 1）公式的结构：由两组概率可计算出一组概率，即 $$\left.\begin{array}{c} \{P(B_i)\}_{i=1}^{n} \\ \{P(A \mid B_i)\}_{i=1}^{n} \end{array}\right\} \xrightarrow{\text{全概}} P(A) \xrightarrow{\text{贝叶斯}} \{P(B_i \mid A)\}_{i=1}^{n}$$ 2）公式的意义：各种原因对结果的出现所做的"贡献"	时间：1min 引入的问题求解完后，对贝叶斯公式做一下说明
贝叶斯决策 （累计 10min）	**·先验概率与后验概率** **先验概率** 指根据以往经验和分析得到的概率，是在试验前没有进一步的信息（不知道事件 A 是否发生）的情况下，人们对划分事件的概率的认识 先验概率不是根据有关自然状态的全部资料测定的，而只是利用现有的材料（主要是历史资料）计算的	时间：2min 解释一些名词 先验概率往往是在信息不完全的情况下，多少有些主观地给出的概率

（续）

教学意图	教学内容	教学环节设计
	后验概率 　　后验概率是基于新的信息，修正原来的先验概率后所获得的更接近实际情况的概率估计 　　先验概率和后验概率是相对的．如果以后还有新的信息引入，更新了现在所谓的后验概率，得到了新的概率值，那么这个新的概率值被称为后验概率 　　从这个意义上来说，贝叶斯公式为利用搜集到的信息对原有判断进行修正提供了有效手段 　　**贝叶斯决策** 　　贝叶斯公式的作用在于，由结果推原因．就是说，现在有了一个结果 A 已经发生了，在众多可能的原因中，到底哪一个原因导致了这个结果．贝叶斯公式说明了各原因的大小与 $P(B_i\mid A)$ 成比例，而哪个概率值最大，对应的那个原因就是我们关注的对象，这就是贝叶斯决策的思想 　　贝叶斯决策理论是主观贝叶斯派归纳理论的重要组成部分．贝叶斯决策就是在信息不完全的情况下，对部分未知的状态用主观概率估计，然后用贝叶斯公式对发生概率进行修正，最后再利用期望值和修正概率做出最优决策 　　**贝叶斯统计** 　　在统计学中，是依据收集的样本数据（相当于此处的事件 A），去寻找感兴趣的问题的答案．这是一个"由结果推原因"的过程，故而贝叶斯公式就有了极大的应用价值．事实上，依据这个公式的思想，发展了一整套统计推断方法，叫作"贝叶斯统计"．人们根据不确定性信息做出推理和决策需要对各种结论的概率做出估计，这类推理称为概率推理．认为贝叶斯方法是唯一合理的统计推断方法的统计学者，组成数理统计学中的贝叶斯学派，其形成可追溯到 20 世纪 30 年代．到 20 世纪五六十年代，已发展为一个有影响的学派．时至今日，其影响日益扩大 	后验概率是有了样本后，回过头对先验概率的一种修正 　　贝叶斯公式的核心就在于估计和推断．该模式是用先验概率+样本信息推出后验概率 　　把这个思想发展起来，就是贝叶斯决策和贝叶斯统计 　　如今，贝叶斯统计在数理统计学这块领域中占据了半壁江山 　　让学生理解一个公式和一个学科方向的关系
贝叶斯生平简介 （累计 12min）	• **贝叶斯简介** 　　贝叶斯（Bayes，1702—1761） 　　贝叶斯是一位自学成才的数学家，约于 1701 年出生于伦敦，做过神父．1742 年成为英国皇家学会会员．贝叶斯在数学方面主要研究概率论．他首先将归纳推理法用于概率论基础理论，并创立了贝叶斯统计理论，对于统计决策函数、统计推断、统计的估算等做出贡献 	时间：2min 　　介绍贝叶斯．贝叶斯是 18 世纪的学者．这个公式最初是为解决二项分布的概率估计问题所提出的一种方法，而这个方法却成就了一个统计学方向

（续）

教学意图	教学内容	教学环节设计
	贝叶斯的两篇遗作于逝世前4个月，寄给好友普莱斯（Price，1723—1791）．普莱斯又将其寄到皇家学会，并于1763年12月23日在皇家学会大会上作了宣读．在1763年发表的《论机会学说问题的求解》中，贝叶斯提出了一种归纳推理的理论，其中的"贝叶斯定理（或贝叶斯公式）"，可以看作最早的一种统计推断程序，之后被一些统计学者发展为一种系统的统计推断方法，称为贝叶斯方法．而认为贝叶斯方法是唯一合理的统计推断方法的统计学者，形成数理统计学中的贝叶斯学派 贝叶斯对统计推理的主要贡献是使用了"逆概率"这个概念，并把它作为一种普遍的推理方法提出来．贝叶斯定理原本是概率论中的一个定理，这一定理可用一个数学公式来表达，这个公式就是著名的贝叶斯公式．贝叶斯公式又称逆概率公式	其实贝叶斯在18世纪的欧洲并不知名．生前没有发表任何著作，只是学者间的私人通信．已发表的是他的两篇遗作

2. 贝叶斯公式应用（11min）

应用二 癌症诊断 （累计14min）	• 应用二 癌症诊断问题 某一地区某癌症的发病率为0.005，患者对一种试验反应为阳性的概率为0.95，正常人对这种试验反应为阳性的概率为0.04，现随机抽查了一个人，试验反应是阳性．问此人患有这种癌症的可能性是多少？ 解：记A为试验结果是阳性，C为抽查的人患有某种癌症，求$P(C\|A)$ 由条件知 $$P(C)=0.005,\ P(A\|C)=0.95$$ $$P(\bar{C})=0.995,\ P(A\|\bar{C})=0.04$$ 根据贝叶斯公式  $$P(C\|A)=\frac{P(C)P(A\|C)}{P(C)P(A\|C)+P(\bar{C})P(A\|\bar{C})}=0.1066$$ 即此人患有这种癌症的可能性是0.1066	时间：2min 这个问题也叫作"假阳性"，比较有典型意义 配合板书，给出本题的概率结构图
应用二 分析 （累计16min）	• 应用二 分析 **分析1 先验概率与后验概率** 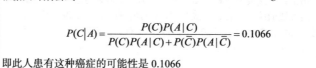 先验概率$P(C)$是试验前根据临床资料统计而得出的，逆概率$P(C\|A)$是试验出现了阳性后对癌症患病率的重新认识．结果表明：两者相比竟增大了约21倍．这首先说明，检验是多么重要．其次，检验结果是阳性，增加了被检验者患癌症的风险，应该引起被检验者的高度重视． **问题：检验结果是阳性，就一定说明被检验者患癌症了吗？**	时间：2min 问题分析是此题的重点

（续）

教学意图	教学内容	教学环节设计
	分析2　正概率与逆概率	这个问题里有几个
	正概率（原因导致结果发生的概率）$P(A\vert C)=0.95$	概率：（板书这些概率）
	逆概率（结果推出原因的概率）$P(C\vert A)=0.1066$	阳性概率 $P(C)$、正
	对比：两个都是条件概率，只是条件事件和关注事件对调一下. 首先	概率 $P(A\vert C)$、逆概率
	意义完全不同，不能混淆这两个概率. 其次是概率值相差很大，即	$P(C\vert A)$
	$$\frac{P(A\vert C)}{P(C\vert A)}\approx 9（倍）$$	用这个例子进一步 说明先验概率与后验 概率；正概率和逆概率
	为什么差这么大呢？原因是先验概率 $P(C)=0.005$ 比较小，尽管条件概率 $P(A\vert C)=0.95$ 非常大，但是在计算中它的权重比较小，所以导致后验概率 $P(C\vert A)=0.1066$ 就比较小. 看一下计算公式：	用"非典"和发热 来解释
	$$P(C\vert A)=\frac{P(C)P(A\vert C)}{P(C)P(A\vert C)+P(\bar{C})P(A\vert\bar{C})}$$	
	可计算出	
	$$P(C)=0.005\xrightarrow{P(A\vert C)=0.95}P(C\vert A)=0.1066$$ $$P(C)=0.0005\xrightarrow{P(A\vert C)=0.95}P(C\vert A)=0.0119$$	
	当先验概率减小一个小数点，后验概率就更小了. 说明越是罕见疾病越不能轻易怀疑自己	
应用二　图形分析（累计17min）	• 应用二　图形分析 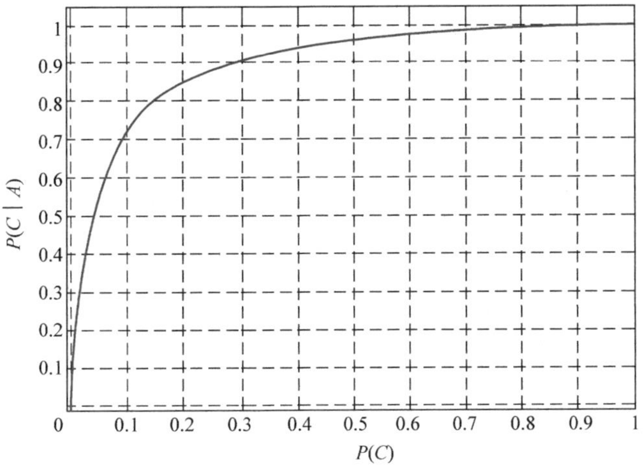 这是后验概率 $P(C\vert A)$ 与先验概率 $P(C)$ 的函数关系图. 从图中可以明显看出，随着 $P(C)$ 越来越小，$P(C\vert A)$ 也急剧变小，在 0 附近，函数图形非常陡峭，或者说导数很大 从图形中还观察到，例如当 $P(C)$ 大于 0.3 时，按上述方法计算得到 $P(C\vert A)$ 就大于 0.9 了，说明患病的可能性非常大了，这时几乎可以看到确定是患病了，需要抓紧治疗	时间：1min 从图形中可以进一步说明，随着 $P(C)$ 与 0 接近，$P(C\vert A)$ 的变化率很大，用高数的语言解释，0 的右导数很大 另一个趋势就是 $P(C)$ 在 0.3 以后，曲线变得平缓，$P(C\vert A)$ 大于 0.9 了

（续）

教学意图	教学内容	教学环节设计
应用二　计算机模拟（累计 19min）	· 应用二　计算机模拟 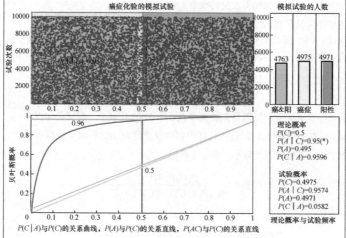 左上图：产生 10000 的随机点，落入左侧黄色区域的点代表癌症患者，落入黄色区域内蓝色域内的点代表癌症且阳性的人员，落入右侧绿色区域的点代表非癌症患者，落入绿色中红色区域内的点代表非癌症且阳性的人员，通过落在不同区域点占总随机点的比例，代表对应事件发生的概率. 左下图：理论曲线图三条： $P(AC)$ 是 $P(C)$ 的线性函数——直线（浅蓝色） $P(A)$ 是 $P(C)$ 的线性函数——直线（黄色） $P(C\|A)$ 是 $P(C)$ 的函数——直线（蓝色） 右上图：蓝色条：癌症且阳性患者的频数； 黄色条：癌症患者的频数； 橘色条：阳性患者的频数 右下图：由理论值计算出的四个概率值，以及由试验模拟数据计算出的四个概率值 $$P(C),\ P(A\|C),\ P(A),\ P(C\|A)$$ 模拟演示中，随着 $P(C)$ 不断从 0 增大到 1，散点图、频数柱形条和试验概率值在不断随之变化	时间：2min 计算机模拟演示中的元素比较多，可以根据时间进行讲解 演示可以进一步解释前面的一些问题，还可以全面地展示这个问题的方方面面
应用三　文本自动纠错问题（累计 21min）	· 应用三　文本自动纠错问题 正如视频中看到的，如果用户输入 theu，那么用户可能输入的是 the，they，them，then，thru. 问纠错的依据是什么呢？提示的顺序是如何定的呢？ 	时间：2min 视频演示，边播放边提出问题：当输错一个单词时，为什么 word 中会给出一个提示，且提示中的顺序是如何确定出来的

（续）

教学意图	教学内容	教学环节设计

international oil prices, such as dollar exchange rate, stock mar.
They are the key factors in price fluctuation, especially in sh
forecasting of Crude oil price considering many factors has becon
Meanwhile, with enhancing of globalization, influence of these
more and more complicated and sensitive. In this paper, we ana
factors including market factors and non-market factors. Th
autoregression (VAR) model to measure the relationship betwee
factors. Based on the results from VAR model, Support Vector M:

应用三 文本自动纠错问题求解（累计23min）

• 应用三 求解

分析：

设 A——用户输入 theu，求：$P(B_i|A)$, $i=1,2,3,4,5$

由统计可得

提示	事件	$P(B_i)$	$P(A|B_i)$
the	B_1	0.3	0.8
they	B_2	0.2	0.9
them	B_3	0.25	0.3
then	B_4	0.15	0.4
thru	B_5	0.1	0.2

根据贝叶斯公式

$$P(B_i|A) = \frac{P(B_iA)}{P(A)} = \frac{P(B_i)P(A|B_i)}{\sum_{j=1}^{5} P(B_j)P(A|B_j)}, i=1,2,\cdots,5$$

由贝叶斯公式计算出结果如下：

i	$P(B_i|A)$	提示	事件	$P(B_i)$	$P(A|B_i)$
1	0.42	the	B_1	0.3	0.8
2	0.31	they	B_2	0.2	0.9
3	0.13	them	B_3	0.25	0.3
4	0.10	then	B_4	0.15	0.4
5	0.03	thru	B_5	0.1	0.2

时间：2min

首先设事件，给出分析框图. 通过这五个单词的词频，给出所需的概率值，利用贝叶斯公式，计算出theu出现后，五个单词出现的条件概率，再按照概率值的大小顺序，给出提示

（续）

教学意图	教学内容	教学环节设计
	3. 贝叶斯公式应用拓展（12min）	

教学意图	教学内容						教学环节设计
拓展一　贝叶斯分类问题（累计30min）	• 拓展一　贝叶斯分类问题						时间：7min

天	天气（O）	温度（T）	湿度（H）	风力（W）	是否打网球（D）
D1	晴朗	炎热	湿度大	风力弱	No
D2	晴朗	炎热	湿度大	风力强	No
D3	阴天	炎热	湿度大	风力弱	Yes
D4	小雨	温度适宜	湿度大	风力弱	Yes
D5	小雨	凉爽	湿度适中	风力弱	Yes
D6	小雨	凉爽	湿度适中	风力强	No
D7	阴天	凉爽	湿度适中	风力强	Yes
D8	晴朗	温度适宜	湿度大	风力弱	No
D9	晴朗	凉爽	湿度适中	风力弱	Yes
D10	小雨	温度适宜	湿度适中	风力弱	Yes
D11	晴朗	温度适宜	湿度适中	风力强	Yes
D12	阴天	温度适宜	湿度大	风力强	Yes
D13	阴天	炎热	湿度适中	风力弱	Yes
D14	小雨	温度适宜	湿度大	风力强	No

教学环节设计栏：引例衔接，假如该用户恰好是女生，通过聊天信息，结合贝叶斯公式，判断在某天该女生是否会前往网球场

提问：能否"偶遇"该女生？

由引例知，假如该用户为女性，并且该女生喜欢打网球. 现将过去某14天的天气信息与该女生是否到户外球场打网球之间的数据关系汇总于上图，如果某男生选择在天气情况是"小雨""凉爽""湿度大""风力弱"的某天前往网球场，他能否"偶遇"该女生？

分析：记随机变量 O 表示天气，T 表示温度，H 表示湿度，W 表示风力，D 表示是否打网球，则问题归结为求概率

$$P(D=\text{No}|O=\text{小雨}, T=\text{凉爽}, H=\text{湿度大}, W=\text{风力弱})$$

$$P(D=\text{Yes}|O=\text{小雨}, T=\text{凉爽}, H=\text{湿度大}, W=\text{风力弱})$$

解：由已知得

$$P(D=\text{Yes})=\frac{9}{14}$$

$$P(O=\text{小雨}|D=\text{Yes})=\frac{3}{9}, P(T=\text{凉爽}|D=\text{Yes})=\frac{3}{9}$$

$$P(H=\text{湿度大}|D=\text{Yes})=\frac{3}{9}, \quad P(W=\text{风力弱}|D=\text{Yes})=\frac{6}{9}$$

根据贝叶斯公式：

$$P(D=\text{Yes}|O=\text{小雨}, T=\text{凉爽}, H=\text{湿度大}, W=\text{风力弱})$$

$$=\frac{P(D=\text{Yes}, O=\text{小雨}, T=\text{凉爽}, H=\text{湿度大}, W=\text{风力弱})}{P(O=\text{小雨}, T=\text{凉爽}, H=\text{湿度大}, W=\text{风力弱})}$$

（续）

教学意图	教学内容	教学环节设计
	$P(D = \text{No}|O = \text{小雨}, T = \text{凉爽}, H = \text{湿度大}, W = \text{风力弱})$ $$= \frac{P(D = \text{No}, O = \text{小雨}, T = \text{凉爽}, H = \text{湿度大}, W = \text{风力弱})}{P(O = \text{小雨}, T = \text{凉爽}, H = \text{湿度大}, W = \text{风力弱})}$$ 由于分母一样，因此比较分子的大小即可！ $$P(D = \text{Yes}, O = \text{晴朗}, T = \text{凉爽}, H = \text{湿度大}, W = \text{风力强})$$ $$= P(D = \text{Yes})P(O = \text{晴朗}|D = \text{Yes})$$ $$P(T = \text{凉爽}|D = \text{Yes})P(H = \text{湿度大}|D = \text{Yes})$$ $$P(W = \text{风力强}|D = \text{Yes}) = \frac{9}{14} \times \frac{3}{9} \times \frac{3}{9} \times \frac{3}{9} \times \frac{6}{9} \approx 0.0159$$ $$P(D = \text{No}, O = \text{晴朗}, T = \text{凉爽}, H = \text{湿度大}, W = \text{风力强})$$ $$= P(D = \text{No})P(O = \text{晴朗}|D = \text{No})$$ $$P(T = \text{凉爽}|D = \text{No})P(H = \text{湿度大}|D = \text{No})$$ $$P(W = \text{风力强}|D = \text{No}) = \frac{5}{14} \times \frac{2}{5} \times \frac{1}{5} \times \frac{4}{5} \times \frac{2}{5} \approx 0.0091$$ 根据最终概率可以判断，在该天气情况去网球场，很可能会"偶遇"该女生.（可进一步扩展，讲解贝叶斯网络在分类中的应用）	
拓展二 贝叶斯决策案例 （累计35min）	• 拓展二 贝叶斯决策案例 设企业甲垄断某一市场（即提供产品和服务），而企业乙考虑要进入这个市场. 当然企业甲不会坐视不管，企业乙也清楚，它能否进入市场取决于企业甲为阻挠而投入的成本规模. 一开始，企业乙不知道企业甲高阻挠成本还是低阻挠成本. 如果企业甲高阻挠成本，企业乙进入市场时甲进行阻挠的概率是20%（即不惜一切代价进行阻挠）；如果低阻挠成本，企业乙进入市场时甲进行阻挠的概率是100%. 最初企业乙认为企业甲属于高阻挠成本企业的概率为0.7（先验概率），这时，企业乙估计自己在进入市场时，受到甲阻挠的概率为 $$0.7 \times 0.2 + 0.3 \times 1 = 0.44$$ 而企业乙进入市场时，企业甲确实进行阻挠，用贝叶斯公式计算出企业乙进入市场后企业甲属于高阻挠成本企业的概率为 $$p_1 = \frac{0.7 \times 0.2}{0.7 \times 0.2 + 0.3 \times 1} \approx 0.32$$ 根据这一新的概率（后验概率），企业乙估计自己再进入市场时，受到企业甲阻挠的概率为 $$0.32 \times 0.2 + 0.68 \times 1 = 0.744$$ 而企业乙再次进入市场时，企业甲又进行了阻挠，运用贝叶斯公式计算出企业甲属于高阻挠成本企业的概率为 $$p_2 = \frac{0.32 \times 0.2}{0.32 \times 0.2 + 0.68 \times 1} = 0.086$$ 这样，根据甲一次次的阻挠行为，乙对甲所属类型的判断逐步发生变化，越来越倾向于将甲判断为低阻挠成本企业了	时间：5min 这个例子说明，贝叶斯定理能够告知我们如何利用新信息证据修改已有的看法. 由先验概率推导出后验概率，而这个后验概率又作为下一步判断的先验概率

（续）

教学意图	教学内容	教学环节设计
	4. 贝叶斯公式提升（8min）	
信号编码解码与多层贝叶斯公式引入 （累计39min）	**• 信号编码解码与多层贝叶斯公式引入** 考虑信号的编码、传输、解码过程，已知发射端等可能地发射1，0，传输中出错的概率分别为0.1和0.15，对于下面三种情况，问接收到1时，如何判断发射的到底是0还是1呢？ 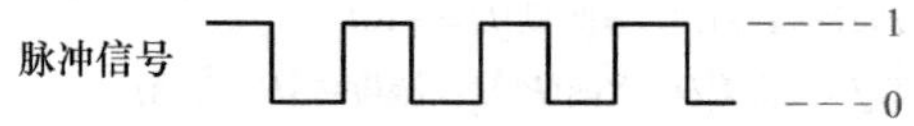 脉冲信号 1）编码和解码不出错： 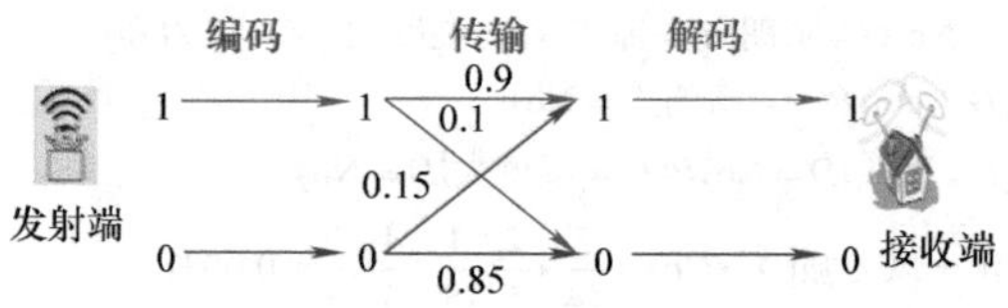 2）编码不出错，1和0解码出错的概率分别为0.07和0.1： 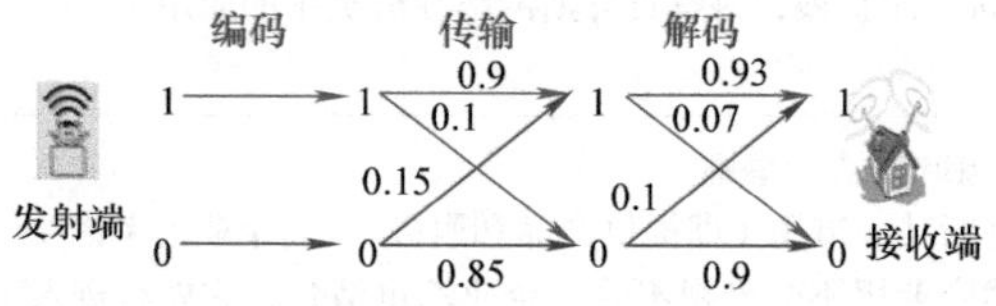 3）编码也出错，1和0出错的概率分别为0.05和0.04： 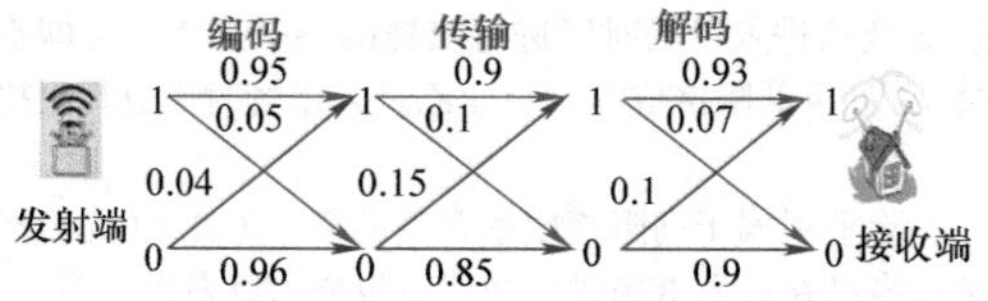 编码是否出错、传输是否出错都可以看成是样本空间的划分	**时间：4min** 从信号编码解码问题引入，将贝叶斯公式从一层推广到多层，并进一步得到贝叶斯网络，拓展学生知识面
多层贝叶斯公式 （累计41min）	**• 多层贝叶斯公式** 经典贝叶斯公式是一层： 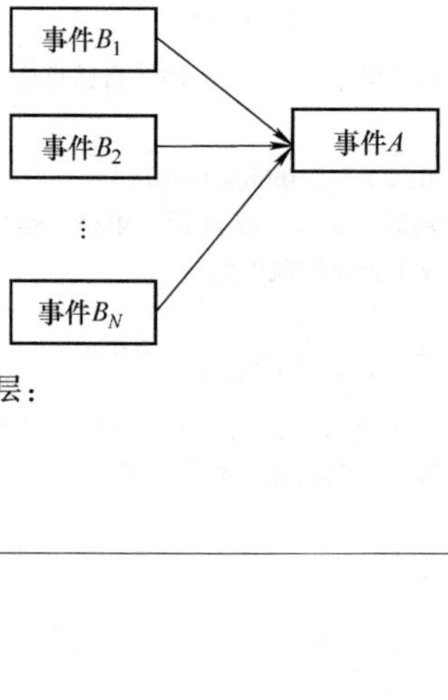 将上图推广到两层：	**时间：2min** 多层贝叶斯公式可以处理更复杂的概率计算问题 　让学生课后查阅文献，寻找多层贝叶斯公式的例子

（续）

教学意图	教学内容	教学环节设计
	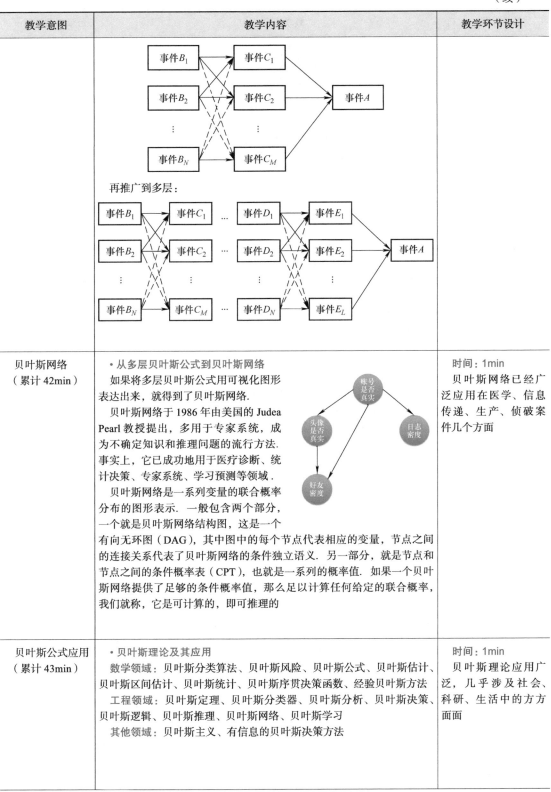 再推广到多层：	
贝叶斯网络 （累计42min）	• 从多层贝叶斯公式到贝叶斯网络 　如果将多层贝叶斯公式用可视化图形表达出来，就得到了贝叶斯网络. 　贝叶斯网络于1986年由美国的Judea Pearl教授提出，多用于专家系统，成为不确定知识和推理问题的流行方法. 事实上，它已成功地用于医疗诊断、统计决策、专家系统、学习预测等领域. 　贝叶斯网络是一系列变量的联合概率分布的图形表示. 一般包含两个部分，一个就是贝叶斯网络结构图，这是一个有向无环图（DAG），其中图中的每个节点代表相应的变量，节点之间的连接关系代表了贝叶斯网络的条件独立语义. 另一部分，就是节点和节点之间的条件概率表（CPT），也就是一系列的概率值. 如果一个贝叶斯网络提供了足够的条件概率值，那么足以计算任何给定的联合概率，我们就称，它是可计算的，即可推理的	时间：1min 贝叶斯网络已经广泛应用在医学、信息传递、生产、侦破案件几个方面
贝叶斯公式应用 （累计43min）	• 贝叶斯理论及其应用 　数学领域：贝叶斯分类算法、贝叶斯风险、贝叶斯公式、贝叶斯估计、贝叶斯区间估计、贝叶斯统计、贝叶斯序贯决策函数、经验贝叶斯方法 　工程领域：贝叶斯定理、贝叶斯分类器、贝叶斯分析、贝叶斯决策、贝叶斯逻辑、贝叶斯推理、贝叶斯网络、贝叶斯学习 　其他领域：贝叶斯主义、有信息的贝叶斯决策方法	时间：1min 贝叶斯理论应用广泛，几乎涉及社会、科研、生活中的方方面面

（续）

教学意图	教学内容	教学环节设计

	5.小结与思考拓展（2min）	
小结、设问来加深学生对本节内容的印象，并引导学生对下节课要解决的问题进行思考（累计45min）	**• 小结** 1）给出了贝叶斯公式的内容； 2）介绍了贝叶斯决策思想； 3）给出了贝叶斯公式的应用实例； 4）给出了贝叶斯典型范例； 5）介绍了贝叶斯公式的应用	时间：1min 根据本节讲授内容，做简单小结
	• 思考拓展 1）查阅文献，探讨贝叶斯公式的哲学意义； 2）查找一个贝叶斯公式在法庭审判中的应用范例； 3）查找一个使用多层贝叶斯公式的例子； 4）举例说明贝叶斯公式在生活中的应用	时间：1min 根据本节讲授内容，给出一些思考拓展的问题
	• 作业布置 习题一 A：12~15	要求学生课后认真完成作业

六、教学评价

本单元的教学设计符合理工科二年级学生的认知规律和实际水平. 贝叶斯思想在实际生活中应用广泛，本节课在设计过程中，能够运用动画展示、计算机仿真模拟、文字纠错等实例形成生动有趣的教学氛围，而后设置不同例题，由浅入深，由易到难使学生在学习中逐步掌握知识，并通过解决"贝叶斯分类问题"和"市场决策案例"进行了拓展提升，对于激发学生的学习兴趣，加深学生的学习印象十分有利，有助于学生掌握本节课的学习内容. 可以预期，在本单元的教学过程中，学生将有较高的积极性和较大的情感投入，可获得理想的学习效果，实现本单元的教学目标. 通过本节课的学习，学生不仅掌握了贝叶斯公式及其应用，而且能够理解贝叶斯思想的本质，同时提升了学生用理论知识解决实际问题的能力和素养.

1.6 事件的独立性

一、教学目的

深刻理解事件的独立性产生的背景，掌握事件独立性的概念和意义，以及概率计算公式，掌握事件的独立性的两种判断方法．在深刻理解独立事件的特征以及概率计算方法的基础上，引导学生用所学知识去观察生活，通过建立简单的数学模型，解决生活中的实际问题．

二、教学思想

在概率论中，事件的独立性是非常重要的基本概念．通常情况下，概率论中涉及的许多内容都是在假设独立的前提下进行讨论的，如果事件之间的关联很微弱，则可以在误差允许范围内将其视为是独立的，以方便解决问题．在教学中，通过问题的提出、概念的讲解、例题的设置等多个环节，让学生充分认识到独立性的重要性以及其应用的广泛性．

三、教学分析

1. 教学内容

1）两个事件相互独立的定义及相关性质．
2）三个事件两两独立、相互独立以及 n 个事件相互独立的定义．
3）典型例题——伯恩斯坦反例．
4）事件独立性的应用举例．

2. 教学重点

1）掌握相互独立事件的概念．
2）掌握事件是否独立的判别方法．
3）掌握与独立相关的概率计算公式．
4）运用公式解决实际问题，掌握解决概率问题的步骤．

3. 教学难点

1）如何判断两个事件是否独立？
2）如何区分两事件独立与互斥？
3）如何区分多个事件两两独立和相互独立？
4）应用独立性解决实际问题．

4. 对重点、难点的处理

1）通过一些应用实例，启发学生思考，提出独立性产生的背景及意义，引出判断事件独立的两种方法，激发学生兴趣，为后面分析、解决实际问题奠定基础．

2）加强课堂互动，引导学生发现问题、思考问题，通过启发学生自主思考、主动参与，让学生体验感性认识与理性计算的差异，使学生对独立性有更加深刻的认识，并掌握解题方法．

3）学以致用，结合事件独立性在现实生活和科学研究中的实际应用，引导学生运用所学知识解决问题，激发学生探究新知识、新领域的兴趣.

4）问题的提升. 对所讨论的问题做进一步拓展，既讲解了知识点，又拓展了知识面，让学生可以从更高的角度去看待所学的内容，而不是生硬照搬书本上的知识.

四、教学方法与策略

1. 课堂教学设计思路

1）以"近防炮"问题为例，从问题求解的角度引出独立性的概念，让学生了解独立性产生的背景，带着问题有目的地学习，为整堂课奠定良好的基础. 在引入独立性概念后，进一步求解该问题. 再把问题提升一下，介绍一下目前各国"近防炮"的状况. 据媒体报道，中国研制的近距自卫反导系统在打得准上获得了突破，5 项技术填补了国内空白. 特别是 AK-1030 近防反导舰炮已经装备在辽宁舰上，增强了辽宁舰的防卫能力. 其实本题只是借用了近防炮这个背景，讲解用独立性求解子弹射击导弹问题. 同时也是想通过这个例子，弘扬一下国威和军威. 当然为此也查阅了很多材料.

2）重点讲解独立性的概念. 方式是分层次讲解. 首先讲解两个事件的独立性概念，并做了三点说明. 然后通过两个伯恩斯坦反例及三个事件的独立性概念，说明三个事件两两独立和相互独立的关系. 再进一步给出 n 个事件相互独立的概念. 然后介绍独立性的判定，以及独立性的概率计算问题. 事件独立性的意义在于概率计算，明确独立性的条件下，给出和事件的概率计算公式.

3）设计了一个系统可靠性问题. 在系统可靠性计算中，用到了事件的独立性. 在问题的设计中，采用了逐步提高系统可靠性的递进方式，边分析边求解，告诉学生如何使用串联、并联方式通过系统可靠性. 之后，将系统可靠性拓展到计算机网络安全问题，并留给学生一个课后练习.

4）在"近防炮"问题中，给出了计算机模拟演示. 计算机动画模拟演示是比较新颖的教学手段，既将所讲内容直观化，又调节了课堂气氛，还吸引学生注意力，增加学生学习的兴趣.

5）知识拓展. 将系统安全上升到核反应堆安全问题. 这其实仅仅是拓展，任何一个系统，如飞行系统等都有安全问题，都需要用概率论来计算系统安全性，虽然这类概率计算问题会非常复杂，但是都需要有独立的假设，这就涉及本节的重点内容. 通过讲解，让学生知道独立性的重要性.

6）运用框图的形式，说明了事件独立性在本课程中的重要性. 给出了以事件独立性为切入点，发展了后续的随机变量的独立性、分布的可加性、大数定律、中心极限定理、样本的独立性、统计量的独立性、抽样分布.

7）计算机模拟演示. 为了让学生更好地理解独立性，提高教学效果，对近防炮问题设计了一个计算机模拟演示. 模拟 100 次试验，每次产生 100 个随机点，验证子弹命中率与理论值的接近程度.

2. 板书设计

一、 $P(A_i) = p_i$

$$P(\bigcup_{i=1}^{n} A_i) = 1 - (1-p_1)(1-p_2)\cdots(1-p_n)$$

二、 $P(A_i) = p$

$$P(A_1 \cup A_2 \cup \cdots \cup A_n) = 1 - (1-p)^n$$

配合课件板书区

五、教学安排

1. 教学进程框架

根据教学要求和教学计划安排，以教学过程图所示的教学进程进行安排，将各部分教学内容分解为"问题提出""问题定义/分析"和"问题求解/应用"三部分，始终以问题为导向，以分析为重点，以应用为巩固拓展，引导学生进行学习.

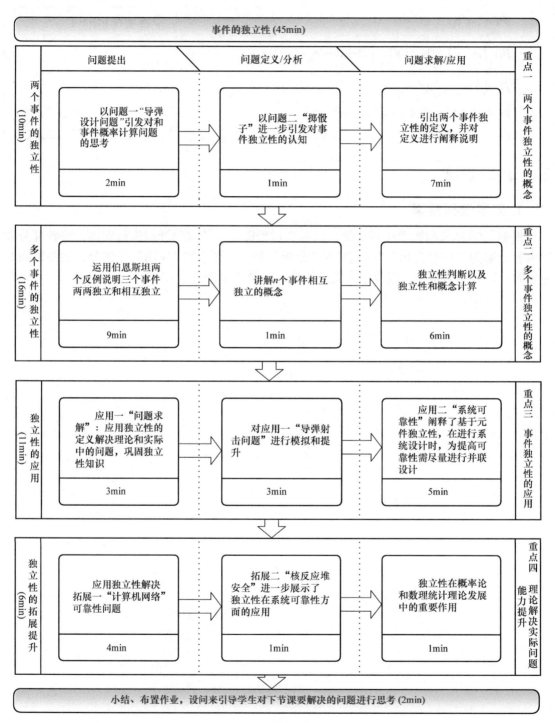

教学过程图

2. 教学进程详细内容

根据教学框架，针对每个知识点进行详细设计，具体内容如下：

教学进程表

教学意图	教学内容	教学环节设计
	1. 两个事件的独立性（10min）	
问题引入 1 （累计 2min）	• 问题引入 1 射击导弹问题 "近防炮"是一种舰艇车辆上使用的防空、反导系统. 它可以在短时间内发射大量的子弹对目标进行撞击. 假设每发子弹是否命中是互不影响的，且命中概率均为 0.004. 若系统发射 100 发子弹，求至少命中一发的概率 分析：记 A——导弹被击中，A_i——第 i 发子弹击中导弹，$i=1,2,\cdots,100$，有 $A=A_1\cup A_2\cup\cdots\cup A_{100}$，由概率的加法公式得 $$P(A)=\sum_{i=1}^{100}P(A_i)-\sum_{1\le i<j\le100}P(A_iA_j)+\sum_{1\le i<j<k\le100}P(A_iA_jA_k)+\cdots+(-1)^{99}P(A_1A_2\cdots A_{100})$$ 问题：上式的运算太复杂，几乎无法完成计算，原因是和事件的个数太多，有 100 个事件. 是否有简便的计算方法? 就是说，有没有一个新的角度来计算和事件的概率?	时间：2min 问题的核心是多个事件和的概率该如何计算? 用讲过的加法公式太复杂了，几乎是无法完成 板书：A，B 不相容时有和事件计算公式 $$P(A\cup B)=P(A)+P(B)$$ 那么类似地会不会有公式 $$P(AB)=P(A)P(B)$$ 或者说什么条件下，可以有这个公式呢?
问题引入 2 （累计 3min）	• 问题引入 2 掷骰子 将一颗均匀骰子连掷两次，A_1——第一次掷出 1 点，A_2——第二次掷出 6 点，计算概率 $$P(A_2\mid A_1)=P(A_2)$$ $$\Rightarrow P(A_1A_2)=P(A_1)P(A_2\mid A_1)=P(A_1)P(A_2)$$ 即得到一个计算结果 $$P(A_1A_2)=P(A_1)P(A_2)$$ 说明：乘积事件的概率恰是概率的乘积 问题：什么情形下会有这样的概率计算公式? 这个计算结果对和事件的概率计算有什么影响吗? 分析：之所以出现这个概率计算结果，原因是两次掷骰子的试验是在相同条件下进行的，就是说第一次掷出骰子的点数与第二次的点数没有任何关系，所以不影响各次结果出现的概率	时间：1min 第 2 个问题的核心是引入独立性的概念，告诉学生，会有这样的情况出现，乘积事件的概率是概率的乘积 所以下面顺利给出独立性概念
两个事件的独立性定义与说明 1 （累计 6min）	• 两个事件的独立性定义 定义 1 设 A 和 B 是两个事件，如果具有等式 $$P(AB)=P(A)P(B)$$	时间：3min 问题：为什么不用条件概率定义事件的独立性呢?

（续）

教学意图	教学内容	教学环节设计
	则称事件 A 和事件 B 是相互独立的事件. **说明 1**：当 $P(B) > 0$ 时，事件 A，B 相互独立的充要条件是 $$P(A\mid B) = P(A)$$ **证明**：由条件概率的定义知 $$P(A\mid B) = \frac{P(AB)}{P(B)}$$ 所以事件 A，B 相互独立 $$\Leftrightarrow P(AB) = P(A)P(B)$$ $$\Leftrightarrow P(A\mid B) = \frac{P(AB)}{P(B)} = \frac{P(A)P(B)}{P(B)} = P(A)$$ $$\Leftrightarrow P(AB) = P(B)P(A\mid B) = P(B)P(A)$$ 这个说明的意义是，在相互独立的条件下，事件 A 的条件概率与无条件概率是相同的. 这表明，事件 B 的发生与否对事件 A 发生的概率毫无影响	理由有二： 1）条件概率是有前提条件的，所以适用范围相对小些 2）用乘积事件概率定义独立性，公式具有对称性，有数学的美感
两个事件的独立性定义与说明 2、说明 3 （累计 10min）	**• 两个事件的独立性定义说明** **说明 2**：事件 A，B 相互独立的充要条件是 A 与 $\bar{B}$、$\bar{A}$ 与 B、$\bar{A}$ 与 $\bar{B}$ 也相互独立. **证明**：只证明一个，其他证明留作思考. 设事件 A，B 相互独立，则有 $$P(AB) = P(A)P(B)$$ 所以 $$P(A\bar{B}) = P(A-B) = P(A) - P(AB)$$ $$= P(A) - P(A)P(B)$$ $$= P(A)(1-P(B)) = P(A)P(\bar{B})$$ 即 $P(A\bar{B}) = P(A)P(\bar{B})$，证得 A，$\bar{B}$ 相互独立 **说明 3**：当 $P(A)P(B) > 0$ 时，"A，B 相互独立"与"A，B 不相容"不能同时成立 **证明**：设事件 A，B 相互独立，且 $$P(A)P(B) > 0$$ 则 $P(AB) = P(A)P(B) > 0$， 所以 $AB \neq \varnothing$，故 A，B 不是不相容. 同理可推出由"A，B 不相容"的条件下，事件 A，B 不相互独立 这个说明的意义是，在一定条件下，不能混淆事件独立与不相容这两个概念	时间：4min 说明 2 的证明并不复杂，教师可以板书证明. 或者让学生上讲台，在黑板上指导学生完成证明 说明 3 的目的是，让学生区分独立性和不相容是两个不同角度的问题，它们之间没有必然的逻辑关系
	2. 多个事件的独立性（16min）	
三个事件两两独立的定义 （累计 11min）	**• 三个事件两两独立的概念** **定义 2** 设 A，B，C 是三个事件，如果满足 $$P(AB) = P(A)P(B)$$ $$P(BC) = P(B)P(C)$$ $$P(AC) = P(A)P(C)$$	时间：1min 三个事件的两两独立性

（续）

教学意图	教学内容	教学环节设计
	则称事件 A，B，C 两两独立 问题：若 A，B，C 两两独立，是否有 $P(ABC) = P(A)P(B)P(C)$？	
伯恩斯坦反例一 （累计 14min）	• 伯恩斯坦反例一 一个均匀的正四面体，其第 1 面染成红色，第 2 面染成白色，第 3 面染成蓝色，而第 4 面同时染上红、白、蓝三种颜色．现以 A，B，C 分别记投一次四面体出现红、白、蓝颜色朝下的事件．问事件 A，B，C 两两独立吗？ 解：由于在四面体中红、白、蓝分别出现两次，因此 $$P(A) = P(B) = P(C) = \frac{2}{4} = \frac{1}{2}$$ 又由题意知 $$P(AB) = P(AC) = P(BC) = \frac{1}{4}$$ 故有 $$P(AB) = P(A)P(B)$$ $$P(BC) = P(B)P(C)$$ $$P(AC) = P(A)P(C)$$ 所以事件 A，B，C 两两独立．又 $$P(ABC) = \frac{1}{4}, P(A)P(B)P(C) = \frac{1}{2} \cdot \frac{1}{2} \cdot \frac{1}{2} = \frac{1}{8}$$ 所以 $$P(ABC) \neq P(A)P(B)P(C)$$	时间：3min 由这个例子说明，事件两两独立推不出三个事件乘积概率是概率积的公式 为了更清楚地讲解，特意做了一个四面体教具，边拿教具边讲解，这样学生更容易接受
伯恩斯坦反例二 （累计 18min）	• 伯恩斯坦反例二 一个均匀的正八面体，其第 1，2，3，4 面染成红色，第 1，2，3，5 面染成黄色，第 1，6，7，8 面染成绿色．抛一次八面体，现令 A = 朝下的一面出现红色 B = 朝下的一面出现黄色 C = 朝下的一面出现绿色 问事件 A，B，C 两两独立吗? 解：由题意 $$P(A) = P(B) = P(C) = \frac{C_4^1}{C_8^1} = \frac{1}{2}$$ 所以 $$P(ABC) = \frac{C_1^1}{C_8^1} = \frac{1}{8} = P(A)P(B)P(C)$$ 但是 $$P(AB) = \frac{C_3^1}{C_8^1} = \frac{3}{8} \neq \frac{1}{4} = P(A)P(B)$$ 证得事件 A，B，C 不是两两独立的	时间：4min 由这个例子说明，由三个事件乘积概率是概率积的公式，推不出三个事件两两独立 为了更清楚地讲解，也特意做了一个八面体教具，边拿教具边讲解，这样学生更容易接受

（续）

教学意图	教学内容	教学环节设计
	说明：$P(ABC) = P(A)P(B)P(C)$ 成立，同样推不出事件 A，B，C 两两独立 结论：公式 $P(ABC) = P(A)P(B)P(C)$ 与事件 A，B，C 两两独立没有必然的逻辑关系	
三个事件相互独立的定义 （累计 19min）	• 三个事件相互独立的概念 定义 3　设 A，B，C 是三个事件，如果满足 $$P(AB) = P(A)P(B)$$ $$P(BC) = P(B)P(C)$$ $$P(AC) = P(A)P(C)$$ $$P(ABC) = P(A)P(B)P(C)$$ 则称事件 A，B，C 相互独立 命题　若事件 A，B，C 相互独立，则事件 A，B，C 一定两两独立.反之不然 由上述伯恩斯坦两个反例已经充分说明，三个事件两两独立与相互独立的关系	时间：1min 由前面的讨论再给出三个事件相互独立的定义就非常自然了. 问题：多于三个事件的独立性怎样定义呢？
n 个事件相互独立的定义 （累计 20min）	• n 个事件相互独立的概念 定义 4　设 $A_1, A_2, \cdots, A_n$ 是 n 个事件，如果对于任意 k（$1 \leqslant k \leqslant n$），任意 $1 \leqslant i_1 < i_2 < \cdots < i_k \leqslant n$，具有等式 $$P(A_{i_1}A_{i_2}\cdots A_{i_k}) = P(A_{i_1})P(A_{i_2})\cdots P(A_{i_k})$$ 则称事件 $A_1, A_2, \cdots, A_n$ 相互独立 说明 1：定义中涉及的概率等式有 $C_n^2 + C_n^3 + \cdots + C_n^n = 2^n - n - 1$ 个等式 说明 2：一组事件独立性的直观意义 假设把一组事件任意地分成两个小组，其中一个小组中的任意个数的事件的出现与不出现，都不会带来另一个小组中的事件的任何信息	时间：1min 显然 n 个事件相互独立的定义比较繁杂 那么怎样判断事件的独立性呢？
独立性的判断 （累计 22min）	• 事件相互独立的判断 特别说明，正是由于现实的独立现象的特性，产生了独立性的概念，否则这个概念就没有什么意义了.所以大部分的独立性可由实际意义来判断.下面给出了一些例子： ·掷骰子，各个骰子出现的点数互不影响； ·掷硬币，各个硬币是否出现正面，没有影响； ·产品抽样检验，在放回的情形中，显然各次抽取的结果互不影响；如果在不放回，当产品总量较大，抽取的个数相对较小时，认为各次抽取结果是独立的； ·射击，每人击中与否是独立的； ·评委打分，在不商议的前提下，各评委的打分是相互独立的； ·学生考试，在不作弊的前提下，卷面成绩是相互独立的	时间：2min 由实际意义判断独立性 提问：让学生再举出一些独立性的例子

（续）

教学意图	教学内容	教学环节设计

独立性的判断（续）（累计25min）	**· 事件相互独立的判断（续）**  从一副不含大小王的扑克牌中任取一张. A 表示抽到 K，B 表示抽到的牌是黑色的. 事件 A、B 是否相互独立？ 　分析：问题中的独立性不易由实际意义判断，故用定义判断 　解：由于 $P(A)=\dfrac{4}{52}=\dfrac{1}{13}$ 所以　　　$P(AB)=\dfrac{2}{52}=\dfrac{1}{26}$ 　　　　　$P(B)=\dfrac{26}{52}=\dfrac{1}{2}$ 可见，$P(AB)=P(A)P(B)$ 所以事件 A 与 B 相互独立	时间：3min 　这个问题中的独立性，由实际意义不好判断，所以要用定义判断 　可以让学生先自己求解一下
独立性与概率计算（累计26min）	**· 独立性与概率计算** 在实际问题中，定义常常不是来判断独立性的，而是利用独立性来计算乘积事件概率的 设 $A_1,A_2,\cdots,A_n$ 相互独立，且 $$P(A_i)=p_i,i=1,2,\cdots,n$$ 则有 $$P(A_1A_2\cdots A_n)=P(A_1)P(A_2)\cdots P(A_n)$$ $$P(A_1\bigcup A_2\cdots\bigcup A_n)=1-P(\overline{A_1}\,\overline{A_2}\cdots\overline{A_n})$$ $$=1-P(\overline{A_1})P(\overline{A_2})\cdots P(\overline{A_n})$$ $$=1-(1-p_1)(1-p_2)\cdots(1-p_n)$$ $$P(A_1A_2\cdots A_n)=P(A_1)P(A_2)\cdots P(A_n)$$ 即 $$P\Big(\bigcup_{i=1}^{n}A_i\Big)=1-(1-p_1)(1-p_2)\cdots(1-p_n)$$ 又若 $$P(A_i)=p,\quad i=1,2,\cdots,n$$ 有 $$P(A_1\bigcup A_2\bigcup\cdots\bigcup A_n)=1-(1-p)^n$$	时间：1min 　在独立性的条件下，积事件概率计算变得简单，这从定义中就可以看出来 　但是对于和事件概率计算的简便性就得推导一下才可以知道.尤其是等概率的和事件，其概率计算公式就很简便了. 这正是本节的目标

（续）

教学意图	教学内容	教学环节设计
	3. 独立性的应用（11min）	
应用一　射击导弹问题（累计27min）	• 应用一　射击导弹问题 "近防炮"是一种舰艇车辆上使用的防空、反导系统. 它可以在短时间内发射大量的子弹对目标进行撞击. 假设每发子弹是否命中是互不影响的, 且命中概率均为 0.004. 若系统发射 100 发子弹, 求至少命中一发的概率 解：记 A——导弹被击中, A_i——第 i 发子弹击中导弹, $i=1, 2, \cdots, 100$, 有 $$A = A_1 \cup A_2 \cup \cdots \cup A_{100}$$ 且 A_1, A_2, A_{100} 相互独立, 且 $$p = P(A_i) = 0.004, \ i = 1, 2, \cdots, 100$$ 则 $$P(A) = P(A_1 \cup \cdots \cup A_{100}) = 1 - (1-p)^{100}$$ $$= 1 - (1 - 0.004)^{100} \approx 0.33$$	时间：1min 求解问题引入的射击导弹问题 利用独立性, 可以方便地计算出 100 个事件的和的概率
应用一　射击导弹问题（续）（累计29min）	• 应用一　射击导弹问题（续） 为确保以 0.99 的概率击中导弹, 至少要发射多少发子弹？ 解：记 A——导弹被击中, A_i——第 i 发子弹击中导弹, $i=1, 2, \cdots, n$, 由题意得 $P(A) \geqslant 0.99$ ——→ $n \geqslant$? 由 $A = A_1 \cup A_2 \cup \cdots \cup A_n$, $A_1, A_2, \cdots, A_n$ 相互独立, 且 $$p = P(A_i) = 0.004, \ i = 1, 2, \cdots, n$$ 则 $$P(A) = 1 - (1-p)^n = 1 - (1 - 0.004)^n$$ $$= 1 - 0.996^n \geqslant 0.99$$ $$\Rightarrow n \geqslant \frac{\lg 0.01}{\lg 0.996} \approx 1149$$ 即至少需要 1149 发子弹	时间：2min 设计一个概率反解问题 由概率反求事件. 仍然是利用独立性计算概率 本例还说明, 小概率事件在试验次数较大时, 发生的可能性很大
应用一　计算机模拟（累计31min）	• 应用一　计算机模拟 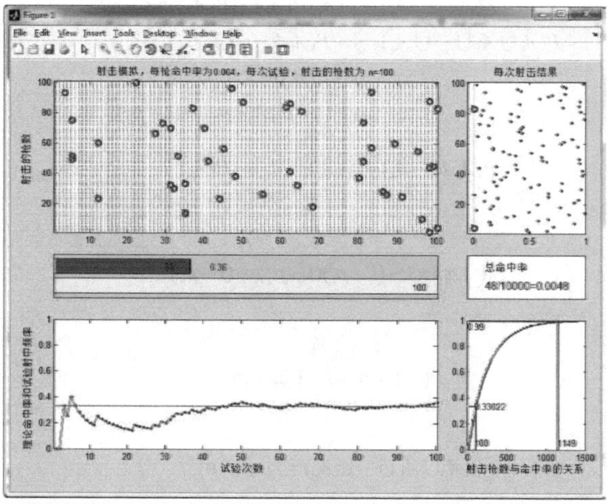 	时间：2min 计算机模拟演示, 让学生直观认识子弹射击目标的过程 讲明试验频率与理论值的接近

（续）

教学意图	教学内容	教学环节设计
	右上图：一次试验（100发子弹）的模拟结果； 左上图：100次试验的模拟结果； 左中图：100次试验中命中次数； 右中图：100次试验共发射的10000发子弹中总命中率； 左下图：100次试验累积命中率及理论命中概率值； 右下图：射击子弹数与命中率的关系	讲明右下图，子弹数与理论命中率的关系. 虽然每发子弹命中是小概率事件，但随着发射子弹数增加，命中目标是必然事件
应用一 拓展 （累计32min）	• 应用一 拓展 ■ 美制 MK15 "火神"密集阵系统 20毫米6管 4500发/分 ■ 俄制"卡什坦"近防系统 双30毫米口径6管 10000发/分  ■ 中国730型近防系统 30毫米7管 4200~5800发/分 ■ 中国AK-1030型近防反导舰炮 30毫米10管 超过10000发/分 近防炮是近程防御武器系统，是防导弹的. 因为导弹密度比炮弹低，而且比炮弹软，所以近防炮才可以起作用. 上图对比了美俄和中国近防炮的资料. 据国内媒体报道，中国研制的近距自卫反导系统在打得准上获得了突破，五项技术填补了国内空白. 公开报道中提到"射速比国外同类装备提高了近100%"，也就是说已大大超越了射速10000发的水平，可以具备拦截目前最快的超音速反舰炮弹的能力. AK-1030近防反导舰炮为辽宁舰的新型装备，由此增加了辽宁舰的近距防御能力，这就是被称为1030的舰载近距反导火炮. 该超高速射近防炮，成功解决了末端拦截超音速导弹的全自动作战决策难题，打破了西方国家的技术封锁，成为中国新型舰艇的护身甲胄	时间：1min 解释一下近防炮的知识. 值得一提的是，中国目前的近防炮达到世界先进水平 讲本段的目的是，弘扬一下军威和国威
应用二 系统可靠性 （累计33min）	• 应用二 系统可靠性 元件可靠性——元件在某时间段内正常工作（连通）的概率 系统可靠性——系统在某时间段内正常工作（连通）的概率 系统可靠性与各元件的可靠性有关，也与元件的连接方式有关. 设各元件的失效与否相互独立，且元件i的可靠性为p_i，根据时间独立性的概率计算公式，有 $$P(\text{串联系统有效}) = p_1 p_2 \cdots p_m$$ $$P(\text{并联系统有效}) = 1 - (1-p_1)(1-p_2)\cdots(1-p_m)$$ 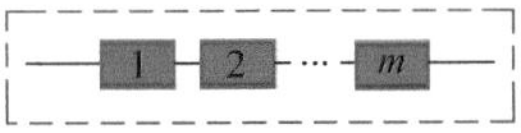 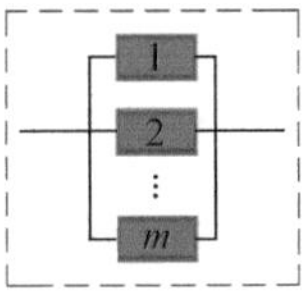	时间：2min 元件和系统的可靠性是用概率定义的，所以概率论是研究可靠性理论的重要工具

（续）

教学意图	教学内容	教学环节设计
应用二　系统可靠性设计 （累计37min）	**·应用二　系统可靠性设计** 　　设某系统由五个子系统构成，每个系统由元件组成（如下图所示，且各元件能否正常工作是相互独立的）. 元件可靠性越大成本越高，为了提高子系统可靠性，可以采用并联方式. 若想可靠性不低于0.78，如何设计该系统?  子系统1　子系统2　子系统3　子系统4　子系统5 　　**设计思路**　保证可靠性的前提下，成本最小 　　**方案一**　五个子系统的可靠性，就是各元件可靠性的乘积，即 $$0.95 \times 0.95 \times 0.70 \times 0.75 \times 0.95 = 0.45$$ 　　**方案二**　将可靠性最低的子系统3的元件并联，可以增加整个系统可靠性，计算结果为 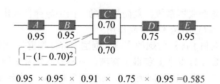 $$0.95 \times 0.95 \times 0.91 \times 0.75 \times 0.95 = 0.585$$ 　　**方案三**　再将可靠性最低的子系统4的元件并联，可以增加整个系统可靠性，计算结果 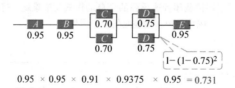 $$0.95 \times 0.95 \times 0.91 \times 0.9375 \times 0.95 = 0.731$$ 　　**方案四**　再将可靠性最低的子系统3的元件并联为3个，可以增加整个系统可靠性，计算结果为 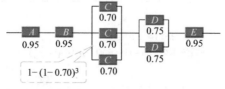 $$0.95 \times 0.95 \times 0.973 \times 0.9375 \times 0.95 = 0.782$$ <table><tr><td>设计</td><td>方案一</td><td>方案二</td><td>方案三</td><td>方案四</td></tr><tr><td>可靠性</td><td>0.45</td><td>0.585</td><td>0.731</td><td>0.782</td></tr></table>	时间：4min 　　用一个比较简单的例子来说明可靠性设计的基本思想 　　串联系统的可靠性来自于每个子系统的可靠性，可靠性是各个子系统可靠性的乘积. 故提高可靠性就要提高子系统的可靠性，而子系统的可靠性可以通过并联来实现 　　考虑到成本，先从可靠性低的子系统入手，逐步增加并联的元件个数，最终达到设计要求

（续）

教学意图	教学内容	教学环节设计
	4. 独立性的拓展提升（6min）	
拓展一　计算机网络（累计41min）	• 拓展一　计算机网络 在计算机网络中，A 和 B 两个节点通过中间四个节点 C, D, E, F 相互连接，如在下图所示. 假定各节点之间的连接与否相互独立，求 A 和 B 之间连接的概率 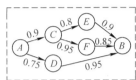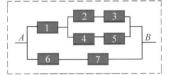 将左侧网络图抽象为右侧元件连接图，按照系统可靠性的计算方法去计算. 解：记 A——系统正常工作，A_i——元件 i 正常工作，$i = 1$, 2, $\cdots$, 7，由事件的运算关系可知 $$A = (A_1 \bigcap (A_2 A_3 \bigcup A_4 A_5)) \bigcup A_6 A_7$$ 由题意知 $A_1, A_2, \cdots, A_7$ 相互独立，经过计算可得 $$P(A) = 0.957$$ 其中计算过程作为思考	时间：4min 这是一个典型的系统可靠性的估计问题. 但是它的结构比前一个例子要复杂一些 先讲清楚系统正常工作和各元件正常工作的关系，具体计算可以留给学生课下完成
拓展二　核反应堆安全（累计42min）	• 拓展二　核反应堆安全 概率论是评估核电厂安全的重要工具. 核反应堆可能是被人们研究的最透彻的一种装置. 绝大多数研究的目标是确保每个反应堆都能正常运行. 毕竟工厂是被设计用来发电的，而不是威胁生命或毫无责任地破坏环境. 预测核电厂如何正常工作的一个分析工具就是概率论. 对反应堆进行安全分析的目标是，预测每个运行的系统可能出现的故障，这包括机器本身的故障或人为导致的故障. 在许多情况下，人们都提出这些问题，其中分析人员计算了某一层系统的工作如何分散到下一层的一个或多个系统. 根据对电厂安全结构的理解，如果发生灾难性故障，将必须发生无数多个单独的不可能的故障，而且它们沿着事件树从头到尾都发生才行. 分析人员利用每个独立系统的数据，来估计一个故障沿着事件树从头到尾都发生的概率，其中包括转换事件树的接点之间转换函数的控制系统. 这些事件树被用来评估和比较将来制定的设计，它们也被用来评估现在运行的电厂的安全. 对每一个核反应堆是否安全运行的判定，对我们所有人都至关重要. 概率论为人们提供了重要的判断决策依据，而独立性在系统安全分析中起到这样的作用	时间：1min 本段将独立性问题拓展到系统安全. 其实在任何一个大的系统中，都要考虑其安全性. 而评估系统安全性，概率论是重要的分析工具，其中的独立性概念是必不可少的

（续）

教学意图	教学内容	教学环节设计
拓展一　计算机网络（续） （累计43min）	**·独立性在本课程中的重要性** 　独立性的概念在概率论中极其重要．在较早期（20世纪30年代前）的概率论发展中，它占据了中心位置，时至今日，有不少非独立的理论发展了起来，但其完善的程度仍不够．而且，独立性的理论也是研究非独立模型的基础和工具．在实际应用中，确有许多事件其相依性很小，在误差容许的范围内，它们可视为独立的，从而方便问题的解决． 　独立性在本课程中的重要性如下： 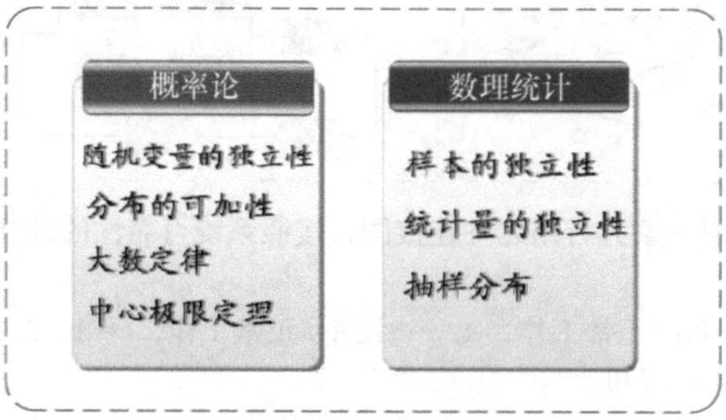 　概率论　　　　　数理统计 　随机变量的独立性　样本的独立性 　分布的可加性　　　统计量的独立性 　大数定律　　　　　抽样分布 　中心极限定理	时间：1min 　最后介绍一下独立性的概念在本课程中的重要作用．可以说，没有独立性，课程后续内容将无法展开．也可以说，有了独立性的概念，会给问题的讨论带来便利
	5. 小结与思考拓展（2min）	
小结、设问来加深学生对本节内容的印象，并引导学生对下节课要解决的问题进行思考 （累计45min）	**·小结** 1）给出了独立性的概念； 2）介绍了独立性的判定； 3）给出了独立性的相关概率计算公式； 4）给出了独立性的应用实例； 5）给出了独立性的知识拓展	时间：1min 　根据本节讲授内容，做简单小结
	·思考拓展 1）小概率事件与独立性； 2）事件独立性和条件概率的关系是什么？ 3）完成计算机网络问题的概率计算； 4）文献查阅（独立性与系统安全）	时间：1min 　根据本节讲授内容，给出一些思考拓展的问题
	·作业布置 习题一 A：17, 20, 26, 28, 30	要求学生课后认真完成作业

六、教学评价

　　本单元的教学设计符合理工科二年级学生的认知规律和实际水平．事件独立性在实际生活中应用也比较广泛，如在本节课中提炼出的系统可靠性问题和导弹射击问题等．为了更好地帮助学生理解独立性的概念，在课堂设计中，除了使用常规的动画展示，还采用了教具模型，如伯恩斯坦反例中使用了四面体和八面体，让学生在问题理解方面更加直观，增强了课堂的趣味性．此外，在本节课的例题方面，提炼设计了涉及军事的导弹射击问题和计算机互联网的连通问题，帮助学生更好地掌握如何利用独立性计算概率．通过本节课的学习，学生基本能够理解和掌握独立性的概念和利用独立性计算概率，以及独立性在实际生活中如何应用，达到了预期的教学目标．

第 2 章

一维随机变量及其分布

2.1 0—1 分布与二项分布

一、教学目的

使学生深刻理解和掌握二项分布的产生背景与概念，掌握伯努利概型的判定方法，重点掌握用随机变量的分布（二项分布）求解相应的概率问题. 引导学生在深刻理解二项分布的基础上，透彻地分析现实生活中的一些问题，培养学生能够自觉地以概率的角度看问题和分析问题的能力. 掌握 0—1 分布，0—1 分布是二项分布的特殊情形，也是二项分布的基础.

二、教学思想

二项分布是概率论中重要的三大分布之一，在早期的概率统计中，二项分布是唯一的一个分布，对其的研究达到了相当的深度，应用上的重要性及其较简单的形式，是使二项分布得到众多学者关心的原因. 所以在教学中，通过问题的提出、概念的讲解、例题的设置等多个环节，让学生充分认识到二项分布的重要性和其应用的广泛性，并学会用二项分布解决一些实际问题.

三、教学分析

1. 教学内容

1）离散型随机变量及其分布律的概念.
2）0—1 分布的概念.
3）二项分布的概念.
4）二项分布的应用问题.

2. 教学重点

1）二项分布的判定.
2）服从二项分布的随机变量引入.
3）实际问题的应用实例分析.

3. 教学难点

1）伯努利试验的判定理解.

2）二项分布的两个参数的确定.

3）用随机变量表示随机事件.

4. 对重点、难点的处理

1）通过羽毛球比赛结果预测问题的引入，激发学生对学习二项分布课程内容的兴趣，使学生的注意力集中，便于教学的进行.

2）运用二项分布的图形，使学生对二项分布有一种直观的认识.

3）在每一个问题的求解中，按照分析的四个步骤重复讲解，达到学生熟练掌握的目的.

4）运用计算机模拟的手段，增加对内容的直观理解以及学习的兴趣，扩大学生的知识面.

四、教学方法与策略

1. 课堂教学设计思路

1）首先讲解离散型随机变量及其分布律的概念，强调分布律的两个要点，以及分布律的表达形式. 然后介绍 0—1 分布，给出一些 0—1 分布的例子. 0—1 分布其实是二项分布的简化情形，也是理解二项分布关键的一步，这部分内容并不难理解.

2）以羽毛球比赛结果预测的实际问题引出二项分布的定义，使得学生积极去思考这个问题，带着问题学习二项分布的内容.

3）详细讲解二项分布的定义及有关说明. 首先介绍伯努利概型，充分说明两点，即"独立"和"重复"的要义. 然后给出二项分布的随机变量，说明其意义，分析其概率的计算公式由来，给出二项分布的记号，明确其参数. 之后做两件事，一是验证二项分布的概率满足两条性质（即它确实是一种分布），二是看一下二项分布的分布图形，增加对二项分布的直观认识.

4）重点分析应用问题一——羽毛球比赛结果预测. 给出问题后，首先按照分析四步骤，依次对应给出分析结果，得到一个服从二项分布 $B(3, 0.52)$ 的随机变量 X；然后用 X 表示所求概率 $P\{X \geqslant 2\}$，最后提出两点思考，意在培养学生发散思维能力和解决问题能力.

5）其次分析应用问题二——工作效率问题. 该问题的意义在于，用两种维护人员的配备方案，对比工作量和工作效率的关系. 重点还是运用二项分布分析解决问题. 两种方案意味着二项分布的参数不同，随机变量表达的事件形式不同，致使同一个问题（计算机不能及时维护）的概率不同，结论是，方案二维护人员工作量大，工作效率反而增加. 说明有些问题靠直观是不行的，必须掌握概率的方法进行分析，从而给出正确的抉择.

6）应用问题三的目的是提出问题. 也就是说，在二项分布中，当 n 很大，p 很小时，概率该如何计算，这个问题也是为了下节泊松分布的引入做铺垫.

7）拓展：二项分布的重要性. 运用框图的形式，给出以二项分布为研究的切入点，发展了后续的泊松分布、正态分布、大数定律和统计模型.

8）计算机模拟演示. 为了更直观理解赛制问题，特意设计制作了计算机模拟，由模拟可以清楚地观察到三局两胜和五局三胜的情况，模拟可以增加学生的学习兴趣，还能充分说明所强调的问题. 一般结论是，水平高的选手采用局数多的赛制比较有利，这就不难理解，为什么某项比赛，初赛阶段用低局数的赛制，而到了决赛阶段采用多局数的赛制.

2. 板书设计

一、二项分布的概率公式推导 $$P\{X=k\}=C_n^k p^k (1-p)^{n-k}$$ 二、两个概率值 A 在每局赢的概率 0.52 A 在每场比赛赢的概率 0.53	配合课件板书区

五、教学安排

1. 教学进程框架

根据教学要求和教学计划安排，以教学过程图所示的教学进程进行安排，将各部分教学内容分解为"问题提出""问题定义 / 分析"和"问题求解 / 应用"三部分，始终以问题为导向，以分析为重点，以应用为巩固拓展，引导学生进行学习.

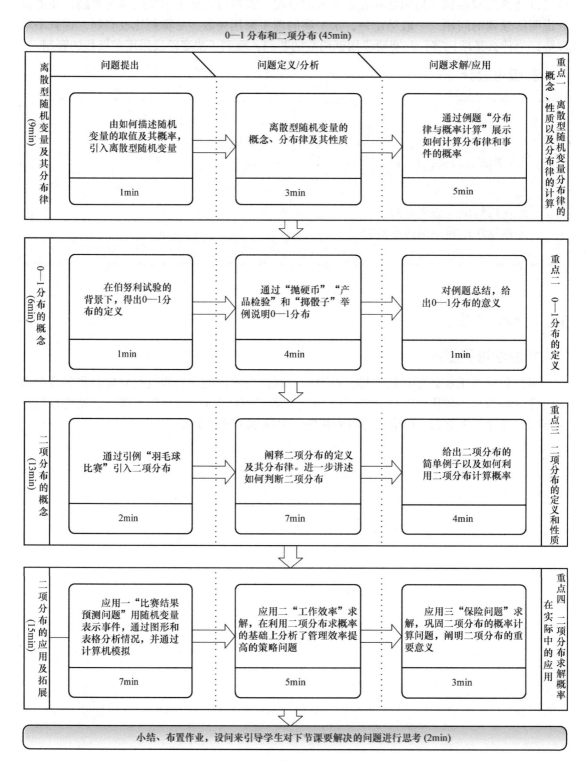

教学过程图

2. 教学进程详细内容

根据教学框架，针对每个知识点进行详细设计，具体内容如下：

教学进程表

教学意图	教学内容	教学环节设计
1. 离散型随机变量及其分布律（9min）		
离散型随机变量的引入 （累计 1min）	• 离散型随机变量的引入 离散型随机变量——可能取值为有限或可列个数的随机变量分析： 1）对于一个试验，我们关心哪些问题？主要有如下两点： 试验共有哪些可能的结果？ 试验的各个结果出现的可能性各是多少？ 2）随机变量可以从某一侧面描述某随机现象（随机试验），那么对于一个随机变量，我们又关心什么问题呢？ 随机变量可能取哪些值？ 随机变量取各个可能值的概率各是多少？ • X 可能取值：x_1，x_2，$\cdots$，x_k，$\cdots$ • 取值概率：$P\{X=x_1\}$，$P\{X=x_2\}$，$\cdots$，$P\{X=x_k\}$，$\cdots$	时间：1min 给出随机变量的概念，引入分布律的概念
离散型随机变量的分布律 （累计 2min）	• 离散型随机变量的分布律 分布律：$P\{X=x_k\}=p_k$ （$k=1,2,\cdots$） 分布律的内涵： 1）反映了随机变量的所有可能取值； 2）给出了时间变量取各个可能值的概率 分布律的表达形式： 表格表示 $\begin{array}{c\|ccccc} X & x_1 & x_2 & \cdots & x_k & \cdots \\ \hline P & p_1 & p_2 & \cdots & p_k & \cdots \end{array}$ 矩阵表示 $X \sim \begin{pmatrix} x_1 & x_2 & \cdots & x_k & \cdots \\ p_1 & p_2 & \cdots & p_k & \cdots \end{pmatrix}$ 几何表示	时间：1min 给出离散型随机变量的分布律及分布律的各种表达形式
离散型随机变量的分布律性质 （累计 4min）	• 离散型随机变量的分布律性质 分布律的性质： 1）$p_k \geq 0$； 2）$\sum\limits_k p_k = 1$ 性质 1 由概率的定义已经保证了其正确性，性质 2 需要证明，因为 $$\{X=x_k\}=\{e\|X(e)=x_k, e\in S\}，有 \bigcup_k (X=x_k)=S,$$ 注意到 $\{X=x_i\}$ 与 $\{X=x_j\}(i\neq j, i=1,2,\cdots; j=1,2,\cdots)$ 两两不相容，有 $$\sum_k P\{X=x_k\}=\sum_k p_k=1$$	时间：2min 给出分布律的性质，并加以证明

教学意图	教学内容	教学环节设计
分布律与概率计算 （累计 9min）	**·分布律与概率计算** 设汽车从 A 地到 B 地沿途要经过三个路口，每个路口的红绿灯出现什么颜色是相互独立的，且红绿灯颜色显示的时间之比为 $1:3$，以 X 表示首次停车时已通过的路口数，求 X 的分布律，并求汽车行驶中遇到红灯的概率 解：1）求 X 的分布律 X 的可能取值：0，1，2，3，计算四个概率值，用前面学过的独立性计算可得 $$P\{X=0\}=\frac{1}{4}$$ $$P\{X=1\}=\frac{3}{4}\cdot\frac{1}{4}$$ $$P\{X=2\}=\frac{3}{4}\cdot\frac{3}{4}\cdot\frac{1}{4}=\left(\frac{3}{4}\right)^2\cdot\frac{1}{4}$$ $$P\{X=3\}=\frac{3}{4}\cdot\frac{3}{4}\cdot\frac{3}{4}=\left(\frac{3}{4}\right)^3$$ X 的分布律为 $$\begin{pmatrix} 0 & 1 & 2 & 3 \\ \dfrac{1}{4} & \dfrac{3}{4}\dfrac{1}{4} & \left(\dfrac{3}{4}\right)^2\dfrac{1}{4} & \left(\dfrac{3}{4}\right)^3 \end{pmatrix}$$ 2）求汽车行驶中遇到红灯的概率 记 A 为遇到红灯，则 $$P(A)=P\{0\leqslant X\leqslant 2\}=1-P\{X=3\}=1-\left(\frac{3}{4}\right)^3=\frac{37}{64}$$	时间：5min 本例除了仍是计算分布律外，重点是分布律与计算事件概率的关系 本例中给出的随机变量显然与所求概率的事件有关 求出分布律后，为了计算事件的概率，先要用随机变量表示事件，再利用分布律求解事件的概率. 有了分布律，就可以变概率计算为求和运算
	2. 0—1 分布的概念（6min）	
0—1 分布的定义 （累计 10min）	**·0—1 分布的定义** 若随机变量 $$X\sim\begin{pmatrix} 0 & 1 \\ 1-p & p \end{pmatrix},\quad 0<p<1$$ 则称 X 服从参数为 p 的 0—1 分布 **背景**——试验为伯努利试验，即试验只有两个结果 A，$\bar{A}\left(P(A)=p\right)$，记 $$X=\begin{cases} 1, & A\ 出现 \\ 0, & A\ 不出现 \end{cases}$$ 则随机变量 X 服从参数为 p 的 0—1 分布	时间：1min 重点讲清楚伯努利试验的概念

（续）

教学意图	教学内容	教学环节设计
0—1 分布举例 （累计 15min）	• 0—1 分布举例分析 例 1　掷一枚硬币（两种结果：正面、反面），记 A 为出现正面，则 $P(A)=1/2$，记 $$X=\begin{cases}1, & A\ 出现 \\ 0, & A\ 不出现\end{cases}$$ 则随机变量 X 服从参数为 1/2 的 0—1 分布 例 2　产品检验，任取一件产品（两种结果：正品、次品），记 A 为出现正品，设正品率 $P(A)=0.96$，记 $$X=\begin{cases}1, & A\ 出现 \\ 0, & A\ 不出现\end{cases}$$ 则随机变量 X 服从参数为 0.96 的 0—1 分布. 例 3　掷骰子检验（划分为两种结果：6 点、非 6 点），记 A 为出现 6 点，设正品率 $P(A)=1/6$，记 $$X=\begin{cases}1, & A\ 出现 \\ 0, & A\ 不出现\end{cases}$$ 则随机变量 X 服从参数为 1/6 的 0—1 分布 意义：凡是结果只需分成两类来研究的随机试验，都可以用 0—1 分布的随机变量来描述. 从这个意义上来说，一个随机变量描述了一类随机试验，而不局限于某个确定的随机试验，这就是随机变量的价值	时间：5min 分析这些例子， 1）先判别试验是否是伯努利试验； 2）然后确定两个结果中的哪一个记为事件 A； 3）再记随机变量 X 是事件 A 出现的次数； 4）给出 X 的分布与参数 由此说明分布的意义与随机变量的意义
	3. 二项分布的概念（13min）	
二项分布引入 将羽毛球比赛结果的预测作为二项分布引入，激发学生的学习兴趣 （累计 17min）	• 二项分布引入 羽毛球比赛采用三局两胜制，假设每局比赛 A 胜 B 的概率为 0.52，不考虑心理因素，认为每局比赛结果相互独立. 求：A 战胜 B 的概率 分析　A 与 B 需要比三局，才可比出结果. 要取胜，就要在三局中胜两局，而每局都有赢、输两个结果. 如何考虑三局中赢的可能性呢？这正是现在要学习的二项分布内容	时间：2min 提问：大家喜欢看羽毛球比赛吗？如果采用三局两胜制，A 赢 B 的可能性有多大呢？ 抛出问题： 怎样考虑三局两胜制中取胜的概率？
二项分布定义 （累计 19min）	• 二项分布定义 背景：E—n 重伯努利试验 各次试验的结果互不影响　　同一结果在各次试验中出现的概率相同 即将伯努利试验独立重复地进行 n 次，记：X—n 重伯努利试验中事件 A 发生的次数；X 可能取 0，1，2，…，n，则 $$P\{X=k\}=C_n^k p^k(1-p)^{n-k}，\quad k=0,1,2,\cdots,n$$ 称 X 服从参数为 n，p 的二项分布. 记作 $$X\sim B(n,p)$$ 特别地，当 $n=1$ 时，$B(1,p)$ 即 0—1 分布	时间：2min 首先说明什么是 n 重伯努利试验，重点讲清两点"独立"和"重复" 配合板书讲解概率计算公式. 强调分布有两个参数以及两个参数的含义

（续）

教学意图	教学内容	教学环节设计
二项分布的分布律验证 （累计20min）	**· 二项分布的分布律验证** 验证：1）$\forall k$，$p_k = C_n^k p^k (1-p)^{n-k} \geq 0$; 2）$\sum\limits_{k=0}^{n} p_k = 1$ 记 $q = 1-p$，有 $$1 = (p+q)^n = \sum_{k=0}^{n} C_n^k p^k q^{n-k} = \sum_{k=0}^{n} p_k$$	时间：1min 由二项展开式简单说明概率满足分布律的两条性质，也说明了为何称为二项分布
二项分布的图形 （累计22min）	**· 二项分布的图形** 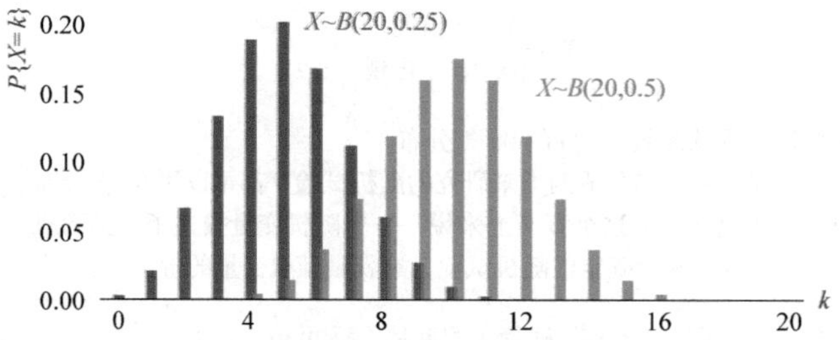 如图所示，将两个二项分布的图形叠在一起观察，明显的特点是两个分布律图形都是概率值随着 k 增大，由小到大，再由大到小，那么在什么点处概率达到最大值呢？ 记 $b(k; n, p) = C_n^k p^k (1-p)^{n-k}$，对于 $0 < p < 1$，有 $$\frac{b(k; n, p)}{b(k-1; n, p)} = \frac{(n-k+1)p}{k(1-p)} = 1 + \frac{(n+1)p - k}{k(1-p)}$$ 因此， 当 $k < (n+1)p$ 时，$b(k; n, p) > b(k-1; n, p)$， 当 $k = (n+1)p$ 时，$b(k; n, p) = b(k-1; n, p)$， 当 $k > (n+1)p$ 时，$b(k; n, p) < b(k-1; n, p)$ 因为 $(n+1)p$ 不一定是整数，而二项分布中的 k 只取整数，所以取 $m = [(n+1)p]$（不超过 $(n+1)p$ 的最大整数），$b(m; n, p)$ 称为二项分布的中心项，m 称为最有可能成功的次数． 分析图中两个分布的中心项位置 m	时间：2min 分析二项分布的图形，都是两边小，中间大 进一步分析取得最大项的 k 值情况

（续）

教学意图	教学内容	教学环节设计
二项分布的判定（累计 24min）	• 二项分布的判定 $$P\{X=k\}=C_n^k p^k (1-p)^{n-k}\quad,\quad k=0,1,2,\cdots,n$$ 四步：审 E——是否为 n 重伯努利试验。一次试验是什么？哪两个可能结果？共进行多少次试验？独立？重复？选 A——将一次试验中两个可能结果的一个记为 A，$p=P(A)$；记 X——n 重伯努利试验中事件 A 发生的次数；得分布——$X \sim B(n,p)$	时间：2min 把二项分布的判定口诀化、程式化，便于学生掌握 重点是搞清楚什么被视为一次试验
二项分布举例（累计 26min）	• 二项分布举例 产品抽样 在次品率为 0.04 的一批产品中有放回地抽取 20 个，抽得的次品数 $X \sim B(20,0.04)$ 射击目标 某射手进行 n 次射击，他的命中率为 0.9。n 次射击中命中目标的次数 $X \sim B(30,0.09)$ 生日问题 50 人中今天过生日的人数 $X \sim B\left(50,\dfrac{1}{365}\right)$	时间：2min 简单举例，说明二项分布的普遍性 启发学生也举一些二项分布的例子 重点说清第一个例子，后面两个提问学生
二项分布与概率计算（累计 28min）	• 二项分布与概率计算 $$P\{X=k\}=C_n^k p^k(1-p)^{n-k},\quad k=0,1,2,\cdots,n$$ 寻找分布 寻找一个服从二项分布的随机变量 X，并确定其分布的参数，从而得到分布律 表达事件 将事件 A 用随机变量 X 的某些可能取值来表示，即 $$A=\bigcup_k (X=x_{i_k})$$ 计算概率 由概率的可加性知 $$P(A)=\sum_k P\{X=x_{i_k}\}$$	时间：2min 说明借助于二项分布律，可以解决有关的概率计算问题 有了分布律，可以变概率计算为求和运算

（续）

教学意图	教学内容	教学环节设计
	4.二项分布应用及拓展（15min）	

教学意图	教学内容	教学环节设计
应用一 比赛结果预测问题 回到之前提到的羽毛球比赛结果预测问题，对该问题进行求解.复习前面讲解的二项分布的判定及利用二项分布计算概率 由图形直观展示所求概率 （累计30min）	**·应用一 比赛结果预测问题** **1.问题求解** 羽毛球比赛采用三局两胜制，假设每局比赛 A 胜 B 的概率为 0.52，不考虑心理因素，认为每局比赛结果相互独立.求：A 战胜 B 的概率 **解**：审 E：E——进行三局比赛； 选 A：A——A 赢，$P(A)=0.52$ 记 X：X——A 赢的局数； 得分布：$X \sim B(3,0.52)$ $$P\{X=k\}=C_3^k(0.52)^k(1-0.52)^{3-k}, k=0,1,2,3$$ 求 $P\{X \geqslant 2\}$ X 的分布律为 $$X \sim \begin{pmatrix} 0 & 1 & 2 & 3 \\ 0.11 & 0.36 & 0.39 & 0.14 \end{pmatrix}$$ 故 $P\{X \geqslant 2\}=P\{X=2\}+P\{X=3\}=0.39+0.14=0.53$ 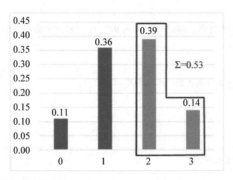 所以 A 战胜 B 的概率为 0.53	时间：2min 分析题意，配合板书按照四步讲解服从二项分布的随机变量是如何产生的 在"审 E"中强调什么是"一次试验"？独立？重复？进行多少次？从而确定出 n 用随机变量表示所求事件
通过表格对比实际比赛情况和理论分析情况 （累计32min）	**2.问题分析** **分析 1** 实际比赛中如果先赢两局就不再比第三局，这与用二项分布计算的取胜概率矛盾吗？ | 实际比赛情况			理论分析情况		
---	---	---	---	---	---
情形	甲赢的情况	甲胜出概率	情形	甲赢的情况	甲胜出概率
情形一	√√	p^2	情形一	√√√	$p^2 p$
情形二	√×√	$p^2(1-p)$	情形二	√√×	$p^2(1-p)$
情形三	×√√	$p^2(1-p)$	情形三	√×√	$p^2(1-p)$
			情形四	×√√	$p^2(1-p)$
合计		$p^2+2p^2(1-p)$	合计		$p^2+2p^2(1-p)$ | **分析 2** A 在一局比赛中赢 B 的概率为 0.52，五局三胜制和三局两胜制，哪一种赛制对 A 取胜更有利呢？ **解**：首先求在五局三胜制的比赛中，A 战胜 B 的概率.设 X 为 A 赢的局数，则 $X \sim B(5,0.52)$，于是有 $$P\{A取胜\}=P\{X \geqslant 3\}=P\{X=3\}+P\{X=4\}+P\{X=5\}$$ $$=C_5^3 0.52^3(1-0.52)^2+C_5^4 0.52^4(1-0.52)^1+C_5^5 0.52^5(1-0.52)$$ $$\approx 0.54$$	时间：2min 提问：实际比赛时先赢两局后可以不打第三局，但是二项分布的计算中是考虑三局的输赢情况的，那么两者会矛盾吗？ 提问：对于 A 来讲，哪种赛制更有利呢？

（续）

教学意图	教学内容	教学环节设计
	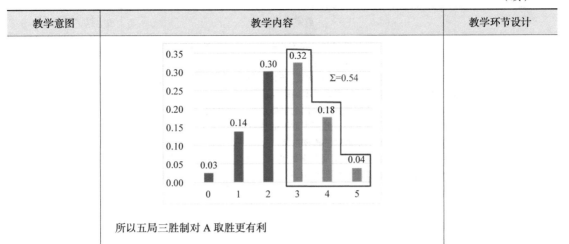 所以五局三胜制对 A 取胜更有利	
由图形直观展示所求概率. 进一步分析赛制与选手实力的关系. 利用计算机作图直观展示选手获胜概率与选手每局取胜概率的函数相关图 （累计 33min）	3. 问题拓展　赛制与选手实力的关系分析 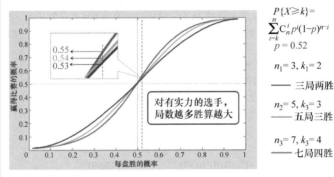 $$P\{X\geqslant k\}=\sum_{i=k}^{n}C_n^i p^i(1-p)^{n-i}$$ $p=0.52$ $n_1=3,\ k_1=2$　——三局两胜 $n_2=5,\ k_3=3$　——五局三胜 $n_3=7,\ k_3=4$　——七局四胜 对有实力的选手，局数越多胜算越大 　　上图为选手获胜概率与选手每局取胜概率的函数相关图. 图中有三条曲线，分别对应三种赛制. 可以明显看出，对于有实力（每局取胜概率大于 0.5）的选手，多局赛制是更有利的，因此对于 A 来说，是五局三胜制比较有利	时间：1min 　　提问：为什么比赛有不同的赛制？赛制中局数的确定有什么说法吗？
为了更直观地理解赛制问题，特意设计制作了计算机模拟，由模拟可清楚地观察到三局两胜制和五局三胜制的情况，模拟可以增加学生的学习兴趣，还能充分说明所强调的问题 （累计 35min）	4. 计算机模拟 根据应用一，仿真模拟 50 场比赛结果. 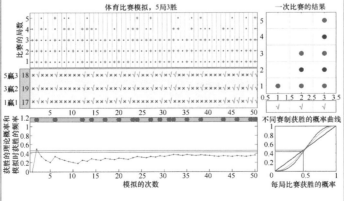	时间：2min 　　在前面的铺垫下，用计算机模拟动画，给学生一个直观认识. 重点说明下面的累积频率图的意义，同时说明概率是频率的稳定值

（续）

教学意图	教学内容	教学环节设计
	右上图：模拟一次比赛结果，可看出一局、三局两胜制和五局三胜制的三种结果，红点表示本局取胜 **左上图**：共模拟 50 次比赛的结果. 同样可看出一局、三局两胜制和五局三胜制的三种结果，红点表示本局取胜 **左中图**：50 次比赛按照赛制给出的输赢结果，取胜用 √ 表示 **左下图**：折线表示五局三胜制下取胜的累积频率 **右下图**：不同赛制下取胜的概率曲线 **结论**：水平高的选手采用局数多的赛制比较有利，这就不难理解，为什么某项比赛，初赛阶段用低局数的赛制，而到了决赛阶段采用多局数的赛制	
应用二 工作效率问题 （累计 40min）	• **应用二 工作效率问题** 某公司研发楼有四层，每层有 20 台计算机，发生故障的概率都是 0.01. 考虑两种配备计算机维护人员的方法，其一是由 4 人维护，每人一层（20 台）；其二是由 3 人共同维护 80 台. 试比较这两种方法在计算机发生故障时不能及时维修的概率的大小. **解**：第一种方法 审 E：E——某人维护 20 台计算机； 选 A：A——计算机出故障 $P(A)=0.01$； 记 X：X——20 台计算机中同时发生故障的台数； 得分布：$X \sim B(20,0.01)$ 求 $P\{X \geqslant 2\}$ $$P\{X \geqslant 2\}=1-P\{X=0\}-P\{X=1\}$$ $$=1-C_{20}^0(0.01)^0(0.99)^{20-0}-C_{20}^1(0.01)^1(0.99)^{20-1}$$ $$=0.0169$$ 设 A——计算机不能及时维修； A_i——第 i 层的计算机不能及时维修，$i=1$，2，3，4， $$P(A)=P(A_1 \cup A_2 \cup A_3 \cup A_4)=1-P(\overline{A_1}\,\overline{A_2}\,\overline{A_3}\,\overline{A_4})$$ $$=1-(1-0.0169)^4=0.0659$$ **结论**：采用第一种方法计算机不能及时维修的概率为 0.0659 第二种方法 Y——80 台计算机中同时发生故障的台数 $Y \sim B(80,0.01)$ 工作任务重了，效率反而高了！ $$P\{Y \geqslant 4\}=1-P\{Y \leqslant 3\}$$ $$=1-\sum_{k=0}^{3} C_{80}^k(0.01)^k(0.99)^{80-k}=0.0087$$ **结论**：采用第二种方法计算机不能及时维修的概率降为 0.0087 结论很有意义，说明管理的重要性	时间：5min **分析题意**： 还是配合板书讲解二项分布随机变量产生的四步分析 先考虑某层的人员管理 20 台计算机的情况 提问：四层计算机不能及时维修的概率该如何计算？ **方法二分析**：关键是设置随机变量，再用随机变量表达事件 方法二留给学生课后完成计算

（续）

教学意图	教学内容	教学环节设计
应用三　保险问题 （累计 42min）	• 应用三　保险问题 　在人寿保险公司里，同一年龄的人参加人寿保险. 一年里这些人的死亡率为 0.15%；参加保险的人交付保险费 50 元，死亡时家属可以从保险公司领取 2 万元，6000 人参加保险. 求保险公司因开展这项业务获利不少于 6 万元的概率 　解：审 E：E——6000 人参加人寿保险，$n = 6000$； 　选 A：A——一人死亡，$P(A) = 0.0015$； 　记 X：X——参加保险者中死亡人数； 　得分布　　　　　　　$X \sim B(6000, 0.0015)$ $$P\{X = k\} = C_{6000}^{k}(0.0015)^{k}(1 - 0.0015)^{6000-k}, \ k = 0, 1, 2, \cdots, 6000$$ 　保险公司一年内这项业务收入是 30 万元，获利不少于 6 万元，即赔付不多于 24 万元，即一年内死亡人数不多于 12（24/2）人，则 $$P\{X \leqslant 12\} = \sum_{k=0}^{12} C_{6000}^{k}(0.0015)^{k}(1 - 0.0015)^{6000-k}$$ 这个问题就留待下节来解决 	时间：2min 　保险业是概率统计最主要的一个应用分支，也是概率统计方法的一个源泉 　通过审题，给出二项分布的随机变量，给出问题所需计算的概率. 但此时，n 很大，p 很小，概率很难算出 　如果时间紧，就不用讲审题过程，直接给题目所求的问题
二项分布的重要性 （累计 43min）	• 二项分布的重要性 •1837 年，泊松给出了 p 很小且 n 很大时的二项分布的泊松逼近定理，泊松分布由此产生 •1713 年伯努利在《推测术》中第一次明确了独立重复试验的概率模型，严格证明了二项概率公式，并给出了频率稳定性的大数定律 •19 世纪中叶至末期，由于魏特奈特、高尔顿等人的工作，正态分布成为分析统计数据的概率模型 •1733 年，棣莫弗得到了 $p = 1/2$ 的二项分布的极限分布是正态分布，首次发现了正态密度曲线	时间：1min 　二项分布是概率论中重要的三大分布之一，在早期的概率统计中，二项分布是唯一的一个分布，其研究达到了相当的深度. 本节的目的是说明二项分布的重要性，它是概率论中许多重要概念的生长点

（续）

教学意图	教学内容	教学环节设计
	5. 小结与思考拓展（2min）	
小结、设问来加深学生对本节内容的印象，并引导学生对下节课要解决的问题进行思考（累计45min）	• **小结** 1）给出离散型随机变量及其分布律的概念及例题； 2）介绍了 0—1 分布的定义及相关内容； 3）给出了二项分布的定义，说明了二项分布的一些性质； 4）给出了一些应用实例； 5）提出了二项分布的概率计算问题（当 n 很大，p 很小时二项分布的概率计算）； 6）强调了二项分布的重要性	时间：1min 根据本节讲授内容，做简单小结
	• **思考拓展** 1）赛制问题，如果每局取胜的概率不同，那么怎样计算取胜概率； 2）二项分布的可加性，二项分布的和还服从二项分布吗？ 3）二项分布概率的计算，当 n 很大，p 很小时概率如何计算？ 4）软件画图，用软件画出二项分布的图形	时间：1min 根据本节讲授内容，给出一些思考拓展的问题
	• **作业布置** 习题二 A：1，3，4	要求学生课后认真完成作业

六、教学评价

本单元的教学设计符合理工科二年级学生的认知规律和实际水平．由于在教学设计中，充分意识到二项分布的基础性和重要性，所以在问题的引入、概念的讲解、实例的选择上，注重理论和实际的结合，如体育比赛中赛制的设计、工作效率提高的策略选择、实际生活中的保险问题等．在教学方法和教学手段上，注重直观体验和趣味性，采用了动画设计、计算机模拟等．应该说，本节课的设计基本达到了预期的目标，有助于学生掌握基本知识，增强基本技能，扩展思维宽度，提升学习素养．

2.2　泊松分布与几何分布

一、教学目的

使学生深刻理解和掌握泊松分布和几何分布的产生背景与概念，掌握泊松分布的性质，尤其是泊松分布与二项分布的主要关系，重点掌握用随机变量的分布（泊松分布和二项分布）求解相应的概率问题．引导学生在深刻理解泊松分布的基础上，透彻地分析现实生活中的一些问题，培养学生能够自觉地从概率的角度看问题和分析问题的能力．

二、教学思想

泊松分布是概率论中重要的三大分布之一，在二项分布的概率近似计算研究中，泊松分布起到了重要作用．泊松分布还广泛应用于管理科学、运筹学和其他自然科学中．因此在本节的教学中，通过问题的提出、概念的讲解、例题的设置等多个环节，让学生充分认识到泊松分布的重要性和应用的广泛性，并学会用泊松分布解决一些实际问题．

三、教学分析

1.教学内容

1）二项分布的泊松逼近定理.

2）泊松分布的定义.

3）泊松分布的性质与概率计算.

4）应用问题.

5）几何分布.

2.教学重点

1）泊松分布作为二项分布的极限分布的前提条件.

2）泊松分布的意义.

3）实际问题的应用实例分析.

3.教学难点

1）二项分布的泊松逼近定理.

2）泊松分布的概率计算.

3）泊松分布的下一代问题.

4.对重点、难点的处理

1）通过上节二项分布留下的保险问题引入，提出二项分布当 n 很大，p 很小时，概率该如何计算的问题，激发学生对本节教学内容的期待和好奇.

2）通过观察泊松分布的图形，使学生对泊松分布，尤其是对分布参数有一种直观的认识.

3）设置例题，用具体问题的求解结果充分说明，在一定条件下，泊松分布与二项分布两者的计算结果非常接近.

4）介绍 1910 年诺贝尔奖得主卢瑟福和盖克研究 α 射线的试验，用试验的真实数据说明泊松分布的重要性.

四、教学方法与策略

1.课堂教学设计思路

1）问题的提出. 通过上节二项分布铺垫的保险问题引入，提出二项分布当 n 很大，p 很小，np 适中时，二项分布的概率该如何计算的问题. 进而还可以提问，为什么学校的团体险比社会上的个人险有优惠呢？使得学生积极去思考这个问题，带着问题学习下面的内容.

2）二项分布的泊松逼近定理. 给出定理内容，解释定理内容并予以证明. 之后给出两点说明. 一是说明定理使用的条件，即 n 很大，p 很小，np 适中，这时的近似结果比较好（板书这 3 个条件）. 二是说明定理中极限式右端的实数，当从 $k = 0$ 到无穷大相加时，和就是 1，为引入一种新的分布做准备.

3）泊松分布的定义及其性质. 顺利给出泊松分布的定义后，可以说明一下泊松分布的应用情形，即泊松分布是描述大量试验中稀有事件出现次数的概率模型．还要明确两点．一是泊松分布的图形特点（图形与分布参数的关系），二是泊松分布的概率计算，学会使用泊松分布表．

4）分析应用问题———三胞胎问题．生三胞胎是个稀有事件，而统计 10 万人的生育情况，这是大量试验，参数 $\lambda = np = 10$ 比较适中，故这个问题可以用泊松分布近似计算二项分布的概率．通过计算对比发现，两种分布的计算结果十分相近．此例说明泊松逼近的使用效果．

5）分析应用问题二——保险问题．保险业是概率统计最主要的一个应用分支，也是概率统计方法的一个源泉．保险公司获利与否和一年内死亡人数密切相关，而一年内死亡人数服从二项分布，这是一个大量试验中稀有事件发生的概率模型，符合泊松分布近似的使用条件．用泊松分布近似计算出结果后，提出一个问题，为什么大家喜欢购买团体险，团体险的保费为什么会便宜些呢．分析原因是团体险的人群死亡率略低，在获利一定的条件下，每人的保费会降低一些．此问题说明了用概率可以解决一些实际问题．

6）分析应用问题三——母鸡孵蛋问题．这是泊松分布下一代问题．问题模式就是母鸡孵蛋问题．母鸡下蛋数服从泊松分布 $\pi(\lambda)$，每个蛋孵出小鸡的概率均为 p，则有孵出的小鸡数服从泊松分布 $\pi(\lambda p)$．同样的情形还有出交通事故数与出事故的上保险的数，这也是下一代问题．分析应用问题 4——α 粒子散射试验．说明泊松分布在科学试验中的应用．

7）拓展：泊松分布的应用．运用框图的形式，给出泊松分布的两种应用情形，泊松分布还广泛应用到管理科学、运筹学和其他自然科学中，列举了一些符合泊松分布的实例．

8）几何分布．几何分布也是常见的离散型随机变量分布之一．把定义明确后，给出几何分布的无记忆性的严格证明，举一个几何分布的例子．这部分内容要求学生能够理解，但不是本节的教学重点．

9）计算机模拟演示．此处特意设计了一个计算机模拟演示，表明二项分布接近泊松分布的过程．

2. 板书设计

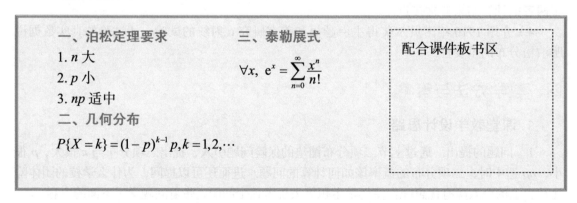

一、泊松定理要求
1. n 大
2. p 小
3. np 适中
二、几何分布
$P\{X = k\} = (1-p)^{k-1}p, k = 1,2,\cdots$

三、泰勒展式
$\forall x, \ e^x = \sum_{n=0}^{\infty} \frac{x^n}{n!}$

配合课件板书区

五、教学安排

1. 教学进程框架

根据教学要求和教学计划安排，以教学过程图所示的教学进程进行安排，将各部分教

学内容分解为"问题提出""问题定义 / 分析"和"问题求解 / 应用"三部分，始终以问题为导向，以分析为重点，以应用为巩固拓展，引导学生进行学习.

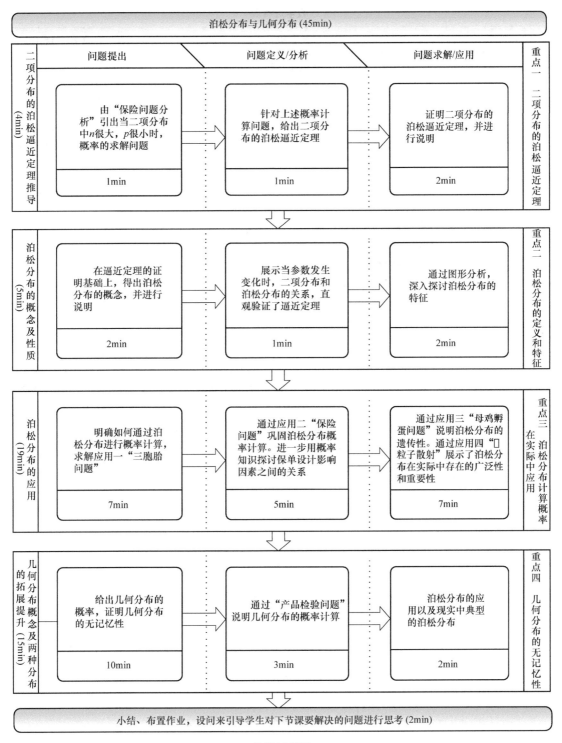

教学过程图

2. 教学进程详细内容

根据教学框架，针对每个知识点进行详细设计，具体内容如下：

教学进程表

教学意图	教学内容	教学环节设计
	1. 泊松分布的引入（4min）	
问题引入 （累计1min）	• 问题引入　保险问题 ●社会上购买保险 ●在校购买保险 学校 50元/年　社会 150元/年	时间：1min 提问： 　大家都办过保险吗？保险公司怎样制定出保费额度？ 　学校的保费为什么比社会上优惠很多呢？
问题分析 （累计2min）	• 问题引入　保险问题分析 某保险公司拟推出在校大学生意外伤害险，每位参保人交付50元保费，出险时可获得2万元赔付；已知一年中的出险率为0.15%，现有6000名新生欲参加保险．求保险公司因开展这项业务获利不少于6万元的概率． 解：设 X——参加保险者6000人中的出险人数，所以 $$X \sim B(6000, 0.0015)$$ $$P\{X=k\} = C_{6000}^k (0.0015)^k (1-0.0015)^{6000-k}, \quad k=0,1,2,\cdots,6000$$ 保险公司一年内这项保险收入是30万元，获利不少于6万元，即赔付不多于24万元，即一年内死亡人数不多于12（24/2）人，则 $$P\{X \leqslant 12\} = \sum_{k=0}^{12} C_{6000}^k (0.0015)^k (1-0.0015)^{6000-k}$$	时间：1min 上节课最后留下一个问题，就是 n 很大，p 很小时二项分布的概率计算．今天就来解决这个问题
二项分布的泊松逼近定理 （累计4min）	• 二项分布的泊松逼近定理 设 $\lambda > 0$ 是一个常数，且 $\lambda = np_n$，则对任一固定的非负整数 k 有 $$\lim_{n \to \infty} C_n^k p_n^k (1-p_n)^{n-k} = \frac{\lambda^k}{k!} e^{-\lambda}$$ 证明：当 $k \geqslant 1$ 时， $$P_n(k) = C_n^k p_n^k (1-p_n)^{n-k}$$ $$= \frac{n(n-1)\cdots(n-k+1)}{k!} \cdot \left(\frac{\lambda}{n}\right)^k \cdot \left(1-\frac{\lambda}{n}\right)^{n-k}$$ $$= \frac{\lambda^k}{k!}\left[1 \cdot \left(1-\frac{1}{n}\right) \cdot \left(1-\frac{2}{n}\right) \cdot \cdots \cdot \left(1-\frac{k-1}{n}\right)\right] \frac{\left(1-\dfrac{\lambda}{n}\right)^n}{\left(1-\dfrac{\lambda}{n}\right)^k}$$	时间：2min 这个定理的难点是概率随 n 不断变化，而且当 n 很大时，始终满足 $\lambda = np_n$ 是常数 运用极限的运算法则，不难推出定理结论．

（续）

教学意图	教学内容	教学环节设计
	$$= \frac{\lambda^k}{k!}\left[1 \cdot \left(1-\frac{1}{n}\right) \cdot \left(1-\frac{2}{n}\right) \cdots \left(1-\frac{k-1}{n}\right)\right] \frac{\left[\left(1-\frac{\lambda}{n}\right)^{-\frac{n}{\lambda}}\right]^{-\lambda}}{\left(1-\frac{\lambda}{n}\right)^k}$$ 所以 $$\lim_{n \to \infty} P_n(k) = \frac{\lambda^k e^{-\lambda}}{k!}$$ 当 $k=0$ 时，$P_n(k) = \left(1-\frac{\lambda}{n}\right)^n \to e^{-\lambda}$，$\lambda = np$ 说明：1）当 n 很大，p 很小，np 适中时，近似程度较高 $$C_n^k p^k (1-p)^{n-k} \approx \frac{\lambda^k}{k!} e^{-\lambda}, \quad \lambda = np$$ 2）由泰勒展开式 $$\forall x, \ e^x = 1 + x + \frac{1}{2!}x^2 + \frac{1}{3!}x^3 + \cdots = \sum_{n=0}^{\infty} \frac{x^n}{n!}$$ 有 $$\sum_{k=0}^{\infty} \frac{\lambda^k}{k!} e^{-\lambda} = e^{-\lambda} \sum_{k=0}^{\infty} \frac{\lambda^k}{k!} = e^{-\lambda} e^{\lambda} = 1$$ 所以 $\left\{\frac{\lambda^k}{k!}\right\}_{k=0}^{\infty}$ 可以是某随机变量的概率分布	1）从定理结论演变为近似计算公式，这里特别强调使用条件（板书使用条件） 2）引入泊松分布. 说明概率这组数值可以作为某离散型随机变量的分布律
	2. 泊松分布的概念（5min）	
泊松分布定义 泊松生平简介 （累计 6min）	• 泊松分布定义 　若 X 的分布律为 $$P\{X=k\} = \frac{\lambda^k}{k!} e^{-\lambda}, \quad \lambda > 0, k = 0,1,2,\cdots$$ 称 X 服从参数为 λ 的泊松分布，记 $X \sim \pi(\lambda)$ 　说明：泊松分布是二项分布的极限分布，泊松分布是大量试验中稀有事件出现次数的概率模型 　• 泊松（Poisson，1781—1840）是法国数学家、几何学家和物理学家. 1781 年 6 月 21 日生于法国卢瓦雷省的皮蒂维耶，1840 年 4 月 25 日卒于法国索镇. 1798 年进入巴黎综合工科学校深造. 1806 年任该校教授，1812 年当选为巴黎科学院院士. 泊松的科学生涯开始于研究微分方程及其在摆的运动和声学理论中的应用. 他工作的特点是应用数学方法研究各类物理问题，并由此得到数学上的发现. 他对积分理论、行星运动理论、热物理、弹性理论、电磁理论、位势理论和概率论都有重要贡献. 他还是 19 世纪概率统计领域里的卓越人物. 他改进了概率论的运用方法，特别是用于统计方面的方法，建立了描述随机现象的一种概率分布——泊松分布. 他推广了"大数定律"，并导出了在概率论与数理方程中有重要应用的泊松积分. 　在数学中以他的姓名命名的有：泊松定理、泊松公式、泊松方程、泊松分布、泊松过程、泊松积分、泊松级数、泊松变换、泊松代数、泊松比、泊松流、泊松核、泊松括号、泊松稳定性、泊松积分表示、泊松求和法等	时间：2min 　由上面的说明很自然地得到一种新的概率分布，就是泊松分布. 也很自然地可以解释二项分布与泊松分布的逼近关系. 从而给出泊松分布所描述的概率模型的特点

（续）

教学意图	教学内容	教学环节设计
泊松分布与二项分布的逼近演示（累计 7min）	**·泊松分布与二项分布的逼近演示** 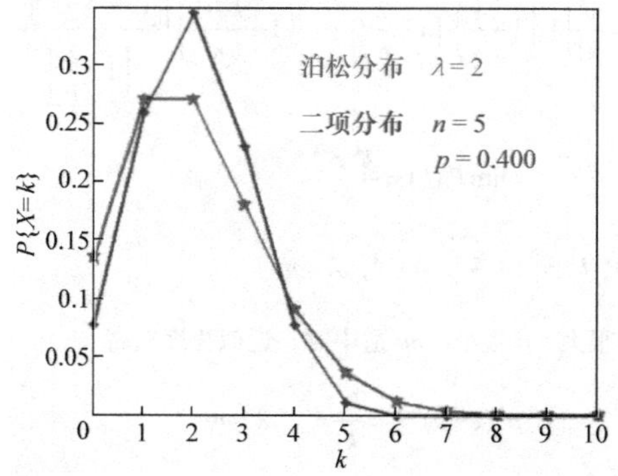 	时间：1min 通过动画演示二项分布与泊松分布的逼近关系
泊松分布的图形（累计 9min）	**·泊松分布的图形** 泊松分布图形的特点有： 1）当 λ 较小时，泊松分布呈偏态分布，随着 λ 增大，迅速接近正态分布，当 $\lambda \geq 20$ 时，可以认为近似正态分布； 2）概率 $P\{X=k\}$ 在 $X=\lambda$ 处取得最大值 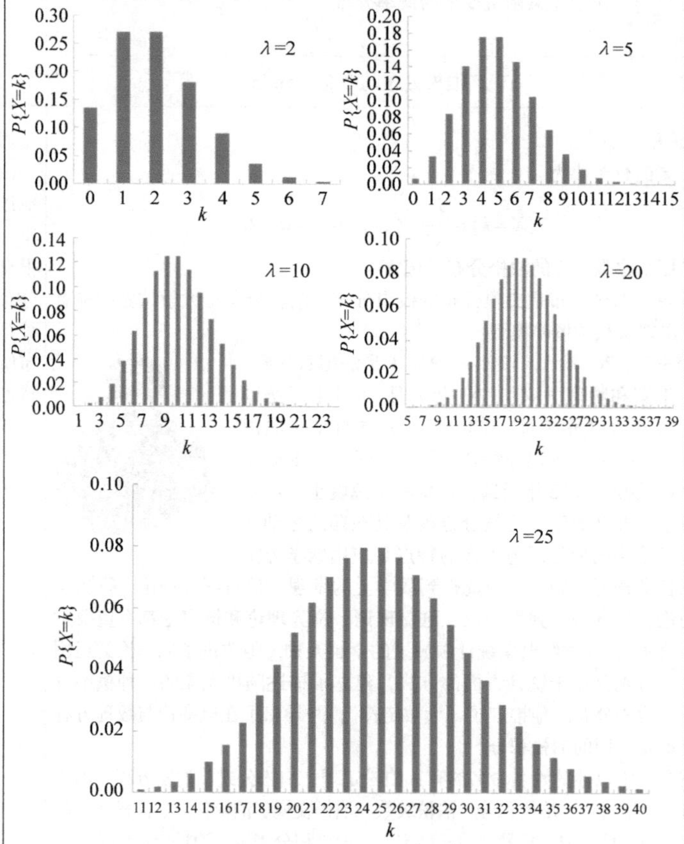 	时间：2min 重点分析泊松分布的参数意义 提问：分布图有什么变化趋势？ 1）随 λ 由小变大，其分布图形从严重不对称到趋于对称，这点为第 5 章中心极限定理做铺垫 2）每个分布图总在参数值处出现峰顶，说明泊松分布的随机变量在参数处取值概率最大，这点为第 4 章数学期望做铺垫

（续）

教学意图	教学内容	教学环节设计
3. 泊松分布的应用（19min）		

<table>
<tr><td rowspan="1">泊松分布的概率
计算
（累计 10min）</td><td>

泊松分布的概率计算

设 $X \sim \pi(\lambda)$，则

$$P\{X < m\} = 1 - P\{X \geq m\}$$

$$= 1 - \sum_{k=m}^{\infty} \frac{\lambda^k}{k!} e^{-\lambda}$$

查表 ⟶

</td><td rowspan="1">

时间：1min

既然二项分布在一定条件下可用泊松分布近似计算，那么泊松分布又如何计算呢?

答案是查表.

但要注意表格的使用方式

</td></tr>
</table>

泊松分布表

$$1 - F(x-1) = \sum_{r=x}^{\infty} \frac{e^{-\lambda} \lambda^r}{r!}$$

x	λ=2.5	λ=3.0	λ=3.5	λ=4.0	λ=4.5	λ=5.0
0	1.000000	1.000000	1.000000	1.000000	1.000000	1.000000
1	0.917915	0.950213	0.969803	0.981684	0.988891	0.993262
2	0.712703	0.800852	0.864112	0.908422	0.938901	0.959572
3	0.456187	0.576810	0.678153	0.761897	0.826422	0.875348
4	0.242424	0.352768	0.463367	0.566530	0.657704	0.734974
5	0.108822	0.184737	0.274555	0.371163	0.467896	0.559507
6	0.042021	0.083918	0.142386	0.241870	0.297070	0.374039
7	0.014187	0.065288	0.065288	0.110674	0.168949	0.237871
8	0.04247	0.011905	0.056739	0.051134	0.086586	0.133372
9	0.001140	0.003803	0.009874	0.021363	0.040257	0.068094
10	0.000277	0.001102	0.003315	0.008132	0.017093	0.031888
11	0.000062	0.000292	0.001019	0.002840	0.006669	0.013695
12	0.000013	0.000071	0.000289	0.000915	0.002404	0.005453
13	0.000002	0.000016	0.000076	0.000274	0.000805	0.002019
14		0.000003	0.000019	0.000076	0.000252	0.000698
15		0.000001	0.000004	0.000020	0.000074	0.000226
16			0.000001	0.000005	0.000020	0.000069
17				0.000001	0.000005	0.000020
18					0.000001	0.000005
19						0.000001

<table>
<tr><td>泊松分布概率计
算举例
（累计 11min）</td><td>

泊松分布概率计算举例

累积泊松分布表

λ m	9.0	9.5	10.0
1	1.000	1.000	
2	0.999	0.999	1.000
3	0.994	0.996	0.997
4	0.979	0.985	0.990
5	0.945	0.960	0.971
6	0.884	0.911	0.933
7	0.793	0.835	0.870
8	0.676	0.731	0.780
9	0.544	0.608	0.667
10	0.413	0.478	0.542
11	0.294	0.355	0.417
12	0.197	0.248	0.303
13	0.124	0.164	0.208
14	0.074	0.102	0.136
15	0.041	0.060	0.083
16	0.022	0.033	0.049
17	0.011	0.018	0.027
18	0.005	0.009	0.014
19	0.002	0.004	0.007
20	0.001	0.002	0.003
21		0.001	0.002
22			0.001

例如，设 $X \sim \pi(9)$，求 $P\{X \leq 12\}$，有

$$P\{X \leq 12\} = 1 - P\{X \geq 13\}$$

$$= 1 - \sum_{k=13}^{\infty} \frac{9^k}{k!} e^{-9} = 1 - 0.124 = 0.876$$

</td><td>

时间：1min

举例说明泊松分布的概率计算，用图和分布表进行讲解

</td></tr>
</table>

<table>
<tr><td>应用一　三胞胎
问题
（累计 16min）</td><td>

应用一　三胞胎问题

假如生三胞胎的概率为 10^{-4}，求在 100000 次生育中有 0，1，2 次生三胞胎的概率

解：记 X—100000 次生育中生三胞胎的次数，有 $X \sim B(10^5, 10^{-4})$，则

$$P\{X = k\} = C_{10^5}^k (10^{-4})^k (1 - 10^{-4})^{10^5 - k} \approx P_{10^5}(k) \quad k = 0, 1, \cdots, 10^5$$

由泊松逼近

$$\lambda = np = 10, \quad P_{10^5}(k) \approx \frac{10^k}{k!} e^{-10}$$

对比

k	$P_{10^5}(k)$	$\dfrac{10^k}{k!} e^{-10}$
0	0.000045378	0.00004540
1	0.00045382	0.00045400
2	0.0022693	0.002270

</td><td>

时间：5min

检验三个条件. 生三胞胎是个稀有事件，而统计十万人的生育情况，这是大量试验，参数 $\lambda = np = 10$ 比较适中. 通过对比，两种计算结果十分相近

</td></tr>
</table>

（续）

教学意图	教学内容	教学环节设计
应用二　保险问题（累计17min）	**• 应用二　保险问题** 　某保险公司拟推出在校大学生意外伤害险，每位参保人交付50元保费，出险时可获得2万元赔付；已知一年中的出险率为0.15%，现有6000名新生欲参加保险．求保险公司因开展这项业务获利不少于6万元的概率． 　**解**：设 X——参加保险者6000人中的出险人数，则 $X \sim B(6000, 0.0015)$，求：$P\{X \leqslant 12\}$． 　记 $\lambda = np = 9$，则 $X \overset{近似}{\sim} \pi(9)$，于是 $$P\{X \leqslant 12\} = 1 - P\{X \geqslant 13\} = 1 - \sum_{k=13}^{\infty} \frac{9^k}{k!} e^{-9}$$ $$= 1 - 0.124 = 0.876$$ 即该公司获利不少于6万元的概率为0.876	时间：1min 回应问题的引入 检验三个使用条件，用泊松分布近似计算概率，得到计算结果
应用二　思考1（累计19min）	**• 应用二思考1　为什么保险公司愿意为大学生提供低价保险？** 　设一年里这些人的出险率由0.15%上升到0.20%，记 X——参加保险者中出险人数，则有 $X \sim B(6000, 0.002)$，此时 $$\lambda = np = 6000 \times 0.002 = 12$$ 故 $P\{X \leqslant 12\} = 1 - P\{X \geqslant 13\} = 1 - 0.424 = 0.576$ 即该公司获利不少于6万元的概率降为0.576 | 出险率	获利不少于6万元的概率
---	---
0.15%	0.876
0.20%	0.576 | 出险率小幅上升时，保险公司相同收益的可能性将快速大幅下降 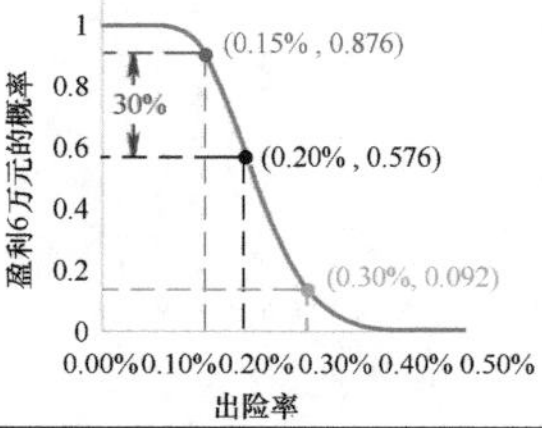 	时间：2min 分析在题目中其他条件都不变的情况下，只提高出险率，即由0.15%上升到0.20%，从而获利不少于6万元的概率下降了30%，给出曲线图形，可以清晰地看到盈利概率是出险率的单调减函数
应用二　思考2（累计21min）	**• 应用二思考2　保险的相关因素** 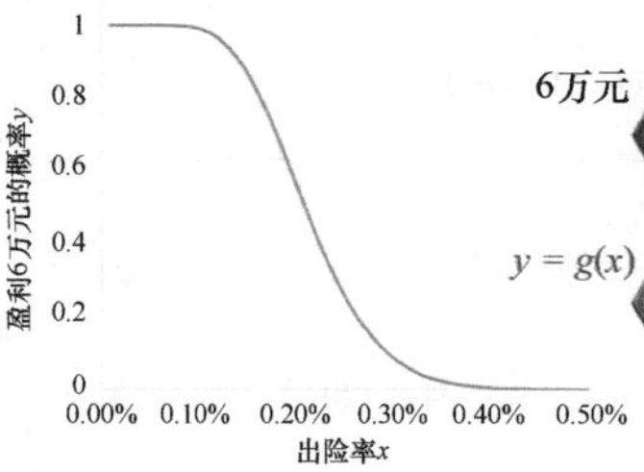 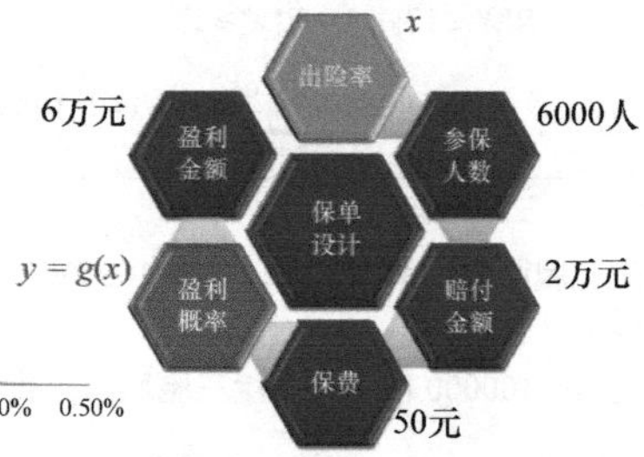 　设计一款保单时，如上图所示，需要考虑的因素有：参保人数、赔付金额、保费、盈利概率、盈利金额和出险率．研究中可以同时考虑几个因素，也可以固定一些因素，只研究一个变量和另一个变量的关系．上图是固定参保人数为6000人、赔付金额为2万元、保费为50元和盈利金额为6万元，研究盈利概率与出险率的关系图 　精算师是由保险公司雇用的数学专业人员，主要从事保险费、赔付准备金、分红、保险额、退休金、年金等的计算．其计算依据来源于理赔参照表及会计准则，保险公司经营状况．而这份表格是基于本公司和同行索赔的经验及相关统计数据而制定的	时间：2min 一般描述保单设计中所涉及的各种因素 仅就这些因素而言，可以固定其他因素，研究两个因素间的函数关系．让学生可以自己编题、解题 当然真正设计一份保单没那么容易，所以才有精算师这个职业

（续）

教学意图	教学内容	教学环节设计
应用三　母鸡孵蛋问题 （累计 25min）	**• 应用三　母鸡孵蛋问题** 设母鸡生蛋的个数 X 服从泊松分布 $\pi(\lambda)$，而每一个蛋孵化成小鸡的概率为 p，求一个母鸡恰好能孵出 r 只小鸡的概率 解：记 Y——孵出的小鸡数，则 Y 的可能取值为 $0,1,2,\cdots$，注意到 $S=\bigcup\limits_{k=0}^{\infty}\{X=k\}$，则 $$\begin{aligned}P\{Y=i\}&=\sum_{k=0}^{\infty}P\{X=k\}P\{Y=i\mid X=k\}\\&=\sum_{k=i}^{\infty}\frac{\lambda^k}{k!}\mathrm{e}^{-\lambda}\,\mathrm{C}_k^i\,p^i(1-p)^{k-i}\\&=\frac{1}{i!}p^i\mathrm{e}^{-\lambda}\sum_{k=i}^{\infty}\frac{\lambda^k}{(k-i)!}(1-p)^{k-i}\\&=\frac{1}{i!}p^i\mathrm{e}^{-\lambda}\sum_{n=0}^{\infty}\frac{\lambda^{n+i}}{n!}(1-p)^n\\&=\frac{1}{i!}(\lambda p)^i\mathrm{e}^{-\lambda}\sum_{n=0}^{\infty}\frac{1}{n!}(\lambda(1-p))^n\\&=\frac{1}{i!}(\lambda p)^i\mathrm{e}^{-\lambda}\mathrm{e}^{\lambda(1-p)}\\&=\frac{1}{i!}(\lambda p)^i\mathrm{e}^{-\lambda p},\ i=0,1,2,\cdots\end{aligned}$$ 故孵出的小鸡数 Y 服从 $\pi(\lambda p)$ 结论：母鸡下蛋数服从泊松分布 $\pi(\lambda)$，蛋孵出小鸡的概率为 p，母鸡孵出的小鸡数服从泊松分布 $\pi(\lambda p)$ 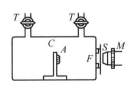 类似的问题还很多，如到商场的人数服从泊松分布，而假设来到商场的人买东西的概率为 p，那么到商场买东西的人数服从泊松分布	时间：4min 这个例题意在说明泊松分布的遗传性 **重点** 1）这个问题中涉及两个随机变量，分清两者的前后关系； 2）此题需要用到全概率公式，而且完备事件组的个数是可列个．两组概率情况是：先验概率来自泊松分布，条件概率来自二项分布．配合板书讲解
应用四　α粒子散射试验 （累计 28min）	**• 应用四　α 粒子散射试验** 1910 年，诺贝尔奖得主卢瑟福和盖克研究 α 射线，实验装置由一个针发射源和不远处的一块屏组成它们每隔 7.5s 记录一次打在屏上的 α 粒子数 一共记录了 2608 个数据．每 7.5s 里大约有 3.87 个 α 粒子数打在屏上 将观测频数和 $\lambda=3.87$ 的泊松分布的理论频数列表对比	时间：2min 从一个真实的试验的角度说明泊松分布的重要性 解释试验装置图各部分的用途

（续）

教学意图	教学内容	教学环节设计
应用四 α粒子散射试验（累计28min）	**• 应用四　α 粒子散射试验** 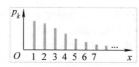 $P\{X=k\}=\dfrac{\lambda^{k}}{k!}\mathrm{e}^{-\lambda},\ \lambda>0,k=0,1,2,\cdots$	**时间：1min** 　同时也说明泊松分布的另一种应用情形，即泊松分布可以描述在一个给定时间间隔内某放射性物质发射出的 α 粒子数到达某计数器的个数

散射试验示意图标注：α粒子的散射、辐射出的α粒子、衰减板、霍锌箱子、薄金属板、荧光屏、α粒子的散射、望远镜、光

0	1	2	3	4	5	6	7	8	9	10	11
■观测频数											
57	203	383	525	532	408	273	139	45	27	10	6
■理论频数（λ=3.87）											
54	211	407	525	508	394	254	140	68	29	11	6

4. 几何分布（15min）

| 几何分布的定义（累计32min） | **• 几何分布的定义**
定义背景 E——可列重伯努利试验
即将伯努利试验独立重复地进行下去
$$P(A)=p,\quad 0<p<1$$
记 X——事件 A 首次出现时所做的试验次数，X 可能取 0，1，2，…，于是有
$$P\{X=k\}=(1-p)^{k-1}p$$
称 X 服从参数为 p 的几何分布，记作 $X\sim G(p)$
几何分布的图形如下：

几何分布的简单例子：
• 一射手进行射击训练，若随机变量 X 表示首次击中目标时所需的射击次数，则 X 服从参数是 p（命中率）的几何分布；
• 某种定期奖券中奖率为 p，某人每次购买一张，如果没有中奖下次再继续买一张，直到中奖为止，则该人所需购买次数服从参数是 p 的几何分布；
• 一盒中装有 2 个红球和 3 个白球，从中有放回地取球，直到首次取得红球为止，则取球次数服从参数是 $p=2/5$ 的几何分布 | **时间：4min**
　讲解几何分布的定义和背景．注意和二项分布的背景一样，但关注的问题不同，要把不同的点强调出来
　提问：还有什么现象服从几何分布 |

（续）

教学意图	教学内容	教学环节设计
几何分布的无记忆性 （累计 38min）	• 几何分布的无记忆性 　设 X 是取正整数的随机变量，若对任意自然数 m，在 $X > m$ 的条件下，$X = m + 1$ 的概率与 m 无关，则 X 服从几何分布 　证明：记 $P\{X = k\} = p_k, k = 1,2,3\cdots$ 由该命题的条件知 $$P\{X = k+1 \mid X > k\} = p, k = 0,1,2,\cdots$$ 又记 $$P\{X > k\} = r_k, k = 0,1,2,\cdots$$ 则有 $$p = \frac{P\{X = k+1, X > k\}}{P\{X > k\}} = \frac{P\{X = k+1\}}{P\{X > k\}} = \frac{r_k - r_{k+1}}{r_k}$$ 因此可以得到递推关系 $$\frac{r_{k+1}}{r_k} = 1 - p, k = 0,1,2,\cdots$$ 由于 $r_0 = 1$，所以容易推出 $r_k = (1-p)^k$，因而 $$\begin{aligned} p_k = P\{X = k\} &= r_{k-1} - r_k \\ &= (1-p)^{k-1} - (1-p)^k \\ &= (1-p)^{k-1}p, k = 1,2,3,\cdots \end{aligned}$$ 这就是参数为 p 的几何分布 　命题的意义：在前 m 次试验中，事件 A 一直没有发生，在此条件下，为了等到事件 A 发生所再需要等待时间 Y 也服从几何分布，而分布参数还是原来的参数 p，与 m 无关．这就是所谓的"无记忆"性	时间：6min 讲解几何分布的"无记忆"性 　在命题推导过程中有一定的分析，所以讲解要仔细 　值得一提的是，在离散型分布中（也就是可能取值为正整数），只有几何分布才具有无记忆性 　连续型分布中指数分布具有无记忆性（后面要学）
几何分布应用 （累计 41min）	• 几何分布应用产品检验问题 　从次品率为 0.0025 的一批产品中，随机地一个个抽取产品进行检验（有放回），一直取到抽出次品为止，X 表示检验的产品的件数．确定 X 的分布律，求为发现一件次品至少要检验 25 件产品的概率 　解：记 X 为首次抽到次品时检验的产品数，则 X 服从参数为 $p = 0.0025$ 的几何分布，即 $$P\{X = k\} = (1-p)^{k-1}p, \ k = 0,1,2,\cdots$$ 所求为 $$P\{X \geqslant 25\} = \sum_{k=25}^{\infty} P\{X = k\} = \sum_{k=25}^{\infty} (1-p)^{k-1}p$$	时间：3min 讲解几何分布在产品检验中的应用
泊松分布的应用 （累计 43min）	• 泊松分布的应用 应用情形一 　描述单位时间、单位面积和单位空间中罕见"质点"总数的概率分布 应用情形二 　描述大量独立重复试验中稀有事件发生的次数的概率分布 管理科学　泊松分布　运筹学　自然科学 例如：在任给定的时间间隔内， • 由某放射性物质放射出的 α 粒子到达某计数器的质点数； • 来到某公共服务设施要求给予服务的顾客数； • 事故、错误、故障及其他灾难性事件数等都服从泊松分布	时间：2min 总结一下泊松分布的两种应用情形，本节的例题均涉及这两种情形

（续）

教学意图	教学内容	教学环节设计
	5. 小结与思考拓展（2min）	
小结、设问来加深学生对本节内容的印象，并引导学生对下节课要解决的问题进行思考（累计45min）	• **小结** 1）给出了二项分布的泊松逼近定理，在一定条件下，可以用泊松分布解决一些二项分布的概率计算问题； 2）给出了泊松分布的定义，讲解了该分布的一些性质，说明了泊松分布的计算问题； 3）给出了一些实际应用例题； 4）强调了泊松分布的应用； 5）给出了几何分布的定义与应用	时间：1min 根据本节讲授内容，做简单小结
	• **思考拓展** 1）二项分布在一定条件下可以用泊松分布逼近，如果不满足这些条件，那么二项分布的概率该如何计算呢？ 2）为什么母鸡生蛋数服从泊松分布，而不是其他分布？ 3）实际调查：去银行，观察一段时间内来到银行的顾客数，分析数据是否服从泊松分布； 4）两个泊松分布的和是否从泊松分布？	时间：2min 根据本节讲授内容，给出一些思考拓展的问题
	• **作业布置** 习题二 A：5，6	要求学生课后认真完成作业

六、教学评价

本单元的教学设计符合理工科二年级学生的认知规律和实际水平. 泊松分布是法国数学家泊松于 1837 年给出的，不过当时并没有获得广泛的认可，现在泊松分布已被发展为泊松过程，广泛运用到管理科学、运筹学和其他自然科学中. 鉴于此，在本节教学设计中，希望尽量给学生展现泊松分布的一幅全景图. 问题的引入承上启下，从二项分布的近似计算切入，先给出二项分布的泊松逼近定理，而后顺理成章地引入泊松分布，让学生了解了知识的来龙去脉，形成了完整的知识脉络图. 对于泊松分布，从三个角度去介绍（泊松与二项分布的关系、泊松分布图和泊松分布概率），然后精心准备了四个贴近生活实际且趣味性很强的应用范例，如保险问题、母鸡孵蛋问题等. 这些实例说明两方面的问题，一是说明在一定条件下，泊松分布可以用来解决二项分布的近似计算问题；二是说明泊松分布的广泛应用性. 通过本节课的学习，学生掌握了泊松分布的基本知识，掌握了如何使用泊松分布进行概率计算，进一步了解了泊松分布在实际生活中的应用，使得学生的综合素养有所提升.

2.3 指数分布

一、教学目的

指数分布作为一种常见的连续型分布，常被用于描述独立事件发生的时间间隔、电子产品的"寿命"等，在排队论（随机服务系统）和系统可靠性研究中有着重要的应用.

基于指数分布对随机服务系统进行定量分析、对电子元器件进行抽验、对大型复杂系统进行可靠性研究，有利于更好地提高服务效率，监测电子产品质量，对生产和生活均有重大意义.

本节要求学生掌握指数分布的概念与记号，重点掌握指数分布概率密度函数与分布函数及相应图形，理解指数分布的无记忆性. 深刻理解指数分布与泊松分布之间的联系与区别；掌握指数分布随机变量用于描述独立事件发生的时间间隔的背景意义；会用指数分布的概率密度函数和分布函数计算有关概率.

在教学过程中，为了给学生以连贯的知识衔接，从已学过的泊松分布逐步过渡到指数分布. 由单位时间内出生的婴儿个数自然地引出婴儿出生的时间间隔，从离散型随机变量切换到连续型随机变量. 在此基础上逐步引入有关应用及指数分布所特有的"无记忆性"；此外，通过数值模拟让学生更为直观地理解指数分布与泊松分布之间的联系与区别.

二、教学思想

指数分布是概率论中重要的三大分布之一，指数分布还广泛应用于管理科学、运筹学和其他自然科学中. 因此在本节的教学中，通过问题的提出、概念的讲解、例题的设置等多个环节，让学生充分认识到指数分布的重要性和应用的广泛性，并学会用指数分布解决一些实际问题.

三、教学分析

1. 教学内容

1）从泊松分布到指数分布的过渡.
2）指数分布的概率密度函数、分布函数及其应用.
3）指数分布的无记忆性.

2. 教学重点

1）指数分布的概念及其应用.
2）指数分布与泊松分布的联系与区别.
3）指数分布的无记忆性.

3. 教学难点

1）如何应用指数分布分析和解决问题.
2）如何理解指数分布的无记忆性.
3）理清指数分布与泊松分布的联系与区别.

4. 对重点、难点的处理

1）通过婴儿出生问题的引入，说明未来 1h 内至少出生两个婴儿的概率超过 95% 的结论激发学生对本节教学内容的期待和好奇.

2）运用指数分布的图形，使学生对指数分布的分布函数与概率密度有更好的记忆，并且回忆与上节泊松分布的联系与区别.

3）设置例题，用具体问题的求解来使得学生更好地掌握指数分布并且通过计算结果说明指数分布的无记忆性.

4）通过模拟仿真实验说明指数分布与泊松分布的联系，从而理清它们之间的关系.

四、教学方法与策略

1. 课堂教学设计思路

1）问题的提出. 通过大众关注的二胎问题引入，提出在 1h 内没有婴儿出生的概率以及有两个婴儿出生的概率计算问题，使得学生积极去思考这个问题，带着问题学习下面的内容.

2）从泊松分布到指数分布. 借助婴儿出生间隔时间问题的例子，推导时间间隔的分布与泊松分布的关系，并由此引出指数分布.

3）指数分布的定义及其性质. 顺利给出指数分布定义后，进而给出其概率密度与分布函数形式，并通过画图引导学生进一步认识其概率密度函数和分布函数. 最后再简单说明一下指数分布的应用情形，如：排队论、计算电子产品的"寿命"等.

4）进一步分析"婴儿出生间隔"问题. 提出两个看似不同的问题"15min 内没有婴儿出生的概率"和"已知 15min 内没有婴儿出生，未来 15min 内没有婴儿出生的概率"，通过实际计算对比发现，两个问题的计算结果一样. 此例说明指数分布的无记忆性.

5）分析应用问题——电子元件的寿命与交通信号灯. 后续通过介绍电子元件的寿命与交通信号灯的两个问题说明了用指数分布可以解决一些实际问题.

6）计算机模拟演示. 此处特意设计了一个计算机模拟演示，通过模拟动画的演示，帮助学生进一步理清指数分布与泊松分布的关系.

7）小结与拓展. 本节课通过讲解指数分布的概率密度函数与分布函数、指数分布与泊松分布的关系、指数分布的应用全面介绍了指数分布，并且给学生留下 4 个问题作为课下的思考拓展.

2. 板书设计

指数分布

一、概率密度

$$f(x)=\begin{cases} \lambda e^{-\lambda x}, & x>0, \\ 0, & x\leqslant 0, \end{cases} \quad \lambda>0$$

二、分布函数

$\forall x\in \mathbf{R}, \quad F(x)=\int_{-\infty}^{x}f(t)\mathrm{d}t$

$x<0: \quad F(x)=\int_{-\infty}^{x}0\,\mathrm{d}t=0$

$x\geqslant 0: \quad F(x)=\int_{0}^{x}\lambda e^{-\lambda t}\,\mathrm{d}t=1-e^{-\lambda x}$

配合课件板书区

五、教学安排

1. 教学进程框架

根据教学要求和教学计划安排，以教学过程图所示的教学进程进行安排，将各部分教学内容分解为"问题提出""问题定义 / 分析"和"问题求解 / 应用"三部分，始终以问题为导向，以分析为重点，以应用为巩固拓展，引导学生进行学习.

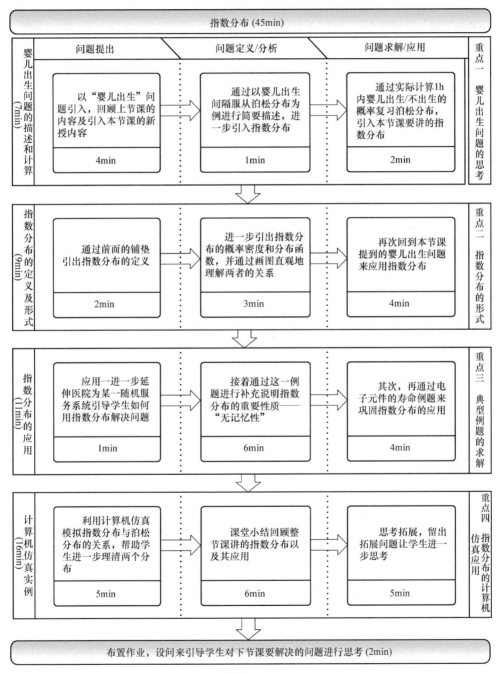

教学过程图

2. 教学进程详细内容

根据教学框架，针对每个知识点进行详细设计，具体内容如下：

教学进程表

教学意图	教学内容	教学环节设计
	1. 问题引入（4min）	
通过普遍关注的社会问题，激发学生的兴趣. 通过婴儿出生问题，让学生了解泊松分布与指数分布的应用（累计 1min）	·问题引入  在国家进一步优化生育政策积极应对人口老龄化的时代背景下，提出各大医院产科床位紧张从而需要了解婴儿出生规律以便更好地服务社会的问题	时间：1min 提问：如何利用所学知识建立相应的模型？ 反馈：可以利用刚刚学过的泊松分布
引导学生利用泊松分布模型分析婴儿出生问题 泊松分布与本节要讲的指数分布关系密切，通过已学的泊松分布逐渐过渡到指数分布，便于学生理解，并有利于学生形成知识的衔接（累计 4min）	·婴儿出生问题的泊松分布模型 假设某医院在时间（0，t）内出生的婴儿数 $N(t)$ 服从泊松分布 $$P\{N(t)=k\}=\frac{(\lambda t)^k e^{-\lambda t}}{k!} \quad k=0,1,\cdots$$ 其中，λ 表示 1h 内平均出生的婴儿数，经统计 $\lambda=5$ 个 /h. **问题 1：** 未来 1h 内一个婴儿都不出生的概率为 $$P\{N(1)=0\}=\frac{5^0 e^{-5}}{0!}=0.0067$$ **问题 2：** 未来 1h 内至少出生两个婴儿的概率为 $$P\{N(1)\geqslant 2\}=1-\frac{5^0 e^{-5}}{0!}-\frac{5^1 e^{-5}}{1!}=0.9596$$ 1) 未来 1h 内一个婴儿都不出生的概率 $P\{N(1)=0\}=0.0067$ 2) 未来 1h 内至少出生两个婴儿的概率 $P\{N(1)\geqslant 2\}=0.9596$ 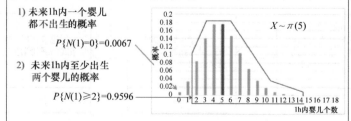 从计算结果可以看出，在未来 1h 内没有婴儿出生的概率非常小，而至少有两个婴儿出生的概率超过了 95%，这个结果可以为医院的人员安排和床位设置提供参考	时间：3min 提问：若已知平均 1h 内出生 5 个婴儿，那么未来 1h 内会出生几个婴儿？ 追问：一定是 5 个吗？ 反馈：这是无法知道的. 通常可假设某医院在时间（0，t）内出生的婴儿数 $N(t)$ 服从泊松分布，建立一个简单的模型来分析婴儿的出生规律，从而为医院提供决策参考

（续）

教学意图	教学内容	教学环节设计
	说明:在上述模型中，参数 λ 表示1h内平均出生的婴儿数，即事件"婴儿出生"在单位时间内发生的平均次数. 随机变量在参数 λ 附近取值的概率最大；向 λ 两侧概率值逐渐下降，随机变量取值很大和很小的可能性都不大 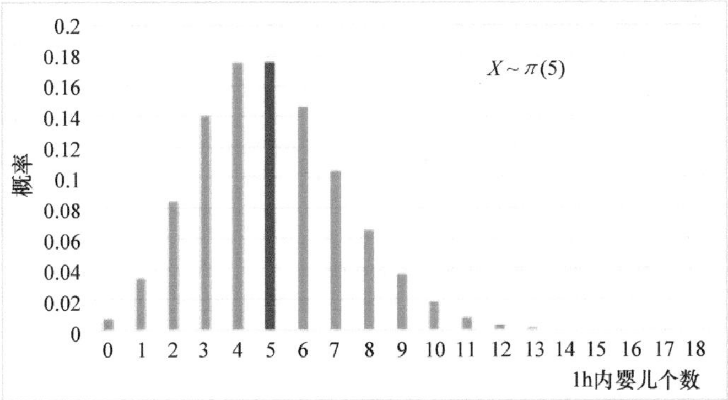 	复习泊松分布有关知识

2. 指数分布（8min）

教学意图	教学内容	教学环节设计
启发学生从泊松分布向指数分布过渡，借助婴儿出生问题的例子，推导时间间隔的分布与泊松分布的关系.由此引出指数分布（累计7min）	婴儿出生时间间隔的分布 分析: 记 T——婴儿出生的时间间隔， $\{T>t\}$——婴儿出生的时间间隔大于 t，即在时间间隔为 t 的时间段内没有婴儿出生. 婴儿出生的时间间隔 T 显然是一个随机变量，而且是个连续型随机变量. 要想得到时间间隔 T 的分布，需在前述模型的基础上把握一个关键点，即"时间间隔大于 t"等同于"在时间间隔为 t 的时间段内没有婴儿出生". 因此，可得 $$P\{T>t\}=P\{N(t)=0\}=\frac{(\lambda t)^0 \mathrm{e}^{-\lambda t}}{0!}=\mathrm{e}^{-\lambda t}$$ $$P\{T\leqslant t\}=1-P\{T>t\}=1-\mathrm{e}^{-\lambda t}$$ 进而，婴儿出生时间间隔 T 的分布函数为 $$F(t)=P\{T\leqslant t\}=\begin{cases}1-\mathrm{e}^{-\lambda t}, & t>0 \\ 0, & t\leqslant 0,\end{cases}\quad \lambda>0$$ 求导可得时间间隔 T 的概率密度函数 $$f(t)=F'(t)=\begin{cases}\lambda \mathrm{e}^{-\lambda t}, & t>0 \\ 0, & t\leqslant 0,\end{cases}\quad \lambda>0$$	时间:3min 提问:时间间隔 T 与泊松分布有什么关系？ 反馈:"时间间隔大于 t"等同于"在时间间隔为 t 的时间段内没有婴儿出生". 提问:婴儿出生的时间间隔 T 的分布函数与概率密度各是什么？

（续）

教学意图	教学内容	教学环节设计
通过前面的分析与铺垫，引出指数分布的定义 引导学生进一步认识其概率密度函数和分布函数及其图形 （累计11min）	• 指数分布的概念 定义 1. 若随机变量 X 的概率密度函数为 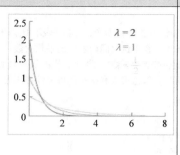 $$f(x)=\begin{cases}\lambda e^{-\lambda x}, & x>0,\\ 0, & x\leqslant 0,\end{cases}\quad \lambda>0$$ 则称 X 服从参数为 λ 的指数分布，记为 $X\sim\mathrm{Exp}(\lambda)$ 验证：显然 $f(x)\geqslant 0$，且满足 $$\int_{-\infty}^{+\infty}f(x)\,\mathrm{d}x=\int_{0}^{+\infty}\lambda e^{-\lambda x}\,\mathrm{d}x=(-e^{-\lambda x})\Big|_{0}^{+\infty}=1$$ 2. 指数分布概率密度函数图形 1）密度函数曲线下方面积为 1； 2）参数 λ 越大，曲线越迅速地下降至 0 值. 3. 指数分布的分布函数 $\forall x\in\mathbf{R},\quad F(x)=\int_{-\infty}^{x}f(t)\,\mathrm{d}t$ $x<0,\quad F(x)=\int_{-\infty}^{x}0\,\mathrm{d}t=0,$ $x\geqslant 0,\quad F(x)=\int_{0}^{x}\lambda e^{-\lambda t}\,\mathrm{d}t=1-e^{-\lambda x}$ 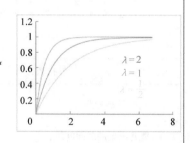 综上，指数分布的分布函数为 $$F(x)=\begin{cases}0, & x<0\\ 1-e^{-\lambda x}, & x\geqslant 0\end{cases}$$ 其图形如右图所示	时间：4min 板书：指数分布的概率密度函数与记号 提问：如何验证这里的 $f(x)$ 可以作为概率密度函数？ 反馈：验证非负性和正则性 提问：如何利用概率密度函数 $f(x)$ 求出分布函数？ 反馈：利用概率密度函数积分
画图使学生更为直观地理解概率密度函数与分布函数的关系 （累计12min）	指数分布的概率密度函数与分布函数的关系图： $$\forall x\in\mathbf{R},\quad F(x)=\int_{-\infty}^{x}f(t)\,\mathrm{d}t$$ 分布函数在一点处的值即为该点左侧概率密度函数曲线下方（非负部分）的面积 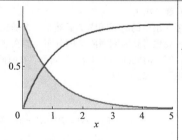	时间：1min 以 $\lambda=1$ 时的图形为例，引导观察，给学生以直观印象
	3. 指数分布的应用（26min）	
简单介绍指数分布在四个方面的实际应用 （累计13min）	• 指数分布的应用 1）排队论（随机服务系统）中独立事件出现的时间间隔； 2）电子产品的"寿命"；   3）复杂系统的可靠性分析； 4）战争、灾难、DNA序列的变异等"稀有事件"发生的规律研究	时间：1min

（续）

教学意图	教学内容	教学环节设计
进一步延伸，将医院视为某一"服务台"，将婴儿相继出生视为陆续发生的一系列独立事件，即得到一个随机服务系统 引导学生学会如何用指数分布解决简单随机服务系统中的一些问题 用具体的生活实例介绍指数分布在随机服务系统中的应用意义 通过引导学生观察本例中（1）（3）两问题的结果引出指数分布的无记忆性	·应用一　随机服务系统婴儿出生时间间隔问题  假设某医院婴儿出生的时间间隔 T（以 h 计）服从指数分布，其概率密度函数 $$f(t)=\begin{cases}5e^{-5t}, & t>0\\0, & t\le 0\end{cases}$$ 求：（1）15min 内没有婴儿出生的概率； （2）下一个婴儿出生的时间间隔在 15~30min 内的概率； （3）已知 15min 没有婴儿出生，问在未来 15min 内没有婴儿出生的概率 　　分析："15min 内没有婴儿出生"，即"婴儿出生的时间间隔大于 15min"，所求概率为 $P\{T\ge 0.25\}$ 　　解：T 的分布函数 $$F(t)=\begin{cases}1-e^{-5t}, & t>0\\0, & t\le 0\end{cases}$$ （1）15min 内没有婴儿出生的概率 $$P\{T\ge 0.25\}=1-F(0.25)=e^{-5\times 0.25}=0.2865$$ （2）下一个婴儿出生时间间隔在 15~30min 内的概率 $$P\{0.25\le T\le 0.5\}=F(0.5)-F(0.25)=0.2044$$ （3）已知 15min 内没有婴儿出生，问在未来 15min 内没有婴儿出生的概率，所求为条件概率 $P\{T>0.5|T>0.25\}$ $$P\{T>0.5|T>0.25\}=\frac{P\{T>0.5,T>0.25\}}{P\{T>0.25\}}$$ $$=\frac{P\{T>0.5\}}{P\{T>0.25\}}=0.2865$$ 结论分析： 　　由（1）可知，婴儿出生的时间间隔小于 15min 的概率是 $P\{T<0.25\}=1-P\{T\ge 0.25\}=0.7135$，而（2）中考虑的是这一时间间隔落在 15~30min 之间这一时段的概率，仅为 0.2044，概率有了大幅下降．对该医院而言，婴儿在 15min 内出生的概率很大，故应做好充分准备 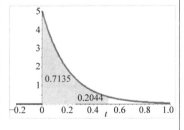	时间：18min 解释：医院产科的人员安排和床位设置需要了解婴儿出生时间间隔． 引导思考：是否还有其他方法来计算 15min 内没有婴儿出生的概率？ 反馈：可以利用泊松分布计算概率 $P\{N(0.25)=0\}$

（续）

教学意图	教学内容	教学环节设计
（累计31min）	**应用说明**：例子中的时间间隔分布规律无疑对医院产科的人员安排和床位设置有着重要参考价值. 若我们将医院视为某一"服务台"，而婴儿相继出生视为陆续发生的一系列独立事件，即得到一个随机服务系统 基于指数分布和泊松分布等概率统计中的基本理论对这样的随机服务系统进行研究，构成了运筹学的一个分支：排队论. 这一研究在日常生活、医疗服务、商业管理、计算机网络、生产-运输-库存等各项资源共享的随机服务系统有着广泛的应用 指数分布通常被用于描述独立随机事件（顾客陆续随机到达商场、患者陆续随机到达医院、车辆陆续到达路口、放射性物质产生粒子、DNA序列发生变异）发生的时间间隔 **补充**：（随机服务系统理论与 A. K. 埃尔朗）随机服务系统理论（排队论）的基本思想是1909年丹麦数学家、科学家、工程师 A. K. 埃尔朗在解决自动电话设计问题时开始形成的，当时称为话务理论. 他在热力学统计平衡理论的启发下，成功地建立了电话统计平衡模型，并由此得到一组递推状态方程，从而导出著名的埃尔朗电话损失率公式 **指数分布的无记忆性**：一般地， $$P\{X>s+t\mid X>s\} = P\{X>t\} = \frac{P\{X>s+t, X>s\}}{P\{X>s\}}$$ $$= \frac{P\{X>s+t\}}{P\{X>s\}}$$ $$= e^{-\lambda t} = P\{X>t\}$$ 从图形上来看，即是 $s+t$ 点右侧曲线下方面积占 s 点右侧曲线下方面积的比例，与 t 点右侧曲线下方面积占曲线下方总面积（值为1）的比例相等. 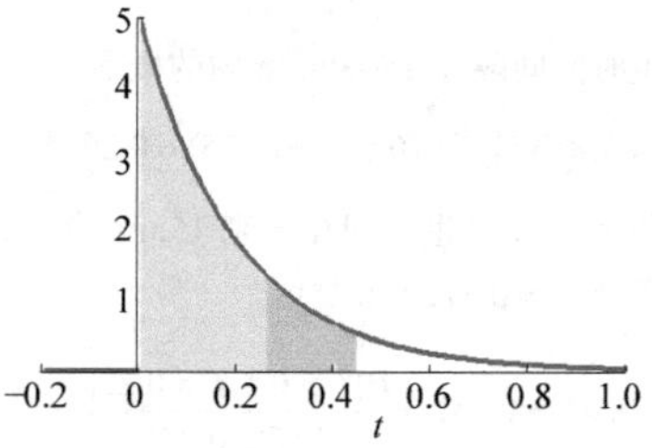 **说明**：所谓"无记忆性"，是指某种产品经过一段时间 s 的工作后，该产品的寿命分布与原来没有工作时的寿命具有相同的分布 **结论**：指数分布具有无记忆性	**提问**：请大家观察例中（1）（3）两问题的结果，一样吗? **反馈**：结果相同 **追问**：这是偶然的吗? **反馈**：指数分布具有无记忆性
（累计35min）	• **应用二　可靠性与失效研究电子元件的寿命**  	时间：4min
（累计38min）	• **应用三　随机质点流交通信号灯方案设计**	时间：3min

（续）

教学意图	教学内容	教学环节设计
	4. 仿真模拟（5min）	

<table>
<tr>
<td>通过模拟动画的演示，帮助学生进一步理清指数分布与泊松分布的关系（累计 43min）</td>
<td>

• 指数分布与泊松分布关系的仿真模拟

实验设计：本模拟以平均每分钟产生 5 个点的强度按照泊松分布独立生成随机点. 右图记录了 1min 内模拟的状态图，其中每个红点的横坐标代表它的产生时刻，纵坐标代表直到它产生为止时共计产生的随机点个数

显然，相邻两点之间的水平间距即为随机点产生的时间间隔

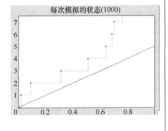

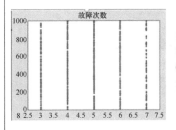

模拟结果：将上述在 1min 内产生随机点的实验重复进行 1000 轮，观察第 i 轮实验产生的随机点个数为 k（k 为非负整数）的情况，如左图所示（纵轴为 i，横轴为 k）

再统计"1min 内产生随机点个数为 k"的频率，结果请见右图中的红点. 图中的蓝色折线对应着参数为 5 的泊松分布. 可以看出，1min 内产生随机点个数的分布与参数为 5 的泊松分布吻合较好

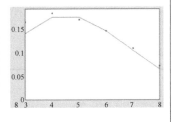

左图中记录了相邻产生的随机点之间的时间间隔. 可见，时间间隔很小的点非常密集，而时间间隔超过 0.5min 的点很稀疏. 统计时间间隔落在 0~0.1min，0.1~0.2min，0.2~0.3min，…，0.8~0.9min，0.9~1.0min 各时段内的频率，如下图所示

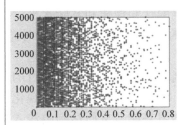

图中红色点代表着时间间隔落入各时段的频率，蓝色曲线则是参数为 5 的指数分布，吻合度仍然很好

可见，依泊松分布陆续独立生成的随机点出现的时间间隔基本服从指数分布

补充说明：如果把上述实验中的随机点视为"设备出现故障""通过十字路口的车辆"，则这一模拟可用于分析研究设备的可靠性，以及交通信号灯方案设计等

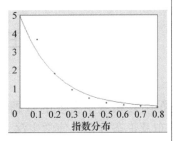
指数分布

</td>
<td>

时间：5min

现场动画展示仿真模拟的过程与结果

</td>
</tr>
</table>

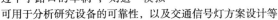

（续）

教学意图	教学内容	教学环节设计
	5. 小结与思考拓展（2min）	
小结、设问来加深学生对本节内容的印象，并引导学生对下节课要解决的问题进行思考（累计45min）	• **小结** 1）指数分布的概率密度函数与分布函数； 2）指数分布与泊松分布的关系，指数分布的应用	时间：1min 根据本节讲授内容，做简单小结
	• **思考拓展** **应用拓展** 声音是否具有稳定性？"平均律"好听吗？ **知识拓展** 自学蒙特卡罗积分法，试计算积分 $\int_0^1 \frac{1}{\sqrt{2\pi}} e^{-\frac{x^2}{2}} dx$ **思考实践** 运用大数定律解释生活中的具体现象，并整理成小论文. **文献查阅** 对于不满足独立的随机变量序列，其平均值能否具有稳定性？	时间：1min 根据本节讲授内容，给出一些思考拓展的问题
	• **作业布置** 习题二A：1，2，3，4	要求学生课后认真完成作业

六、教学评价

　　本单元的教学设计符合理工科二年级学生的认知规律和实际水平. 指数分布是概率论中常见的三种连续型分布之一，根据多年的教学经验，学生学习时总感觉理解困难，不知所云. 因此在课程设计上需要多花心思，由"婴儿出生间隔问题"分析泊松分布与指数分布的关系，使学生对指数分布理解深刻，并达到学以致用的目的. 教学过程中采用新颖的教学手段，借助计算机强大的功能，将各种分析及应用直观化，使得教学内容更加生动，加深学生对知识点的理解，增加学习兴趣，从而达到由浅入深、引人入胜的教学效果.

2.4　正态分布

一、教学目的

　　在前面已学分布函数和概率密度的基础上，通过连续型随机变量的三种具体的分布（均匀分布、指数分布及正态分布）使学生深入理解这两个重要概念的意义，重点掌握这三种分布的分布函数和概率密度函数的具体表达式、性质，并利用它们正确地计算事件发生的概率. 通过引导学生正确深刻地理解三种连续型随机变量的分布函数和概率密度，建立用概率模型描述实际问题的思想方法，培养学生用概率论知识将实际问题抽象、归纳、转化为数学模型的能力. 通过实例应用，引导学生能够逐渐自觉地运用概率论的思想和方法分析和处理各种实际问题，锻炼和提高他们解决实际问题的能力.

二、教学思想

分布函数和概率密度完整地描述了随机变量的统计规律性，使得我们能用数学分析的方法来研究随机变量. 而均匀分布、指数分布及正态分布是实际问题中大量普遍存在的三种连续型分布，因此通过对它们分布函数及概率密度的了解和掌握，能够充分地理解这三种连续型随机变量的统计规律性，从而用相应的概率模型解决大量的实际问题. 由于正态分布的存在更为广泛，因而对于正态随机变量的研究是概率论中一项重要的基本内容.

三、教学分析

1. 教学内容

1）均匀分布的概率密度、分布函数、性质、适用范围及概率计算.
2）指数分布的概率密度、分布函数、性质、适用范围及概率计算.
3）正态分布的概率密度、分布函数、性质、适用范围及概率计算.
4）正态分布应用举例.

2. 教学重点

1）理解掌握均匀分布、指数分布及正态分布的概率密度、分布函数的概念、特点及它们的区别和联系.
2）理解均匀分布的均匀性、指数分布的无记忆性及正态分布的 3σ 原则.
3）重点掌握正态分布的密度函数曲线的性质.
4）掌握这三种概率模型并熟练计算事件发生的概率.

3. 教学难点

1）如何通过概率密度和分布函数理解这三种连续型随机变量的统计规律性.
2）如何通过线性变换将一般正态分布转化成标准正态分布，从而通过查表解决一般正态分布概率的计算.

4. 对重点、难点的处理

1）帮助学生分析理解概率密度函数，从而理解随机变量的统计规律性：由概率密度的规范性帮助学生理解为什么均匀分布必须在有限区间上，为什么指数分布的概率密度函数值当自变量趋于无穷大时要快速趋于零，并通过指数分布与正态分布概率密度的对比来理解正态分布的对称性、渐近性及 3σ 原则.

2）帮助学生分析一般正态分布概率计算的困难之处：由于正态分布概率密度的原函数不是初等函数，所以分布函数没有解析表达式，因此需要用计算机近似计算. 为此，可以用线性变换将其转化成标准正态分布，而标准正态分布的分布函数值都已计算并编制成表，因此可以通过查表解决所有一般正态分布的概率计算问题.

四、教学方法与策略

1. 课堂教学设计思路

1）通过提问互动，引导学生理解均匀分布的概率密度，对比离散情形的均匀性理解连续型随机变量的均匀性. 通过实例，帮助学生了解均匀分布概率模型的适用范围，逐步引导学生最终解决实际问题中的概率计算.

2）通过概率密度的规范性，观察密度曲线的渐近性，引导学生理解指数分布的概率密度. 通过理论推导，帮助学生理解零件使用寿命的无记忆性.

3）通过大量生产生活中的实例，引导学生关注自然界及社会生活中最为普遍的正态分布. 通过分析概率密度，帮助学生了解正态分布的性质及正态随机变量取值的特点. 通过推导线性变换，引导学生掌握解决一般正态分布的概率计算. 通过实例，帮助学生了解正态分布概率模型的适用范围.

4）拓展 1：在实际问题中，使用正态分布的知识计算血液指标正常值的范围. 拓展 2：6σ 原则. 当达到 6σ 标准时，生产和服务质量缺陷几乎为零.

5）通过小结与思考，帮助学生巩固本节课所学的知识.

6）计算机模拟演示. 计算机模拟是比较理想的教学辅助手段，其直观的图形可以方便学生理解；其动画的效果，可以增加学生的学习兴趣. 针对正态分布和标准正态分布的转换，特意设计了动画演示，学生可以直观地看到一般正态分布密度曲线向标准正态分布密度曲线逼近的过程，让学生对正态分布标准化有深刻的印象.

2. 板书设计

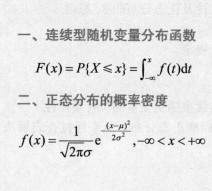

配合课件板书区

一、连续型随机变量分布函数

$$F(x) = P\{X \leqslant x\} = \int_{-\infty}^{x} f(t)\mathrm{d}t$$

二、正态分布的概率密度

$$f(x) = \frac{1}{\sqrt{2\pi}\sigma} \mathrm{e}^{-\frac{(x-\mu)^2}{2\sigma^2}}, -\infty < x < +\infty$$

五、教学安排

1. 教学进程框架

根据教学要求和教学计划安排，以教学过程图所示的教学进程进行安排，将各部分教学内容分解为"问题提出""问题定义 / 分析"和"问题求解 / 应用"三部分，始终以问题为导向，以分析为重点，以应用为巩固拓展，引导学生进行学习.

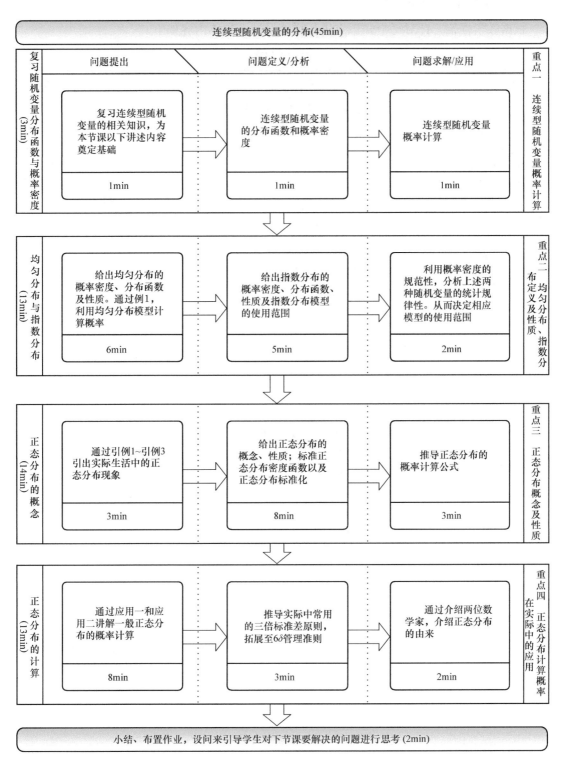

连续型随机变量的分布(45min)

复习随机变量分布函数与概率密度 (3min)	问题提出	问题定义/分析	问题求解/应用	重点一 连续型随机变量概率计算
	复习连续型随机变量的相关知识，为本节课以下讲述内容奠定基础 1min	连续型随机变量的分布函数和概率密度 1min	连续型随机变量概率计算 1min	

| 均匀分布与指数分布 (13min) | 给出均匀分布的概率密度、分布函数及性质。通过例1，利用均匀分布模型计算概率

6min | 给出指数分布的概率密度、分布函数、性质及指数分布模型的使用范围

5min | 利用概率密度的规范性，分析上述两种随机变量的统计规律性。从而决定相应模型的使用范围

2min | 重点二 均匀分布定义及性质、指数分布 |

| 正态分布的概念 (14min) | 通过引例1~引例3引出实际生活中的正态分布现象

3min | 给出正态分布的概念、性质；标准正态分布密度函数以及正态分布标准化

8min | 推导正态分布的概率计算公式

3min | 重点三 正态分布概念及性质 |

| 正态分布的计算 (13min) | 通过应用一和应用二讲解一般正态分布的概率计算

8min | 推导实际中常用的三倍标准差原则，拓展至6δ管理准则

3min | 通过介绍两位数学家，介绍正态分布的由来

2min | 重点四 正态分布在实际中应用计算概率 |

小结、布置作业，设问来引导学生对下节课要解决的问题进行思考 (2min)

教学过程图

2. 教学进程详细内容

根据教学框架，针对每个知识点进行详细设计，具体内容如下：

教学进程表

教学意图	教学内容	教学环节设计
	1. 复习连续型随机变量的概率分布（3min）	
使学生着重理解分布函数是累加概率，准确刻画了随机变量的统计规律性 （累计 1min）	• **复习随机变量的分布函数** 分布函数：设 X 是一个随机变量，则 $$F(x) = P\{X \leq x\}$$ 性质 1　$F(x)$ 是一个不减函数 性质 2　$0 \leq F(x) \leq 1$，$F(-\infty) = 0$，$F(+\infty) = 1$ 性质 3　$F(x)$ 是右连续的函数	时间：1min 复习随机变量分布函数的概念、作用和性质 提问：分布函数的重要作用是什么？
帮助学生理解概率密度，非常直观地刻画了随机变量的统计规律性 （累计 2min）	• **复习连续型随机变量的概率密度** 概率密度：设 X 为连续型随机变量，则 $$F(x) = P\{X \leq x\} = \int_{-\infty}^{x} f(t)\,dt$$ 性质 1　$f(x) \geq 0$ 性质 2　$\int_{-\infty}^{+\infty} f(x)\,dx = 1$ 性质 3　$P\{x_1 < X \leq x_2\} = F(x_2) - F(x_1) = \int_{x_1}^{x_2} f(x)\,dx$ 性质 4　$F'(x) = f(x)$	时间：1min 复习随机变量概率密度的概念和性质 引导思考：概率密度是如何反映随机变量的统计规律性的？
使学生掌握利用分布函数或概率密度计算概率的方法 （累计 3min）	• **复习概率的计算** 计算连续型随机变量定义事件的概率的方法： 1）用分布函数计算概率： $$P\{x_1 < X \leq x_2\} = F(x_2) - F(x_1)$$ 2）用概率密度计算概率： $$P\{x_1 < X \leq x_2\} = F(x_2) - F(x_1) = \int_{x_1}^{x_2} f(x)\,dx$$	时间：1min 复习概率计算的两种方法 提问引导思考：比较两种方法，哪种方法计算概率更方便？
	2. 均匀分布（8min）	
要求学生熟练地掌握均匀分布的概率密度和分布函数 （累计 6min）	• **定义** 若连续型随机变量 X 具有概率密度 $$f(x) = \begin{cases} \dfrac{1}{b-a}, & a < x < b, \\ 0, & \text{其他} \end{cases}$$ 则称 X 在区间 (a, b) 上服从均匀分布，记为 $X \sim U(a,b)$ 注：易证 $f(x)$ 满足①$f(x) \geq 0$；②$\int_{-\infty}^{+\infty} f(x)\,dx = 1$ 　　X 的分布函数为 $$F(x) = \begin{cases} 0, & x < a, \\ \dfrac{x-a}{b-a}, & a \leq x < b, \\ 1, & x \geq b. \end{cases}$$	时间：3min 提问：为什么均匀分布定义在一个有限区间上？ 通过概率密度规范性的分析，使学生对这一概念有更深刻的理解

（续）

教学意图	教学内容	教学环节设计
使学生掌握均匀分布的性质及使用范围 （累计 7min）	• 性质及适用范围 性质：X 落在区间 (a,b) 中任意等长度的子区间的可能性是相同的，即它落在子区间的概率只依赖于子区间的长度而与子区间的位置无关 适用范围： 1）在数值计算中，由于四舍五入，小数点后某一位小数引入的误差； 2）公交线路上两辆公共汽车前后通过某汽车停车站的时间，即乘客的候车时间等	时间：1min 板书推导：均匀分布的性质，体会什么是均匀
使学生学以致用，学会如何用概率知识求解实际问题 （累计 11min）	• 应用 例 1　某公共汽车站从上午 7 时起，每 15min 来一班车，即 7：00，7：15，7：30，7：45 等时刻有汽车到达此站，如果乘客到达此站时间 X 是 7：00 到 7：30 之间的均匀随机变量，试求： （1）乘客候车时间少于 5min 的概率； （2）乘客候车时间超过 10min 的概率  解：设以 7：00 为起点 0，以 min 为单位，依题意 $X \sim U(0,30)$，于是有 $$f(x) = \begin{cases} \dfrac{1}{30}, & 0 < x < 30, \\ 0, & \text{其他}. \end{cases}$$ （1）为使候车时间少于 5min，乘客到达车站时间 X 必须在 7：10 到 7：15 之间，或在 7：25 到 7：30 之间. 故所求概率为 $$P\{10 < X < 15\} + P\{25 < X < 30\} = \int_{10}^{15} \frac{1}{30}\mathrm{d}x + \int_{25}^{30} \frac{1}{30}\mathrm{d}x = \frac{1}{3}$$ （2）为使候车时间不少于 10min，乘客到达车站时间 X 必须在 7：00 到 7：05 之间，或在 7：15 到 7：20 之间. 故所求概率为 $$P\{0 < X < 5\} + P\{15 < X < 20\} = \int_{0}^{5} \frac{1}{30}\mathrm{d}x + \int_{15}^{20} \frac{1}{30}\mathrm{d}x = \frac{1}{3}$$	时间：4min 掌握均匀分布概率模型的使用范围 　分析题意并写出均匀分布的概率密度 　根据题意，用概率密度计算概率

（续）

教学意图	教学内容	教学环节设计
	3. 指数分布（5min）	
要求学生熟练地掌握指数分布的概率密度和分布函数（累计14min）	**·定义** 若 X 是连续型随机变量，具有概率密度 $$f(x)=\begin{cases}\dfrac{1}{\theta}\mathrm{e}^{-\frac{x}{\theta}}, & x>0,\\ 0, & \text{其他.}\end{cases}$$ 其中 $\theta>0$ 为常数，则称 X 为服从参数 θ 的指数分布，记为 $X\sim E(\theta)$ 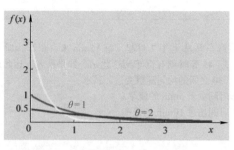 图 2-4-4 注：易证 $f(x)$ 满足① $f(x)\geqslant 0$ ；② $\int_{-\infty}^{+\infty}f(x)\,\mathrm{d}x=1$ X 的分布函数为 $$F(x)=\begin{cases}1-\mathrm{e}^{-\frac{x}{\theta}}, & x>0,\\ 0, & \text{其他.}\end{cases}$$ 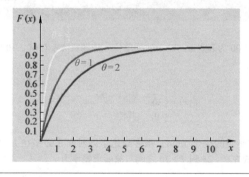	时间：3min 提问：为什么指数分布的概率密度曲线当 X 趋于无穷时会快速趋于零？ 通过概率密度规范性的分析，使学生对这一概念有更深刻的理解 由概率密度积分可得分布函数
使学生掌握指数分布的概率模型并能够用于解决实际问题（累计16min）	**·性质及适用范围** **性质：无记忆性** 若 X 服从指数分布，则对任意的 s, $t>0$，有 $$P\{X>s+t\mid X>s\}=P\{X>t\}$$ 例如，若 X 是某一元件的寿命，则上式表明：元件对它已使用过 s h 没有记忆 **适用范围：** 1）电器的寿命、零件的寿命等； 2）可靠性理论、排队论等	时间：2min 提问：指数分布的无记忆性在实际问题中有什么具体的应用？

（续）

教学意图	教学内容	教学环节设计
	4. 正态分布（27min）	
使学生对正态随机变量的大量存在有感性认识 （累计19min）	• 问题的引入 引例1　如何读懂体检化验结果？  参考值是如何制定的？ 超出标准时，怎样判断此项指标异常程度？ 引例2　新生儿的体重 　现对某市三甲医院1年内1715个新生儿的体重进行了实际的调查，得到婴儿体重直方图 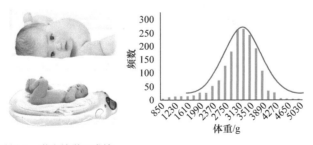 引例3　学生的学习成绩 2013—2014学年第二学期，1565名大一学生高数成绩直方图如下： 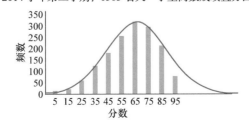	时间：3min 引导互动：通过3个生动的实际问题，使学生认识到正态分布在实际生活中的普遍性

（续）

教学意图	教学内容	教学环节设计
	• **其他一些自然现象观察** 某城市的年降雨量，工厂生产零件的尺寸，农作物小麦的穗长，运动员射击的偏差等都有"两头小，中间大，左右对称"的特点  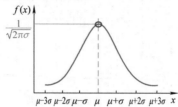	
要求学生熟练地掌握正态分布的概率密度和分布函数（累计 23min）	• **定义** 若连续型随机变量 X 具有概率密度 $$f(x)=\frac{1}{\sqrt{2\pi}\sigma}\mathrm{e}^{-\frac{(x-\mu)^2}{2\sigma^2}},-\infty<x<+\infty,\sigma>0$$ 则称 X 服从正态分布，记为 $X\sim N(\mu,\sigma^2)$ 特别地，当 $\mu=0,\sigma=1$ 时，称 X 服从标准正态分布，记为 $X\sim N(0,1)$ • **正态分布的密度函数** 特点：两头小，中间大，左右对称	时间：4min 提问： 为什么正态分布的概率密度曲线当 X 趋于无穷时会快速趋于零？比指数分布要快得多？这对随机变量的取值有什么影响？ 通过对概率密度规范性的分析，使学生对这一概念有更深刻的理解

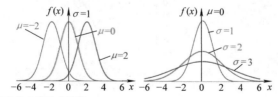

• **参数意义**
$$f(x)=\frac{1}{\sqrt{2\pi}\sigma}\mathrm{e}^{-\frac{(x-\mu)^2}{2\sigma^2}},-\infty<x<+\infty,\sigma>0$$

μ —— 位置参数，X 对称取值的中心位置

σ —— 尺度参数，X 取值的集中程度

提问：

两个参数的意义？从图中可以得到直观结论

• **正态分布的分布函数**
$$F(x)=\frac{1}{\sqrt{2\pi}\sigma}\int_{-\infty}^{x}\mathrm{e}^{-\frac{(t-\mu)^2}{2\sigma^2}}\mathrm{d}t,\qquad -\infty<x<+\infty$$

由概率密度的积分得到分布函数

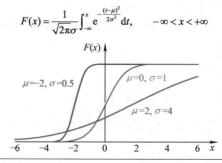

（续）

教学意图	教学内容	教学环节设计
要求学生熟练掌握标准正态分布. 这是教学的重点内容，也是考核的重点内容 （累计 24min）	• 标准正态分布 密度函数 $\varphi(x)=\dfrac{1}{\sqrt{2\pi}}\mathrm{e}^{-\frac{x^2}{2}}$ 分布函数 $\Phi(x)=\displaystyle\int_{-\infty}^{x}\dfrac{1}{\sqrt{2\pi}}\mathrm{e}^{-\frac{x^2}{2}}\mathrm{d}x$ 问题：$\Phi(1)=\displaystyle\int_{-\infty}^{1}\dfrac{1}{\sqrt{2\pi}}\mathrm{e}^{-\frac{x^2}{2}}\mathrm{d}x=?$ 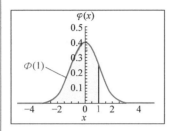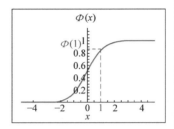	时间：1min 提问：为什么要讨论标准正态分布？它的意义是什么？
掌握标准正态分布的计算 （累计 27min）	• 标准正态分布表　$\Phi(x)=\displaystyle\int_{-\infty}^{x}\dfrac{1}{\sqrt{2\pi}}\mathrm{e}^{-\frac{x^2}{2}}\mathrm{d}x$	时间：3min 分析：由于正态密度函数的原函数不是初等函数，所以正态分布函数没有解析表达式，因此需近似计算. 为此，将标准正态分布函数值经近似计算后编制成表

x	0	0.01	0.02	0.03	0.04	0.05	0.06	0.07	0.08	0.09
0	0.5000	0.5040	0.5080	0.5120	0.5160	0.5199	0.5239	0.5279	0.5319	0.5359
0.1	0.5398	0.5438	0.5478	0.5517	0.5557	0.5596	0.5636	0.5675	0.5714	0.5753
0.2	0.5793	0.5832	0.5871	0.5910	0.5948	0.5987	0.6026	0.6064	0.6103	0.6141
0.3	0.6179	0.6217	0.6255	0.6293	0.6331	0.6368	0.6404	0.6443	0.6480	0.6517
0.4	0.6554	0.6591	0.6628	0.6664	0.6700	0.6736	0.6772	0.6808	0.6844	0.6879
0.5	0.6915	0.6950	0.6985	0.7019	0.7054	0.7088	0.7123	0.7157	0.7190	0.7224
0.6	0.7257	0.7291	0.7324	0.7357	0.7389	0.7422	0.7454	0.7486	0.7517	0.7549
0.7	0.7580	0.7611	0.7642	0.7673	0.7703	0.7734	0.7764	0.7794	0.7823	0.7852
0.8	0.7881	0.7910	0.7939	0.7967	0.7995	0.8023	0.8051	0.8078	0.8106	0.8133
0.9	0.8159	0.8186	0.8212	0.8238	0.8264	0.8289	0.8355	0.8340	0.8365	0.8389
1	0.8413	0.8438	0.8461	0.8485	0.8508	0.8531	0.8554	0.8577	0.8599	0.8321

$\Phi(1)$

$\Phi(1)=\displaystyle\int_{-\infty}^{1}\dfrac{1}{\sqrt{2\pi}}\mathrm{e}^{-\frac{x^2}{2}}\mathrm{d}x=?$　查表得 0.8413

• 标准正态分布的概率计算

1）设 $X\sim N(0,1)$，$P\{X\leqslant x\}=\Phi(x)=\displaystyle\int_{-\infty}^{x}\dfrac{1}{\sqrt{2\pi}}\mathrm{e}^{-\frac{x^2}{2}}\mathrm{d}x$

2）$\Phi(x)=1-\Phi(-x)$

3）$\Phi(0)=0.5$

4）$\Phi(x)\begin{cases}\text{查表得相应值，}& 0\leqslant x\leqslant 3.9\\ \approx 1, & x\geqslant 4\\ =1-\Phi(-x), & x<0\end{cases}$

强调标准正态分布的概率计算是一切正态分布计算的基础

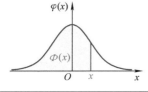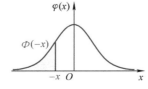

（续）

教学意图	教学内容	教学环节设计
要求学生熟练掌握利用线性变换计算一般正态分布的概率. 这是本节课教学的重点内容（累计 29min）	**· 正态分布的标准化** 定理　若 $X \sim N(\mu, \sigma^2)$，则 $Y = \dfrac{X-\mu}{\sigma} \sim N(0,1)$ 证明：$\forall x \in \mathbf{R}$，$F_Y(x) = P\{Y \leqslant x\} = P\left\{\dfrac{X-\mu}{\sigma} \leqslant x\right\}$ $\qquad f_Y(x) = F_Y'(x) = f_X(\mu + \sigma x) \cdot \sigma$ $\qquad\qquad = \dfrac{1}{\sqrt{2\pi}\sigma} \mathrm{e}^{-\frac{(\sigma x)^2}{2\sigma^2}} \cdot \sigma$ **· 利用线性变换计算概率** 已知 $X \sim N(10,4)$，$P\{X \leqslant 12\} = \dfrac{1}{2\sqrt{2\pi}} \displaystyle\int_{-\infty}^{12} \mathrm{e}^{-\frac{(x-10)^2}{8}} \mathrm{d}x$ 不可积 $= P\left\{\dfrac{X-10}{2} \leqslant\right.$ $\left.\dfrac{12-10}{2}\right\} = \Phi(1)$ 查表得 0.8413 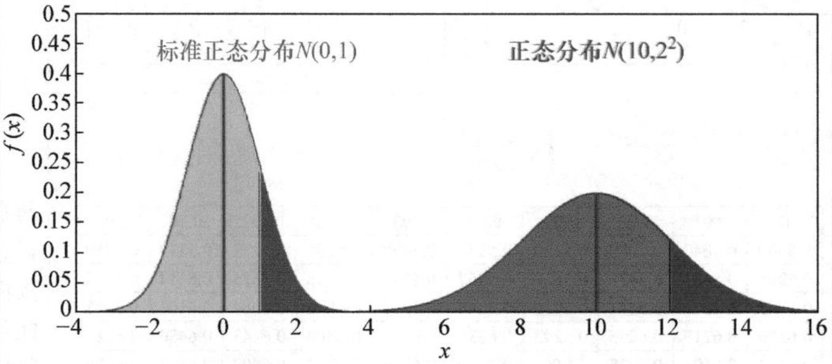 	时间：2min **PPT 演示与板书配合**：板书与 PPT 同步，带动学生思考，使用分布函数法证明 练习用线性变换标准化计算一般正态分布的概率 通过画图可以直观理解线性变换 观察左图正态曲线期望由 10 到 0、方差由 4 变到 1 连续变化时，曲线由矮到高由胖到瘦的过程
掌握正态分布的计算（累计 30min）	**· 正态分布的概率计算** 设 $X \sim N(\mu, \sigma^2)$， 1）$P\{X \leqslant x\} = P\left\{\dfrac{X-\mu}{\sigma} \leqslant \dfrac{x-\mu}{\sigma}\right\} = \Phi\left(\dfrac{x-\mu}{\sigma}\right)$ 2）$P\{X > x\} = 1 - \Phi\left(\dfrac{x-\mu}{\sigma}\right)$ 3）$P\{x_1 < X \leqslant x_2\} = \Phi\left(\dfrac{x_2-\mu}{\sigma}\right) - \Phi\left(\dfrac{x_1-\mu}{\sigma}\right)$ 4）$P\{|X-\mu| \leqslant h\} = 2\Phi\left(\dfrac{h}{\sigma}\right) - 1$ 有了这些公式，正态分布的概率计算就转化为查表	时间：1min 给出一般正态分布概率计算的转换公式，由此说明，正态分布的概率计算问题已经完美解决
要求学生熟练掌握一般正态分布的概率计算. 这是本节教学的重点内容，也是考核的重点内容（累计 34min）	**· 应用一　血液指标分析** 为制定血常规中性粒细胞比率化验指标的参数值，经统计该项指标 X 近似服从正态分布 $N(60, 25)$ （1）医学上常以 95% 的正常人指标范围作为参考值，此项指标的参考值范围是多少？ （2）一个人化验结果中性粒细胞比率超出 78 的概率有多大？ 解：（1）求 $P\{|X-60| < k\} = 95\%$ $\qquad P\{-k < X-60 < k\} = 95\%$（标准化） $\qquad P\left\{-\dfrac{k}{5} < \dfrac{X-60}{5} < \dfrac{k}{5}\right\} = 95\%$	时间：4min **PPT 演示与板书配合**：通过例题讲解一般正态分布的概率计算

（续）

教学意图	教学内容	教学环节设计
	$$\Phi\left(\frac{k}{5}\right) - \Phi\left(-\frac{k}{5}\right) = 95\%$$ $$\Phi\left(\frac{k}{5}\right) - \left(1 - \Phi\left(\frac{k}{5}\right)\right) = 95\%$$ $$2\Phi\left(\frac{k}{5}\right) - 1 = 95\%,\quad \Phi\left(\frac{k}{5}\right) = 0.975$$ 查表得 $\frac{k}{5} = 1.96$，$k = 9.8$ 参考值范围为 $(60 \pm 9.8) = (50.2, 69.8)$ （2）求 $P\{X > 78\} = 1 - P\{X < 78\}$ $$= 1 - P\left\{\frac{X - 60}{5} < \frac{78 - 60}{5}\right\}$$ $$= 1 - \Phi\left\{\frac{78 - 60}{5}\right\}$$ $$= 1 - \Phi(3.6)\ （查表）$$ $$= 0.0002$$ 计算结果表明，化验结果中性粒细胞比率超出 78 的概率为 0.0002	
要求学生熟练掌握一般正态分布的概率计算．这是本节教学的重点内容，也是考核的重点内容 （累计 38min）	• 应用二　液体温度分析 将一温度调节器放置在贮存着某种液体的容器内，调节器调整在 d（以℃计），液体的温度 X（以℃计）是一个随机变量，且 $X \sim N(d, 0.5^2)$． （1）若 d 为 90℃，求 X 小于 89℃的概率； （2）若要求保持液体的温度至少为 80℃的概率不低于 0.99，问 d 至少为多少？ 解：（1）标准化：$\frac{X - 90}{0.5} \sim N(0,1)$ $$P\{X < 89\} = P\left\{\frac{X - 90}{0.5} < \frac{89 - 90}{0.5}\right\}$$ $$= \Phi\left\{\frac{89 - 90}{0.5}\right\}$$ $$= \Phi(-2) = 1 - \Phi(2)$$ $$= 1 - 0.9772 = 0.0228$$ （2）标准化：$\frac{X - d}{0.5} \sim N(0,1)$ $$0.99 \leqslant P\{X \geqslant 80\} = 1 - P\{X < 80\}$$ $$= 1 - P\left\{\frac{X - d}{0.5} \leqslant \frac{80 - d}{0.5}\right\} = 1 - \Phi\left(\frac{80 - d}{0.5}\right)$$ 即　　　　$\Phi\left(\dfrac{80 - d}{0.5}\right) \leqslant 1 - 0.99 = 0.01$ 由于表中无 0.01 的 $\Phi(x)$ 的值，所以查表中 0.99 的 $\Phi(x)$ 的值，则 $$\Phi\left(\frac{80 - d}{0.5}\right) \leqslant 1 - 0.99 = 1 - \Phi(2.33) = \Phi(-2.33)$$ $$\frac{80 - d}{0.5} \leqslant -2.33$$ 故得 $d \geqslant 80 + 0.5 \times 2.33 = 81.165$	时间：4min PPT 演示与板书配合：通过例题讲解一般正态分布的概率计算

（续）

教学意图	教学内容	教学环节设计
要求学生了解三倍标准差原则（累计41min）	**·三倍标准差原则** 设 $X \sim N(\mu, \sigma^2)$ ，则　　$P\{|X-\mu|<k\} = 2\Phi(k/\sigma) - 1$ 当 $k = \sigma$ 时，　　$P\{\mu-\sigma < X < \mu+\sigma\} = 2\Phi(1) - 1 = 68.26\%$ 当 $k = 2\sigma$ 时，　　$P\{\mu-2\sigma < X < \mu+2\sigma\} = 2\Phi(2) - 1 = 95.44\%$ 当 $k = 3\sigma$ 时，　　$P\{\mu-3\sigma < X < \mu+3\sigma\} = 2\Phi(3) - 1 = 99.74\%$ 结论：尽管 X 的取值范围是 $(-\infty, +\infty)$ ，但它的值落在 $(\mu-3\sigma, \mu+3\sigma)$ 内的概率几乎是肯定的事. 因此在实际中，可以认为只取 $(\mu-3\sigma, \mu+3\sigma)$ 之间的值，这被称为 "3σ" 原则. 　　 **·拓展** 　　20世纪80年代开始，一些顶级的国际大公司——Motorola、GE、三星、花旗、迪士尼、海尔，开始推行一种创新性的管理方法——6σ. 6σ 的主要依据之一就是正态分布，当达到 6σ 标准时，生产和服务质量缺陷几乎为零. 　　$1\sigma = 690000$ 次失误/百万次操作 　　$2\sigma = 308000$ 次失误/百万次操作 　　$3\sigma = 66800$ 次失误/百万次操作 　　$4\sigma = 6210$ 次失误/百万次操作 　　$5\sigma = 230$ 次失误/百万次操作 　　$6\sigma = 3.4$ 次失误/百万次操作	时间：3min 提问：为什么正态分布具有三倍标准差原则？ 　　通过对概率密度规范性的分析，使学生对这一概念有更深刻的理解 　　提问及思考：正态分布的三倍标准差原则还能延展吗？在实际问题中的重要意义是什么？
使学生了解数学家及概率论的发展过程（累计43min）	**·棣莫佛和高斯** 　　棣莫佛（De Moivre，1667—1754），法国数学家. 1695年写出颇有见地的有关流数术学的论文，并成为牛顿的好友. 两年后当选为皇家学会会员. 为解决二项分布的近似，而得到了历史上第一个中心极限定理，并由此发现了正态分布的密度形式 　　高斯（Gauss，1777—1855），德国数学家、天文学家和物理学家. 1809年，高斯发表了其数学和天体力学的名著《绕日天体运动的理论》. 此书末尾涉及的就是误差分布的确定问题. 测量误差是由诸多因素形成，每种因素影响都不大，按中心极限定理，其分布近似于正态分布是势在必行. 由于高斯的工作，正态分布才以概率分布的身份而引起人们重视，故正态分布也称为高斯分布  	时间：2min 　　正态分布是应用最广泛的一种连续型分布. 简单介绍两位数学家的生平及对概率论的贡献

（续）

教学意图	教学内容	教学环节设计
	5. 小结与思考拓展（2min）	
用小结、设问来加深学生对本节内容的印象，并引导学生对下节课要解决的问题进行思考（累计45min）	• 小结 1）均匀分布； 2）指数分布； 3）正态分布； 4）正态分布应用问题举例	时间：1min 根据本节讲授内容，做简单小结
	• 思考拓展 1）在实际问题中，寻找服从正态分布的随机变量，并利用统计数据绘制统计直方图； 2）两个正态分布的随机变量的和还是正态分布吗？为什么？需要满足什么条件？它们的线性函数呢？ 3）正态分布与二项分布有什么联系？ 4）大量、独立的随机变量的和与正态分布有什么关系？	时间：1min 根据本节讲授内容，给出一些思考拓展的问题
	• 作业布置 习题二 A：12，24	要求学生课后认真完成作业

六、教学评价

本单元的教学设计符合理工科二年级学生的认知规律和实际水平，由鲜活生动的实例引出问题，板书与 PPT 配合，有目标、有条理并逐步深入地引导学生了解、理解、掌握三个概率模型，并通过动画演示，加深学生对概率密度这个抽象概念的直观印象和理解，这些都有助于学生更好地学习和掌握本节课的内容。同时，通过实际问题的解决，又可以"用以促学"。通过丰富的课堂内容和多种教学手段的配合，可望获得好的教学效果，实现本单元的教学目标。通过本节课的学习，学生可掌握正态分布的基础知识，将实际问题转化为数学问题，建立数学模型，提高解决问题的能力。

2.5 随机变量函数的分布

一、教学目的

在前面已学分布函数和概率密度的基础上，使学生深刻理解和掌握求随机变量函数分布的重要性和方法，重点掌握分布函数法的求解步骤，了解使用相关定理的结论求解随机变量函数分布的方法。引导学生在分布函数及概率密度的基础上，将思维延伸到对随机变量函数的分布之上，使用分布函数的概念及与概率密度的关系，完成统计规律性的拓展。能够自觉地用所学的知识去观察生活，运用概率方法与概率模型，分析和解决生活生产中的实际问题。

二、教学思想

分布函数和概率密度完整地描述了随机变量的统计规律，使得我们能用数学分析的方法来研究随机变量. 实际问题中大量普遍地存在着随机变量之间的函数关系，因此研究它们的概率分布有着极其重要的意义. 由于函数关系的复杂性，这一问题成为概率论中的难点，也是本课程中学生学习的难点. 这就对课堂教学提出了较高的要求，需要板书、PPT、模拟实验等多种教学手段相配合，有目标、有条理，逐步深入地引导学生了解、理解、掌握知识点中的难点，才能取得好的教学效果，实现本单元的教学目标.

三、教学分析

1. 教学内容

1）随机变量函数的概念.
2）求离散型随机变量函数分布的表格法.
3）求连续型随机变量函数分布的分布函数法.
4）使用定理求连续型随机变量函数的分布.
5）应用——股票价格问题、服务效率问题、随机数及模拟实验.

2. 教学重点

1）了解随机变量函数的概念.
2）掌握求离散型随机变量函数分布的表格法.
3）重点掌握求连续型随机变量函数分布的分布函数法.
4）求解随机变量函数分布的应用实例.

3. 教学难点

1）分布函数法的方法及步骤.
2）关于求连续型随机变量函数分布的定理的使用条件.

4. 对重点、难点的处理

1）通过股票价格实际问题引入，使学生体会和理解研究随机变量函数分布的重要性.

2）加强课堂互动，引导学生在概率密度和分布函数的基础上，理解分布函数法的过程和步骤，启发学生自主思考、主动参与，使之对该方法的思想有更加深刻的认知.

3）培养学生将所学知识和方法进行延伸的能力. 通过若干实例及提问，引导学生利用已知概念和性质，熟练掌握分布函数法.

4）分析、理解、强调关于随机变量函数分布的定理的使用条件.

四、教学方法与策略

1. 课堂教学设计思路

1）从股票价格实际问题出发引出随机变量函数的定义，使学生认识到随机变量函数在实际问题中存在的普遍性，从而体会对随机变量函数分布研究的重要意义，并能带着问题，有目的地学习，为课程内容的展开奠定良好的基础.

2）本节课的教学内容通过提出问题、分析问题、解决问题等环节，使得学生能够完整建立研究解决问题的思路.

3）分布函数法的难点在于紧扣分布函数的概念，并利用分布函数与概率密度的关系，求得随机变量函数的概率密度. 在进行推导过程中，充分利用板书，与学生互动，向学生展示强调分布函数的作用. 通过板书来配合讲解，能够更好地带动学生的思路.

4）通过应用实例让学生熟悉掌握分布函数法的步骤，体会分布函数法是求解随机变量函数分布的一种行之有效的简便方法.

5）除重点讲解分布函数法以外，还要让学生掌握在满足一定条件下可直接使用相关定理的结论求得随机变量函数的分布，此时需向学生强调定理成立的条件，这是学生最容易发生错误的地方.

6）拓展：研究如何产生服从任意分布的随机数问题并进行模拟试验. 结合本节的知识点，可以把随机数问题从理论层面上来论证，既有理论讨论，又有实际应用，拓展学生的知识面.

7）计算机模拟演示. 计算机模拟就是运用产生随机数的机理来模拟试验，对试验仿真，达到验证和发现问题的目的. 结合股票价格问题，设计了两个动画演示，通过模拟，学生可以看到三年后（六年后）股票的变化情况，验证股票价格的分布，这样可以达到比较满意的教学效果.

2. 板书设计

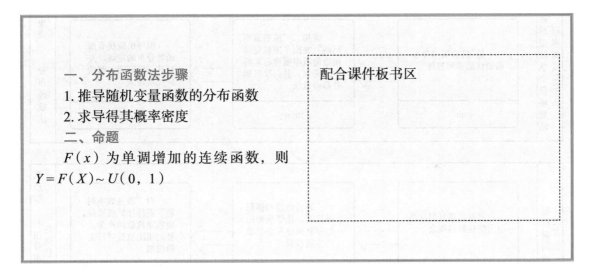

一、分布函数法步骤
1. 推导随机变量函数的分布函数
2. 求导得其概率密度
二、命题
$F(x)$ 为单调增加的连续函数，则
$Y = F(X) \sim U(0, 1)$

配合课件板书区

五、教学安排

1. 教学进程框架

根据教学要求和教学计划安排，以教学过程图所示的教学进程进行安排，将各部分教学内容分解为"问题提出""问题定义 / 分析"和"问题求解 / 应用"三部分，始终以问题为导向，以分析为重点，以应用为巩固拓展，引导学生进行学习.

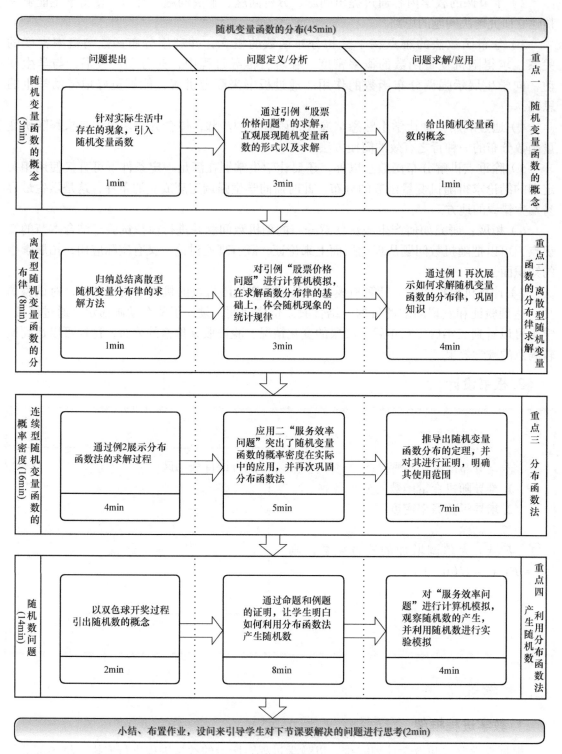

教学过程图

2. 教学进程详细内容

根据教学框架，针对每个知识点进行详细设计，具体内容如下：

教学进程表

教学意图	教学内容	教学环节设计
	1. 随机变量函数的概念（5min）	
引入随机变量函数的概念 （累计 4min）	• 问题引入 在很多实际问题中，需要研究随机变量间存在的函数关系，也就是研究它们在概率分布上的关系 　引例　股票价格  　已知某种股票现行市场价格为 100 元 / 股，假设该股票每年价格增减是以等可能性呈现 20% 与 −10% 两种状态，求 3 年后该股票价格的分布 　解：设三年中有 X 年的价格增加 20%，则 $X \sim B(3, 0.5)$，则三年后该股票价格为 $$Y = 100 \cdot 1.2^X \cdot 0.9^{3-X}$$ 当 $X = 0$ 时，$Y = 100 \times 1.2^0 \times 0.9^{3-0} = 72.9$ $$\begin{aligned} P\{Y = 72.9\} &= P\{g(X) = 72.9\} = P\{X = 0\} \\ &= C_3^0 0.5^0 \times (1 - 0.5)^{3-0} = 0.125 \end{aligned}$$ 将 X 取值与 Y 取值对应得 <table><tr><td>X</td><td>0</td><td>1</td><td>2</td><td>3</td></tr><tr><td>Y</td><td>72.9</td><td>97.2</td><td>129.6</td><td>172.8</td></tr><tr><td>p_R</td><td>0.125</td><td>0.375</td><td>0.375</td><td>0.125</td></tr></table> 对应得到 Y 的分布律为 <table><tr><td>Y</td><td>72.9</td><td>97.2</td><td>129.6</td><td>172.8</td></tr><tr><td>p_k</td><td>0.125</td><td>0.375</td><td>0.375</td><td>0.125</td></tr></table>	时间：4min 通过实例引入，达到以下目的： 1）引起学生的注意，使学生尽快进入上课状态； 2）引导学生有目的地学习； 3）给学生随机变量函数的直观印象
给出随机变量函数的定义 （累计 5min）	• 随机变量函数的概念 　定义　设 $g(x)$ 是定义在随机变量 X 的一切可能取值 x 的集合上的函数，如果对于 X 的每一个可能取值 x，有另一个随机变量 Y 的相应取值 $y = g(x)$ 与之对应，则称 Y 为 X 的函数，记为 $Y = g(X)$ 　本节的任务：根据 X 的分布求出 Y 的分布	时间：1min 引导思考：由引例可知随机变量的函数在实际问题中随处可见

教学意图	教学内容	教学环节设计
	2. 离散型随机变量函数的分布律（8min）	

教学意图	教学内容	教学环节设计
培养学生由特殊到一般的思维过程（累计6min）	· **归纳一般步骤** 一般地，若 X 是离散型随机变量，且分布律为 $$\begin{array}{c\|cccccc} X & x_1 & x_2 & \cdots & x_n & \cdots \\ \hline p_k & p_1 & p_2 & & p_n & \end{array}$$ 则 $Y = g(X)$ 的分布律为 $$\begin{array}{c\|cccc} X & g(x_1) & g(x_2) & \cdots & g(x_n) & \cdots \\ \hline p_k & p_1 & p_2 & \cdots & p_n & \cdots \end{array}$$ 注意：如果 $g(x_k)$ 中有些项相同时，则需将它们做适当并项	时间：1min 引导：让学生自己归纳总结一般情况
使学生对所学知识深入理解，培养学生"学以致用"的能力（累计9min）	· **应用一　股票价格计算机模拟** 已知某种股票现行市场价格为 100 元 / 股，假设该股票每年价格增减是以等可能性呈现 20% 与 −10% 两种状态，求：3 年后该股票价格的分布. **分析**：设三年中有 X 年的价格增加 20%，则 $X \sim B(3,0.5)$，则三年后该股票价格为 $Y = 100 \cdot 1.2^X \cdot 0.9^{3-X}$ **模拟实验**：模拟三年后股票价格的涨势情况 **右上图**：一次实验的股票模拟涨势结果 **左上图**：100 次实验的模拟结果 **左下图**：100 次实验中各个股票价格的次数和频率 **右下图**：3 年后股票价格的理论值 上图为 6 年后股票的涨势情况模拟	时间：3min 通过求解实际问题，使学生巩固所学知识 **模拟实验**：通过模拟实验，让学生直观看到计算结果，并了解概率论揭示统计规律性的含义

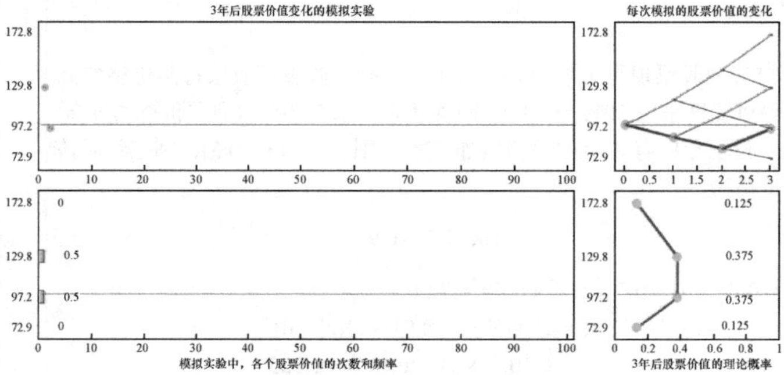

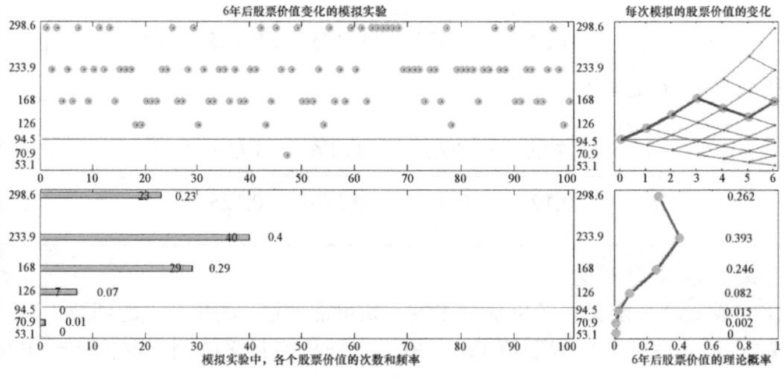

（续）

教学意图	教学内容	教学环节设计
通过例了使学生掌握离散情况下如何求 Y 的分布律（累计 13min）	• 举例 当 X 是离散型随机变量时，$Y = g(X)$ 也是一个离散随机变量，并且 Y 的分布律可由 X 的分布律直接求出 例 1　设　$X \sim \begin{pmatrix} -1 & 0 & 1 & 2 & 3 \\ 0.2 & 0.3 & 0.1 & 0.2 & 0.2 \end{pmatrix}$ 求：$Y = X + 1$，$Z = \sin\left(\dfrac{\pi}{2} X\right)$ 的分布律 解：因为 | X	-1	0	1	2	3
Y	0	1	2	3	4
Z	-1	0	1	0	-1
p_k	0.2	0.3	0.1	0.2	0.2 | 所以可得 Y 与 Z 的分布律 $Y \sim \begin{pmatrix} 0 & 1 & 2 & 3 & 4 \\ 0.2 & 0.3 & 0.1 & 0.2 & 0.2 \end{pmatrix}$　$Z \sim \begin{pmatrix} -1 & 0 & 1 \\ 0.4 & 0.5 & 0.1 \end{pmatrix}$	时间：4min 提问引导思考：由分布律的概念出发，如何得到 Y 的分布律 板书配合 PPT 讲解

3. 连续型随机变量函数的概率密度（16min）

分布函数法是第 2 章教学的一个难点，学生不易掌握. 通过例题求解，使学生掌握分布函数法的解题步骤（累计 17min）	• 分布函数法 当 X 是连续型随机变量，可由 X 的概率密度求 Y 的概率密度 例 2　设 X 服从区间（0，2）上的均匀分布. 求：$Y = X^2$ 的概率密度 解：因 X 的取值在（0，2）内，故 Y 的取值在（0，4）内 步骤 1　为求 Y 的概率密度，先求出 Y 的分布函数，因为 X 服从（0，2）上的均匀分布，所以 $f_X(x) = \begin{cases} \dfrac{1}{2}, & 0 < x < 2 \\ 0, & 其他 \end{cases}$，$F_X(x) = \begin{cases} 0, & x < 0 \\ \dfrac{x}{2}, & 0 \leqslant x < 2 \\ 1, & x \geqslant 2 \end{cases}$ 从而当 $y < 0$ 时，有 $$F_Y(y) = P\{Y \leqslant y\} = P\{X^2 \leqslant y\} = 0$$ 当 $0 \leqslant y < 4$ 时，有 $$F_Y(y) = P\{X^2 \leqslant y\} = P\{-\sqrt{y} \leqslant X \leqslant \sqrt{y}\}$$ $$= F_X(\sqrt{y}) - F_X(-\sqrt{y})$$ 当 $y \geqslant 4$ 时，有　　$F_Y(y) = 1$ 步骤 2　因为概率密度是分布函数的导函数，故将 $F_Y(y)$ 对 y 求导，即得 $Y = X^2$ 的概率密度为 $f_Y(y) = \begin{cases} \dfrac{1}{2\sqrt{y}}[f_X(\sqrt{y}) + f_X(-\sqrt{y})], & y \geqslant 0 \\ 0, & y < 0 \end{cases}$ 整理得　　$f_Y(y) = \begin{cases} \dfrac{1}{4} y^{-\frac{1}{2}}, & 0 < y < 4 \\ 0, & 其他 \end{cases}$	时间：4min 引导：用所学知识解决计算问题： 1）从分布函数的概念出发，得到 Y 的分布函数； 2）用分布函数与概率密度的关系得到结果 板书进行推导

（续）

教学意图	教学内容	教学环节设计
通过实际问题的求解，引导学生了解分布函数法的重要性 （累计 22min）	**·应用二　服务效率问题** 人们通常采用"服务效率"来表示服务系统的能力，已知某银行柜台的服务效率 X 服从 $\theta = 1$ 的指数分布，其概率密度为 $$f_X(x) = \begin{cases} e^{-x}, & x > 0 \\ 0, & \text{其他} \end{cases}$$ 求：（1）客户服务时间 $Y = \dfrac{1}{X}$ 的概率密度； （2）客户服务时间至少为 5min 的概率 解：（1）用分布函数法求解 **步骤 1**　求 Y 的分布函数 由分布函数定义知　　$F_Y(y) = P\{Y \leqslant y\}$ 因为 $X > 0$，易知　　　　$Y = \dfrac{1}{X} > 0$ $$\forall y > 0, F_Y(y) = P\{Y \leqslant y\} = P\left\{\dfrac{1}{X} \leqslant y\right\} = P\left\{X \geqslant \dfrac{1}{y}\right\}$$ $$= 1 - P\left\{X \leqslant \dfrac{1}{y}\right\} = 1 - F_X\left(\dfrac{1}{y}\right)$$ $$F_Y(y) = P\{Y \leqslant y\} = \begin{cases} 1 - F_X\left(\dfrac{1}{y}\right), & y > 0 \\ 0, & y \leqslant 0 \end{cases}$$ **步骤 2**　求 Y 的概率密度 由概率密度性质知 $$f_Y(y) = F_Y'(y) = -f_X\left(\dfrac{1}{y}\right) \cdot \left(-\dfrac{1}{y^2}\right) = \dfrac{1}{y^2} f_X\left(\dfrac{1}{y}\right)$$ 故 $Y = \dfrac{1}{X}$ 的概率密度 $$f_Y(y) = \begin{cases} \dfrac{1}{y^2} e^{-\frac{1}{y}}, & y > 0 \\ 0, & \text{其他} \end{cases}$$ （2）$P\{Y \geqslant 5\} = \displaystyle\int_5^{+\infty} \dfrac{1}{y^2} e^{-\frac{1}{y}} \mathrm{d}y = 1 - e^{-\frac{1}{5}} = 0.18$ 顾客服务时间至少为 5min 的概率为 0.18	**时间：5min** **引导：**用所学知识解决计算问题： 1）从分布函数的概念出发，得到 Y 的分布函数； 2）用分布函数与概率密度的关系得到结果

（续）

教学意图	教学内容	教学环节设计
要求学生掌握用定理可以直接得到某些特殊函数的分布 （累计 25min）	• 定理 设随机变量 X 具有概率密度 $f_X(x)$ $(-\infty < x < +\infty)$，函数 $g(x)$ 处处可导，且有 $$g'(x) > 0 \text{（或 } g'(x) < 0\text{）}$$ 则 $Y = g(X)$ 是连续型随机变量，其概率密度为 $$f_X(y) = \begin{cases} f_X(h(y)) \cdot \lvert h'(y) \rvert, & \alpha < y < \beta \\ 0, & \text{其他} \end{cases}$$ 其中，$\alpha = \min\{g(-\infty), g(+\infty)\}$，$\beta = \max\{g(-\infty), g(+\infty)\}$，$h(y)$ 是 $g(x)$ 的反函数 注：若 $f(x)$ 在有限区间 $[a, b]$ 以外的值等于零，则定理的条件只需假设在 $[a, b]$ 上恒有 $g'(x) > 0$ 或 $g'(x) < 0$，并且有 $$\alpha = \min\{g(a), g(b)\}, \quad \beta = \max\{g(a), g(b)\}$$ 若 $y = g(x)$ 在 x 取值范围内不单调，则此定理不能直接应用	时间：3min 引导思考：定理条件中的单调性起什么作用？如果没有单调性，结论还成立吗？
巩固分布函数法 （累计 29min）	• 定理证明 首先设 $g'(x) > 0$，此时 $g(x)$ 在 $(-\infty, +\infty)$ 上严格单调递增，它的反函数 $h(y)$ 存在，且在 (α, β) 上严格单调递增、可导 步骤 1　先求 $Y = g(X)$ 的分布函数 $F_Y(y)$ 因为 $y = g(x)$ 在 (α, β) 取值，所以当 $y \leqslant \alpha$ 时，$F_Y(y) = P\{Y \leqslant y\} = 0$ 当 $y \geqslant \beta$ 时，$F_Y(y) = P\{Y \leqslant y\} = 1$ 当 $\alpha < y < \beta$ 时，$F_Y(y) = P\{Y \leqslant y\} = P\{g(X) \leqslant y\}$ $$= P\{X \leqslant h(y)\} = F_X(h(y))$$ 步骤 2　再求 $Y = g(X)$ 的概率密度 将 $F_Y(y)$ 关于 Y 求导数，即得 Y 的概率密度为 $$f_Y(y) = \begin{cases} f_X(h(y)) \cdot h'(y), & \alpha < y < \beta \\ 0, & \text{其他} \end{cases}$$ 其次设 $g'(x) < 0$，同理可得 $$f_Y(y) = \begin{cases} f_X(h(y))[-h'(y)], & \alpha < y < \beta \\ 0, & \text{其他} \end{cases}$$ 综合以上两式得 $Y = g(X)$ 的概率密度为 $$f_Y(y) = \begin{cases} f_X(h(y)) \cdot \lvert h'(y) \rvert, & \alpha < y < \beta \\ 0, & \text{其他} \end{cases}$$	时间：4min 板书进行推导：强调单调性在证明过程中的重要性

（续）

教学意图	教学内容	教学环节设计
	4. 随机数问题（14min）	
要求学生理解随机数的概念（累计31min）	• **随机数的概念** 随机数就是在一定范围内随机产生的数，并且得到这个范围内的每一个数的机会一样  	时间：2min 现实中的随机数可以由物理装置来实现，例如双色球
使学生了解如何产生任意分布的随机数（累计36min）	• **命题证明** 设随机变量 X 的分布函数为单调增加的连续函数 $F(X)$，证明随机变量 $Y=F(X)$ 在区间（0，1）上服从均匀分布 证明：Y 的分布函数为 $P\{Y \leqslant y\} = P\{F(X) \leqslant y\}$ 当 $y \leqslant 0$ 时，$F_Y(y)=0$ 当 $y \geqslant 1$ 时，$F_Y(y)=1$ 当 $0<y<1$ 时，由题意 $y=F(x)$ 严格单调，所以，将反函数记为 $$x=F^{-1}(y)$$ 从而， $$F_Y(y)=P\{F(X) \leqslant y\}=P\{X \leqslant F^{-1}(y)\}$$ $$=F(F^{-1}(y))=y$$ 所以 $$F_Y(y)=\begin{cases} 0, & y \leqslant 0, \\ y, & 0<y<1, \\ 1, & y \geqslant 1. \end{cases}$$ 即 Y 服从（0，1）上的均匀分布 结论：通过 Y 得到随机数后，将其代入 $x=F^{-1}(y)$ 中，即可得服从 $F(X)$ 的随机数	时间：5min 引导思考：引导学生从分布函数的定义出发，就能够独立正确地解决这个问题
帮助学生理解随机数的产生（累计39min）	• **利用均匀分布的随机数产生正态分布和指数分布的随机数** 设 $X \sim N(0,1)$，其分布函数 $\Phi(x)$ 严格单调，则 $$Y=\Phi(X) \sim U(0,1)$$ 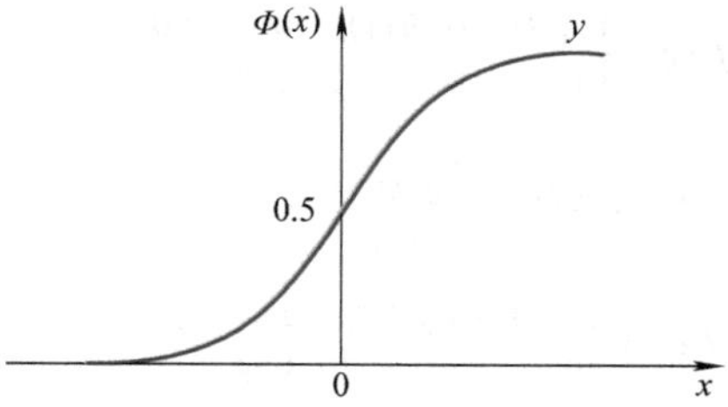 	时间：3min 引导思考：随机数生成方法 说明均匀分布的随机数如何产生指数分布的随机数

（续）

教学意图	教学内容	教学环节设计
	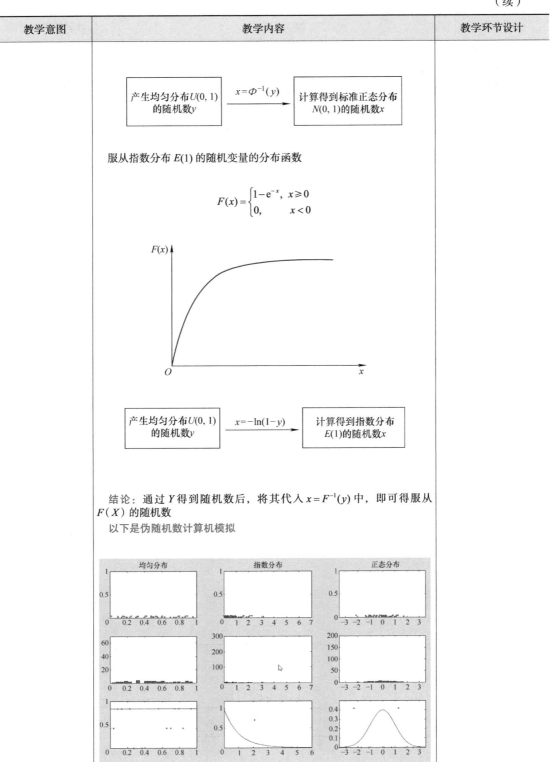	

教学意图	教学内容	教学环节设计
应用二　服务效率的模拟实现分析（累计 41min）	**·应用二　服务效率问题计算机模拟** 　　人们通常采用"服务效率"来表示服务系统的能力，已知某银行柜台的服务效率 X 服从 $\theta = 1$ 的指数分布，模拟计算客户服务时间 $Y = \dfrac{1}{X}$ 至少为 5min 的概率 　　**分析**：关键是如何产生服从指数分布的随机数呢？ 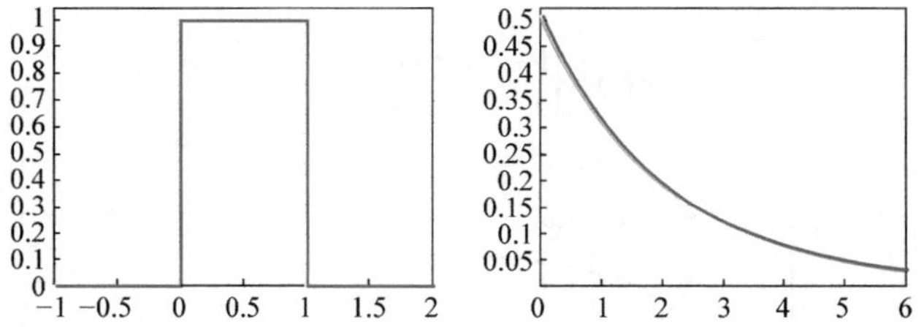 　　计算机可以产生均匀分布的随机数. 首先，需要求出指数分布函数的反函数，从而可以通过计算，得到服从指数分布的随机数. 然后再通过倒数计算，得到客户服务时间的随机数. 思路如下： 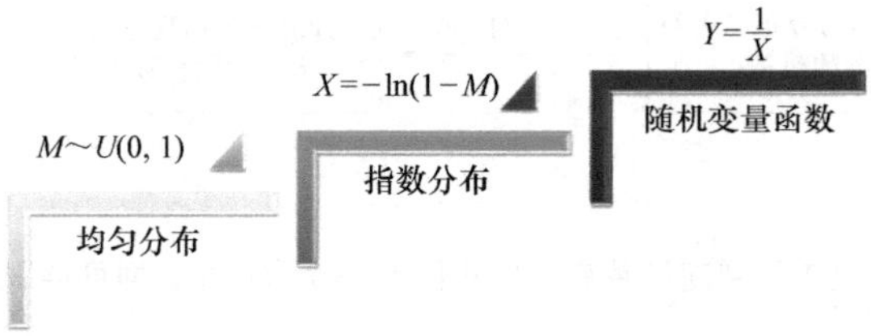 　　用散点图描述就是： 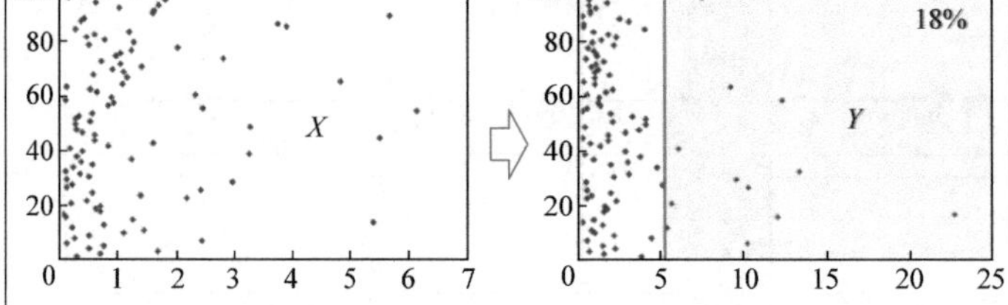 	时间：2min 　　分析如何得到服务时间的随机数 　　分析得到客户服务时间随机数的过程，为计算机模拟演示做铺垫

（续）

教学意图	教学内容	教学环节设计
使学生直观观察和了解计算结果（累计 43min）	• 随机数的模拟实验 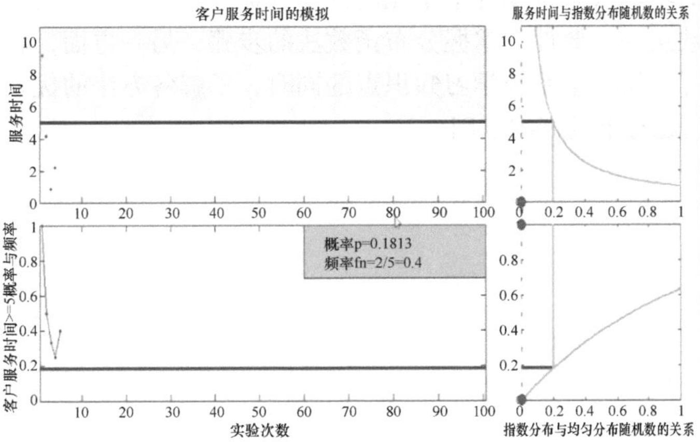 右下图：横坐标为均匀分布 $U(0，1)$ 的随机点，纵坐标为对应计算出的参数为 $\theta=1$ 的指数分布的随机点 右上图：横坐标为参数 $\theta=1$ 的指数分布的随机点，纵坐标为对应计算出的倒数（服务时间）的随机点 左上图：100 次试验的服务时间随机点，落入上侧黄色区域内的点表示服务时间超过 5min 的模拟结果 左下图：100 次试验中客户服务时间超过 5min 的累计频率	时间：2min 模拟实验：直观观察和了解计算结果. 体会统计的规律性

5. 小结与思考拓展（2min）

教学意图	教学内容	教学环节设计
小结、设问来加深学生对本节内容的印象，并引导学生对下节课要解决的问题进行思考（累计 45min）	• 小结 1）随机变量函数的概念； 2）离散型随机变量函数的分布律； 3）连续型随机变量函数的概率密度； 4）应用——产生任意分布的随机数	时间：1min 根据本节讲授内容，做简单小结
	• 思考拓展 1）自己动手实践，产生服从指数分布、正态分布的随机数； 2）讨论定理的条件：当 $Y=g(X)$ 不单调时，为什么定理不一定成立？ 3）股票问题中，如果每年价格增减不是两种状态，而是多种状态，那么三年后的股票价格的分布会怎样？ 4）文献查阅. 随机变量函数的分布在其他领域中的应用	时间：1min 根据本节讲授内容，给出一些思考拓展的问题
	• 作业布置 习题二 A：13~15	要求学生课后认真完成作业

六、教学评价

本单元的教学设计符合理工科二年级学生的认知规律和实际水平，由股票价格实际问题引入，让学生首先对随机变量的函数产生直观印象．在介绍分布函数法的过程中，着重应用分布函数的概念以及与概率密度的关系，帮助学生与前面所学内容紧密联系，融会贯通，可以获得理想的学习效果，实现本单元的教学目标．此外，一方面通过大量实例讲解使学生了解分布函数法的重要性，掌握分布函数法的步骤；另一方面，将它与定理方法做对比并进行点评，可以使学生系统学习知识点的同时，了解各方法的优缺点，为将来运用适当方法解决实际问题打下良好的基础．

第 3 章

多维随机变量及其分布

3.1 条件分布

一、教学目的

通过实例引导，深刻理解和掌握条件分布的定义，重点掌握条件分布律和条件概率密度的计算．能够根据定义、公式正确地进行运算．借助问题背景分析模拟，让学生能够直观地认识条件分布的特点，以及与联合分布和边缘分布之间的关系．能够自觉地运用所学的知识去观察生活、感悟生活，对实际问题进行抽象，通过建立数学模型，经过分析计算后得出结论，帮助同学建立科学的世界观．

二、教学思想

条件分布是本章中一个非常重要的概念，也是近几年硕士研究生入学考试中经常考查的知识点．条件分布是从另一个角度来描述二维随机变量的特点，通过学习帮助同学理解联合分布、边缘分布和条件分布的关系．同时，在第 4 章数学期望的学习中，条件分布还是计算条件期望的基础．

三、教学分析

1. 教学内容

1）离散型随机变量条件分布的定义．
2）连续型随机变量条件分布的定义．
3）条件分布的计算．
4）条件分布应用举例．

2. 教学重点

1）条件分布的概念．
2）条件分布的意义．
3）实际问题的应用实例分析．

3. 教学难点

1）条件分布的引入．
2）条件分布的几何解释．

3）条件分布的应用.

4. 对重点、难点的处理

1）针对条件分布的意义不是很直观，所以特别设计一个网上热议的"学神与学霸"坐标系的问题作为引入，让学生了解条件分布是在纵向看问题，而这个问题是比较有意义的.

2）条件分布的计算，用口诀形式加以讲解，让学生更加明晰计算的过程，掌握计算的要点.

3）设置实际应用例题和典型例题，用具体问题的求解结果充分说明，条件分布是解决实际问题的工具.

四、教学方法与策略

1. 课堂教学设计思路

1）问题的提出. 从"学神与学霸"这个话题入手，研究条件分布. 为此，特意在我校大一学生中做了一次问卷调查，有效问卷 1565 份，从中得到宝贵的学习高数的时间，再和学生本人的高数成绩进行对应，这样就得到了二维随机变量. 引例就从这里开始. 首先得到联合频数表，进一步得到联合频率表，以频率表近似联合分布律. 再利用前面已经学过的条件概率定义，计算出成绩在 80 分以上的条件下学习时间的条件分布. 再总结出条件概率计算的一般公式，为条件分布律的定义打下了良好的基础.

2）离散型随机变量条件分布的定义. 顺理成章地得到条件分布律的定义后，再用表格形式解释一下条件分布律的求法. 这里可以介绍给学生求条件分布律的口诀：切、归一、得分布. 定义讲完后，再回到"学神与学霸"的例子，计算每天学习高数时间大于 2h 的条件下成绩的条件分布律. 这个条件分布律和上一个条件分布律方向不同、角度不同，所以得到的结果也不相同. 计算结果表明，高数成绩在 80 分以上的同学每天学习高数的时间不到半个小时的只有 5%；每天学习高数的时间大于 2h 的同学中有近 70% 的同学通过考试. 就是说，学习时间对成绩而言还是很重要的因素，而想取得好成绩，还需要讲究学习方法和效率. 至此说明一个问题，不是用一个背景去讲数学问题，而是用数学方法解释现实问题，提高认知能力.

3）连续型随机变量条件分布定义. 与离散型随机变量条件分布对比，给出连续型随机变量条件分布，让学生掌握类比的方法分析问题. 随后设计了一个例题，是求圆盘上均匀分布的条件分布. 这个例题的一个讲点是求边缘密度时，复习一下边缘密度的求法，然后按照条件密度公式，给出条件密度结果. 另一个讲点就是运用口诀，给出连续型求边缘密度过程的几何解释，为此特意构造一个三维图形，展现"切"的意境，再"归一"的处理，这样离散型和连续型求条件分布律的口诀就通用了.

4）条件分布与边缘分布的关系. 在上述问题中，还有一个讲点，就是圆盘上均匀分布的边缘分布不是均匀分布，而条件分布是均匀分布. 问题是，什么样的分布，其边缘分布和条件分布还是同类型的分布呢？所以接下来设计了两个例题，一个是矩形域上的均匀分布. 这个分布的特点是，边缘分布就是条件分布，这个事实正是下节要讲的随机变量独立性. 另一个例子就是二维正态分布，它的边缘分布和条件分布都是正态分布，还特意绘制了二维正态密度三维图、"切"的立体图和边缘密度图形. 学生可以从图形中清楚地理解条件分布的概念.

5）计算机模拟演示. 精心设计了一个动画模拟，演示圆盘上的均匀随机点，以及 $Y = 1/2$ 条件下的 X 的条件分布随机点，还演示均匀分布随机点在纵向上的随机点累积，其实就是 Y 的边缘密度模拟图，模拟还给出了 Y 的边缘密度图形. 用计算机模拟概率论中的知识点，使教学直观化、新颖化、科学化，是本教学设计的一大亮点.

2. 板书设计

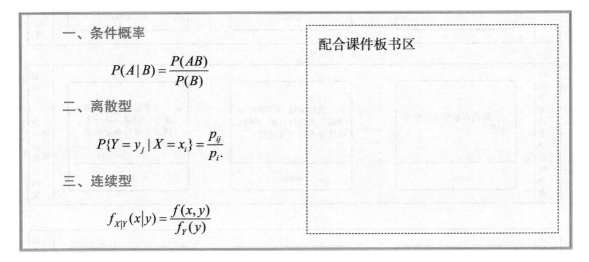

一、条件概率

$$P(A \mid B) = \frac{P(AB)}{P(B)}$$

二、离散型

$$P\{Y = y_j \mid X = x_i\} = \frac{p_{ij}}{p_i.}$$

三、连续型

$$f_{X|Y}(x|y) = \frac{f(x,y)}{f_Y(y)}$$

配合课件板书区

五、教学安排

1. 教学进程框架

根据教学要求和教学计划安排，以教学过程图所示的教学进程进行安排，将各部分教学内容分解为"问题提出""问题定义 / 分析"和"问题求解 / 应用"三部分，始终以问题为导向，以分析为重点，以应用为巩固拓展，引导学生进行学习.

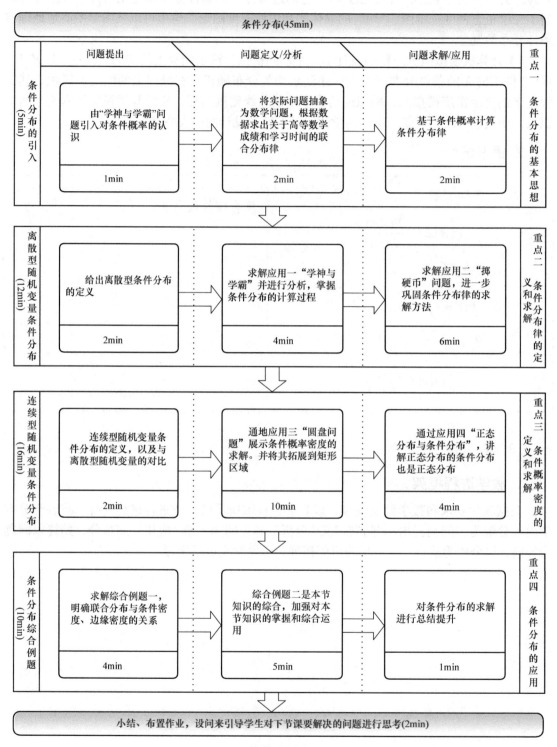

教学过程图

2. 教学进程详细内容

根据教学框架，针对每个知识点进行详细设计，具体内容如下：

教学进程表

教学意图	教学内容	教学环节设计
	1. 条件分布的引入（5min）	
问题引入 （累计 1min）	• 问题引入 　从网络上热议的"学神与学霸"开始讨论，在全校大一学生中展开调查，得到大家每天在高等数学这门课程上花费的时间和期末的考试成绩情况如下： 分数高 学神　　学霸 从不学习　　　　　　刻苦学习 学渣　　学弱 分数低 成绩-时间频数表 问题：成绩在 80 分以上的条件下，学习时间的分布情况	时间：1min 由"学神与学霸"问题开始，引出成绩与学习时间的关系
问题分析 （累计 3min）	• 问题分析　由联合分布律求条件分布律 　当高数成绩分别在 >80 分、60 ~ 80 分、40 ~ 59 分和 <40 分时，记随机变量 X 分别取 1、2、3、4；同样当学习高数时间分别为 <0.5h、0.5~1h、1~2h 和 >2h，记随机变量 Y 分别取 1、2、3、4. 由此得到二维离散型随机变量 (X, Y) 　首先在频数表中，将表中所有频数除以总人数 1565，得到 (X, Y) 的联合分布律与边缘分布律如下： 分析：成绩在 80 分以上的条件就是 $X = 1$，而学习时间的分布就是求 Y 的分布律. 故欲求	时间：2min 先给出二维随机变量，由频数表给出联合分布与边缘分布，明确所求问题

成绩-时间频数表

考试成绩（分）	学习时间/h				合计
	<0.5	0.5~1	1~2	>2	
>80	20	82	158	59	319
60~80	61	209	266	74	610
40~59	55	149	171	53	428
<40	40	84	66	18	208
合计	176	524	661	204	1565

高数成绩 X	学习时间 Y				合计
	1(<0.5)	2(0.5~1)	3(1~2)	4(>2)	
1(>80)	0.01	0.05	0.10	0.04	0.20
2(60~80)	0.04	0.13	0.17	0.05	0.39
3(40~59)	0.04	0.10	0.11	0.03	0.28
4(<40)	0.03	0.05	0.04	0.01	0.13
合计	0.12	0.33	0.42	0.13	1

教学意图	教学内容	教学环节设计
（累计 5min）	$$P\{Y=k\mid X=1\},\ k=1,2,3,4$$ 根据第 1 章的条件概率定义可计算如下： $$P\{Y=1\mid X=1\}=\frac{P\{X=1,Y=1\}}{P\{X=1\}}=\frac{0.01}{0.20}=0.05$$ $$P\{Y=2\mid X=1\}=\frac{0.05}{0.20}=0.25$$ $$P\{Y=3\mid X=1\}=\frac{0.10}{0.20}=0.50$$ $$P\{Y=4\mid X=1\}=\frac{0.04}{0.20}=0.20$$ 故在条件 $X=1$ 下 Y 的分布律（条件分布律）为 	**时间：2min** 根据条件概率，计算出所需求解的条件概率值，并分析概括出概率计算的一般公式，为引出条件分布律做铺垫

$Y\mid X=1$	<0.5	0.5~1	1~2	>2
p	0.05	0.25	0.50	0.20

可见有概率一般公式 $P\{Y=k\mid X=1\}=\dfrac{p_{1k}}{p_{1\bullet}}$

由此给出离散型随机变量条件分布的定义

板书：条件概率公式
$$P(A\mid B)=\frac{P(AB)}{P(B)}$$

2. 离散型随机变量的条件分布（12min）

教学意图	教学内容	教学环节设计
离散型条件分布的定义 （累计 7min）	**·条件分布的定义** 在给定 X（或 Y）取某个（些）值的条件下求 Y（或 X）的分布，已知二维离散型 (X,Y) 的联合分布律 $$P\{X=x_i,Y=y_j\}=p_{ij},\quad i,j=1,2,\cdots$$ 在 $X=x_i\ (P\{X=x_i\}>0,i=1,2,\cdots)$ 条件下 Y 的条件分布律 $$P\{Y=y_j\mid X=x_i\}=\frac{P\{X=x_i,Y=y_j\}}{P\{X=x_i\}}=\frac{p_{ij}}{p_{i\bullet}},\quad j=1,2,\cdots$$ 在 $Y=y_j\ (P\{Y=y_j\}>0,j=1,2,\cdots)$ 条件下 X 的条件分布律 $$P\{X=x_i\mid Y=y_j\}=\frac{P\{X=x_i,Y=y_j\}}{P\{Y=y_j\}}=\frac{p_{ij}}{p_{\bullet j}},\quad i=1,2,\cdots$$ 比如说， $$P\{Y=y_j\mid X=x_2\}=\frac{P\{X=x_2,Y=y_j\}}{P\{X=x_2\}}=\frac{p_{2j}}{p_{2\bullet}},\quad j=1,2,\cdots$$	**时间：2min** 条件分布的定义比较枯燥，虽然不难理解，但是符号多，且比较抽象 因此特别举例讲解，并配上联合分布律的二维图，把计算条件概率公式形象化、直观化 **板书：条件概率公式** $$P(i\mid j)=\frac{p_{ij}}{p_{\bullet j}}$$

X	y_1	y_2	$\cdots$	y_j	$\cdots$	合计
x_1	p_{11}	p_{12}	$\cdots$	p_{1j}	$\cdots$	$p_{1\bullet}$
x_2	p_{21}	p_{22}	$\cdots$	p_{2j}	$\cdots$	$p_{2\bullet}$
$\vdots$	$\vdots$	$\vdots$		$\vdots$		$\vdots$
x_i	p_{i1}	p_{i2}		p_{ij}		$p_{i\bullet}$
$\vdots$	$\vdots$	$\vdots$		$\vdots$		$\vdots$
合计	$p_{\bullet 1}$	$p_{\bullet 2}$	$\cdots$	$p_{\bullet j}$	$\cdots$	

$Y\mid X=x_2$	y_1	y_2	$\cdots$	y_j	$\cdots$
p	$p_{21}/p_{2\bullet}$	$p_{22}/p_{2\bullet}$	$\cdots$	$p_{2j}/p_{2\bullet}$	$\cdots$

（续）

教学意图	教学内容	教学环节设计
应用一　学神与学霸 （累计 9min）	（内容见下）	（设计见下）

教学内容：

•应用一　学神与学霸

已知每个学生的高等数学成绩 X 与学习高等数学的时间 Y 构成了二维随机变量，其联合分布律如下：

高数成绩 X	学习时间 Y				合计
	1(<0.5)	2(0.5~1)	3(1~2)	4(>2)	
1(>80)	0.01	0.05	0.10	0.04	0.20
2(60~80)	0.04	0.13	0.17	0.05	0.39
3(40~59)	0.04	0.10	0.11	0.03	0.28
4(<40)	0.03	0.05	0.04	0.01	0.13
合计	0.12	0.33	0.42	0.13	1

求成绩在 80 分以上的条件下学习时间的条件分布

首先，给出联合分布律和边缘分布律的三维柱形图. 从图中可以直观地看出 X 和 Y 的边缘分布情况

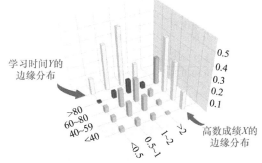

求成绩在 80 分以上的条件下学习时间的条件分布，就是求在 $X=1$ 条件下 Y 的条件分布律

根据条件分布的定义，可以直接给出条件分布律的计算结果，也可以直观地把计算过程分解为如下步骤：

"切"——在联合分布律中识别出 $X=1$ 对应的第一行

"归一"——第一行的四个概率值当然不是分布律，因为其和不为 1，所以"标准化"，除以它们的和，也就是边缘概率 0.2

于是，除得的 4 个概率值就是所求的条件分布律

高数成绩 X	学习时间 Y				合计
	1(<0.5)	2(0.5~1)	3(1~2)	4(>2)	
1(>80)	0.01	0.05	0.10	0.04	0.20
2(60~80)	0.04	0.13	0.17	0.05	0.39
3(40~59)	0.04	0.10	0.11	0.03	0.28
4(<80)	0.03	0.05	0.04	0.01	0.13
合计	0.12	0.33	0.42	0.13	1

切 | 0.01　0.05　0.10　0.04

归一 | $\dfrac{0.01}{0.20}\quad \dfrac{0.05}{0.20}\quad \dfrac{0.10}{0.20}\quad \dfrac{0.04}{0.20}$

$Y\mid X=1$	<0.5	0.5~1	1~2	>2
p	0.05	0.25	0.50	0.20

95%

教学环节设计：

时间：2min

首先给出二维离散型随机变量的联合分布律的三维图形，让学生能更清晰地掌握二维随机变量联合分布情况

然后把条件分布求解直观化，口诀是"切"和"归一"

对得到的结果进行分析. 成绩超过 80 分的只有 5% 的同学每天花在高等数学学习上的时间不足半个小时. 说明要取得好成绩，花一定的时间是非常必要的，学神只是极少数，只是个"传说"

教学意图	教学内容	教学环节设计
应用一　学神与学霸（续）（累计 11min）	**· 应用一　学神与学霸（续）** 同理，计算每天学习高数时间大于 2h 的条件下成绩的条件分布律，也就是求在 $Y=4$ 条件下 X 的条件分布律	**时间：2min** 计算结果说明，学习时间大于 2h 的学生中，有七成的及格．那为什么还有些学生成绩不理想呢，这说明学习除了花时间，还要讲究方法和效率，而学霸正是兼顾了这两点

高数成绩 X	学习时间 Y				合计
	1(<0.5)	2(0.5~1)	3(1~2)	4(>2)	
1(>80)	0.01	0.05	0.10	0.04	0.20
2(60~80)	0.04	0.13	0.17	0.05	0.39
3(40~59)	0.04	0.10	0.11	0.03	0.28
4(<40)	0.03	0.05	0.04	0.01	0.13
合计	0.12	0.33	0.42	0.13	1

$$\begin{matrix}0.04\\0.05\\0.03\\0.01\end{matrix} \rightarrow \begin{matrix}0.04/0.13\\0.05/0.13\\0.03/0.13\\0.01/0.13\end{matrix}$$

$X\mid Y=4$	<40	40~59	60~80	>80
p	0.08	0.23	0.38	0.31

69%

❀ 成绩在80分以上的条件下学习时间的条件分布：

$Y\mid X>80$	<0.5	0.5~1	1~2	>2
p	0.05	0.25	0.50	0.20

95%

❀ 学习时间大于2h的条件下成绩的条件分布：

$X\mid Y>2$	<40	40~59	60~80	>80
p	0.08	0.23	0.38	0.31

69%

结论：

1）高数成绩在 80 分以上的同学每天学习高数的时间不到半个小时的只有 5%

说明：学神很少，需要非同寻常的理解力和异常的高效率，你如果不属于此类型的人的话，就多花时间吧

2）每天学习高数的时间大于 2h 的同学中有近 70% 的同学通过考试

说明：花时间学习是必要的．而对于学弱来说，需要讲究学习方法和效率

教学意图	教学内容	教学环节设计
应用二　掷硬币（累计 17min）	**· 应用二　掷硬币** 掷三枚均匀的硬币，以 X 表示三次中出现正面的次数，Y 表示第三次出现正面的次数，求在 $Y=0$ 的条件下 X 的条件分布律 **解：** 欲求　　　　$P\{X=i\mid Y=0\},i=0,1,2,3$ （1）先求 (X,Y) 的联合分布律与边缘分布律： X 的可能取值为 0，1，2，3 Y 的可能取值为 0，1 (X,Y) 的可能取值为 $(0,0)$，$(1,0)$，$(2,0)$，$(3,0)$； $(0,1)$，$(1,1)$，$(2,1)$，$(3,1)$ 由古典概型易求得 (X,Y) 的联合分布律与边缘分布律	**时间：6min** 应用一的联合分布是由频数表得到的．本例的联合分布是求解出来的．所以这个问题所含内容比较全面一些

X	Y		$P\{X=x_i\}$
	0	1	
0	1/8	0	1/8
1	2/8	1/8	3/8
2	1/8	2/8	3/8
3	0	1/8	1/8
$P\{Y=y_j\}$	4/8	4/8	

（续）

教学意图	教学内容	教学环节设计
	（2）求条件分布律 $P\{X=i\|Y=0\}, i=0,1,2,3$	
	$$P\{X=0\|Y=0\}=\frac{P\{X=0,Y=0\}}{P\{Y=0\}}=\frac{1/8}{4/8}=\frac{1}{4}$$	
	$$P\{X=1\|Y=0\}=\frac{P\{X=1,Y=0\}}{P\{Y=0\}}=\frac{2/8}{4/8}=\frac{2}{4}=\frac{1}{2}$$	
	$$P\{X=2\|Y=0\}=\frac{P\{X=2,Y=0\}}{P\{Y=0\}}=\frac{1/8}{4/8}=\frac{1}{4}$$	
	$$P\{X=3\|Y=0\}=\frac{P\{X=3,Y=0\}}{P\{Y=0\}}=0$$	
	于是求得条件分布律为	

$X\|Y=0$	0	1	2	3
p	$\dfrac{1}{4}$	$\dfrac{2}{4}$	$\dfrac{1}{4}$	0

3. 连续型随机变量的条件分布（16min）

教学意图	教学内容	教学环节设计
连续型条件分布的定义 （累计 18min）	• 连续型条件分布的定义 设 (X,Y) 的联合密度为 $f(x,y)$，Y 的边缘概率密度为 $f_Y(y)$，又设 $f(x,y)$，$f_Y(y)$ 在 (x,y) 处连续，且 $f_Y(y)>0$；则在条件 $Y=y$ 下 X 的条件概率密度为 $$f_{X\|Y}(x\|y)=\frac{f(x,y)}{f_Y(y)},\ f_Y(y)>0$$ 同理在条件 $X=x$ 下 Y 的条件概率密度为 $$f_{Y\|X}(y\|x)=\frac{f(x,y)}{f_X(x)},\ f_X(x)>0$$	时间：1min 对比给出连续型条件密度的定义式
对比条件分布公式 （累计 19min）	• 离散型和连续型条件分布对比	时间：1min 通过对比可知，条件分布与条件概率类似，而离散型和连续型只是表达方式的不同，它们的本质是一样的

离散型	连续型
$p_{X\|Y}(x_i\|y_j)=\dfrac{p_{ij}}{p_Y(y_j)}$ $(i=1,2,\cdots)$	$f_{X\|Y}(x\|y)=\dfrac{f(x,y)}{f_Y(y)}$
$p_{Y\|X}(y_j\|x_i)=\dfrac{p_{ij}}{p_X(x_i)}$ $(j=1,2,\cdots)$	$f_{Y\|X}(y\|x)=\dfrac{f(x,y)}{f_X(x)}$
$p_{ij}=p_Y(y_j)p_{X\|Y}(x_i\|y_j)$	$f(x,y)=f_Y(y)f_{X\|Y}(x\|y)$

其中 $P\{X=x_i\|Y=y_j\}=p_{X\|Y}(x_i\|y_j)$，$P\{Y=y_j\}=p_Y(y_j)$

（续）

教学意图	教学内容	教学环节设计
应用三　圆盘上的均匀分布与条件分布 （累计 23min）	**• 应用三　圆盘上的均匀分布与条件分布** 设 (X,Y) 服从 D 上的均匀分布，$D:x^2+y^2<1$，求 $f_{X|Y}(x|y)$. 解：(X,Y) 的联合密度为 $$f(x,y)=\begin{cases}\dfrac{1}{\pi}, & x^2+y^2<1\\ 0, & \text{其他}\end{cases}$$ Y 的边缘密度为 $$\begin{aligned}f_Y(y)&=\int_{-\infty}^{+\infty}f(x,y)\mathrm{d}x\\&=\begin{cases}\displaystyle\int_{-\sqrt{1-y^2}}^{\sqrt{1-y^2}}\dfrac{1}{\pi}\mathrm{d}x, & -1<y<1\\ 0, & \text{其他}\end{cases}\\&=\begin{cases}\dfrac{2}{\pi}\sqrt{1-y^2}, & -1<y<1\\ 0, & \text{其他}\end{cases}\end{aligned}$$ 当 $|y|<1$ 时，$f_{X|Y}(x|y)=\dfrac{f(x,y)}{f_Y(y)}=\begin{cases}\dfrac{1}{2\sqrt{1-y^2}}, & x^2+y^2<1\\ 0, & \text{其他}\end{cases}$ $f_Y(y)=\begin{cases}\dfrac{2}{\pi}\sqrt{1-y^2}, & -1<y<1\\ 0, & \text{其他}\end{cases}\longrightarrow f_Y\left(\dfrac{1}{2}\right)=\dfrac{1}{\pi}\sqrt{3}>0,$ $f_{X|Y}(x|y)=\begin{cases}\dfrac{1}{2\sqrt{1-y^2}}, & x^2+y^2<1\\ 0, & \text{其他}\end{cases}\longrightarrow f_{X|Y}\left(x\Big|\dfrac{1}{2}\right)=\begin{cases}\dfrac{1}{\sqrt{3}}, & |x|<\dfrac{\sqrt{3}}{2}\\ 0, & \text{其他}\end{cases}$	时间：4min 求条件密度需要两个要素，一个是联合密度，另一个是边缘密度。联合密度由均匀分布容易写出，边缘密度需要求积分，这个积分的难点是定积分限，用画图的方式给出积分限。并画出边缘密度图形。由公式可以给出条件密度 对于连续型的条件密度也有类似的"切"和"归一"的说法 观察：均匀分布的边缘分布不是均匀分布，但是条件分布是均匀分布
应用三　模拟 （累计 25min）	**• 应用三　模拟** 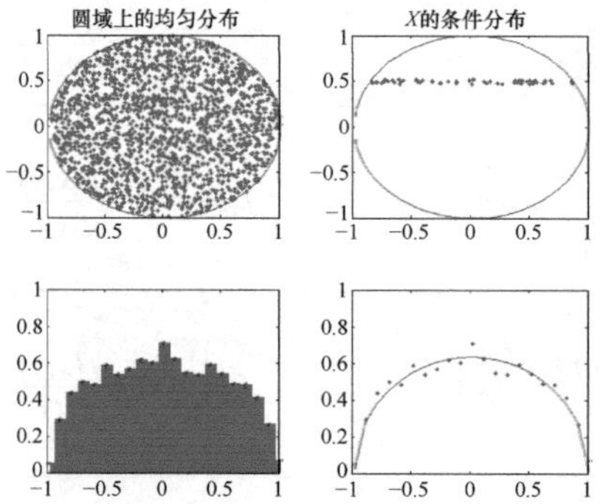 左上图：圆盘上的均匀分布散点图 右上图：$Y=1/2$ 时，X 的条件分布 左下图：圆盘上的随机点在纵向上的累积频数图 右下图：Y 的边缘密度曲线	时间：2min 计算机模拟演示圆盘上的均匀分布及其边缘分布和条件分布

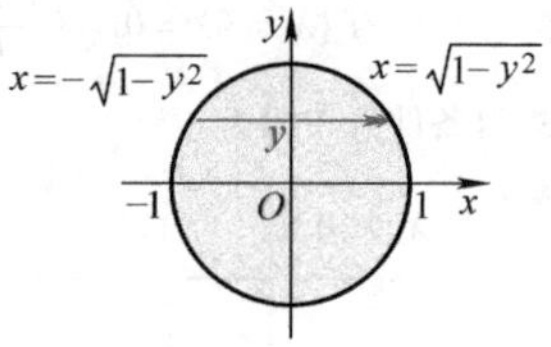

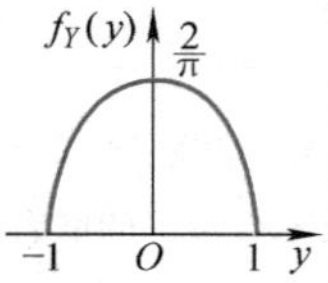

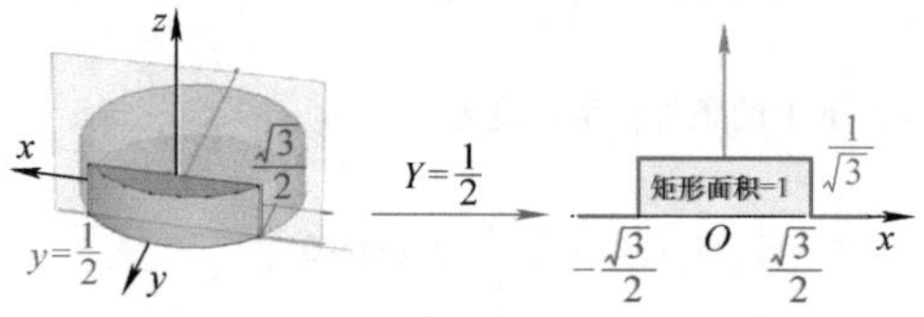

（续）

教学意图	教学内容	教学环节设计
应用三 拓展 （累计 29min）	• 应用三 拓展 如果将上述题目中的均匀分布改成在矩形区域 $(a,b)\times(c,d)$ 内，此时条件分布的形式如何？ 解：此时 (X,Y) 的联合密度为 $$f(x,y)=\begin{cases}\dfrac{1}{(b-a)(d-c)}, & x\in(a,b), y\in(c,d)\\ 0, & \text{其他}\end{cases}$$ $$\begin{aligned}f_X(x)&=\int_{-\infty}^{+\infty}f(x,y)\mathrm{d}y\\ &=\begin{cases}\int_c^d\dfrac{1}{(b-a)(d-c)}\mathrm{d}y, & a<x<b\\ 0, & \text{其他}\end{cases}\\ &=\begin{cases}\dfrac{1}{b-a}, & a<x<b\\ 0, & \text{其他}\end{cases}\end{aligned}$$ 同理， $$f_Y(x)=\int_{-\infty}^{+\infty}f(x,y)\mathrm{d}x=\begin{cases}\dfrac{1}{d-c}, & c<y<d\\ 0, & \text{其他}\end{cases}$$ 当 $a<x<b$ 时， $$f_{Y\mid X}(y\mid x)=\dfrac{f(x,y)}{f_X(x)}=\begin{cases}\dfrac{1}{d-c}, & c<y<d\\ 0, & \text{其他}\end{cases}$$ 可以看出此时条件概率密度就是边缘概率密度，这将是我们在下一节里要介绍的随机变量的独立的概念	时间：4min 由圆盘上的均匀分布拓展到矩形上的均匀分布，讨论的是同一件事，得到的结论却不同 圆盘上均匀分布的边缘密度与条件密度函数形式完全不一样，但矩形域上的均匀分布，其边缘密度就是条件密度，这里涉及下节要讲的一个重要概念，即随机变量的独立性
应用四 二维正态分布与条件分布 （累计 33min）	• 应用四 二维正态分布与条件分布 设 (X,Y) 服从二维正态分布，其联合密度为 $$f(x,y)=\dfrac{1}{2\pi\sigma_1\sigma_2\sqrt{1-\rho^2}}\mathrm{e}^{-\frac{\frac{(x-\mu_1)^2}{\sigma_1^2}-2\rho\frac{(x-\mu_1)(y-\mu_2)}{\sigma_1\sigma_2}+\frac{(y-\mu_2)^2}{\sigma_2^2}}{2(1-\rho^2)}}, -\infty<x,y<+\infty$$ 求条件分布 $f_{X\mid Y}(x\mid y)$ 解：前面已求得 Y 的边缘分布为 $$f_Y(y)=\dfrac{1}{\sqrt{2\pi}\sigma_2}\mathrm{e}^{-\frac{(x-\mu_2)^2}{2\sigma_2^2}}, -\infty<y<+\infty$$ 即 Y 也服从正态分布，故 $$f_Y(y)=\dfrac{1}{\sqrt{2\pi}\sigma_1\sqrt{1-\rho^2}}\mathrm{e}^{\frac{1}{2(1-\rho^2)}\left(\frac{x-\mu_1}{\sigma_1}-\rho\frac{y-\mu_2}{\sigma_2}\right)^2}$$ 则在 $X=x$ 的条件下，Y 的条件分布也是正态分布，即 $$N\left(\mu_1+\rho\dfrac{\sigma_1}{\sigma_2}(y-\mu_2), (1-\rho^2)\sigma_1^2\right)$$ 结论：正态分布的边缘分布及条件分布仍服从正态分布	时间：4min 二维正态分布是二维连续型随机变量分布中最为重要的一个分布，它有很多独特的性质. 例如它的边缘分布还是正态分布. 现在说明它的条件分布也是正态分布

（续）

教学意图	教学内容	教学环节设计
	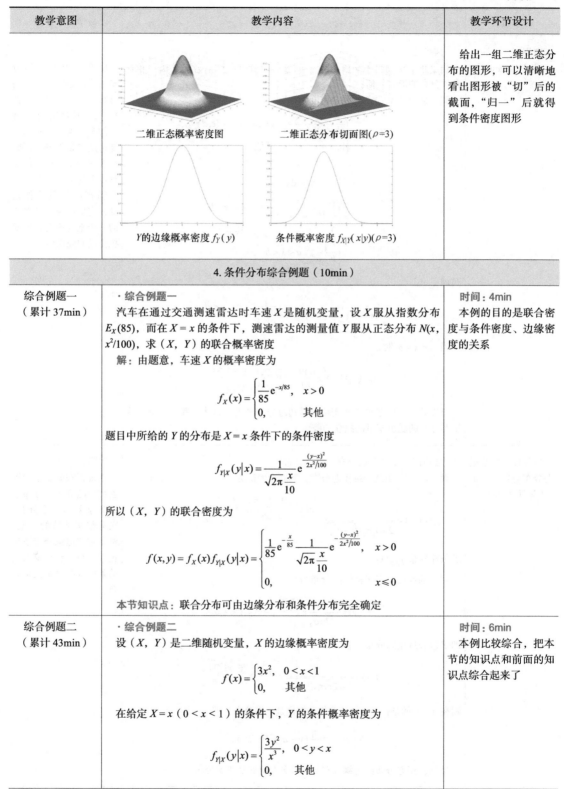 二维正态概率密度图　　二维正态分布切面图(ρ=3) Y的边缘概率密度 $f_Y(y)$　　条件概率密度 $f_{X\|Y}(x\|y)$(ρ=3)	给出一组二维正态分布的图形，可以清晰地看出图形被"切"后的截面，"归一"后就得到条件密度图形

4. 条件分布综合例题（10min）

教学意图	教学内容	教学环节设计
综合例题一 （累计 37min）	**·综合例题一** 汽车在通过交通测速雷达时车速 X 是随机变量，设 X 服从指数分布 $E_X(85)$，而在 $X=x$ 的条件下，测速雷达的测量值 Y 服从正态分布 $N(x, x^2/100)$，求 (X, Y) 的联合概率密度 **解**：由题意，车速 X 的概率密度为 $$f_X(x)=\begin{cases}\dfrac{1}{85}e^{-x/85}, & x>0 \\ 0, & 其他\end{cases}$$ 题目中所给的 Y 的分布是 $X=x$ 条件下的条件密度 $$f_{Y\|X}(y\|x)=\frac{1}{\sqrt{2\pi}\,\dfrac{x}{10}}e^{\frac{(y-x)^2}{2x^2/100}}$$ 所以 (X, Y) 的联合密度为 $$f(x,y)=f_X(x)f_{Y\|X}(y\|x)=\begin{cases}\dfrac{1}{85}e^{-\frac{x}{85}}\dfrac{1}{\sqrt{2\pi}\,\dfrac{x}{10}}e^{-\frac{(y-x)^2}{2x^2/100}}, & x>0 \\ 0, & x\leqslant 0\end{cases}$$ **本节知识点**：联合分布可由边缘分布和条件分布完全确定	时间：4min 本例的目的是联合密度与条件密度、边缘密度的关系
综合例题二 （累计 43min）	**·综合例题二** 设 (X, Y) 是二维随机变量，X 的边缘概率密度为 $$f(x)=\begin{cases}3x^2, & 0<x<1 \\ 0, & 其他\end{cases}$$ 在给定 $X=x$（$0<x<1$）的条件下，Y 的条件概率密度为 $$f_{Y\|X}(y\|x)=\begin{cases}\dfrac{3y^2}{x^3}, & 0<y<x \\ 0, & 其他\end{cases}$$	时间：6min 本例比较综合，把本节的知识点和前面的知识点综合起来了

（续）

教学意图	教学内容	教学环节设计
	（1）求 (X, Y) 的概率密度 $f(x, y)$； （2）求 Y 的边缘概率密度 $f_Y(y)$； （3）求 $P\{X > 2Y\}$ 解： （1）$f(x, y) = f_X(x) f_{Y\mid X}(y\mid x) = \begin{cases} \dfrac{9y^2}{x}, & 0 < y < x, 0 < x < 1 \\ 0, & 其他 \end{cases}$ （2）$f_Y(y) = \int_{-\infty}^{+\infty} f(x, y)\mathrm{d}x = \begin{cases} \int_y^1 \dfrac{9y^2}{x}\mathrm{d}x = -9y^2 \ln y, & 0 < y < 1 \\ 0, & 其他 \end{cases}$ （3）$P\{X > 2Y\} = \iint\limits_{x>2y} f(x, y)\mathrm{d}x\mathrm{d}y$ $\qquad = \iint\limits_{x>2y} \dfrac{9y^2}{x}\mathrm{d}x\mathrm{d}y = \int_0^1 \mathrm{d}x \int_0^{\frac{1}{2}x} \dfrac{9y^2}{x}\mathrm{d}y = \dfrac{1}{8}$	可以用提问的方式，边问边解，或者让学生上讲台写出主要公式，达到巩固本节内容的目的
	5. 小结与思考拓展（2min）	
小结、设问来加深学生对本节内容的印象，并引导学生对下节课要解决的问题进行思考 （累计45min）	·小结 1）离散型条件分布律的定义与计算； 2）连续型条件分布律的定义与计算； 3）条件分布与联合分布的关系； 4）条件分布的应用举例	时间：1min 根据本节讲授内容，做简单小结
	·思考拓展 1）一般的二维均匀分布，其条件分布都是均匀分布吗？ 2）条件分布与边缘分布（什么情形下公式成立）$f_X(x) = f_{X\mid Y}(x\mid y)$？ 3）验证条件密度满足 $\int_{-\infty}^{+\infty} f_{X\mid Y}(x\mid y)\mathrm{d}x = 1$ 4）条件分布应用例证（用条件分布分析一些实际问题）	时间：1min 根据本节讲授内容，给出一些思考拓展的问题
	·作业布置 习题一 A：6，7，9，23	要求学生课后认真完成作业

六、教学评价

本单元的教学设计符合理工科二年级学生的认知规律和实际水平，在教学设计中充分意识到条件分布的重要性及概念的抽象性，因此在问题的引入、概念的讲解以及实际应用问题的选择上都做了全面的考虑．通过实际调研、模型抽象、图像展示等方式营造出轻松活跃的教学氛围，有效地激发学生的学习兴趣，加深学生的学习印象，有助于学生掌握本节课的学习内容．在本单元的教学过程中，学生将有较高的积极性，可以获得理想的学习效果，实现本单元的教学目标．通过课程的向外延伸，使学生将本节的知识与生活和科研结合在一起，达到"学以致用"的目的．同时，通过对实例的分析，又可以"用以促学"，提高学生发现问题、分析问题、解决问题的能力．

3.2 二维随机变量函数的分布

一、教学目的

深刻理解卷积公式的本质——求解连续型随机变量独立和的问题，能够应用公式正确地进行运算．借助问题背景分析，让学生充分掌握解题步骤和计算方法．能够对所研究的实际问题进行分析，并讨论在不同条件下选择合适的解决方法．在学习过程中积累数学活动经验，培养学生由浅入深地分析问题、解决问题的思维方式，锻炼学生提出质疑、独立思考的习惯与精神，帮助学生逐步建立正确的随机观念．能够自觉地用所学的知识去观察生活，通过建立基本的数学模型，解决生活中的实际问题．引导学生通过对理论知识和方法的学习，分析和解释现实生活中的现象，培养学生发现问题、抽象问题和解决问题的能力．

二、教学思想

二维随机变量函数的分布是本章的重点和难点，首先复习一维随机变量函数分布的计算方法，主要是分布函数法，再将其推广至二维情形．本节中涉及了几个重要的知识点，如卷积公式、分布函数法以及分布的可加性等内容，都是相对比较抽象、数学推导较多的内容，因此在教学过程中要不断提问，以确保学生能够真正理解所讲授的内容．在教学环节中通过实际生活中的具体问题，引出重点内容，在问题的提出、概念的讲解、例题的设置等多个环节中，加入思考分析让学生有充分的热情和积极性参与到教学中来，进而认识到二维随机变量函数的分布的重要性和应用的广泛性，并学会解决一些实际问题．

三、教学分析

1. 教学内容

1）二维随机变量函数的定义．
2）离散型随机变量和的分布计算．
3）连续型随机变量和的分布计算．
4）分布函数法．
5）应用问题举例分析．

2. 教学重点

1）离散型随机变量和的分布．
2）卷积公式．
3）分布函数法．

3. 教学难点

1）和的分布计算．
2）泊松分布的可加性的理解．

3）卷积公式的理解.

4）分布函数法.

4. 对重点、难点的处理

1）对于离散型随机变量和的分布计算,首先利用快餐店库存准备问题启发学生发现问题,通过讲解泊松分布的和的分布计算过程,帮助学生掌握离散型随机变量和的分布的计算.

2）详细介绍卷积公式的证明过程,强调卷积公式的适用范围,通过高校食堂窗口设计问题的计算让学生理解卷积公式的使用步骤.

3）提出随机变量函数的一般形式,给出在卷积公式不适用的情况下如何计算其分布? 介绍在二维随机变量的函数分布计算中的分布函数法.

4）通过例题分析,向学生讲述解题思路和详细步骤,分别对离散型和连续型的情况进行计算.

四、教学方法与策略

1. 课堂教学设计思路

1）大多数同学心里,数学课总是相对比较枯燥的,因此用一个生活中的案例"快餐店库存准备问题"引起学生的注意,能够有效提高学生的学习兴趣,为整堂课奠定良好的基础.

2）通过"食堂窗口规划问题",引导学生理解并掌握卷积公式的使用方法. 引导学生学会从实际问题中抽象出数学问题,并用数学语言描述并计算. 这样可以让学生理解卷积公式的本质,培养学生对知识追本溯源的能力,深化学生理解层次,增强解决实际问题的能力.

3）对于刚接触的新知识,学生掌握得不够扎实,因此在用公式求解的过程中,问题的设计遵循逐步深入的原则,既让学生反复体验求解具体问题的方法和步骤,也向学生传达了一种解决复杂问题的思维方法.

4）在对"快餐店库存准备问题"的讲解中,加入分布律的图像,帮助学生理解随着 λ 取值的变化,分布律的变化情况. 引导学生分析除了泊松分布可加性之外,是否还有其他分布也具有这种可加性? 如二项分布.

5）在"食堂窗口规划问题"中假设进行提问,如"顾客"的到达服从泊松分布、均匀分布等,或者每位"顾客"在"窗口"获得服务的时间服从指数分布、均匀分布等情况下该问题要如何解决? 这些都是排队论中的问题,培养学生将所学知识进行推广和延伸的能力,同时满足部分学生进行更深层次学术研究的需求.

6）本节中的一个重点是卷积公式. 给学生介绍卷积公式的背景,帮助学生更好地理解卷积的含义. 卷积是在信号与线性系统的基础上或背景中出现的,卷积关系中最重要的一种情况,就是在信号与线性系统或数字信号处理中的卷积定理. 利用该定理,可以将时间域或空间域中的卷积运算等价为频率域的乘法运算,从而利用快速傅里叶变换（FFT）等快速算法实现有效的计算,从而节省运算代价. 为了直观理解卷积公式,还给出了一个卷积的几何求法.

7）计算机模拟演示. 为了更好地理解随机变量和的分布，针对快餐店库存准备问题，设计了计算机模拟演示. 计算机模拟出 5 个时段消耗量的随机点，以及它们的和的随机点是否满足 90% 的把握保证供应. 共模拟了 100 次使用结果，验证保证供应的频率与概率理论值非常接近.

2. 板书设计

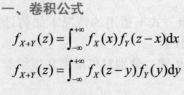

一、卷积公式

$$f_{X+Y}(z) = \int_{-\infty}^{+\infty} f_X(x) f_Y(z-x) \mathrm{d}x$$

$$f_{X+Y}(z) = \int_{-\infty}^{+\infty} f_X(z-y) f_Y(y) \mathrm{d}y$$

二、分布函数法
1. 推导随机变量函数的分布函数
2. 求导得其概率密度

配合课件板书区

五、教学安排

1. 教学进程框架

根据教学要求和教学计划安排，以教学过程图所示的教学进程进行安排，将各部分教学内容分解为"问题提出""问题定义 / 分析"和"问题求解 / 应用"三部分，始终以问题为导向，以分析为重点，以应用为巩固拓展，引导学生进行学习.

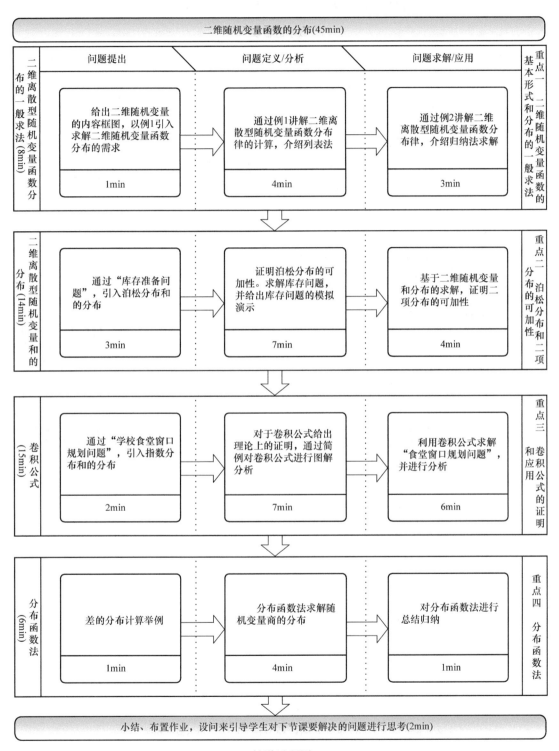

教学过程图

2. 教学进程详细内容

根据教学框架，针对每个知识点进行详细设计，具体内容如下：

教学进程表

教学意图	教学内容	教学环节设计
	1. 二维离散型随机变量函数分布的一般求法（8min）	
本节内容介绍 （累计1min）	**·本节内容** 设二维随机变量 (X, Y) 的分布已知，$Z = g(X, Y)$ 为二维随机变量 (X, Y) 的函数，求随机变量 Z 的概率分布 二维随机变量 (X, Y) 或者是离散型的，或者是连续型的．本节分别在两种情况下，求 Z 的分布．本节重点是讨论和的分布（离散型和连续型），以及连续型的分布函数法，介绍分布的可加性质	**时间：1min** 给出本节研究的内容，让学生首先对本节所学内容有一个大致的了解
二维离散型随机变量函数的分布律一般求法 （累计5min）	**·二维离散型随机变量函数的分布例题** **例1** 设二维随机变量 (X, Y) 的联合分布律如下： 求 $X+Y, XY, \max\{X, Y\}$ 的分布律	**时间：4min** 用具体的例子说明二维离散型随机变量函数的分布律的求法 **提问：** 如果二维离散型随机变量可能的取值点比较多时，列表法就不方便了，那怎么办呢？

X	Y	
	1	2
0	0.2	0.3
1	0.4	0.1

解： 可以用表格法求解，即

	(0, 1)	(0, 2)	(1, 1)	(1, 2)
$X + Y$	1	2	2	3
XY	0	0	1	2
$\max\{X, Y\}$	1	2	1	2
p	0.2	0.3	0.4	0.1

$$\longrightarrow X + Y \sim \begin{pmatrix} 1 & 2 & 3 \\ 0.2 & 0.7 & 0.1 \end{pmatrix}$$

$$\longrightarrow XY \sim \begin{pmatrix} 0 & 1 & 2 \\ 0.5 & 0.4 & 0.1 \end{pmatrix}$$

$$\longrightarrow \max\{X, Y\} \sim \begin{pmatrix} 1 & 2 \\ 0.6 & 0.4 \end{pmatrix}$$

分析： $P\{X + Y = 1\} = P\{(X, Y) = (0,1)\} = 0.2$

$\qquad P\{X + Y = 2\} = P\{(X, Y) = (0,2)\} + P\{(X, Y) = (1,1)\}$

$\qquad\qquad = 0.3 + 0.4 = 0.7$

这说明事件 $\{X + Y = 1\}$ 也就是事件 $\{(X, Y) = (0, 1)\}$，所以概率相同，而事件 $\{X + Y = 2\}$ 也就是事件 $\{(X, Y) = (0, 2)\}$ 与事件 $\{(X, Y) = (1, 1)\}$，所以概率是相加的关系

（续）

教学意图	教学内容	教学环节设计
（累计 8min）	例 2　设二维随机变量 (X, Y) 的联合分布律如下： （见下表） 求 $X + Y$，$\max\{X, Y\}$ 的分布律 解：求解方法就是一句话，找规律. 于是有 $$\longrightarrow X + Y \sim \begin{pmatrix} 0 & 1 & 2 & 3 & 4 \\ \dfrac{1}{8} & \dfrac{2}{8} & \dfrac{2}{8} & \dfrac{2}{8} & \dfrac{1}{8} \end{pmatrix}$$ $$\longrightarrow \max\{X, Y\} \sim \begin{pmatrix} 0 & 1 & 2 & 3 \\ \dfrac{1}{8} & \dfrac{3}{8} & \dfrac{3}{8} & \dfrac{1}{8} \end{pmatrix}$$ 即仔细观察二维随机变量函数的取值位置，找到规律后，将对应位置的概率值计算相加	时间：3min 二维离散型随机变量可能的取值点比较多时，没什么特别的方法，就是找可能取值位置的规律

例 2 的联合分布律表：

X	Y	
	0	1
0	1/8	0
1	2/8	1/8
2	1/8	2/8
3	0	1/8

2. 二维离散型随机变量和的分布（14min）

| 问题引入
库存准备问题描述
（累计 10min） | • 问题引入　库存准备问题
假如我们要开一家餐厅. 每天接待的顾客数量是随机的. 应该提前准备多少食物（如薯条）？进一步假设该餐厅每天营业时间为 6：00 ~ 22：00，分五个时段，经统计每个时段内平均销售量如下：

（见下表）

设 X_1, X_2, X_3, X_4, X_5 分别是相应时段内薯条的实际消耗量，相互独立，且均为服从泊松分布的随机变量
问题：总消耗量 $X = X_1 + X_2 + X_3 + X_4 + X_5$ 服从什么分布？ | 时间：3min
由库存准备问题给出泊松分布和的计算问题 |

营业时间	平均消耗（百份）	实际消耗（百份）
6：00 ~ 10：00	3	$X_1 \sim \pi(3)$
10：00 ~ 13：00	5	$X_2 \sim \pi(5)$
13：00 ~ 16：00	3	$X_3 \sim \pi(3)$
16：00 ~ 20：00	7	$X_4 \sim \pi(7)$
20：00 ~ 22：00	1	$X_5 \sim \pi(1)$

教学意图	教学内容	教学环节设计
泊松分布的可加性 （累计 13min）	**· 泊松分布的可加性** 设 $X \sim \pi(\lambda_1)$，$Y \sim \pi(\lambda_2)$，且 X，Y 相互独立，则 $X + Y \sim \pi(\lambda_1 + \lambda_2)$ **证明：** 因为 X，Y 分别取值为 0，1，2，$\cdots$，所以 $Z = X + Y$ 取值为 0，1，2，$\cdots$，于是 $$\begin{aligned} P\{Z = k\} &= P\{X + Y = k\} \\ &= P\{X = 0, Y = k\} + P\{X = 1, Y = k-1\} + \cdots + P\{X = k, Y = 0\} \\ &= P\{X = 0\}P\{Y = k\} + P\{X = 1\}P\{Y = k-1\} + \cdots + P\{X = k\}P\{Y = 0\} \\ &= e^{-\lambda_1} \frac{\lambda_2^k}{k!} e^{-\lambda_2} + \frac{\lambda_1}{1!} e^{-\lambda_1} \cdot \frac{\lambda_2^{k-1}}{(k-1)!} e^{-\lambda_2} + \cdots + \frac{\lambda_1^k}{k!} e^{-\lambda_1} e^{-\lambda_2} \\ &= \frac{1}{k!} e^{-(\lambda_1 + \lambda_2)} \cdot \left[\lambda_2^k + \frac{k}{1!} \lambda_1 \lambda_2^{k-1} + \frac{k(k-1)}{2!} \lambda_1^2 \lambda_2^{k-2} + \cdots + \lambda_1^k \right] \\ &= \frac{1}{k!} e^{-(\lambda_1 + \lambda_2)} \cdot (\lambda_1 + \lambda_2)^k = \frac{(\lambda_1 + \lambda_2)^k}{k!} e^{-(\lambda_1 + \lambda_2)} \end{aligned}$$ 故 $\qquad\qquad X + Y \sim \pi(\lambda_1 + \lambda_2)$	时间：3min 证明中首先分解事件，计算概率时用到有限可加性、独立性，以及二项式展开
应用一 库存准备问题 （累计 16min）	**· 应用一 库存准备问题** 由问题引入时获得的信息，试问最少需要多少库存能够有 90% 的把握保证供应？ **解：** X_1，X_2，X_3，X_4，X_5 相互独立，由泊松分布可加性知 $$X_1 + X_2 + X_3 + X_4 + X_5 \sim \pi(3 + 5 + 3 + 7 + 1)$$ 由题意可知，需求 $P\{X \leqslant x\} > 0.9$ 查累积泊松分布表得 $\qquad \sum_{k=26}^{\infty} \frac{19^k}{k!} e^{-19} = 0.073$ $$\longrightarrow \sum_{k=0}^{25} \frac{19^k}{k!} e^{-19} = 0.927 \longrightarrow P\{X \leqslant 25\} = 0.927$$ 又 $\qquad\qquad \sum_{k=25}^{\infty} \frac{19^k}{k!} e^{-19} = 0.107 \longrightarrow \sum_{k=0}^{24} \frac{19^k}{k!} e^{-19} = 0.893$ 因此至少应准备 25（百份）薯条的原料	时间：3min 对库存准备问题进行求解. 运用泊松分布可加性，先得到 X 的分布. 由查表试解得 x 为 25

（续）

教学意图	教学内容	教学环节设计
应用一　计算机模拟 （累计 17min）	• 应用一　计算机模拟 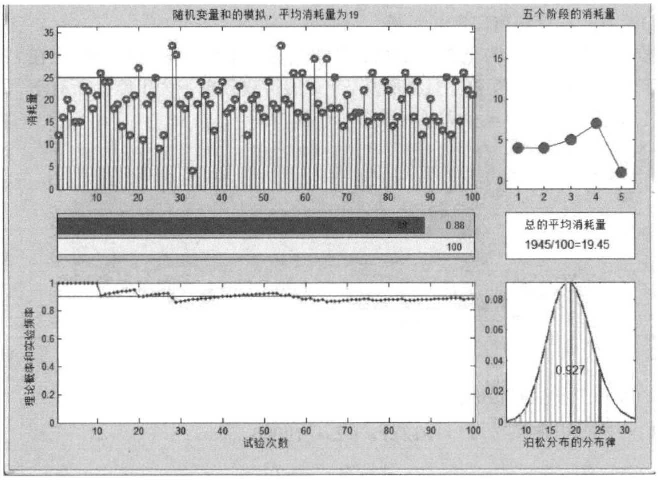 右上图：每次试验（5 个阶段）的模拟结果 左上图：100 次试验的模拟结果，红线以下的点表示本次试验结果是保证供应 左中图：100 次试验中保证供应的次数 右中图：100 次试验中总平均消耗量 左下图：100 次试验累积保证供应频率及理论概率值，红色直线为理论值 右下图：保证供应的理论概率值的图形解释	时间：1min 　　计算机模拟演示，让学生直观认识保证供应的模拟过程
二项分布可加性 （累计 21min）	• 二项分布的可加性 设 $X \sim B(m, p)$，$Y \sim B(n, p)$，且 X, Y 相互独立，则 $X + Y \sim B(m + n, p)$ 证明：$X + Y$ 的可能取值为 0 至 $m + n$ 之间的任一整数，由于 $$P\{X = i\} = C_m^i p^i (1-p)^{m-i}, \ i = 0, 1, 2, \cdots, m,$$ $$P\{Y = j\} = C_n^j p^j (1-p)^{n-j}, \ j = 0, 1, 2, \cdots, n,$$ 注意到 X, Y 相互独立，于是有 $$P\{X + Y = k\} = \sum_{i=0}^{m} P\{X = i, Y = k - i\}$$ $$= \sum_{i=0}^{m} P\{X = i\} P\{Y = k - i\}$$ $$= \sum_{i=0}^{m} C_m^i p^i (1-p)^{m-i} C_n^{k-i} p^{k-i} (1-p)^{n-(k-i)}$$ $$= C_{m+n}^k p^k (1-p)^{m+n-k}$$ 其中 $\sum_{i=0}^{m} C_m^i C_n^{k-i} = C_{m+n}^k$，可以从 $$(1+x)^m (1+x)^n = (1+x)^{m+n}$$ 展开式中比较 x^k 的系数得到，因此证得 $$X + Y \sim B(m + n, p)$$	时间：4min 　　证明二项分布的可加性，其中用到组合公式

（续）

教学意图	教学内容	教学环节设计
	3. 二维连续型随机变量和的分布——卷积公式（15min）	

教学意图	教学内容	教学环节设计
问题引入 食堂窗口规划问题 （累计22min）	**· 问题引入　食堂窗口规划问题** 学校食堂每天中午为全校约 10000 名学生提供午餐，假设每个学生在每个窗口打饭时间相互独立且都服从 $\lambda = 2$ 的指数分布，为了能让所有学生在 1.5h 内打完饭，至少需要开设多少个窗口？  解：设每个学生打饭时间为 X_i，且 $$X_i \sim E(2), i = 1, 2, \cdots, 10000$$ $$f_{X_i}(x) = \begin{cases} 2e^{-2x}, & x > 0 \\ 0, & x \leqslant 0 \end{cases}$$ 记 $Z = X_1 + \cdots + X_{10000}$ 为总服务时间，求 c，使得总服务时间超过 c 的概率小于 1%，即 $$P\{Z > c\} < 0.01 \longrightarrow \boxed{\dfrac{c}{90}}\ \text{窗口个数}$$ 问题：两个相互独立的指数分布的和服从什么分布？	时间：2min 　由学校食堂窗口规划问题引入指数分布和的分布计算问题，这是连续型随机变量函数分布问题
卷积公式推导 （累计24min）	**· 卷积公式** 问题：设 (X, Y) 的概率密度为 $f(x, y)$，求 $Z = X + Y$ 的密度函数 解：由分布函数法  $$\begin{aligned} F_Z(z) = P\{Z \leqslant z\} &= \iint\limits_{x+y \leqslant z} f(x, y) \,\mathrm{d}x\mathrm{d}y \\ &= \int_{-\infty}^{+\infty} \mathrm{d}x \int_{-\infty}^{z-x} f(x, y) \,\mathrm{d}y \\ &= \int_{-\infty}^{+\infty} \mathrm{d}x \left[\int_{-\infty}^{z} f(x, u - x) \,\mathrm{d}u \right] \\ &= \int_{-\infty}^{z} \left[\int_{-\infty}^{+\infty} f(x, u - x) \,\mathrm{d}x \right] \mathrm{d}u \end{aligned}$$ 对 $F_Z(z)$ 求导，得 $Z = X + Y$ 的概率密度函数为 $$f_Z(z) = \int_{-\infty}^{+\infty} f(x, z - x) \,\mathrm{d}x$$ 同理可得公式的对称形式 $$f_Z(z) = \int_{-\infty}^{+\infty} f(z - y, y) \,\mathrm{d}y$$ 当 X 和 Y 相互独立时，可得 $$f_X(z) * f_Y(z) = \int_{-\infty}^{+\infty} f_X(z - y) f_Y(y) \,\mathrm{d}y = \int_{-\infty}^{+\infty} f_X(x) f_Y(z - x) \,\mathrm{d}x$$ $$f_{X+Y}(z) = \int_{-\infty}^{+\infty} f_X(z - y) f_Y(y) \,\mathrm{d}y = \int_{-\infty}^{+\infty} f_X(x) f_Y(z - x) \,\mathrm{d}x$$ 特别强调卷积公式的两个使用条件是：①两随机变量独立；②计算它们的和的分布	时间：3min 　卷积公式是计算连续型独立随机变量和的密度公式，它不仅在概率论中有重要应用，在其他学科中也会用到卷积公式 　证明中用到高等数学中重积分的内层积分换元和交换积分次序，可以采用提问式讲解

（续）

教学意图	教学内容	教学环节设计
卷积计算举例 （累计 28min）	**· 卷积的计算与图解** 设 $f_1(t)=\begin{cases}1,& 0<t<1\\0,& \text{其他}\end{cases}$, $f_2(t)=\begin{cases}\mathrm{e}^{-t},& t>0\\0,& t\leqslant 0\end{cases}$, 计算 f_1*f_2 解：$f_1(t)*f_2(t)=\int_{-\infty}^{+\infty}f_1(\tau)f_2(t-\tau)\,\mathrm{d}\tau=\int_{I_t}\mathrm{e}^{-(t-\tau)}\,\mathrm{d}\tau.$ $f_1(t)*f_2(t)=\begin{cases}0,& t\leqslant 0\\\int_0^t\mathrm{e}^{-(t-\tau)}\,\mathrm{d}\tau=1-\mathrm{e}^{-t},& 0<t<1\\\int_0^1\mathrm{e}^{-(t-\tau)}\,\mathrm{d}\tau=(\mathrm{e}-1)\mathrm{e}^{-t},& t\geqslant 1\end{cases}$ 图解法如下： 将两个函数图形叠在一起　　反转：$f_2(\tau)\longrightarrow f_2(-\tau)$ $t\leqslant 0, f_1*f_2=0$　　$0<t<1, f_1*f_2=\int_0^t\mathrm{e}^{-(t-\tau)}\,\mathrm{d}\tau$ $t\geqslant 1, f_1*f_2=\int_0^1\mathrm{e}^{-(t-\tau)}\,\mathrm{d}\tau$	时间：4min 卷积的计算对学生来说比较麻烦，难点在于积分限的确定 　图解法的优势，即方便定限，还可以理解为什么公式叫作卷积这个名称 　从图解中看，首先将 $f_2(\tau)$ 翻转，然后移动，可以想象出翻卷的意思. 讨论 t 的取值范围，在两个图形有重叠时，定出积分限
应用二　食堂窗口规划问题 （累计 32min）	**· 应用二　食堂窗口规划问题** 根据问题引入中的内容，下面利用卷积来求解该问题 解：设每个学生打饭时间为 X_i，且 $$X_i\sim E(2), i=1,2,\cdots,10000$$ $$f_{X_i}(x)=\begin{cases}2\mathrm{e}^{-2x},& x>0\\0,& x\leqslant 0\end{cases}$$ $$Z_i=X_1+\cdots+X_i, i=1,2,3,\cdots,10000$$ 因此　　　　$Z_2=X_1+X_2, Z_3=Z_2+X_3,\cdots$ 由题意可知 $X_1,\cdots,X_{10000}$ 相互独立，现用卷积公式计算 $Z_2=X_1+X_2$ 的密度，于是有 $$f_{Z_2}(z)=\int_{-\infty}^{+\infty}f_{X_1}(z-x)f_{X_2}(x)\mathrm{d}x$$ $$=\int_0^z 2\mathrm{e}^{-2(z-x)}\cdot 2\mathrm{e}^{-2x}\mathrm{d}x$$ $$=4\mathrm{e}^{-2z}\int_0^z\mathrm{d}x=4z\mathrm{e}^{-2z}\ (z>0)$$	时间：4min 先求出两个指数分布和的密度公式，再继续重复这个假设给出直到可以归纳出和的密度公式样本情形. 这个计算过程很枯燥，讲解的速度不能太快，有些结果也可以让学生课下完成

（续）

教学意图	教学内容	教学环节设计
	所以 $Z_2 = X_1 + X_2$ 的概率密度为 $$f_{Z_2}(z) = \begin{cases} 4ze^{-2z}, & z > 0 \\ 0, & z \leqslant 0 \end{cases}$$ 重复这一过程，$Z_3 = Z_2 + X_3$，… $$f_{Z_3}(z) = \int_{-\infty}^{+\infty} f_{Z_2}(z-x) \cdot f_{X_3}(x)\mathrm{d}x = \int_0^z 2^2 xe^{-2(z-x)} \cdot 2e^{-2x}\mathrm{d}x$$ $$= 2^3 e^{-2z} \int_0^z x\mathrm{d}x = \frac{2^3}{2} \cdot z^2 e^{-2z} \ (z > 0)$$ $$f_{Z_4}(z) = \int_{-\infty}^{+\infty} f_{Z_3}(z-x) \cdot f_{X_4}(x)\mathrm{d}x = \int_0^z \frac{2^3}{2} x^2 e^{-2(z-x)} \cdot 2e^{-2x}\mathrm{d}x$$ $$= \frac{2^4}{2} e^{-2z} \int_0^z x^2 \mathrm{d}x = \frac{2^4}{2 \cdot 3} z^3 e^{-2z} = \frac{2^4}{3!} z^3 e^{-2z} \ (z > 0)$$ 类推并归纳可得 $$f_{Z_{10000}}(z) = \begin{cases} \dfrac{2^{10000}}{9999!} z^{9999} e^{-2z}, & z > 0 \\ 0, & z \leqslant 0 \end{cases}$$ 求 $c\mathrm{min}$，使得总服务时间超过 $c\mathrm{min}$ 的概率小于 1%，即 $$P\{Z > c\} < 0.01 \longrightarrow \left[\frac{c}{90}\right] \text{窗口个数}$$	
应用二　求解 （累计 33min）	• 应用二　求解 利用 MATLAB 软件求解，或通过密度函数表达式计算，下图给出了取不同值时对应的概率取值情况 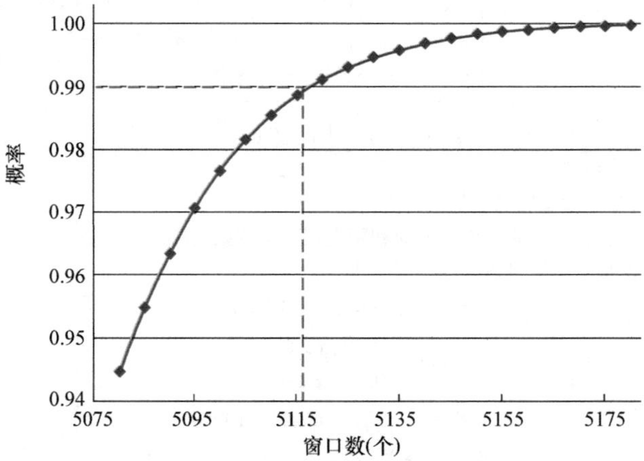 要求满足 $P\{Z_{10000} \leqslant c\} \geqslant 0.99$，由分布函数可知 $$P\{Z_{10000} \leqslant 5117\} \approx 0.99$$ 因此在 99% 的把握情况下，总服务时间要不超过 5117min. 要在 1.5h 内服务完毕，需要窗口 5117/90 $\approx$ 57（个）.	时间：1min 和的密度求出后，就是计算概率. 事实上这个概率不好算，利用 MATLAB 软件计算是比较有效的方法. 同时也提醒学生多掌握一些技能

（续）

教学意图	教学内容	教学环节设计
差的分布计算举例 （累计 34min）	• 应用二　拓展 问题中 Z_i 的分布称为 Γ 分布 $G(n, \lambda)$，Γ 分布随机变量的密度函数为 $$f_{Z_n}(z) = \begin{cases} \dfrac{\lambda^n}{(n-1)!} z^{n-1} \mathrm{e}^{-\lambda z}, & z > 0 \\ 0, & z \leqslant 0 \end{cases}$$ 可以看到，指数分布就是 $n = 1$ 时 Γ 分布的特例. Γ 分布的可加性：若 $X \sim G(s, \lambda)$，$Y \sim G(t, \lambda)$，又 X, Y 相互独立，则 $$X + Y \sim G(s + t, \lambda)$$	时间：1min 本例的目的是运用分布函数法. 难点是计算分布函数时，需要分段计算，画图是最有效的方法
	4. 分布函数法（6min）	
差的分布计算举例 （累计 38min）	• 差的分布举例 设 (X, Y) 的概率密度为 $$f(x, y) = \begin{cases} \dfrac{1}{4}, & 1 < x < 3, 1 < y < 3 \\ 0, & \text{其他} \end{cases}$$ 求 $Z = |X - Y|$ 的密度函数 解：用分布函数法求解得 $$\forall z,\ F_Z(z) = P\{|X - Y| \leqslant z\}$$ $$= \iint\limits_{|x-y|<z} f(x, y)\,\mathrm{d}x\mathrm{d}y$$ $$= \iint\limits_{\substack{|x-y|\leqslant z \\ 1<x<3, 1<y<3}} \frac{1}{4}\,\mathrm{d}x\mathrm{d}y$$ $$= \begin{cases} 0, & z \leqslant 0 \\ \dfrac{1}{4}(4 - (2-z)^2) = 1 - \dfrac{1}{4}(2-z)^2, & 0 < z < 2 \\ 1, & z \geqslant 2 \end{cases}$$ 故 Z 的密度函数为 $$f_Z(z) = F_Z'(z) = \begin{cases} \dfrac{1}{2}(2-z), & 0 < z < 2 \\ 0, & \text{其他} \end{cases}$$	时间：1min 本例的目的是运用分布函数法. 难点是计算分布函数时，需要分段计算，画图是最有效的方法
商的分布计算举例 （累计 43min）	• 商的分布举例 设随机变量 X, Y 相互独立，且均服从均匀分布 $U(0, 1)$，求 $\dfrac{Y}{X}$ 的密度函数 $f_{\frac{Y}{X}}(z)$ 解：用分布函数法求解，设 (X, Y) 的概率密度为 $$f(x, y) = \begin{cases} 1, & 0 < x < 1, 0 < y < 1 \\ 0, & \text{其他} \end{cases}$$	时间：5min 本例的目的同样是运用分布函数法. 难点是计算分布函数时，需要分段计算，画图是最有效的方法

（续）

教学意图	教学内容	教学环节设计
	由分布函数定义得 $$\forall z,\ F_{Y/X}(z) = P\left\{\frac{Y}{X} \leq z\right\}$$ $$= \iint\limits_{\frac{Y}{X}<z} f(x,y)\mathrm{d}x\mathrm{d}y$$ $$= \iint\limits_{\{\frac{Y}{X}<z\}\cap D} \mathrm{d}x\mathrm{d}y$$ $$= \begin{cases} \dfrac{z}{2}, & 0 < z \leq 1 \\ 1 - \dfrac{1}{2z}, & z > 1 \\ 0, & z \leq 0 \end{cases}$$ 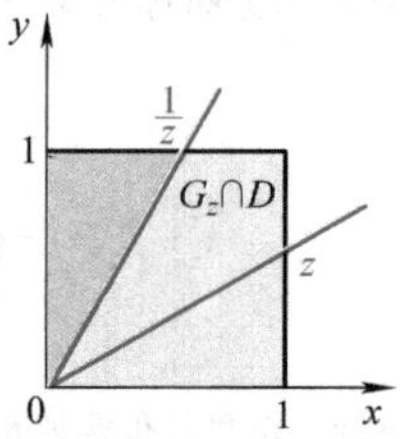 故 Z 的密度函数为 $$f_{\frac{Y}{X}}(z) = F'_{\frac{Y}{X}}(z) = \begin{cases} \dfrac{1}{2}, & 0 < z \leq 1 \\ \dfrac{1}{2z^2}, & z > 1 \\ 0, & z \leq 0 \end{cases}$$	

5. 小结与思考拓展（2min）		
小结、设问来加深学生对本节内容的印象，并引导学生对下节课要解决的问题进行思考（累计45min）	• 小结 1）给出了离散型二维随机变量函数的分布解法； 2）给出了卷积公式，讨论了一些分布的可加性； 3）重点介绍了连续型情形下的分布函数法； 4）给出了一些实际应用问题	时间：1min 根据本节讲授内容，做简单小结
	• 思考拓展 1）在库存准备问题中，以90%，95%还是99%的把握来进行库存准备更合理呢？ 2）实际调查本校食堂窗口规划是否与计算结果相符？ 3）查阅文献，卷积公式在其他学科中的应用 4）正态分布的可加性与再生性	时间：1min 根据本节讲授内容，给出一些思考拓展的问题
	• 作业布置 习题三A：1~6，20	要求学生课后认真完成作业

六、教学评价

本单元的教学设计符合理工科二年级学生的认知规律和实际水平．由于在教学设计中，充分意识到二维随机变量函数分布的重要性与普遍性，所以在问题的引入、概念的讲解、实例的选择，都花费了不少心思、时间和精力，特别是采用了与学生生活结合紧密的快餐店库存准备问题和食堂窗口规划问题，都是学生平时经常接触和熟悉的问题，让概率变得生动有趣，并富有启发意义．通过对实例的分析，帮助学生更好地理解理论知识，同时培养学生自觉主动地用课堂上学到的方法去分析实际生活中遇到的情况，通过启发引导学生改变基本模型中的条件来完善模型，真正做到学以致用．

第 4 章

随机变量的数字特征

4.1 数学期望

一、教学目的

在系统学习了随机变量及其分布的基础上，进一步学习随机变量重要的数字特征之一：数学期望. 使学生深刻了解与理解随机变量的数学期望产生的背景和意义. 掌握数学期望的性质，会利用定义及有关性质计算随机变量具体分布的数学期望. 熟练掌握常见的几种随机变量分布的数学期望. 通过大量实例应用引导学生在深刻理解数学期望的基础上，学会分析实际问题中内含的数学期望，从而培养学生能够自觉地用概率的思想去分析问题和解决问题的能力.

二、教学思想

研究随机变量的数字特征是概率论的重要任务之一，而数学期望是随机变量最重要的一个数字特征，其本质是随机变量的取值按概率所做的加权平均值. 数学期望产生于概率论发展的早期，它是简单算术平均的推广. 由于数学期望在众多领域中都有着广泛的应用，并且在后续课程——统计学中，也起着非常重要的作用，因此掌握好数学期望对本课程的学习有着重要的意义. 所以在教学中，通过问题的提出、概念的讲解、例题的设置等多个环节，让学生充分认识到数学期望的重要性和应用的广泛性，并学会用数学期望解决一些实际问题.

三、教学分析

1. 教学内容

1）数学期望的定义.

2）几种常见随机变量分布的数学期望.

3）随机变量函数的数学期望.

4）数学期望的性质.

5）均值 - 方差模型，拓展学生的思路.

2. 教学重点

1）理解数学期望的概念，掌握数学期望的计算公式.

2）掌握数学期望的性质.

3. 教学难点

1）如何理解离散型随机变量数学期望的概念？

2）如何理解连续型随机变量数学期望的概念？

3）如何将血液检测分组、电梯停留等问题转化为随机变量函数的数学期望问题？

4. 对重点、难点的处理

1）关键在于帮助学生建立现实—数学—现实的思想方法：概率论与数理统计不同于其他数学课程，它有着广泛的应用背景．现实生活中有大量的实际问题都可以应用于课堂，帮助学生直观地了解数学概念产生的背景、意义．为此，首先通过平均年龄问题，将学生熟悉的算术平均值延伸扩展到加权平均值，并推广到一般，就可以直观地得到离散型随机变量的数学期望．进而，将离散型扩展到连续型，无穷和扩展到积分就可以得到连续型随机变量的数学期望．数学期望不能只停留在数学层面，还要回到现实层面，即需要引导学生利用所学知识解决实际问题．通过对血液检测分组问题及电梯停留问题的讨论，将实际问题抽象上升到数学问题，再用数学的方法分析、把握、计算、解决实际问题，使得学生不仅对概念本身有了更深刻的理解，而且也培养了他们学以致用的能力．

2）加强课堂互动，引导学生回顾以前所学的知识，帮助学生理解离散型随机变量数学期望无穷级数和的定义．无穷和一定存在吗？通过提问、解答、举例使得学生理解绝对收敛条件存在的必要性．

3）离散到连续的推广是一个难点．积分的思想和方法学生很熟悉，于是通过问答式互动，首先将连续无限分割即离散化，对每个小区间类似离散情形，做随机变量取值与概率乘积的近似，然后对所有小区间求和，再利用极限的方法，就将离散情形的数学期望推广到连续情形．这种对比、迁移、转化的方法正是处理数学问题常用的思想方法．

四、教学方法与策略

1. 课堂教学设计思路

1）通过"平均年龄"这个简单而有趣的实例引出离散型随机变量数学期望的概念，再由离散到连续加以推广，得到连续型随机变量数学期望的概念．由浅入深的方法，有利于学生对数学期望这个概念的理解．

2）数学期望性质的记忆口诀：常数的期望是本身；数乘的期望等于期望的数乘；和的期望等于期望的和；相互独立的随机变量乘积的期望等于期望的乘积．

3）对于分组检验问题、电梯停留等实际问题，通过提问互动，引导学生主动参与，明确问题的目标，回溯所学知识要点，拓宽思路，逐步引导学生将实际问题归纳、转化成数学问题，并加以解决．

4）拓展：均值–方差模型是数学期望在投资组合中的一个重要应用，在经济学领域有着划时代的、里程碑式的重要意义．通过这个模型的引入，使学生能够理解概率统计是解决实际问题的重要的数学工具．

5）计算机模拟演示．为了更好地理解数学期望的概念，也是为了达到更好的教学效果，特意把分组检验问题做了仿真试验．一次试验给出 10 个组（每组 10 人）的检验次数模拟情况，计算出 10 个组的检验总次数；计算机共模拟 50 次试验，给出 50 次试验的模拟结果，统计检验次数，并做出 50 次试验中总检验次数的累积平均值，这个平均值与概率理论值非常接近.

2.板书设计

一、定义

1.离散型：$\sum_{i=1}^{\infty} x_i p_i$

2.连续型：$\int_{-\infty}^{+\infty} xf(x)\mathrm{d}x$

二、随机变量函数的数学期望

1.离散型：$E(Y) = E[g(X)] = \sum_{K=1}^{\infty} g(x_k)p_k$

2.连续型：$E(Y) = E[g(X)] = \int_{-\infty}^{+\infty} g(x)f(x)\mathrm{d}x$

配合课件板书区

五、教学安排

1.教学进程框架

根据教学要求和教学计划安排，以教学过程图所示的教学进程进行安排，将各部分教学内容分解为"问题提出""问题定义 / 分析"和"问题求解 / 应用"三部分，始终以问题为导向，以分析为重点，以应用为巩固拓展，引导学生进行学习.

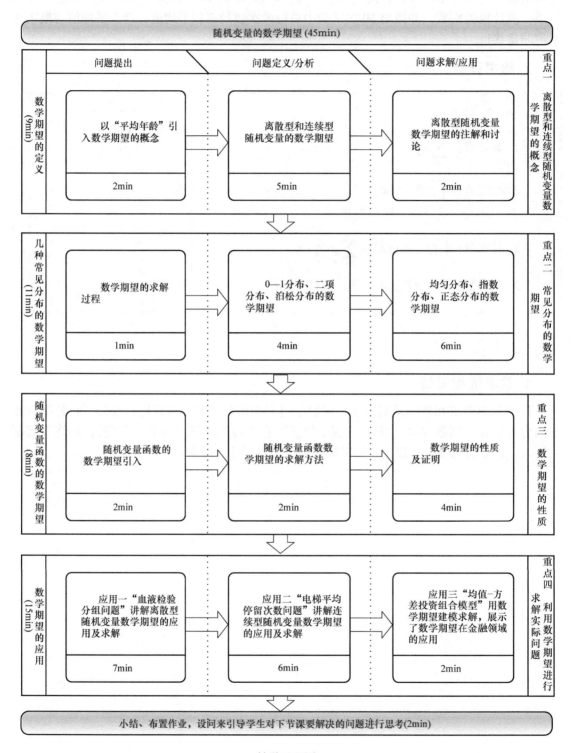

教学过程图

2. 教学进程详细内容

根据教学框架，针对每个知识点进行详细设计，具体内容如下：

教学进程表

教学意图	教学内容	教学环节设计
	1. 数学期望的定义（9min）	
通过实际问题的引入，由简单算术平均推广到加权平均，进而得到数学期望的概念 （累计2min）	• 问题引入平均年龄 平均年龄常用来反映某一人群的代表性年龄水平，对我校某专业20名研究生年龄统计如下： 	年龄（岁）	20	21	22	23	24
---	---	---	---	---	---
人数（人）	1	2	8	3	6 | 试求其平均年龄 $$\bar{x}=\frac{20+21+22+23+24}{5}=22 \ \text{✖}（忽略了人数的比重）$$ $$\bar{x}=\frac{20\times1+21\times2+22\times8+23\times3+24\times6}{20}=22.55$$ $$=20\times\frac{1}{20}+21\times\frac{2}{20}+22\times\frac{8}{20}+23\times\frac{3}{20}+24\times\frac{6}{20}$$ 这是依频率的加权平均 | 年龄（岁）	20	21	22	23	24
---	---	---	---	---	---
频率	$\frac{1}{20}$	$\frac{2}{20}$	$\frac{8}{20}$	$\frac{3}{20}$	$\frac{6}{20}$		时间：2min 提问：如何计算平均年龄? 通过提问，增加学生的好奇心
分析引入数学期望的概念 （累计3min）	• 引入数学期望的概念 一般地，对于给定的一组数值 $x_1, x_2, \cdots, x_n$，在 m 次观测中出现的频率为 $f_1, f_2, \cdots, f_n$，其平均值为 $$\bar{x}=x_1f_1+x_2f_2+\cdots+x_nf_n=\sum_{i=1}^{n}x_if_i$$ 当观测次数 m 充分大时，频率 f_i 在一定意义下稳定于概率 p_i，于是 $$\bar{x}=\sum_{i=1}^{n}x_ip_i \quad\text{——数学期望}$$	时间：1min 归纳：依频率的加权平均拓展为依概率的加权平均
要求学生掌握离散型随机变量数学期望的定义 （累计4min）	• 离散型随机变量数学期望的定义 设 X 是离散型随机变量，它的分布律为 $$P\{X=x_k\}=p_k, \qquad k=1,2,\cdots$$ 如果级数 $\sum_{k=1}^{\infty}x_kp_k$ 绝对收敛，那么称此级数的和为随机变量 X 的数学期望，记为 $$E(X)=\sum_{k=1}^{\infty}x_kp_k$$	时间：1min 由引例归纳推广：给出离散型随机变量数学期望无穷级数和的定义

（续）

教学意图	教学内容	教学环节设计
通过对定义的注释说明，使得学生更好地理解随机变量的数学期望（累计 7min）	• **定义说明** 1. 绝对收敛的意义 $\sum\limits_{k=1}^{\infty} x_k p_k$ 绝对收敛——$\sum\limits_{k=1}^{\infty} x_k p_k$ 与 $\sum\limits_{k=1}^{\infty} \|x_k\| p_k$ 均收敛； $\sum\limits_{k=1}^{\infty} x_k p_k$ 条件收敛——$\sum\limits_{k=1}^{\infty} x_k p_k$ 收敛且 $\sum\limits_{k=1}^{\infty} \|x_k\| p_k$ 发散 绝对收敛级数改变项的次序后得到的新级数仍绝对收敛，并且级数的和不变 条件收敛级数适当改变项的次序后，可以收敛到任意事先指定的数，也可以发散到无穷大 2. 若 $\sum\limits_{k=1}^{\infty} x_k p_k$ 不绝对收敛，则称 $E(X)$ 不存在 例如，设离散型随机变量 X 的分布律为 $$P\{X=(-1)^k \frac{2^k}{k}\}=\frac{1}{2^k}, \ k=1,2,\cdots$$ 因为 $\sum\limits_{k=1}^{\infty} \|x_k\| p_k = \sum\limits_{k=1}^{\infty} \frac{1}{k}=\infty$ ⌐ 调和级数发散 所以级数 $\sum\limits_{k=1}^{\infty} x_k p_k$ 非绝对收敛，故 X 的数学期望不存在 3. $E(X)$ 存在时是一个实数 随机变量的数学期望存在时，它是一个确定的实数. 这个数通常不是随机变量自身的取值 4. 数学期望的意义——统计意义 数学期望反映了随机变量所有取值的中心位置. 当试验次数很大时，得到 X 的大量观察值的平均值接近于其数学期望 $E(X)$	时间：3min **分析解释**：绝对收敛条件的意义. 这是学生最容易忽略和最难理解的地方 举例给出数学期望不存在的个例，进一步强调绝对收敛的条件 强调：数学期望是数字特征，以及它的本质
要求学生掌握连续型随机变量数学期望的定义（累计 9min）	• **连续型随机变量数学期望的定义** 设 X 是连续型随机变量，其概率密度函数为 $f(x)$，如果积分 $\int_{-\infty}^{+\infty} xf(x)dx$ 绝对收敛，则称此积分的值为连续型随机变量 X 的数学期望，记为 $$E(X)=\int_{-\infty}^{+\infty} xf(x)dx$$ 也就是说，连续型随机变量的数学期望是一个绝对收敛的积分	时间：2min **由离散到连续**：连续无限分割，即离散化，对每个小区间求和，取极限，即积分
2. 几种常见分布的数学期望（11min）		
要求学生熟练掌握 3 种离散型随机变量的数学期望（累计 14min）	• **常见分布的数学期望** 1. 0—1 分布 若随机变量 X 只能取 0 与 1 两个值，它的分布律为 $$P\{X=k\}=p^k(1-p)^{(1-k)}, k=0,1,0<p<1$$ 则 $$E(X)=0 \cdot (1-p)+1 \cdot p=p$$ 2. 二项分布 设随机变量 X 服从参数为 (n, p) 的二项分布，即 $X \sim B(n, p)$，它的分布律为 $P\{X=k\}=C_n^k p^k q^{n-k}, \ k=0,1,2,\cdots,n$ 则 $$E(X)=np$$	时间：5min **用定义计算**：离散分布的数学期望

（续）

教学意图	教学内容	教学环节设计
	3. 泊松分布 若随机变量 X 的所有可能取值为 $0，1，2，\cdots$，而它的分布律（它所取值的各个概率）为 $$P\{X=k\}=\frac{\lambda^{k}\mathrm{e}^{-\lambda}}{k!}，\quad k=0,1,2,\cdots$$ 则 $$E(X)=\sum_{k=0}^{\infty}k\cdot\frac{\lambda^{k}}{k!}\mathrm{e}^{-\lambda}=\lambda\mathrm{e}^{-\lambda}\sum_{k=1}^{\infty}\frac{\lambda^{k-1}}{(k-1)!}$$ $$=\lambda\mathrm{e}^{-\lambda}\cdot\mathrm{e}^{\lambda}=\lambda$$ <table><tr><td>分布</td><td>$B(1,p)$</td><td>$B(n,p)$</td><td>$P(\lambda)$</td></tr><tr><td>数学期望</td><td>p</td><td>np</td><td>λ</td></tr></table> 泊松分布图　　　　　　二项分布图 $E(X)=5$　　　　　　　$E(X)=15$	
要求学生熟练掌握 3 种连续型随机变量的数学期望（累计 20min）	**4. 均匀分布** 若连续型随机变量 X 具有概率密度 $f(x)$ 为 $$f(x)=\begin{cases}\dfrac{1}{b-a}，& a<x<b\\[2mm]0，& 其他\end{cases}$$ 则 $$E(X)=\int_{-\infty}^{+\infty}xf(x)\mathrm{d}x=\int_{a}^{b}x\cdot\frac{1}{b-a}\mathrm{d}x$$ $$=\frac{a+b}{2}$$ **5. 指数分布** 若连续型随机变量 X 具有概率密度 $f(x)$ 为 $$f(x)=\begin{cases}\dfrac{1}{\theta}\mathrm{e}^{-\frac{x}{\theta}}，& x>0\\[2mm]0，& 其他\end{cases}，其中 \ \theta>0 \ 为常数$$ 则 $$E(X)=\int_{-\infty}^{+\infty}xf(x)\mathrm{d}x=\int_{0}^{+\infty}x\cdot\frac{1}{\theta}\mathrm{e}^{-\frac{x}{\theta}}\mathrm{d}x$$ $$=\frac{1}{\theta}\int_{0}^{+\infty}x\cdot\mathrm{e}^{-\frac{x}{\theta}}\mathrm{d}x=-\int_{0}^{+\infty}x\cdot\mathrm{d}\mathrm{e}^{-\frac{x}{\theta}}=\theta$$	时间：6min 用定义计算：连续分布的数学期望 均匀分布的数学期望能很好地反映出平均值的意义

（续）

教学意图	教学内容	教学环节设计
	6.正态分布 若随机变量 X 的概率密度为 $$f(x) = \frac{1}{\sigma\sqrt{2\pi}} e^{-\frac{(x-\mu)^2}{2\sigma^2}}, \quad -\infty < x < +\infty$$ 则 $$E(X) = \int_{-\infty}^{+\infty} x f(x)\mathrm{d}x = \int_{-\infty}^{+\infty} x \frac{1}{\sqrt{2\pi}\sigma} e^{-\frac{(x-\mu)^2}{2\sigma^2}} \mathrm{d}x$$ 令 $$y = \frac{x-\mu}{\sigma} \text{代入} = \frac{1}{\sqrt{2\pi}} \int_{-\infty}^{+\infty} (\sigma y + \mu) e^{-\frac{y^2}{2}} \mathrm{d}y$$ $$= \frac{\sigma}{\sqrt{2\pi}} \int_{-\infty}^{+\infty} y e^{-\frac{y^2}{2}} \mathrm{d}y + \frac{\mu}{\sqrt{2\pi}} \int_{-\infty}^{+\infty} e^{-\frac{y^2}{2}} \mathrm{d}y$$ $$= 0 + \frac{\mu}{\sqrt{2\pi}} \sqrt{2\pi} = \mu$$	泊松分布、指数分布、正态分布的数学期望都可以从它们分布记号的参数中直接得到. 说明这个数字特征的重要性

3. 随机变量函数的数学期望（8min）		
使学生了解求随机变量函数的数学期望的依据 （累计22min）	**· 问题的提出** 设已知随机变量 X 的分布，且 $Y = g(X)$，那么应该如何计算 $Y = g(X)$ 的数学期望？ 一种方法是： 因为 $g(X)$ 也是随机变量，故应有概率分布，可由 X 的分布求得，当已知 $g(X)$ 的分布后，就可以计算出 $E(g(X))$ 这种方法的缺点： 使用这种方法必须先求出随机变量函数 $g(X)$ 的分布，而实际中一般其计算是比较复杂的 另一种方法是： 是否可以不先求 $g(X)$ 的分布，而只根据 X 的分布求得 $E(g(X))$？	时间：2min **分析**：两种方法的利弊
要求学生熟练使用该定理计算随机变量函数的数学期望 （累计24min）	**· 定理** 设 Y 是随机变量 X 的函数：$Y = g(X)$（g 是连续函数），则 1）X 是离散型随机变量，它的分布律为 $$p_k = P\{X = x_k\}, \quad k = 1, 2, \cdots$$ 若 $\sum_{k=1}^{\infty} g(x_k) p_k$ 绝对收敛，则有 $$E(Y) = E(g(X)) = \sum_{k=1}^{\infty} g(x_k) p_k$$ 2）X 是连续型随机变量，它的概率密度为 $f(x)$，若 $\int_{-\infty}^{+\infty} g(x) f(x) \mathrm{d}x$ 绝对收敛，则有 $$E(Y) = E(g(X)) = \int_{-\infty}^{+\infty} g(x) f(x) \mathrm{d}x$$ **定理的意义**：可以直接利用原来随机变量的分布，而不必先求随机变量函数的分布	时间：2min **强调**：该定理的意义 该定理可以推广到两个或两个以上随机变量的情形

（续）

教学意图	教学内容	教学环节设计
要求学生熟练掌握数学期望的性质（累计 28min）	• 数学期望的性质 1）设 c 是常数，则 $E(c) = c$； 2）设 c 是常数，X 是随机变量，则 $E(cX) = cE(X)$； 3）X，Y 是两个随机变量，则：$E(X+Y) = E(X) + E(Y)$； 注：这一性质可推广到任意有限个随机变量之和的情形 4）X，Y 是两个相互独立的随机变量，则 $$E(XY) = E(X)E(Y)$$ 注：这一性质可推广到任意有限个相互独立的随机变量之积的情形.	时间：4min 强调：注意 3）4）两条性质的条件

4. 数学期望的应用（15min）

要求学生掌握解决实际问题的步骤（累计 31min）	• 应用一　血液检验分组问题 某地区共有 100 人参加疾病普查，已知每人血液呈阳性的概率是 0.1，现在采用两种方案进行血液化验： 方案一：逐一进行化验； 方案二：每 10 人为一组进行分组化验，问哪一种方案最优？ 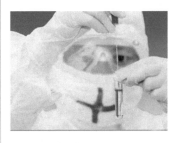 　　解：易知采用第一种方案需化验 100 次，现讨论第二种方案：记随机变量 X 为一组所需的检验次数，X 的可能取值为 1，11，于是有 $$P\{X=1\} = (0.9)^{10},\ P\{X=11\} = 1-(0.9)^{10}$$ 故得 X 的分布律为 | X	1	11
P	0.9^{10}	$1-0.9^{10}$ | 每组所需的平均检验次数为 $E(X) = 1 \times 0.9^{10} + 11 \times (1-0.9^{10})$ 　　　 $\approx 7.51 < 10$ 方案二总检验次数 $$Z = X_1 + X_2 + \cdots + X_{10}$$ 由于 X_i 与 X 同分布，所以 $$E(Z) = E(X_1 + X_2 + \cdots + X_{10}) = 10E(X) = 10 \times 7.51 = 75.1 < 100$$ 结论：方案二优于方案一 	时间：3min 应用：这是离散型分布的实际问题 解题步骤： 1）分析题意； 2）转化为概率问题； 3）正确选择概念及计算公式； 4）经计算得到结果； 5）分析结果得到结论； 6）由特殊到一般拓展结果

工作量减少约25%！

（续）

教学意图	教学内容	教学环节设计
一般性讨论 （累计 32min）	• **每组 10 人是不是最优分组人数呢?** 一般情形分析：若共有 N 人参加疾病普查，每人血液呈阳性的概率是 p. 现采用第二种方案，应该如何分组才能减少工作量? 方案一：共检查 N 次; 方案二：假设一组人数为 k，随机变量 X 为一组所需的检验次数，则 X 的分布律为 | X	1	$k+1$
P	q^k	$1-q^k$ | 每组需平均检验次数为 $$E(X)=1\cdot q^k+(k+1)\cdot(1-q^k)=1+k-kq^k$$ 当 $1+k-kq^k<k$ 时，方案二优于方案一，即满足条件 $$q^k>\frac{1}{k}$$ 计算出方案二总检验平均次数 $$Z=\frac{N}{k}E(X)=\frac{N}{k}[1+k-k(1-p)^k]$$ 求最优分组人数 k^*，即 $\quad Z(k^*)=\min_k Z$ 对不同 p，求解最优分组人数 k	**时间：1min** **一般情况讨论**：利用数学期望，讨论一般情况下，最优分组人数
应用一　总检验次数与分组的关系讨论 （累计 33min）	• **一般问题的图形分析** 	**时间：1min** **解释意义**：解释数学实验中不同的 p 所对应的实际意义 **观察与讲解**：让学生先观察所得数据结果，再讲解

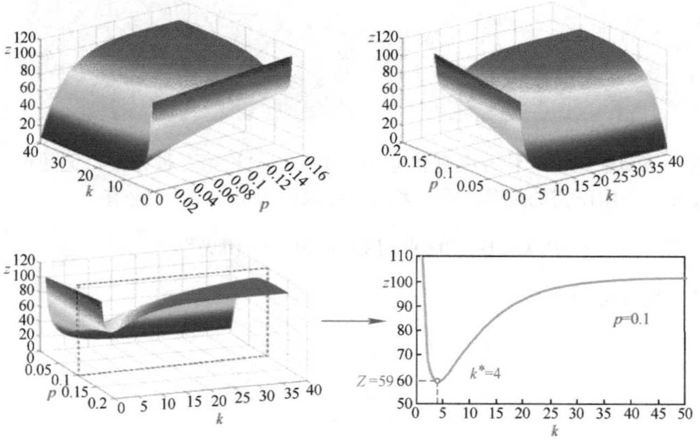

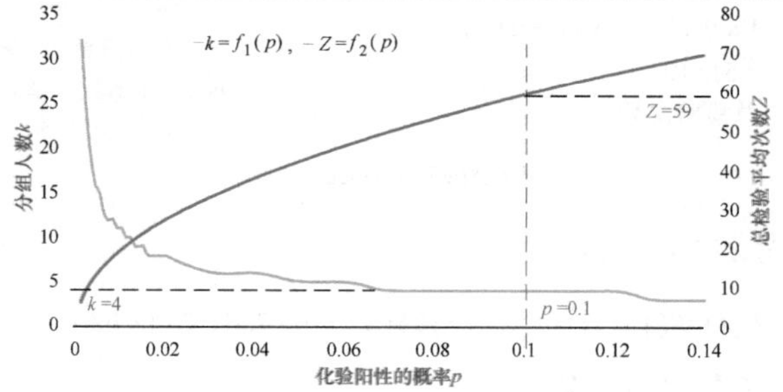

（续）

教学意图	教学内容	教学环节设计
应用一 一般结论 （累计 34min）	• 问题的结论 　检验人数为 100 人，每人血液呈阳性的概率是 0.1，采用分组检验方案，最优分组人数为 4. 这种方案下每组需平均检验次数为 $$E(X) = 1 + k - k(1-p)^k = 1 + 4 - 4(1-0.1)^4 = 2.3756$$ 总检验次数为 $$Z = \frac{N}{k}E(X) = \frac{100}{4} \times 2.3756 \approx 59$$  工作量减少约40%！	时间：1min 解释工作量减少的意义
应用一 计算机模拟演示 （累计 35min）	• 计算机模拟演示 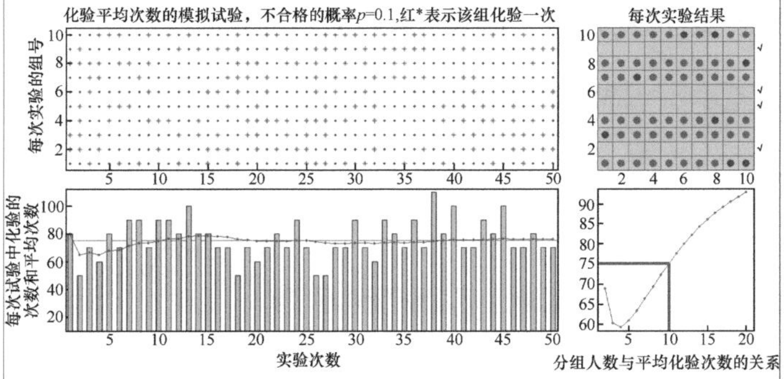 右上图：一次试验的模拟结果 左上图：50 次试验的模拟结果，每一纵列表示一次 10 个组的试验结果，红点表示该组化验一次 左下图：绿条高度表示每次试验的化验总次数，蓝色折线是 50 次试验中总化验次数的累积平均值 右下图：平均总化验次数与分组人数的理论关系图	时间：1min 通过求解实际问题，使学生巩固所学知识 模拟试验：通过模拟试验，让学生直观地看到计算结果，并了解概率论，揭示统计规律性的含义
要求学生掌握解决实际问题的步骤 当用定义比较难求解时，考虑用性质求解比较方便简单 （累计 40min）	• 应用二 电梯平均停留次数问题 　设某建筑物共有 n 层楼，现有 r 个人在一楼进入电梯. 设每位乘客在任一层楼出电梯是等可能的，且每个人是否出电梯是独立的. 现考虑只下不上的情况. 问直到电梯中没有乘客为止，电梯平均停留的次数？ 　问题 1：是否可以用数学期望的定义来求？ 　问题 2：电梯平均停留次数的分布律是否容易求出？ 　分析：记 X 为电梯停留的次数. X_i 为电梯在第 i 层停留的次数，其中 $i = 1, 2, \cdots, n$，则 $X = X_1 + X_2 + \cdots + X_n$，由数学期望的性质： $$E(X) = E(X_1) + E(X_2) + \cdots + E(X_n)$$ 如何计算 $E(X_i)(i=1,2,\cdots,n)$？ 　解：易知　　　$X_i \sim U(0,1), \quad i = 1, 2, \cdots, n$ 可认为每个人等可能地出任一层电梯，故在某层，每个人出电梯的概率均为 $1/n$，若 r 个人都不在某层出电梯，则电梯在该层不停的概率为 $$\left(1 - \frac{1}{n}\right)^r$$	时间：5min 应用：用数学期望的性质来解决一类问题 设计问题：是否可以用数学期望的定义来求？

（续）

教学意图	教学内容	教学环节设计
	故 $$X_i \sim \begin{pmatrix} 0 & 1 \\ (1-\frac{1}{n})^r & 1-(1-\frac{1}{n})^r \end{pmatrix}$$ 所以 $$E(X_i)=1-(1-\frac{1}{n})^r, \ i=1,2,\cdots,n$$ 利用数学期望的性质得 $$E(X)=E(X_1)+E(X_2)+\cdots+E(X_n)=n\left[1-(1-\frac{1}{n})^r\right], \ n=20$$	
为了更好地理解数学期望的概念，也为了达到更好的教学效果，对本问题做了仿真试验. 计算机共给出 50 次试验的模拟结果，并给出电梯停留次数的累积平均值，这个平均值与概率理论值非常接近（累计 41min）	• 电梯平均停留次数问题模拟 例如，取 $n=20$，$r=10$，计算得 $p=0.401$，$E(X)=0.802$ 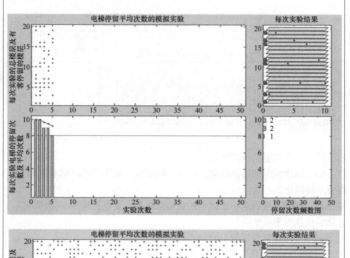 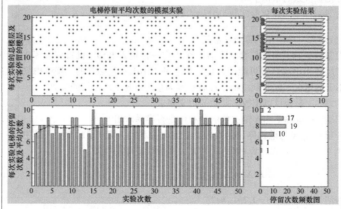 计算可得 50 次模拟电梯共停留 $$5\times1+6\times1+7\times10+8\times19+9\times17+10\times2=406$$ 50 次模拟的电梯平均停留次数为 $\dfrac{406}{50}=8.12$ 问题与思考：如何看待模拟结果？	时间：1min

（续）

教学意图	教学内容	教学环节设计
拓展学生的思路，拓宽知识面，增加学习兴趣（累计 43min）	• 应用三　均值 – 方差投资组合模型 设　R —— 投资 n 只股票年收益率， 　　　R_i —— 第 i 只股票每股年收益率， 　　　s_i —— 投资比例系数. 问：投资者在一定风险条件下使得收益最大？ 建立均值 – 方差模型： 马科维茨 （1990 年获诺贝尔经济学奖） $$\max E(R) = E\left(\sum_{i=1}^{n} s_i R_i\right)$$ $$\text{s.t.}\begin{cases} D(R) = D\left(\sum_{i=1}^{n} s_i R_i\right) \leqslant \sigma_0{}^2 \\ \sum_{i=1}^{n} s_i = 1 \end{cases}$$	时间：2min 建模：建立并理解数学模型 介绍马科维茨获诺贝尔奖的重要贡献
	5. 小结与思考拓展（2min）	
小结、设问来加深学生对本节内容的印象，并引导学生对下节课要解决的问题进行思考（累计 45min）	• 小结 1）随机变量的数学期望的概念； 2）随机变量的数学期望的性质； 3）应用：运用数学期望解决实际问题； 4）拓展：均值 – 方差投资组合模型	时间：1min 根据本节讲授内容，做简单小结
	• 思考拓展 1）$N = 1000$，$p = 0.15$ 时，最优分组人数是多少？ 2）根据数学期望的物理意义，若每个元件可靠性不相同，结果有什么变化？ 3）找一个用数学期望解决的实际问题； 4）查找平均值的各种定义与应用实例	时间：1min 根据本节讲授内容，给出一些思考拓展的问题
	• 作业布置 习题四 A：1 ~ 4	要求学生课后认真完成作业

六、教学评价

　　本单元的教学设计符合理工科二年级学生的认知规律和实际水平，由鲜活生动的实例引出问题，板书与 PPT 配合，有目标、有条理并逐步深入地引导学生找到解决问题的方法，并通过动画演示，模拟实验加深学生对数学期望这个抽象概念的直观印象，有助于学生更好地学习和掌握本节课的内容. 同时，通过"血液检验分组""电梯平均停留次数问题"和"投资组合模型"等大量实际问题的解决，巩固学生对基本知识的掌握和利用数学知识建模解决实际问题，提高了学生将实际问题转化为数学问题，进而通过数学手段解决问题的能力，同时也注重培养学生的创新精神和思维能力，基本达到了预期效果.

4.2 方差

一、教学目的

在系统学习了随机变量及其分布的基础上，进一步学习随机变量重要的数字特征之二：方差．使学生深刻了解与理解随机变量的方差所产生的背景和意义．掌握方差的性质，学会利用定义及有关性质计算随机变量具体分布的方差．熟练掌握常见几种随机变量分布的方差．通过实例应用引导学生在深刻理解方差的基础上，会分析和求解实际问题中内含的方差问题，从而培养学生能够自觉地用概率的思想去分析问题和解决问题的能力．

二、教学思想

在概率论和统计学中，一个随机变量的方差描述的是它取值的离散程度，也就是该变量离其期望值的距离．一个随机变量的方差也称为它的二阶中心矩．方差是衡量数据波动大小的一个重要指标．当数据分布比较分散（即数据在平均数附近波动较大）时，各个数据与平均数的差的平方和较大，方差就较大．当数据分布比较集中时，各个数据与平均数的差的平方和较小．因此方差越大，数据的波动越大；方差越小，数据的波动就越小．在许多实际问题中，研究随机变量和均值之间的偏离程度有着重要意义．又由于方差在众多领域中的广泛应用，所以在教学中，通过问题的提出、概念的讲解、例题的设置等多个环节，让学生充分认识到方差的重要性和应用的广泛性，并学会用方差解决一些实际问题．

三、教学内容

1. 教学内容

1）方差的定义．

2）矩的定义．

3）几种常见随机变量分布的方差．

4）方差的性质．

5）切比雪夫不等式．

6）实际应用问题举例．

2. 教学重点

1）理解方差的概念，掌握方差的计算公式．

2）熟练掌握方差的性质，掌握切比雪夫不等式．

3）方差在实际问题中的应用．

3. 教学难点

1）如何理解矩的概念．

2）如何理解切比雪夫不等式的意义？

3）如何将实际问题转化为随机变量函数的方差问题．

4. 对重点、难点的处理

1）通过"仪仗队的整齐性"问题引入，增加学生的好奇心，激发学生对学习方差课程内容的兴趣，快速进入教学的正常状态．同时也在三尺数学讲台上展示我国仪仗队的威武，适时进行爱国主义教育．

2）通过"仪仗队的整齐性"这个鲜活的实例自然引出了随机变量方差的概念，这样的引入使学生少了陌生感，再结合提问："现在我们这个教室的学生身高状况应该如何估计呢"，从身边的现象出发，可以很好地促进学生对随机变量方差概念的理解．

3）结合数学期望课程教学中已学习的离散型随机变量与连续型随机变量常用的六个分布，用方差的计算公式给出了学生必须掌握的六个常用随机变量分布的方差．

4）考虑到方差性质的应用，在概念上强调矩与数学期望、方差之间的关系，提高学生从特殊到一般的抽象能力，在计算和证明题的练习中强调应用方差性质时的灵活性，提高学生解题的效率与应用能力．

5）通过应用案例引出切比雪夫不等式，进而对其进行证明，使用计算机模拟手段，增加内容的直观理解，进而通过典型例题讲解，帮助学生掌握切比雪夫不等式的意义和应用．

四、教学方法与策略

1. 课堂教学设计思路

1）通过"仪仗队的整齐性"这个引例，让学生很容易观察出两支队伍身高差异是导致不整齐的原因，很自然地引出了方差的概念，这种将抽象概念具体化的思想容易使学生接受．

2）当求解几种常见分布的方差时，先引导学生回忆几种常见分布的数学期望，这样既可以简化计算，也可以复习已学内容．

3）在方差性质的证明中，除了利用求方差的一般公式之外，还利用到了方差的定义．证明方法的多样性，更能增强学生对方差概念的理解，提高学生解题的效率与应用能力．

2. 板书设计

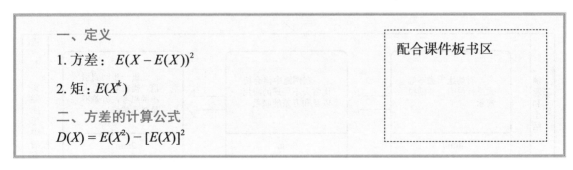

五、教学安排

1. 教学进程框架

根据教学要求和教学计划安排，以教学过程图所示的教学进程进行安排，将各部分教

181

学内容分解为"问题提出""问题定义 / 分析"和"问题求解 / 应用"三部分，始终以问题为导向，以分析为重点，以应用为巩固拓展，引导学生进行学习．

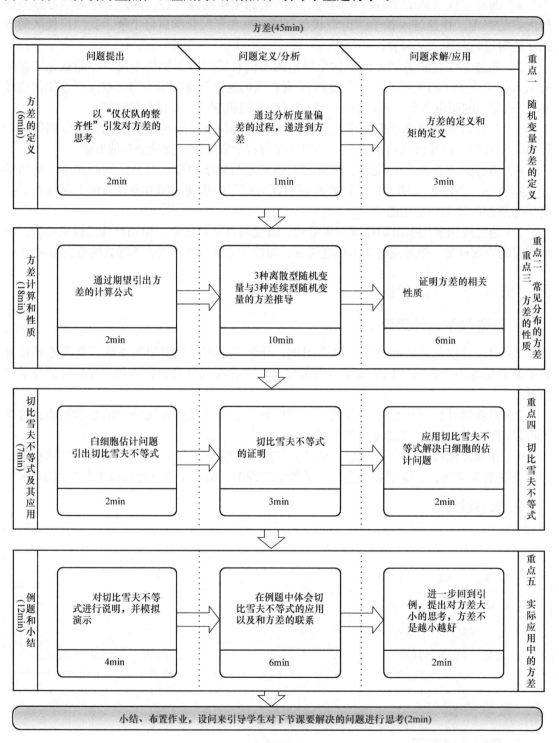

教学过程图

2. 教学进程详细内容

根据教学框架，针对每个知识点进行详细设计，具体内容如下：

教学进程表

教学意图	教学内容	教学环节设计
	1. 方差的定义（6min）	
通过引例，使学生从直观上得到方差的定义和含义（累计 3min）	• 问题引入 引例仪仗队的整齐性  　设士兵的身高为 X cm 　$E(X)$　　X 　平均身高 185cm　186cm 　观察国内外仪仗队的整齐性，可以发现，国内仪仗队的身高基本一致，相差毫厘，而国外仪仗队的身高参差不齐，所以国内仪仗队更整齐划一 　问题：如何从数学的角度描述度量仪仗队的"整齐性"？ 　分析：仪仗队队员的身高显然是随机变量，设为 X；则他们的平均身高为 $E(X)$；每个队员的身高 X 与平均身高 $E(X)$ 的差 $X-E(X)$ 可正可负，因此取偏差为 $\lvert X-E(X)\rvert$；则仪仗队身高的平均偏差为 $E\lvert X-E(X)\rvert$；显然平均偏差越小，仪仗队整齐性就越高．但由于绝对值计算不方便，所以用平方代替绝对值，就得到了 $E(X-E(X))^2$，这就是方差的概念 　结论：显然，方差越小，仪仗队整齐性越高	时间：3min 提问：如何描述仪仗队的"整齐性"？ 　通过提问，增加学生的好奇心 　分析度量偏差的过程，从差、绝对值到差的平方，这些是怎样递进为最后的定义
要求学生掌握方差的定义和意义（累计 6min）	• 方差的定义 　设 X 为随机变量，若 $E(X-E(X))^2$ 存在，则称它为随机变量 X 的方差，记为 $D(X)$．即 $$D(X)=E(X-E(X))^2$$ 　称 $\sqrt{D(X)}$ 为随机变量 X 的标准差或均方差． 　若 X 为离散型随机变量，其分布律为 $$P\{X=x_k\}=p_k,\qquad k=1,2,\cdots$$ 　则有　　　$$D(X)=\sum_{k=1}^{\infty}(x_k-E(X))^2 p_k$$ 　若 X 为连续型随机变量，其概率密度为 $f(x)$，则有 $$D(X)=\int_{-\infty}^{+\infty}(x-E(X))^2 f(x)\mathrm{d}x$$ 　注释： 　1）$D(X)$ 是个（实）数，本质上体现了 X 围绕着"平均值"的偏离程度，故它是衡量 X 取值分散程度的一个标志； 　2）$D(X)$ 越小，说明 X 取值越集中．反之，$D(X)$ 越大，X 取值越分散； 　3）方差的思考：方差是不是越小越好呢？ • 矩的定义 　设 X 为随机变量，若 $E(X^k)$ 存在（k 为正整数），则称它为随机变量 X 的 k 阶矩，记为 μ_k，即 $$\mu_k=E(X^k)$$	时间：3min 强调方差含义：强调方差是反映随机变量取值分散程度的一个指标 提问：数学期望是矩吗？

（续）

教学意图	教学内容	教学环节设计
	2.方差的计算和性质（18min）	
要求学生熟练掌握方差的计算公式（累计8min）	· **方差的计算公式** $$D(X) = E(X^2) - [E(X)]^2$$ 证明： $$\begin{aligned} D(X) &= E[X - E(X)]^2 \\ &= E[X^2 - 2XE(X) + (E(X))^2] \\ &= E(X^2) - E[2XE(X)] + E[(E(X))^2] \\ &= E(X^2) - 2E(X)E(X) + [E(X)]^2 \\ &= E(X^2) - [E(X)]^2 \end{aligned}$$ 可见，随机变量的二阶矩减去其一阶矩的平方，就是该随机变量的方差	时间：2min 板书推导：帮助学生复习数学期望的性质
要求学生熟练掌握3种离散型随机变量与3种连续型随机变量的方差（累计12min）	· **常见分布的方差（离散型）** 1）0—1分布 若随机变量 X 只能取0与1两个值，它的分布律为 $$P\{X=k\} = p^k(1-p)^{(1-k)}, \quad k=0,1; \quad 0<p<1$$ 则 $$E(X) = p, \quad E(X^2) = 0^2 \cdot (1-p) + 1^2 \cdot p = p,$$ $$D(X) = E(X^2) - [E(X)]^2 = p(1-p)$$ 2）二项分布 设随机变量 X 服从参数（n，p）的二项分布，即 $X \sim B(n,p)$，它的分布律为 $$P\{X=k\} = C_n^k p^k q^{n-k}, \quad k=0,1,2,\cdots,n$$ 则 $$E(X) = np, \quad D(X) = np(1-p)$$ 3）泊松分布 若随机变量 X 的所有可能取值为0，1，2，$\cdots$，而它的分布律（它所取值的各个概率）为 $$P\{X=k\} = \frac{\lambda^k e^{-\lambda}}{k!}, \quad k=0,1,2,\cdots$$ 则 $$E(X) = \lambda, \quad D(X) = \lambda$$	时间：4min 巩固：帮助学生巩固方差的计算 三个离散型随机变量方差的计算，重点讲一个即可

（续）

教学意图	教学内容	教学环节设计
均匀分布的方差 （累计 14min）	• 常见分布的方差（连续型） 4）均匀分布 若连续型随机变量 X 具有概率密度 $f(x)$ 为 $$f(x) = \begin{cases} \dfrac{1}{b-a}, & a < x < b \\ 0, & \text{其他} \end{cases}$$ 则 $$E(X) = \dfrac{a+b}{2}$$ $$D(X) = E(X^2) - \left[E(X)\right]^2$$ $$= \int_a^b x^2 \cdot \dfrac{1}{b-a}\,\mathrm{d}x - \left(\dfrac{a+b}{2}\right)^2 = \dfrac{(b-a)^2}{12}$$ 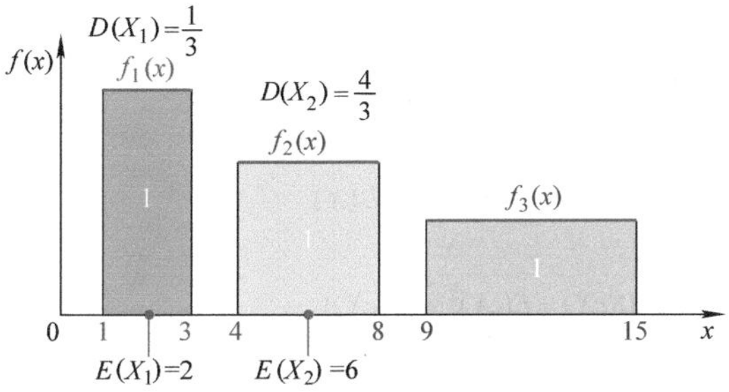 	时间：2min 均匀分布的方差很好地反映出偏离程度的意义 从图形可以看出，方差越大，图形越平缓
连续型随机变量的方差 （累计 17min）	• 常见分布的方差（连续型） 5）指数分布 若连续型随机变量 X 具有概率密度 $f(x)$ 为 $$f(x) = \begin{cases} \dfrac{1}{\theta}\,\mathrm{e}^{-\frac{x}{\theta}}, & x > 0, \\ 0, & \text{其他} \end{cases} \quad \text{其中 } \theta > 0 \text{ 为常数}$$ 则 $$E(X) = \theta$$ $$D(X) = E(X^2) - \left[E(X)\right]^2$$ $$= \int_0^{+\infty} x^2 \cdot \dfrac{1}{\theta}\,\mathrm{e}^{-\frac{x}{\theta}}\,\mathrm{d}x - \theta^2 = \theta^2$$ 6）正态分布 若随机变量 X 的概率密度为 $$f(x) = \dfrac{1}{\sigma\sqrt{2\pi}}\,\mathrm{e}^{-\frac{(x-\mu)^2}{2\sigma^2}}, \quad -\infty < x < +\infty$$ 则 $$E(X) = \mu$$ $$D(X) = \int_{-\infty}^{+\infty} (x - E(X))^2 f(x)\,\mathrm{d}x = \sigma^2$$	时间：3min 指数分布和正态分布的方差计算不作为重点讲解，主要讲解一下计算思路

（续）

教学意图	教学内容	教学环节设计
常见分布的数学期望和方差 （累计 18min）	• 常见分布的数学期望和方差	时间：1min 几何分布的数学期望和方差计算过程下节课讲解 要求学生记住这些结果
要求学生熟练掌握方差的性质 （累计 24min）	1）$D(X) = E(X^2) - \left[E(X)\right]^2$ 2）设 c 是常数，则 $D(c) = 0$ ； 证明：$\qquad D(c) = E(c^2) - \left[E(c)\right]^2 = c^2 - c^2 = 0$ 3）设 c 是常数，X 是随机变量，则 $$D(cX) = c^2 D(X)$$ 证明：$\qquad D(cX) = E(cX)^2 - (E(cX))^2$ $$= c^2 \left[E(X^2) - (E(X))^2\right] = c^2 D(X)$$ 4）设 X，Y 是相互独立的随机变量，则 $$D(X+Y) = D(X) + D(Y)$$ 证明：$D(X+Y) = E\left[(X+Y) - E(X+Y)\right]^2$ $$= E\left[(X - E(X)) + (Y - E(Y))\right]^2$$ $$= E\left[X - E(X)\right]^2 + E\left[Y - E(Y)\right]^2 + 2E\left\{\left[X - E(X)\right] + \left[Y - E(Y)\right]\right\}$$ $$= D(X) + D(Y) + 2E\left[X - E(X)\right] \cdot E\left[Y - E(Y)\right]$$ $$= D(X) + D(Y) + 2\left[E(X) - E(X)\right] \cdot \left[E(Y) - E(Y)\right]$$ $$= D(X) + D(Y)$$ 说明：此性质可推广到有限多个独立随机变量之和的情形 5）$D(X) = 0$ 的充要条件是 $\qquad P\{X = E(X)\} = 1$	时间：6min 板书推导：在期望性质的基础上做推导 强调：性质4）成立的条件

（续）

教学意图	教学内容	教学环节设计
	3. 切比雪夫不等式及其应用（7min）	

| 若没有给出随机变量的分布，只给出数学期望和方差等数字特征，如何估算概率？（累计 26min） | • 问题引入
白细胞数估计
已知正常男性成人血液中，每毫升白细胞数平均值是 7300，均方差是 700，试估计每毫升白细胞数在 5200 ～ 9400 之间的概率

问题的难点：不知道 X 的分布，如何计算概率
分析：记 X 为正常男性血液中每毫升白细胞数，欲求 $P\{5200 \leqslant X \leqslant 9400\}$，由题意知 $E(X) = 7300$，$D(X) = 700^2$，于是有
$$P\{5200 \leqslant X \leqslant 9400\} = P\{-2100 \leqslant X - 7300 \leqslant 2100\}$$
$$= P\{|X - E(X)| \leqslant 2100\}$$ | 时间：2min
在没有给出随机变量的分布时，是否可以估算概率？由此引出切比雪夫不等式 |
| 切比雪夫不等式（累计 29min） | • 切比雪夫不等式
设随机变量 X 具有数学期望 $E(X) = \mu$，方差 $D(X) = \sigma^2$。则对任意正数 ε，都有不等式 $P\{|X - E(X)| \geqslant \varepsilon\} \leqslant \dfrac{D(X)}{\varepsilon^2}$ 成立
证明：不妨对连续型随机变量的情况来证明。设 X 的概率密度为 $f(x)$，则不等式右边为
$$\frac{D(X)}{\varepsilon^2} = \frac{1}{\varepsilon^2} E\big((X - E(X))^2\big) = \frac{1}{\varepsilon^2} \int_{-\infty}^{+\infty} (x - E(X))^2 f_X(x)\,\mathrm{d}x$$
下面推断不等式左边的形式：
$$P\{|X - \mu| \geqslant \varepsilon\} = \int_{|x-\mu| \geqslant \varepsilon} f(x)\,\mathrm{d}x$$
被积函数放大 ⤑
$$\leqslant \int_{|x-\mu| \geqslant \varepsilon} \frac{|x - \mu|^2}{\varepsilon^2} f(x)\,\mathrm{d}x$$
积分区间放大 ⤑
$$\leqslant \frac{1}{\varepsilon^2} \int_{-\infty}^{+\infty} (x - \mu)^2 p(x)\,\mathrm{d}x = \frac{1}{\varepsilon^2} D(X)$$
得切比雪夫不等式
$$P\{|X - E(X)| \geqslant \varepsilon\} \leqslant \frac{D(X)}{\varepsilon^2}$$
切比雪夫不等式的等价形式：
$$P\{|X - E(X)| < \varepsilon\} \geqslant 1 - \frac{D(X)}{\varepsilon^2}$$
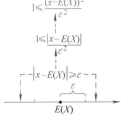 | 时间：3min
证明中强调两次放大。为什么放大？如何放大？ |

（续）

教学意图	教学内容	教学环节设计
对引入问题的求解 （累计 31min）	• 应用　白细胞数估计 已知正常男性成人血液中，每毫升白细胞数平均值是 7300，均方差是 700. 试估计每毫升白细胞数在 5200 ~ 9400 之间的概率 解：记 X 为正常男性血液中每毫升白细胞数，已知 $E(X) = 7300$，$D(X) = 700^2$，欲求 $P\{5200 \leqslant X \leqslant 9400\}$，于是有 $$\begin{aligned} P\{5200 \leqslant X \leqslant 9400\} &= P\{-2100 \leqslant X - 7300 \leqslant 2100\} \\ &= P\{|X - E(X)| \leqslant 2100\} \\ &= 1 - P\{|X - E(X)| > 2100\} \\ &\geqslant 1 - \frac{D(X)}{(2100)^2} = 1 - \left(\frac{700}{2100}\right)^2 \\ &= 1 - \frac{1}{9} = \frac{8}{9} \end{aligned}$$ 即估计每毫升白细胞数在 5200 ~ 9400 之间的概率不小于 8/9	时间：2min 运用切比雪夫不等式，可以非常方便地给出本题的解答

	4. 切比雪夫不等式及方差的补充说明（12min）	
切比雪夫不等式三点说明与计算机模拟 （累计 35min）	• 关于切比雪夫不等式的说明 （1）使用方便 无须知道随机变量 X 的分布，只要知道其数学期望和方差，就可以对事件 $\{|X - E(X)| \geqslant \varepsilon\}$ 发生的概率进行估计 （2）关于误差 不等式证明中由于有两次放大，所以有一定的误差. 例如，设 $X \sim N(0,1)$，事件概率精确值 $P\{|X - 0| \geqslant 1.5\} = 0.1336$，事件概率的上界 $P\{|X - E(X)| \geqslant \varepsilon\}$，可见精确值与上界有一定的误差 下面用计算机模拟演示：$X \sim N(0,1)$，概率 $P\{|X - E(X)| \geqslant \varepsilon\}$ 与上界 $\dfrac{D(X)}{\varepsilon^2}$ 做对比 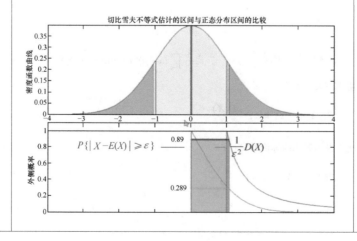	时间：4min 对切比雪夫不等式做三点说明： 1）使用方便是不等式的特色； 2）进一步验证方差的意义； 3）使用方便的代价是精度的损失. 用例子先说明精确值与上界的差异，再用计算机模拟演示，给出上界与精度的直观认识

（续）

教学意图	教学内容	教学环节设计
	（3）方差的意义 　方差是描述随机变量取值与中心位置的敛散程度的一个度量，切比雪夫不等式从概率估计的角度进一步验证了方差的这一特性 对于固定的 $\varepsilon > 0$，$D(X)$ 越小 $\longrightarrow P\{|X - E(X)| \geq \varepsilon\}$ 越小 $\longrightarrow P\{|X - E(X)| < \varepsilon\}$ 越大 $\longrightarrow X$ 取值越集中； 意义：方差刻画了随机变量取值的集中程度	
切比雪夫不等式 的应用 （累计 41min）	·例　切比雪夫不等式 在每次试验中，事件 A 发生的概率为 0.5， （1）利用切比雪夫不等式估计在 1000 次独立试验中，事件 A 发生次数在 $400 \sim 600$ 之间的概率； （2）要使 A 出现概率在 $0.35 \sim 0.65$ 之间的概率不小于 0.95，至少需要多少次重复试验？ 解：（1）设 X 表示 1000 次独立试验中事件 A 发生的次数，则 $X \sim B(1000, 0.5), E(X) = 1000 \times 0.5 = 500, D(X) = 1000 \times 0.5 \times (1 - 0.5) = 250$ 　由切比雪夫不等式得 $$\begin{aligned} P\{400 < X < 600\} &= P\{400 - 500 < X - 500 < 600 - 500\} \\ &= P\{|X - E(X)| < 100\} \\ &\geq 1 - \frac{D(X)}{100^2} \\ &= 1 - \frac{250}{10000} = 0.975 \end{aligned}$$ （2）设需要进行 n 次独立试验，则 $X \sim B(n, 0.5)$，求 n 使得 $$\begin{aligned} P\left\{0.35 < \frac{X}{n} < 0.65\right\} &= P\{0.35n - 0.5n < X - 0.5n < 0.65n - 0.5n\} \\ &= P\{|X - 0.5n| < 0.15n\} \geq 0.95 \end{aligned}$$ 　由切比雪夫不等式 $$P\{|X - 0.5n| < 0.15n\} \geq 1 - \frac{D(X)}{(0.15n)^2} = 1 - \frac{0.25n}{(0.15n)^2}$$ 只要　　　　　　　$1 - \dfrac{1}{0.09n} \geq 0.95, n \geq 222.2$ 故至少做 223 次独立试验	时间：6min 利用切比雪夫不等式解决独立试验的概率估计问题，总结切比雪夫不等式的主要用途

（续）

教学意图	教学内容	教学环节设计
方差的思考 （累计43min）	• **方差大些好还是小些好？** 仪仗队的整齐划一都是因为方差小的原因，不仅是身高，大家看他们的步伐，手握枪的高度，都与平均位置偏差很小，这样才是一支能走出国威军威的队伍.  **学生成绩** 每门课程的考试，成绩的方差是不是越小越好？大家看到，方差为零意味着什么？所有同学的成绩没有差异，也就是大家的分数都一样，这样就没有任何区分度了，也不符合客观实际. 所以在做试卷分析时，都要求方差在一定的范围内，不能太小 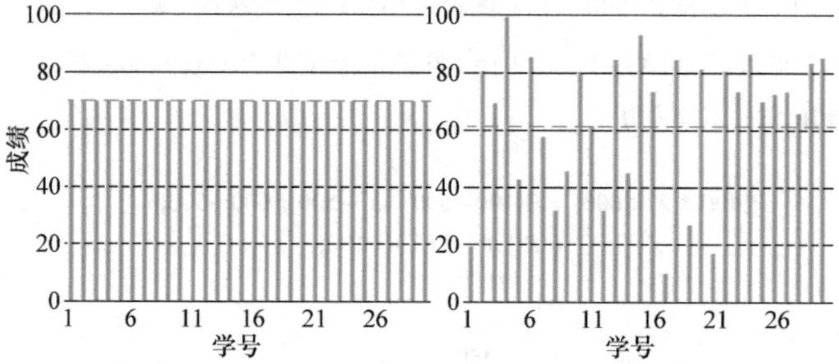 成绩分布图（方差小）　　成绩分布图（方差大）	时间：2min 思考：方差是不是越小越好？ 可以提问，让学生再举出一些例子，说明哪些情况下方差小些好，而哪些情况下，需要有一定的方差
	5. 小结与思考扩展（2min）	
小结、设问来加深学生对本节内容的印象，并引导学生对下节课要解决的问题进行思考 （累计45min）	• **小结** 1）随机变量方差和矩的概念； 2）方差的性质与证明； 3）常见分布的方差； 4）方差的实际应用举例	时间：1min 根据本节讲授内容，做简单小结
	• **思考拓展** 1）根据方差的物理意义，怎样考察质点系的转动惯量？ 2）通过数学实验，计算全班同学身高的方差； 3）利用切比雪夫不等式如何解释生活中的小概率问题	时间：1min 根据本节讲授内容，给出一些拓展的思考问题
	• **作业布置** 习题四 A：2～5	要求学生课后认真完成作业

六、教学评价

本单元的教学设计符合理工科二年级学生的认知规律和实际水平，由仪仗队的整齐性问题引出方差的概念，板书与 PPT 配合，并通过动画演示，加深学生对方差这个抽象概念的直观印象，有条理并逐步深入地引导学生理解方差的概念及其性质，通过"白细胞估计"问题学习了切比雪夫不等式，并通过例题巩固了学生对基本知识的掌握，在解决"白细胞估计"问题中提高学生将实际问题转化为数学问题，进而通过数学手段解决问题的能力，同时也注重培养学生的创新精神和思维能力，基本达到了预期水平.

4.3　协方差与相关系数

一、教学目的

随机变量的数学期望和方差是描述一维随机变量的两个重要的数字特征. 而对于二维随机变量 (X, Y) 来说，除了关心它的各个分量的数学期望和方差外，还要知道这两个分量之间的相互关系，这就要引入描述这两个分量之间相互关系的数字特征——协方差与相关系数. 使学生深刻了解与理解二维随机变量的数字特征所产生的背景和概念，掌握协方差与相关系数的性质，会利用定义及有关性质计算二维随机变量的协方差与相关系数，牢固掌握不相关与相互独立之间的关系. 通过实例应用引导学生在深刻理解协方差与相关系数的基础上，学会分析和求解实际问题中内含的协方差与相关系数问题，从而培养学生能够自觉地用概率的思想去分析问题和解决问题的能力.

二、教学思想

在概率论和统计学中，协方差用于衡量两个变量的总体偏差. 而方差是协方差的一种特殊情况，即当两个变量相同的情况. 研究表明：如果两个变量的变化趋势一致，也就是说如果其中一个变量大于自身的期望值时另外一个变量也大于自身的期望值，那么两个变量之间的协方差就是正值；如果两个变量的变化趋势相反，即其中一个变量大于自身的期望值时另外一个变量却小于自身的期望值，那么两个变量之间的协方差就是负值. 在概率论中，相关系数显示了两个随机变量之间线性关系的强度和方向. 相关系数为零则意味着 X 与 Y 之间不存在线性关系，但这不意味着 X 与 Y 没有任何关系，或许此时还存在着其他关系. 事实上，数学期望、方差及协方差这些数字特征都可以用矩来表示，矩是应用最广泛的一种数字特征，在概率论与数理统计中都有应用.

三、教学分析

1. 教学内容

本次课主要讲授以下内容：
1）协方差的定义及性质.
2）相关系数的定义及性质.
3）不相关与相互独立的关系.
4）结合实际问题进行相关性分析.

2. 教学重点

1）理解协方差与相关系数，掌握协方差与相关系数的计算公式.

2）熟练掌握协方差与相关系数的性质.

3）掌握不相关与相互独立的关系.

3. 教学难点

1）如何理解相关系数的意义.

2）如何理解相互独立与不相关的关系.

3）如何应用协方差与相关系数的概念和计算对实际问题做相关性分析.

4. 对重点、难点的处理

1）通过"国内生产总值与政府卫生支出"的实例引出了协方差的概念，这样的引入增加了学生对学习协方差内容的兴趣，少了抽象感. 激发学生对学习协方差与相关系数课程内容的兴趣，平稳进入教学的正常状态.

2）为了强调协方差与相关系数的概念和计算，在教学中给出了较详细的理论推导步骤和过程，并结合计算机模拟，给出了在不同情况下相关系数的图形及形态，使学生对协方差与相关系数的概念有了直观的认识.

3）相互独立和不相关是两个容易混淆的概念，在教学中，一方面对定义进行对比分析；另一方面举例计算，使学生更好地理解这两个概念的联系与区别，帮助学生排除在学习中产生的困扰.

4）用两个学生身边熟悉的"高数成绩与线性代数成绩的相关性分析"以及"两门课程成绩的相关性分析"的实例，详细讲解对实际问题做相关性分析的过程与步骤. 反复训练以达到学生熟练掌握的目的. 同时也增强了学生举一反三地解决实际问题的能力.

四、教学方法与策略

1. 课堂教学设计思路

1）通过采用瞻前顾后的教学方法引导学生：前两节所学的期望与方差反映的仅是随机变量自身的关系，它们只能描述一维随机变量的数字特征，而未能反映二维随机变量之间的关系，因此通过"国内生产总值与政府卫生支出"的实例引出了协方差的概念，而协方差恰恰是研究两个随机变量相互关系的一个数字特征.

2）分析协方差的缺陷，经标准化后引出相关系数的概念.

3）在相关系数中，通过 MATLAB 软件程序模拟不同情况下相关系数的形态，使学生对抽象概念有了生动直观的认识.

4）"高数成绩与线性代数成绩的相关性分析"是与学生切身相关的问题，也是学生一直感兴趣的一个话题. 将课本概念生活化，既能激发学生学习的兴趣，也能加深对概念的理解.

5）计算机动画演示. 为了更好地理解相关系数，特设计了动画演示，以散点图的方式，把相关系数从 −1 到 1 的变化过程连续地演示一下，让学生可以通过散点图的方式，直观判断一下相关系数的大小．动画演示比较新颖，可以调动学生的学习积极性；调节课堂气氛，收到一个较好的教学效果．教师运用计算机动画演示的手段是课堂设计的一大亮点．

2. 板书设计

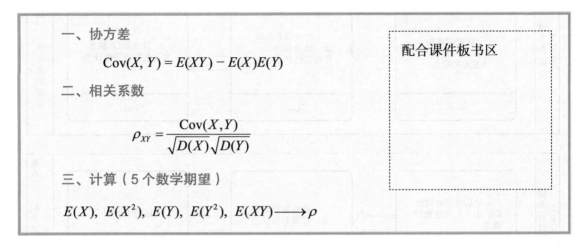

一、协方差

$$Cov(X, Y) = E(XY) - E(X)E(Y)$$

二、相关系数

$$\rho_{XY} = \frac{Cov(X,Y)}{\sqrt{D(X)}\sqrt{D(Y)}}$$

三、计算（5 个数学期望）

$$E(X),\ E(X^2),\ E(Y),\ E(Y^2),\ E(XY) \longrightarrow \rho$$

配合课件板书区

五、教学安排

1. 教学进程框架

根据教学要求和教学计划安排，以教学过程所示的教学进程图进行安排，将各部分教学内容分解为"问题提出""问题定义 / 分析"和"问题求解 / 应用"三部分，始终以问题为导向，以分析为重点，以应用为巩固拓展，引导学生进行学习．

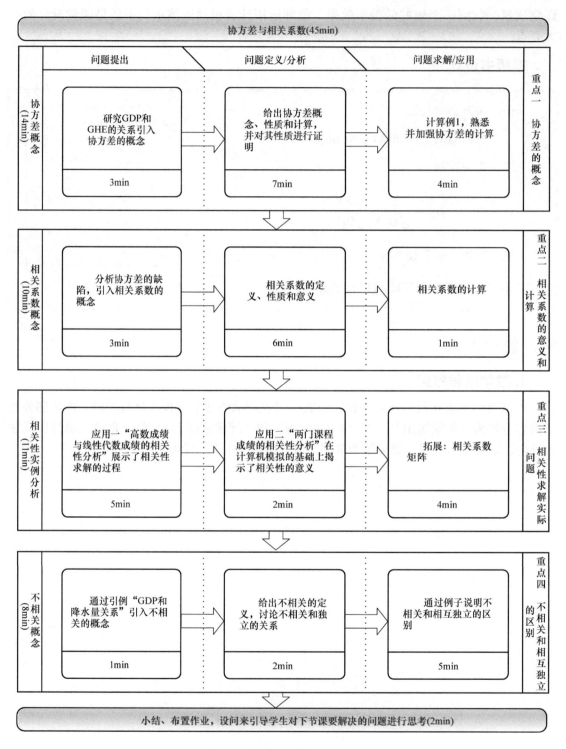

教学过程图

2. 教学进程详细内容

根据教学框架，针对每个知识点进行详细设计，具体内容如下：

教学进程表

教学意图	教学内容	教学环节设计
	1. 协方差概念（14min）	
问题引入 （累计 1min）	• 问题引入 选取 2003—2012 年某国内生产总值（GDP）、政府卫生支出（GHE）数据记录如下： （单位：万亿元） | 年份	2003	2004	2005	2006	2007	2008	2009	2010	2011	2012
---	---	---	---	---	---	---	---	---	---	---
X(GDP)	52	47	40	34	32	27	22	18	16	13
Y(GHE)	0.84	0.75	0.57	0.48	0.36	0.26	0.18	0.16	0.13	0.11 | 现在来研究随机变量 X 与 Y 之间的关系。X——GDP，Y——GHE，(X, Y)——二维随机变量，(X, Y) 的几何意义是平面上的随机点 由散点图可见，10 个样本点在一条直线附近 	时间：1min 提问：如何描述两个随机变量之间的关系？ 从这个例子中直观观察到，两个随机变量间有明显的线性关系 这种线性关系该如何量化呢？
问题分析 （累计 3min）	• 问题分析 如何度量 X，Y 间的近似线性关系呢？ （1）度量各随机点到中心位置的平均偏差 中心位置：$(\bar{x}, \bar{y}) = \left(\dfrac{1}{10} \sum\limits_{i=1}^{10} x_i, \dfrac{1}{10} \sum\limits_{i=1}^{10} y_i \right) = (30.1,\ 0.38)$ 点 (x_i, y_i) 与 $(\bar{x}, \bar{y})$ 偏差：$(x_i - \bar{x})(y_i - \bar{y})$ 平均偏差：$\dfrac{1}{10} \sum\limits_{i=1}^{10} (x_i - \bar{x})(y_i - \bar{y})$	时间：2min 分析：如何数量化两个随机变量之间的关系 首先找到散点图的中心点，然后考虑所有点与中心点的偏差，再考虑偏差的符号是否符合问题的性质

（续）

教学意图	教学内容	教学环节设计
	（2）关于偏差的符号 偏差符号为正　　　　　　偏差符号为负 （3）由平均偏差给出协方差 $$\frac{1}{n}\sum_{i=1}^{n}(x_i-\bar{x})(y_i-\bar{y})$$ $$\mathrm{Cov}(X,Y)=E\big[(X-E(X))(Y-E(Y))\big]$$ 协方差提供了一个描述 X，Y 间线性关系的重要定量指标	
要求学生熟练掌握协方差的定义及计算公式 （累计 6min）	• 协方差的定义 设 (X,Y) 为二维随机变量，若 $$E\big[(X-E(X))(Y-E(Y))\big]$$ 存在，则称其为随机变量 X 与 Y 的协方差，记为 $\mathrm{Cov}(X,Y)$．即 $$\mathrm{Cov}(X,Y)=E\big[(X-E(X))(Y-E(Y))\big]$$ • 协方差的计算公式 $$\mathrm{Cov}(X,Y)=E(XY)-E(X)E(Y)$$ 证明：由协方差的定义及期望的性质，可得 $$\begin{aligned}\mathrm{Cov}(X,Y)&=E\{[X-E(X)][(Y-E(Y)]\}\\&=E(XY)-E(X)E(Y)-E(Y)E(X)+E(X)E(Y)\\&=E(XY)-E(X)E(Y)\end{aligned}$$	时间：3min 强调：协方差的含义 板书推导：在数学期望的基础上进行推导
要求学生熟练掌握协方差的性质． （累计 10min）	• 协方差的性质 1）$\mathrm{Cov}(X,X)=D(X)$ 证明：$\mathrm{Cov}(X,X)=E(X^2)-E(X)E(X)=D(X)$ 2）$\mathrm{Cov}(X,C)=0$（C 为常数） 证明：$\begin{aligned}\mathrm{Cov}(X,C)&=E(CX)-E(X)E(C)\\&=CE(X)-CE(X)=0\end{aligned}$ 3）$\mathrm{Cov}(X,Y)=\mathrm{Cov}(Y,X)$ 证明：$\begin{aligned}\mathrm{Cov}(X,Y)&=E(XY)-E(X)E(Y)\\&=E(YX)-E(Y)E(X)=\mathrm{Cov}(Y,X)\end{aligned}$ 4）$\mathrm{Cov}(aX,bY)=ab\mathrm{Cov}(X,Y)$（$a$，$b$ 为常数） 证明：$\begin{aligned}\mathrm{Cov}(aX,bY)&=E(aX\cdot bY)-E(aX)E(bY)\\&=abE(XY)-abE(X)E(Y)\\&=ab\mathrm{Cov}(X,Y)\end{aligned}$	时间：4min 板书配合证明：证明其中两条性质，其他留作课后作业

（续）

教学意图	教学内容	教学环节设计
	5）$\mathrm{Cov}(X+Y,Z)=\mathrm{Cov}(X,Z)+\mathrm{Cov}(Y,Z)$ 证明：$\mathrm{Cov}(X+Y,Z)=E(XZ+YZ)-E(X+Y)E(Z)$ $\qquad=\left[E(XZ)-E(X)E(Z)\right]+\left[E(YZ)-E(Y)E(Z)\right]$ $\qquad=\mathrm{Cov}(X,Z)+\mathrm{Cov}(Y,Z)$ 6）$D(X+Y)=D(X)+D(Y)+2\mathrm{Cov}(X,Y)$ 证明：$D(X+Y)=E\left[(X+Y)^2\right]-\left[E(X+Y)\right]^2$ $\qquad=E(X^2)+E(Y^2)+2E(XY)-\left[E(X)\right]^2-\left[E(Y)\right]^2-$ $\qquad\ 2E(X)E(Y)$ $\qquad=D(X)+D(Y)+2\mathrm{Cov}(X,Y)$	
要求学生熟练掌握协方差的计算 （累计 14min）	• 协方差的计算 例 1 设二维随机变量（X，Y）的联合分布律为 | X	Y			
---	---	---	---	---
	-1	0	1	$P\{X=x_i\}$
0	0.07	0.18	0.15	0.4
1	0.08	0.32	0.20	0.6
$P\{Y=y_j\}$	0.15	0.50	0.35	| 求：$\mathrm{Cov}(X^2+3,Y^2-5)$ 解：$\mathrm{Cov}(X^2+3,Y^2-5)$ $\quad=\mathrm{Cov}(X^2,Y^2)+\mathrm{Cov}(X^2,-5)+\mathrm{Cov}(3,Y^2)+\mathrm{Cov}(3,-5)$ $\quad=\mathrm{Cov}(X^2,Y^2)=E(X^2Y^2)-E(X^2)E(Y^2)$ $E(X^2)=0^2\times0.4+1^2\times0.6=0.6$ $E(Y^2)=(-1)^2\times0.15+0^2\times0.5+1^2\times0.35=0.5$ $E(X^2Y^2)=\sum\limits_{j=1}^{\infty}\sum\limits_{i=1}^{\infty}x_i^2y_j^2p_{ij}=0^2\times(-1)^2\times0.07+0^2\times0^2\times0.18+0^2\times1^2\times0.15+$ $\qquad 1^2\times(-1)^2\times0.08+1^2\times0^2\times0.32+1^2\times1^2\times0.20=0.28$ $\mathrm{Cov}(X^2+3,Y^2-5)=E(X^2Y^2)-E(X^2)E(Y^2)=-0.02$	时间：4min 计算：通过例题，熟悉、加强协方差的计算
	2. 相关系数概念（10min）	
使学生理解相关系数定义的由来 （累计 17min）	• 问题引入 当一个变量增大，另一个变量也随之增大（或减少），我们称这种现象为共变，或相关（correlation）. 两个变量有共变现象，称为有相关关系 主要探讨线性相关性，即皮尔逊（Pearson）相关系数 问题：如何定义相关系数？ 分析：协方差的大小在一定程度上反映了 X 和 Y 之间的相互关系，但它受 X 与 Y 本身度量单位的影响 $$\mathrm{Cov}(kX,kY)=k^2\mathrm{Cov}(X,Y)$$	时间：3min

（续）

教学意图	教学内容	教学环节设计
	为了克服这一缺点，对协方差进行标准化：记 $$X^* = \frac{X - E(X)}{\sqrt{D(X)}}, \ Y^* = \frac{Y - E(Y)}{\sqrt{D(Y)}}, \sqrt{D(X)} > 0, \sqrt{D(Y)} > 0$$ 有 $$E(X^*) = 0, \ D(X^*) = 1, E(Y^*) = 0, \ D(Y^*) = 1$$ $$\text{Cov}(X^*, Y^*) = E\left[(X^* - E(X)^*)(Y^* - E(Y^*))\right] = E(X^* Y^*)$$ $$= E\left[\frac{X - E(X)}{\sqrt{D(X)}} \cdot \frac{Y - E(Y)}{\sqrt{D(Y)}}\right] = \frac{E[(X - E(X))(Y - E(Y))]}{\sqrt{D(X)}\sqrt{D(Y)}}$$ $$= \frac{\text{Cov}(X, Y)}{\sqrt{D(X)}\sqrt{D(Y)}}$$ 于是引入了相关系数的概念 $$\rho_{XY} = \frac{\text{Cov}(X, Y)}{\sqrt{D(X)} \cdot \sqrt{D(Y)}} = \frac{\text{Cov}(kX, kY)}{\sqrt{D(kX)} \cdot \sqrt{D(kY)}}$$ 它与 X, Y 本身度量单位无关	**观察**：由散点图观察两个随机变量之间的关系 **提问**：用协方差描述相互关系有什么缺陷？ **提问**：如何克服这个缺陷？
要求学生熟练掌握相关系数的定义 （累计 18min）	• 相关系数的定义 设（X, Y）为二维随机变量，称 $$\frac{\text{Cov}(X, Y)}{\sqrt{D(X)} \cdot \sqrt{D(Y)}}, \ D(X) > 0, \ D(Y) > 0$$ 为随机变量 X 与 Y 的相关系数，简记为 ρ_{XY}，即 $$\rho_{XY} = \frac{\text{Cov}(X, Y)}{\sqrt{D(X)}\sqrt{D(Y)}}$$ 可见，相关系数就是标准化后的协方差	时间：1min 注意定义中要求标准差一定不为 0
要求学生熟练掌握相关系数的性质及计算 （累计 20min）	• 相关系数的性质 设随机变量 X, Y 的相关系数为 ρ_{XY}，则有 （1）$\|\rho\| \le 1$； （2）$\|\rho\| = 1$ 的充分必要条件是存在 a, b 使得 $$P\{Y = aX + b\} = 1$$ 证明：（1）记 $X^* = \frac{X - E(X)}{\sqrt{DX}}, \ Y^* = \frac{Y - E(Y)}{\sqrt{DY}}$ $$\rho_{XY} = \frac{\text{Cov}(X, Y)}{\sqrt{D(X)}\sqrt{D(Y)}} = \text{Cov}(X^*, Y^*)$$ $$D(X^* + Y^*) = D(X^*) + (Y^*) + 2\text{Cov}(X^*, Y^*)$$ $$= 1 + 1 + 2\rho_{XY} \le 0$$ 所以 $$\rho_{XY} \ge -1$$ 同理 $\rho_{XY} \le 1$ 原命题得证	时间：2min 强调：相关系数刻画的是两个随机变量之间的线性关系 性质 2 的证明留作思考

（续）

教学意图	教学内容	教学环节设计
要求学生了解相关系数的意义（累计 23min）	• 相关系数的意义 （1）若 $\rho_{XY}=\pm 1$，则 Y 与 X 有严格的线性关系； （2）若 $\rho_{XY}=0$，则 Y 与 X 无线性关系； （3）一般地，有 $0\leqslant\|\rho_{XY}\|\leqslant 1$ 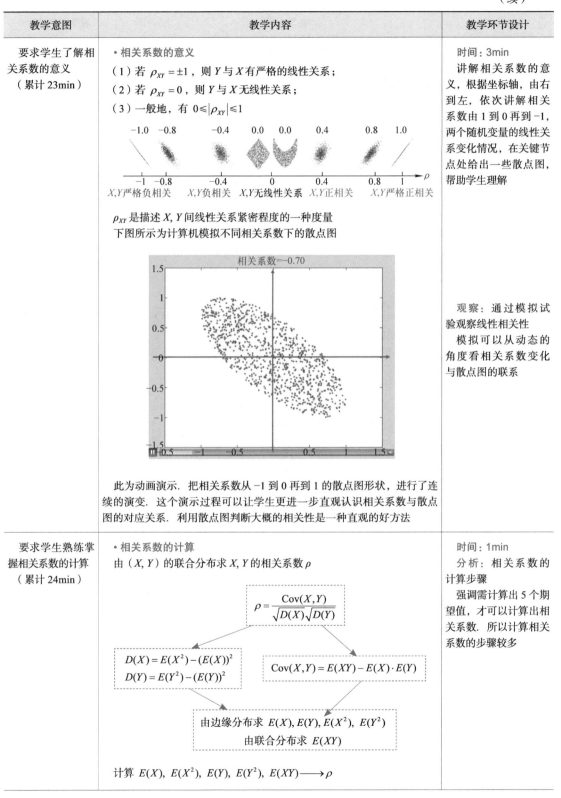 ρ_{XY} 是描述 X，Y 间线性关系紧密程度的一种度量 下图所示为计算机模拟不同相关系数下的散点图 此为动画演示. 把相关系数从 −1 到 0 再到 1 的散点图形状，进行了连续的演变. 这个演示过程可以让学生更进一步直观认识相关系数与散点图的对应关系. 利用散点图判断大概的相关性是一种直观的好方法	时间：3min 讲解相关系数的意义，根据坐标轴，由右到左，依次讲解相关系数由 1 到 0 再到 −1，两个随机变量的线性关系变化情况，在关键节点处给出一些散点图，帮助学生理解 观察：通过模拟试验观察线性相关性 模拟可以从动态的角度看相关系数变化与散点图的联系
要求学生熟练掌握相关系数的计算（累计 24min）	• 相关系数的计算 由 (X,Y) 的联合分布求 X，Y 的相关系数 ρ $$\rho=\frac{\text{Cov}(X,Y)}{\sqrt{D(X)}\sqrt{D(Y)}}$$ $D(X)=E(X^2)-(E(X))^2$ $D(Y)=E(Y^2)-(E(Y))^2$　　　$\text{Cov}(X,Y)=E(XY)-E(X)\cdot E(Y)$ 由边缘分布求 $E(X),E(Y),E(X^2),E(Y^2)$ 由联合分布求 $E(XY)$ 计算 $E(X)$，$E(X^2)$，$E(Y)$，$E(Y^2)$，$E(XY)\longrightarrow\rho$	时间：1min 分析：相关系数的计算步骤 强调需计算出 5 个期望值，才可以计算出相关系数. 所以计算相关系数的步骤较多

（续）

教学意图	教学内容	教学环节设计
	3. 相关性实例分析（11min）	

教学意图	教学内容	教学环节设计
要求学生掌握对实际问题如何进行相关性分析（累计29min）	**· 应用一　高数成绩与线性代数成绩的相关性分析** 我校 2638 名大二学生高等数学和线性代数成绩统计如下所示，求高等数学成绩 X 和线性代数成绩 Y 的相关系数	时间：5min 提问：两门数学课程的成绩会有怎样的关系？能定量描述吗？ 强调：这个例子所涉及的数据来自真实的成绩统计. 这样得到的结果比较有现实意义

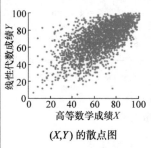

高等数学成绩 X	线性代数成绩 Y				
	1	2	3	4	5
1（0~45分）	0.045	0.033	0.014	0.002	0.001
2（45~59分）	0.046	0.073	0.045	0.008	0.001
3（60~75分）	0.037	0.085	0.103	0.065	0.004
4（75~90分）	0.011	0.036	0.101	0.129	0.027
5（90~100分）	0.002	0.005	0.022	0.063	0.042

（X,Y）的散点图　　　　　　（X,Y）的联合分布律

解：计算

$$E(X),\ E(X^2),\ E(Y),\ E(Y^2),\ E(XY)\longrightarrow \rho=\frac{\mathrm{Cov}(X,Y)}{\sqrt{D(X)}\sqrt{D(Y)}}$$

可以问一个同学，他的高等数学和线性代数两门成绩是否相差不太大

先求 X 和 Y 的边缘分布律：

X	Y					$p_{i\cdot}$
	1	2	3	4	5	
1（0~45分）	0.045	0.033	0.014	0.002	0.001	0.095
2（45~59分）	0.046	0.073	0.045	0.008	0.001	0.173
3（60~75分）	0.037	0.085	0.103	0.065	0.004	0.294
4（75~90分）	0.011	0.036	0.101	0.129	0.027	0.304
5（90~100分）	0.002	0.005	0.022	0.063	0.042	0.134
$p_{\cdot j}$	0.141	0.232	0.285	0.267	0.075	

计算：计算出 5 个期望值，再按公式计算相关系数

$$\longrightarrow E(Y)=\sum_{j=1}^{5}y_j p_{\cdot j}=2.903$$

$$\longrightarrow E(Y^2)=\sum_{j=1}^{5}y_j^2 p_{\cdot j}=9.781$$

$$\Rightarrow D(Y)=E(Y^2)-(E(Y))^2=1.354$$

同理可求得

$$E(X)=3.209,\ E(X^2)=11.647,\ D(X)=1.349$$

$$\begin{aligned}E(XY)&=\sum_{j=1}^{5}\sum_{i=1}^{5}x_i y_j p_{ij}\\&=(1\times1)\times0.045+(1\times2)\times0.033+(1\times3)\times0.014+(1\times4)\times0.002+\cdots+\\&\quad(5\times5)\times0.042\\&=10.13\end{aligned}$$

$$\mathrm{Cov}(X,Y)=E(XY)-E(X)\cdot E(Y)=0.814$$

最后求得
$$\rho=\frac{\mathrm{Cov}(X,Y)}{\sqrt{D(X)}\sqrt{D(Y)}}=0.602$$

思考：相关系数为 0.607 说明什么问题？

这个数是正的，说明是正相关，其次这个数已经很靠近 1 了，说明这两门成绩有一定的相关性

（续）

教学意图	教学内容	教学环节设计
要求学生掌握对实际问题如何进行相关性分析（累计 31min）	• 应用二　两门课程成绩的相关性分析 两门数学课　$\rho=0.68699$　两门英语课　$\rho=0.80179$ 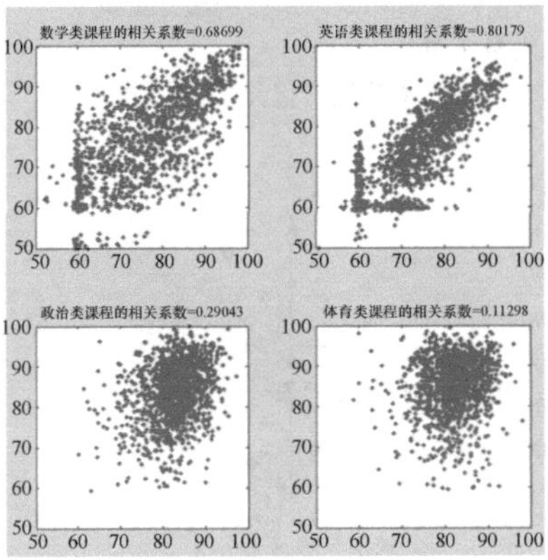 两门政治课　$\rho=0.29043$　两门体育课　$\rho=0.11298$	时间：2min 观察理解：数学软件的运行结果说明什么问题？ 进一步，用同一学科的两门课程成绩，来看一下相关性
（累计 35min）	• 拓展　相关系数矩阵 设 $(x_1,x_2,\cdots,x_n)$ 是一个 n 维随机变量，任意 x_i 与 x_j 的相关系数 $\rho_{ij}\,(i,j=1,2,\cdots,n)$ 存在，则以 ρ_{ij} 为元素的 n 阶矩阵称为该随机向量的相关系数矩阵，记作 $\boldsymbol{R}=(\rho_{ij})_{n\times n}$，其中 $$\rho_{ij}=\frac{\mathrm{Cov}(X_i,X_j)}{\sqrt{D(X_i)}\sqrt{D(X_j)}},\ \mathrm{Cov}(X_i,X_j)=E\left[(X_i-E(X_i))(X_j-E(X_j))\right]$$ 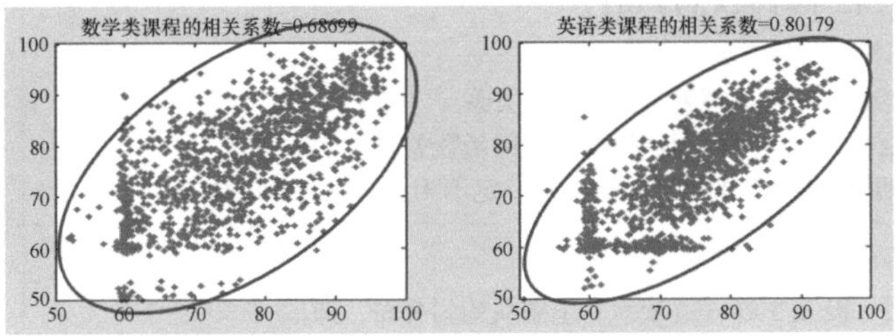 • 当坐标轴和椭圆的长短轴平行，那么代表长轴的变量就描述了数据的主要变化，而代表短轴的变量就描述了数据的次要变化 • 但是，坐标轴通常并不和椭圆的长短轴平行．因此，需要寻找椭圆的长短轴，并进行变换，使得新变量和椭圆的长短轴平行 • 如果长轴变量代表了数据包含的大部分信息，就用该变量代替原先的两个变量（舍去次要的一维），那么降维就完成了 • 椭圆（球）的长短轴相差得越大，降维也越有道理 　主成分分析试图在求数据信息丢失最少的原则下，对这种多变量的截面数据表进行最佳综合简化，也就是说，对高维变量空间进行降维处理．很显然，分析系统在一个低维空间要比在一个高维空间容易得多 　在力求数据信息丢失最少的原则下，对高维的变量空间降维，寻找主成分，即研究指标体系的少数几个线性组合，这些综合指标将尽可能多地保留原来指标变异方面的信息	时间：4min 根据本节讲授内容，给出一些思考拓展的问题

（续）

教学意图	教学内容	教学环节设计
	4. 不相关的概念（8min）	
引例分析 （累计36min）	• 例1　某地区国内生产总值与年降水量的统计结果 X——某地区年降水量（单位：cm） Y——某地区国内生产总值（单位：亿元） 由此散点图可见，位于四个象限的点几乎一样多，估计其相关系数会接近于0．我们把这种情况称为不相关	时间：1min 再看一个散点图，发现落在一、三象限和二、四象限的点差不多，由此关注相关系数为0的情况
要求学生理解不相关与独立的关系 （累计38min）	• 不相关的概念 若两随机变量 X，Y 的相关系数 $\rho = 0$，则称随机变量 X，Y 不相关 • 不相关的判断 设随机变量 X，Y 的相关系数为 ρ，则下面命题等价： 1）X，Y 的不相关，即 $\rho = 0$ 2）$\mathrm{Cov}(X, Y) = 0$ 3）$E(XY) = E(X) \cdot E(Y)$ 4）$D(X + Y) = D(X) + D(Y)$ • 不相关与相互独立 不相关——可以理解为没有线性关系 相互独立——可以理解为没有任何函数关系 若随机变量 X，Y 相互独立，则一定不相关．反之不成立	时间：2min 强调两者区别：不相关是没有线性关系．而独立是没有任何关系
通过实例使学生理解不相关与独立的关系 （累计43min）	• 不相关与相互独立的反例 例2　设 X，Y 在 $x^2 + y^2 \leqslant 1$ 上服从均匀分布，即 $$f(x, y) = \begin{cases} \dfrac{1}{\pi} & x^2 + y^2 \leqslant 1 \\ 0 & x^2 + y^2 > 1 \end{cases}$$ 验证：X 与 Y 是不相关的，但不是相互独立的 证明：X 的边缘概率密度为 $$f_X(x) = \int_{-\infty}^{+\infty} f(x, y)\mathrm{d}y = \int_{-\sqrt{1-x^2}}^{+\sqrt{1-x^2}} \frac{1}{\pi}\mathrm{d}y = \frac{2}{\pi}\sqrt{1-x^2}$$ $$f_X(x) = \begin{cases} \dfrac{2}{\pi}\sqrt{1-x^2}, & |x| \leqslant 1 \\ 0, & |x| > 1 \end{cases}, \quad f_Y(y) = \begin{cases} \dfrac{2}{\pi}\sqrt{1-y^2}, & |y| \leqslant 1 \\ 0, & |y| > 1 \end{cases}$$	时间：5min 举例：直观说明不相关的同时可以不独立

（续）

教学意图	教学内容	教学环节设计
	显然，$f(x,y) \neq f_X(x)f_Y(y)$，所以 X 与 Y 不独立 $E(X) = \int_{-1}^{1} x \frac{2}{\pi} \sqrt{1-x^2}\, \mathrm{d}x = 0$ $E(Y) = \int_{-1}^{1} y \frac{2}{\pi} \sqrt{1-y^2}\, \mathrm{d}y = 0$ $E(XY) = \iint\limits_{x^2+y^2 \leqslant 1} xy \frac{1}{\pi} \mathrm{d}x\mathrm{d}y = \frac{1}{\pi} \int_{-1}^{1} \mathrm{d}x \int_{-\sqrt{1-x^2}}^{\sqrt{1-x^2}} xy\, \mathrm{d}y = 0$ 从而有 $\mathrm{Cov}(X,Y) = E(XY) - E(X)E(Y) = 0$ 于是得 $\rho_{XY} = 0$，故得 X,Y 是不相关的，所以 X 与 Y 不相关，但也不相互独立	
	5. 小结与思考拓展（2min）	
小结、设问来加深学生对本节内容的印象，并引导学生对下节课要解决的问题进行思考（累计 45min）	• 小结 1）协方差的概念、性质及计算； 2）相关系数的概念、性质及计算； 3）不相关与独立的关系； 4）相关系数的应用	时间：1min 根据本节讲授内容，做简单小结
	• 思考拓展 1）证明：不相关就是两个随机变量没有关系吗； 2）思考相关与独立的关系. 3）调查全班同学是否符合成绩与学习时间的相关性分析？ 4）学习文科和理科的相关性分析能给大家带来什么启发？	时间：1min 根据本节讲授内容，给出一些思考拓展的问题
	• 作业布置 习题四 A：20 ~ 23	要求学生课后认真完成作业

六、教学评价

本单元的教学设计符合理工科二年级学生的认知规律和实际水平，由鲜活生动的实例引出问题，板书与 PPT 配合，有目标、有条理并逐步深入地引导学生找到解决问题的方法，并通过动画演示和模拟试验，加深学生对协方差与相关系数这个抽象概念的直观理解，这些都有助于学生更好地学习和掌握本节课的内容. 同时，通过实际问题的解决，又可以"用以促学"，提高学生将实际问题转化为数学问题，进而通过数学手段解决问题的能力，同时也注重培养学生的创新精神和思维能力.

4.4 数字特征的综合应用

一、教学目的

在系统学习了随机变量的数字特征之后，通过复习本节内容使学生深刻理解随机变量数字特征的内容和意义. 熟练掌握期望、方差、协方差及相关系数的定义和计算方式，并通过实例应用引导学生在深刻理解随机变量数字特征的基础上，学会分析和求解实际问题中内含的随机变量数字特征的问题，从而培养学生能够自觉地用概率的思想去分析问题和解决问题的能力.

二、教学思想

在概率论和统计学中，随机变量的数字特征可以通过不同角度反映随机变量的统计性质，在许多实际问题中，研究随机变量的数字特征有着重要意义. 又由于期望、方差、协方差、相关系数在众多领域中的广泛应用，所以在教学中，通过知识点回顾、例题的设置、延伸思考等多个环节，让学生充分认识到数字特征的重要性和应用的广泛性，并学会用随机变量的数字特征解决一些实际问题.

三、教学分析

1. 教学内容

1）期望、方差的基础知识点.
2）协方差、相关系数的基础知识点.
3）方差的应用.
4）数字特征的综合应用.
5）实际应用问题举例.

2. 教学重点

1）理解数字特征的概念，掌握数字特征的计算公式.
2）数字特征在实际问题中的应用分析.

3. 教学难点

1）如何理解最优投资组合的概念.
2）如何将实际问题转化为随机变量函数的方差问题.
3）如何从数字特征的角度全面分析实际问题.

4. 对重点、难点的处理

1）通过对基础知识点的复习回顾，让学生熟记随机变量的数字特征的相关概念和计算方式.

2）在最优投资组合、成品油定价等每一个实际应用问题的讲解中，首先分析这个实际问题是否与方差等数字特征有关，如果有关，那么如何设计随机变量，如何求该问题中内含的随机变量和均值之间的偏离程度，两个随机变量之间的相关关系．反复训练以达到学生熟练掌握的目的，同时也增强了学生举一反三的解决实际问题的能力．

3）在概念上理解各种数字特征之间的关系，提高学生从特殊到一般能力的提升，在练习中强调应用方差等数字特征性质时的灵活性，提高学生解题的效率与应用能力．

四、教学方法与策略

1. 课堂教学设计思路

1）通过回顾方差等数字特征的概念，加深学生对其重点概念的理解和记忆能力，使学生更容易接受之后的习题内容．

2）在数字特征的应用解题中，通过贴合实际的真实问题作为应用例题，更能激发学生的观察和思考能力，提高学生的应用能力．

3）通过托宾的一句名言：“不要将你的鸡蛋全都放在一只篮子里”引出最优投资组合这个概念，既形象又生动．再通过马科维茨提出的理念，体现出方差在资产组合理论中的地位，使学生进一步深刻去体会方差在实际问题中的广泛应用，领略数学的魅力．

4）在成品油定价的分析中加入拓展延伸的部分，增加课堂深度，扩展学生知识面的宽度，为后续学习奠定基础．

2. 板书设计

一、概念回顾 二、例题分析 1. 投资组合 2. 成品油定价 三、知识小结	配合课件板书区

五、教学安排

1. 教学进程框架

根据教学要求和教学计划安排，以教学过程图所示的教学进程进行安排，在复习回顾本章基础知识后，将每个综合问题分解为“问题提出”“问题定义/分析”和“问题求解/应用”三部分，始终以问题为导向，以分析为重点，以应用为巩固拓展，引导学生进行学习．

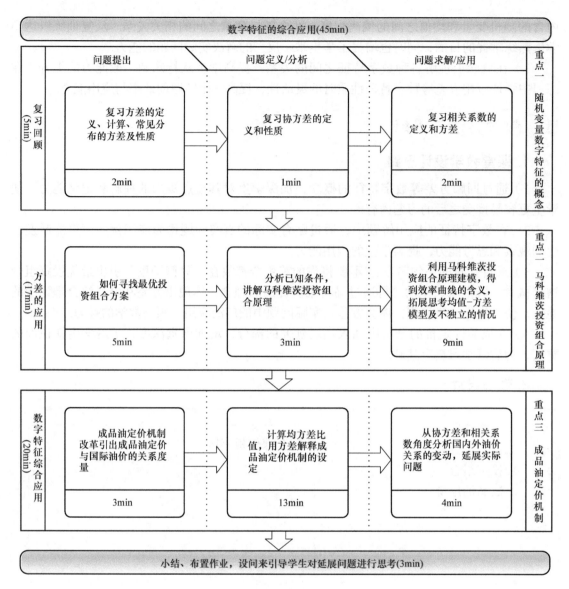

教学过程图

2. 教学进程详细内容

根据教学框架，针对每个知识点进行详细设计，具体内容如下：

教学进程表

教学意图	教学内容	教学环节设计
	1. 复习回顾（5min）	
要求学生掌握方差的相关知识点（累计 2min）	• 复习回顾 **方差的定义** 设 X 为随机变量，若 $E(X-E(X))^2$ 存在，则称它为随机变量 X 的方差，记为 $D(X)$. 即 $$D(X) = E(X - E(X))^2$$ 称 $\sqrt{D(X)}$ 为随机变量 X 的标准差或均方差. 若 X 为离散型随机变量，其分布律为 $$P\{X = x_k\} = p_k, \qquad k = 1, 2, \cdots$$ 则有 $\quad D(X) = \sum_{k=1}^{\infty} (x_k - E(X))^2 p_k$ 若 X 为连续型随机变量，其概率密度为 $f(x)$，则有 $$D(X) = \int_{-\infty}^{+\infty} (x - E(X))^2 f(x)\mathrm{d}x$$ **方差的计算公式** $$D(X) = E(X^2) - [E(X)]^2$$ **常见分布的数学期望和方差**	时间：2min 强调：方差是反映随机变量取值分散程度的一个指标. 性质 3）成立的条件

常见分布的数学期望和方差

$B(1,p)$	$B(n,p)$	$P(\lambda)$	$Ge(p)$	$U(a,b)$	$Ex(\theta)$	$N(\mu, \sigma^2)$
p	np	λ	$\dfrac{1}{p}$	$\dfrac{a+b}{2}$	θ	μ
$p(1-p)$	$np(1-p)$	λ	$\dfrac{1}{p^2} - \dfrac{1}{p}$	$\dfrac{(a-b)^2}{12}$	θ^2	σ^2

方差的性质

1）设 c 是常数，则 $\qquad D(c) = 0$

2）设 c 是常数，X 是随机变量，则

$$D(cX) = c^2 D(X)$$

3）设 X, Y 是相互独立的随机变量，则

$$D(X + Y) = D(X) + D(Y)$$

说明：此性质可推广到有限多个独立随机变量之和的情形

4）$D(X) = 0$ 的充要条件是 $P\{X = E(X)\} = 1$

（续）

教学意图	教学内容	教学环节设计
要求学生熟练掌握协方差的相关知识 （累计 3min）	**协方差定义** $$\mathrm{Cov}(X,Y) = E((X-E(X))(Y-E(Y))) = E(XY) - E(X) \cdot E(Y)$$ **协方差性质** 1）$\mathrm{Cov}(X,X) = D(X)$ 2）设 C 是常数： $$\mathrm{Cov}(X, C) = 0$$ 3）$\mathrm{Cov}(X, Y) = \mathrm{Cov}(Y, X)$ 4）设 a, b 为常数，则 $$\mathrm{Cov}(aX, bY) = ab\mathrm{Cov}(X, Y)$$ 5）$\mathrm{Cov}(X_1 + X_2, Y) = \mathrm{Cov}(X_1, Y) + \mathrm{Cov}(X_2, Y)$ $$\mathrm{Cov}(aX + bY, Z) = a\mathrm{Cov}(X, Z) + b\mathrm{Cov}(Y, Z)$$	时间：1min 协方差回顾
要求学生熟练掌握相关系数的相关知识 （累计 5min）	**相关系数定义** 称量（无量纲）$\dfrac{\mathrm{Cov}(X,Y)}{\sqrt{D(X)} \cdot \sqrt{D(Y)}}$ $(D(X)>0, D(Y)>0)$ 为随机变量 X，Y 的相关系数，记为 ρ_{XY} **相关系数性质** 1）$|\rho| \leqslant 1$ 2）$|\rho| = 1$ 的充分必要条件是存在 a，b 使得 $$P\{Y = aX + b\} = 1$$ 相关系数是描述 X，Y 之间线性关系紧密程度的一种度量，$\rho_{XY} = \pm 1$ 代表严格线性关系，而 $\rho_{XY} = 0$ 代表完全无线性关系，称为不相关	时间：2min 相关系数回顾 强调：相关系数表征的是线性关系强弱，无线性关系不一定无其他相关关系
	2. 方差的应用（17min）	
应用一　投资组合问题 要求学生学会将实际问题转化为数学问题 （累计 10min）	**· 应用一　投资组合问题** 有 1 万元，投资 2 只股票及固定收益，设每只股票每股年收益率是随机变量 R_1，R_2，相互独立且已知投资信息如下： 求：平均收益不低于 600 元时的最优投资组合方案	时间：5min 已知条件分析：首先利用数学期望及方差计算投资组合的平均收益和风险

	股票 1	股票 2	固定收益
年收益率	R_1	R_2	0.018
$E(R_i)$ 收益率的均值	0.1	0.06	0.018
$D(R_i)$ 收益率的方差	0.065	0.028	0

（续）

教学意图	教学内容	教学环节设计
	分析：设 s_1：股票 1 的投资金额，s_2：股票 2 的投资金额，s_3：固定收益投资金额. 由题意得 $$s_1 + s_2 + s_3 = 10000$$ 投资组合的收益 $$T = s_1 R_1 + s_2 R_2 + s_3 \times 0.018$$ 投资组合的平均收益和风险分别为 $$E(T) = E(s_1 R_1 + s_2 R_2 + 0.018 s_3) = 0.1 s_1 + 0.06 s_2 + 0.018 s_3$$ $$\begin{aligned} D(T) &= D(s_1 R_1 + s_2 R_2 + 0.018 s_3) \\ &= D(s_1 R_1) + D(s_2 R_2) + D(0.018 s_3) \\ &= s_1^2 D(R_1) + s_2^2 D(R_2) + 0 \\ &= 0.065 s_1^2 + 0.028 s_2^2 \end{aligned}$$	问题的步骤： 1）分析题意； 2）形式化表示已知条件； 3）转化为数学问题； 4）经计算得到结果； 5）分析结果得到结论； 6）由特殊到一般拓展并推广结果
要求学生了解马科维茨原理并理解方差和风险的联系（累计 13min）	• 马科维茨投资组合原理 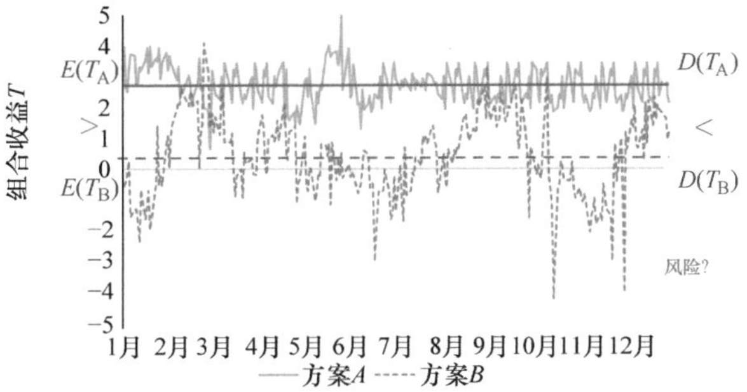 如何评价投资组合方案的优劣： 　根据马科维茨投资组合原理，评价两种投资组合方案 A 与 B 优劣的方法：若 $E(A) \geq E(B)$，且 $D(A) \leq D(B)$，则称投资组合 A 优于 B. 其中马科维茨把风险定义为期望收益的波动率，即用方差作为风险衡量的标准  马科维茨	时间：3min 介绍：马科维茨投资组合原理，为建模提供理论支持
建模求解实际问题（累计 20min）	• 利用马科维茨投资组合理论建立数学模型 $$\min \quad D(T) = 0.065 s_1^2 + 0.028 s_2^2$$ $$\text{s.t.} \begin{cases} E(T) = 0.1 s_1 + 0.06 s_2 + 0.018 s_3 \geq 600 \\ s_1 + s_2 + s_3 = 10000 \\ s_1, \ s_2, \ s_3 \geq 0 \end{cases}$$ 通过数学软件进行枚举，如 $$s_1 = 0, \ s_2 = 0, \ s_3 = 10000$$	时间：7min 建模解释：在追求收益的同时使风险最小化

（续）

教学意图	教学内容	教学环节设计
	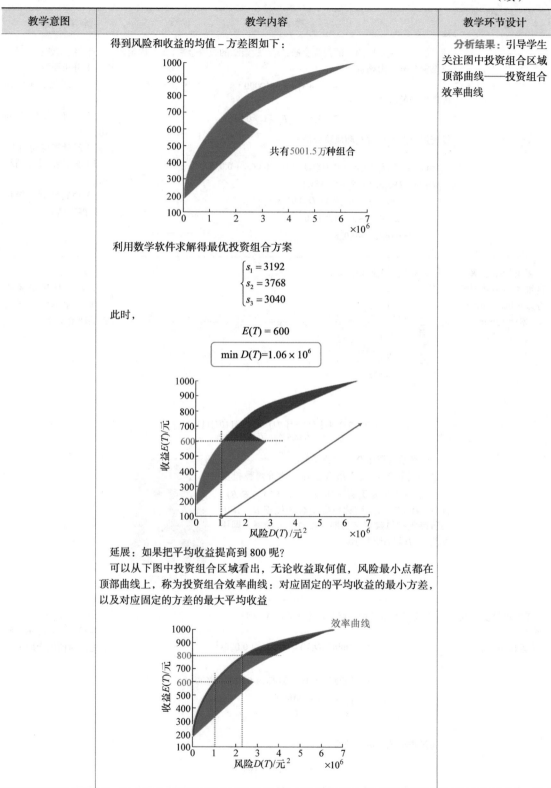	分析结果：引导学生关注图中投资组合区域顶部曲线——投资组合效率曲线

得到风险和收益的均值–方差图如下：

共有5001.5万种组合

利用数学软件求解得最优投资组合方案

$$\begin{cases} s_1 = 3192 \\ s_2 = 3768 \\ s_3 = 3040 \end{cases}$$

此时，

$$E(T) = 600$$

$$\min D(T) = 1.06 \times 10^6$$

延展：如果把平均收益提高到800呢？

可以从下图中投资组合区域看出，无论收益取何值，风险最小点都在顶部曲线上，称为投资组合效率曲线：对应固定的平均收益的最小方差，以及对应固定的方差的最大平均收益

效率曲线

（续）

教学意图	教学内容	教学环节设计
推广到投资组合的均值-方差模型（累计 22min）	・思考与拓展 **1. 均值-方差模型** 在收益一定的情况下，风险最小的投资组合可以模仿上面的过程建立，同理，能否建立风险一定的条件下，收益最大的模型？ 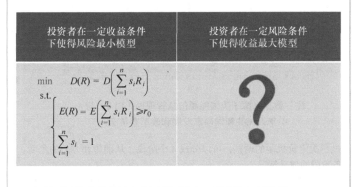 2. 如果两只股票的收益率之间并不独立，那么该如何计算？	时间：2min 推广：将应用一的结果推广到一般情况，让学生思考一般的均值方差模型的两种形式？并留下关于不独立变量的思考，促进学生提前预习下节内容

3. 数字特征综合应用（20min）

教学意图	教学内容	教学环节设计
应用二　成品油定价机制分析（累计 25min）	・应用二　成品油定价机制分析 2006 年，国家确定国内成品油价格实行政府指导价，允许企业在此基础上上下浮动 8% 确定具体零售价格 2009 年 5 月 7 日，国家发展和改革委员会颁布《石油价格管理办法（试行）》（发改价格〔2009〕1198 号），规定，22 个工作日国际油价平均移动变换率超过 4%，即进行调价 2013 年 3 月 26 日，国家发展和改革委员会下发《关于进一步完善成品油价格形成机制的通知》，改为 10 个工作日，并取消了上下 4% 的幅度限制 2016 年 1 月 13 日，国家发展和改革委员会下发《石油价格管理办法》，设置地板价，规定国际原油价格低于 40 美元/桶时，国内成品油价格不再下调，并建立油价调控风险准备金 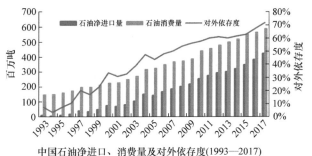 中国石油净进口、消费量及对外依存度(1993—2017) 注：数据来源于 Wind 数据库.	时间：3min 思考：通过此图观察国内石油的消费量与石油进口量相关，那么国内油价应该也与国际油价相关. 油价之间是否存在联系？国内成品油该如何定价？ 本段的目的是让学生了解，数字特征在油价等实际问题中的应用

（续）

教学意图	教学内容	教学环节设计
用均值和方差分析4个阶段情况（累计30min）	（见下方内容）	（见下方内容）

教学意图： 用均值和方差分析 4 个阶段情况（累计 30min）

教学内容：

· 应用二分析

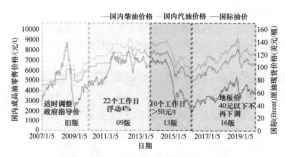

——国内柴油价格　——国内汽油价格　——国际油价

注：数据来源于美国能源信息管理局（EIA）与中华人民共和国国家发展和改革委员会.

通过三次定价机制的调整，可以分成 4 个阶段，从期望和方差的角度分析各阶段的波动情况.

设国际油价为 X，国内成品油（以柴油为例）价格为 Y，按照旧版、09 版、13 版、16 版 4 阶段分为

$$X_1, X_2, X_3, X_4, Y_1, Y_2, Y_3, Y_4$$

旧版的国际油价各对应 121 个数据点，则均值为

$$\overline{X_1} = E(X_1) = \frac{\sum x_i}{n} = \frac{x_1 + x_2 + \cdots + x_{121}}{121} = 79.14$$

对应的均方差为

$$S_{X_1} = \sqrt{\frac{\sum (x_i - \overline{X_1})^2}{n-1}} = 27.03$$

（这里的方差是样本方差，均方差即样本标准差）

国内油价与国际油价的均方差比为

$$\frac{S_{Y_1}}{S_{X_1}} = \frac{554.39}{27.03} = 20.51$$

如上计算可得下表，通过国内油价与国际油价的均值纵向对比发现，国际油价 2008 年经历大跌之后逐渐回暖，在 2011 年后价格再次来到 100 美元/桶以上，2014 年再次大跌，价格一度突破 40 美元/桶，之后油价保持低价态势振荡. 而国内油价在 2009 年定价改革之前，对比国际油价的大起大落，国内油价振幅不大，存在批零倒挂的现象，随着定价机制的改革，国内油价的均值变化与国际变化有相同趋势，但近年也出现过国际油价低迷，但国内油价仍居高的现象.

定价机制	国际油价均值/（美元/桶）	国内成品油价均值/（元/t）	国际油价均方差/（美元/桶）	国内成品油价均方差/（元/t）	国内/国际油价均方差比
旧版	79.14	5078.36	27.03	554.39	20.51
09 版	96.18	7063.05	19.34	784.85	40.59
13 版	84.05	6794.32	26.77	941.95	35.18
16 版	58.29	6365.66	11.88	738.12	62.12

这让我们进一步思考如何衡量定价机制改革是否奏效呢？

教学环节设计：

时间：5min

自 2009 年以后成品油定价机制有过三次重大调整，我们关心调整后定价机制效果如何，定价机制的调整有两个出发点：一是与国际油价接轨；二是保证国内市场成品油价格波动相对稳定

引导：从方差和均值的角度分析各个阶段的情况

（续）

教学意图	教学内容	教学环节设计
用均方差比衡量定价机制改革效果（累计38min）	我们可以以一年为长度，划分出如下 5 个时期，以便衡量定价机制改革前后，国内与国际油价的波动有什么变化？国内油价是否与国际油价更为接轨？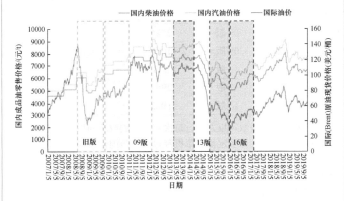	时间：8min通过改革前后的均方差比值的变化来说明改革效果

通过国内油价方差 / 国际油价方差比发现，2009 年定价机制实施初期虽然比之前的接轨效果看似变差，但实际这主要是由于之前国际油价波动过于剧烈导致的，09 版定价相较旧版而言对国内油价的维稳起到了较好作用. 2013 年的定价机制，既保证了与国际市场接轨，还比 09 版定价机制对国内价格波动的影响幅度较小，有效地促进了我国成品油市场建设. 2016 年的定价机制在与国际市场的接轨上表现不如 13 版，这也与地板价限制国际油价对国内价格的影响相一致. 但 16 版定价机制对国内价格的波动影响幅度小，对国内成品油市场的建设有一定作用

日期	定价机制	国际油价均值 /（美元 / 桶）	国内成品油价均值 /（元 /t）	国际油价均方差 /（美元 / 桶）	国内成品油价均方差 /（元 /t）	国内 / 国际油价均方差比
2008.5.7—2009.5.6	旧版	78.65	5503.08	36.85	571.80	15.52
2009.5.7—2010.5.7	09 版	72.64	6042.08	7.09	447.10	63.07
2012.3.27—2013.3.26	09 版	110.46	7807.31	6.73	321.82	47.84
2013.3.27—2014.3.26	13 版	107.59	7588.30	3.62	166.59	45.99
2015.1.13—2016.1.12	13 版	51.47	5672.08	8.82	386.16	43.79
2016.1.13—2017.1.13	16 版	44.28	5429.43	6.78	343.23	50.60

教学意图	教学内容	教学环节设计
其他统计方法用于国内油价与国际油价之间关系的分析（累计42min）	• 延展1.除了方差比，还可以通过哪些统计量衡量国内油价与国际油价的关系呢？通过计算样本协方差$$S_{XY} = \frac{1}{n-1}\sum_{i=1}^{n}(x_i - \overline{X})(y_i - \overline{Y})$$相关系数$$r(X, Y) = \frac{S_{XY}}{S_X S_Y}$$	时间：4min除了方差，还可以通过协方差和相关系数进行分析

（续）

教学意图	教学内容				教学环节设计
	可以得到				回归分析也可以进一步提供更为明确的二者之间的关系. 给出现实意义

日期	定价机制	国内成品油与国际油价协方差	国内成品油与国际油价相关系数
2008.5.7—2009.5.6	旧版	9820.62	0.47
2009.5.7—2010.5.7	09 版	2526.07	0.80
2012.3.27—2013.3.26	09 版	1060.04	0.49
2013.3.27—2014.3.26	13 版	333.73	0.55
2015.1.13—2016.1.12	13 版	2957.25	0.87
2016.1.13—2017.1.13	16 版	1923.75	0.83

通过协方差和相关系数可以发现，每次定价机制改革前后，协方差都有很大程度上的减小，说明定价改革机制对提升国内油价与国际油价接轨的相关性在一定程度上有提升；相关系数整体呈现上升趋势，也说明国内油价与国际油价的相关关系在逐渐增强. 由于协方差的量纲影响，相关系数的结果更有说服力，但这只能说明二者存在线性相关关系，至于这种关系是否可以解释为因果关系，需要进一步通过回归分析来确定

2. 消费税

价格作为市场中的基本元素，是调节供需平衡的重要枢纽，通过回归分析平均价格对成品油需求量的影响，可以进一步建立成品油需求量与价格之间的关系，得到成品油的价格弹性，对于征收消费税控制需求，达到节能减排的目的有深远意义

4. 小结与思考拓展（3min）

教学意图	教学内容	教学环节设计
小结、设问来加深学生对本节内容的印象，并引导学生对下节课要解决的问题进行思考（累计45min）	• 小结 1）随机变量数字特征的概念； 2）数字特征能表征随机变量的性质； 3）如何计算方差、协方差、相关系数； 4）实际应用举例	时间：1min 根据本节讲授内容，做简单小结
	• 思考拓展 1）什么是回归分析？如何进行回归分析？ 2）在投资决策中，怎样使用马科维茨的均值–方差模型？ 3）通过对成品油定价机制的改革研究，理解其后经济背景	时间：2min 根据本节讲授内容，给出一些思考拓展的问题
	• 作业布置 习题四 A：2 ~ 5	要求学生课后认真完成作业

六、教学评价

本单元的教学设计符合理工科二年级学生的认知规律和实际水平，由鲜活生动的实例引出问题，板书与PPT配合，有目标、有条理并逐步深入地引导学生找到解决问题的方法，并通过知识回顾，加深学生对数字特征的印象，这些都有助于学生更好地学习和掌握本节课的内容. 同时，通过解决"投资组合""成品油定价机制"等实际问题，巩固学生对基本知识的掌握和利用数学知识建模解决实际问题，提高了学生将实际问题转化为数学问题，进而通过数学手段解决问题的能力，同时也注重培养学生的创新精神和思维能力，基本达到了预期水平.

第 5 章

极限定理

5.1 大数定律

一、教学目的

深刻理解和掌握切比雪夫不等式的形式和意义，重点掌握切比雪夫大数定律和伯努利大数定律的内容．能够根据切比雪夫不等式对随机变量的概率进行估计．掌握切比雪夫大数定律的证明思路和过程，并推导得出伯努利大数定律．能够用所学的知识去解释实际生活中经常遇到的问题．通过对大数定律的学习，进而对各种比赛中采用的评委打分制是否合理，能否体现公平公正的原则的问题有科学的理解．

二、教学思想

大数定律是概率论中讨论随机变量序列的算术平均值向常数收敛的定理，又被称作弱大数理论．这一结论与中心极限定理一起，成为现代概率论、统计学、理论科学和社会科学的基石之一．它严格地证明了平均值的稳定性，也就是说当样本容量很大时，样本均值与真实值充分接近．

为了充分体现本节的重要性，选择切比雪夫不等式作为切入点，通过贴近生活的一些问题为引导，按照逻辑的条理，把几个大数定律串起来，形成一个整体，给学生鲜明的印象，并且能够学以致用．

三、教学分析

1. 教学内容

1）切比雪夫不等式及其证明．
2）切比雪夫大数定律．
3）伯努利大数定律．
4）辛钦大数定律．
5）实际应用——平均值的稳定性．

2. 教学重点

1）切比雪夫不等式的证明．
2）切比雪夫大数定律．
3）伯努利大数定律．

4）平均值的稳定性.

3. 教学难点

1）如何理解切比雪夫不等式的意义？

2）如何用大数定律解释实际问题？

3）理清三个大数定律之间的内在联系？

4. 对重点、难点的处理

1）通过实际问题引出切比雪夫不等式，在讲解其证明过程中，强调不等式的适用范围和局限性.

2）运用实际生活中常见的评委打分作为问题的提出，引入随机变量序列的概念，给出切比雪夫大数定律，并用切比雪夫不等式证明，然后解释取平均值的问题，即平均值的稳定性，帮助学生更好地理解和掌握大数定律的意义.

3）强调大数定律的条件，大数定律是一系列定律，它们研究的是同一个问题，区分在于定律条件的不同. 所以在讲授中，充分强调不同大数定律条件间的逻辑关系，运用对比分析的方法，并向学生介绍大数定律的内容.

四、教学方法与策略

1. 课堂教学设计思路

1）以白细胞数的概率估计作为问题的引入. 问题的关键在于，在不知道随机变量分布的情况下，如何估计概率，由此给出切比雪夫不等式. 切比雪夫不等式是本节内容的生长点，它对后面的问题证明起到了重要作用. 所以对不等式的讲授要注意几点. 首先是严格证明，其次做一些必要的解释. 例如，不等式使用的简便性，事件的概率与 ε, σ 的关系，重点解释数学期望和方差在不等式中的意义. 在讲解不等式后，再求解白细胞数的概率估计. 这样关于不等式的内容就比较全面和完整.

2）在引入切比雪夫大数定律前先设计一个问题，让学生看一些图片，在各种比赛中，往往评委的打分决定了选手的名次，而评委的打分取平均值后作为选手的成绩，这样有什么依据呢. 这个问题很生活化，学生会比较感兴趣. 接下来讲解切比雪夫大数定律及其特例，特别指出的是，切比雪夫大数定律是由切比雪夫不等式完成证明的. 切比雪夫大数定律说明了平均值的稳定性，所以可以解释比赛中多个评委打分后取平均值的合理性. 启发学生，引导学生利用本节所学知识来解释平均值的稳定性.

3）先给出依概率收敛的概念，然后给出伯努利大数定律. 从逻辑上说，伯努利大数定律是切比雪夫大数定律的特殊情形. 伯努利大数定律的意义在于它是历史上第一个大数定律，也是第一个极限定理. 它阐明了频率的稳定性，从而说明概率作为频率稳定值是有依据的.

4）给出辛钦大数定律及其推论，说明其在数理统计中的应用. 最后说明本节的要点，什么是大数定律？阐明大数定律研究的内容，大数定律名称的由来，以及大数定律的应用. 为了更全面地了解大数定律，还给出了大数定律的发展历程框图，告诉学生，任何事物都有一个漫长的发展过程，而它的辉煌也正因为如此.

5）计算机模拟演示．本节内容比较枯燥难理解，历来是学生学习概率论的瓶颈，所以本节设计了两个计算机模拟演示．一个是切比雪夫不等式，演示事件概率精确值与不等式上界的关系，表明不等式是有一定误差的．另一个演示是平均值稳定性．一个画面同时给出两种分布的频率稳定性，目的是让学生充分理解频率稳定性确实是一种统计概率．

2. 板书设计

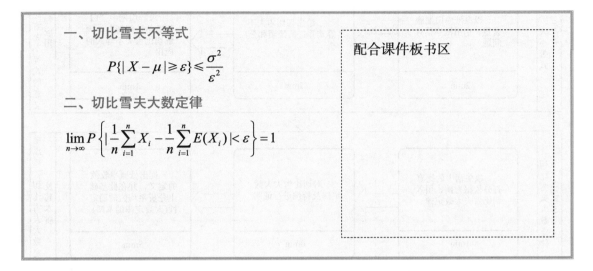

五、教学安排

1. 教学进程框架

根据教学要求和教学计划安排，以教学过程图所示的教学进程进行安排，将各部分教学内容分解为"问题提出""问题定义／分析"和"问题求解／应用"三部分，始终以问题为导向，以分析为重点，以应用为巩固拓展，引导学生进行学习．

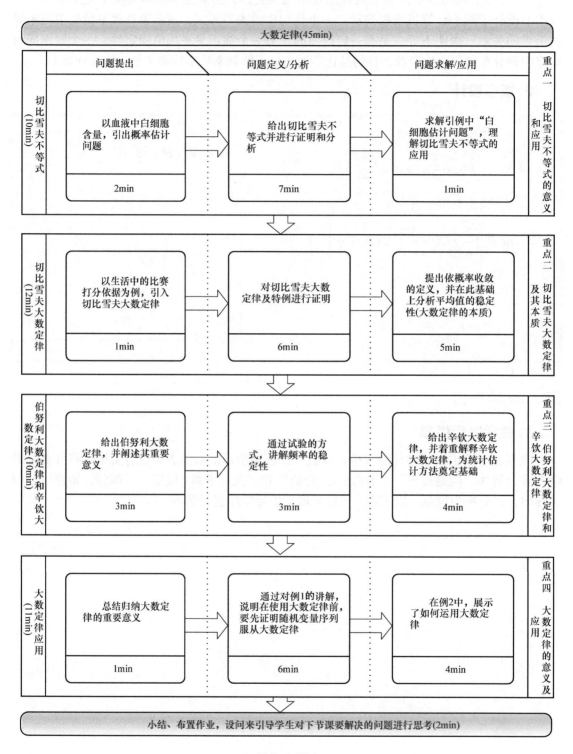

教学过程图

2. 教学进程详细内容

根据教学框架，针对每个知识点进行详细设计，具体内容如下：

教学进程表

教学意图	教学内容	教学环节设计
	1. 切比雪夫不等式（10min）	
给出本节内容框图（累计 1min）	• 本节内容介绍 极限定理——用极限工具，研究在相同条件下大量重复试验中，随机现象呈现出的统计规律，揭示随机现象的偶然性向必然性转换的辩证关系 极限定理 { 大数定律 { 切比雪夫不等式 / 切比雪夫大数定律 / 伯努利大数定律 } / 中心极限定理 }	时间：1min 给出知识框图，让学生对所学内容有一个大概的了解
问题引入（累计 2min）	• 问题的提出 已知正常男性成人血液中，每毫升白细胞数平均值是 7300，均方差是 700. 试估计每毫升白细胞数在（5200,9400）之外的概率 分析：记 X 为正常男性血液中每毫升白细胞数，由题意知 $E(X)=7300$，故所求为 $$P\{|X-7300|\geqslant 2100\}$$ 问题的难点：不知道 X 的分布，如何计算概率	时间：1min 板书分析概率的相关因素 $$P\{|X-EX|\geqslant\varepsilon\}$$ 与之有关的三个因素：上界、区间半径和方差，猜一下上界的形式
切比雪夫不等式（累计 5min）	• 切比雪夫不等式 设随机变量 X 具有数学期望 $E(X)=\mu$，方差 $D(X)=\sigma^2$. 则对任意正数 ε，都有不等式 $P\{|X-E(X)|\geqslant\varepsilon\}\leqslant\dfrac{D(X)}{\varepsilon^2}$ 成立 证明：不妨对连续型随机变量的情况来证明. 设 X 的概率密度为 $f(x)$，则不等式右边为 $$\frac{D(X)}{\varepsilon^2}=\frac{1}{\varepsilon^2}E\big((X-EX)^2\big)=\frac{1}{\varepsilon^2}\int_{-\infty}^{+\infty}(x-EX)^2 f_X(x)\mathrm{d}x$$ 下面推断不等式左边的形式 $$P\{|X-\mu|\geqslant\varepsilon\}=\int_{|x-\mu|\geqslant\varepsilon}f(x)\mathrm{d}x$$	时间：3min 证明中强调两次放大. 为什么放大？如何放大？

教学意图	教学内容	教学环节设计

被积函数放大 $\cdots\cdots$ $\leqslant \int_{|x-\mu|\geqslant\varepsilon} \dfrac{|x-\mu|^2}{\varepsilon^2} f(x)\mathrm{d}x$

积分区间放大 $\cdots\cdots$ $\leqslant \dfrac{1}{\varepsilon^2}\int_{-\infty}^{+\infty}(x-\mu)^2 p(x)\mathrm{d}x = \dfrac{1}{\varepsilon^2}D(X)$

得切比雪夫不等式

$$P\{|X-E(X)|\geqslant\varepsilon\}\leqslant\frac{D(X)}{\varepsilon^2}$$

$1\leqslant\dfrac{(x-EX)^2}{\varepsilon^2}$

$1\leqslant\dfrac{|x-EX|}{\varepsilon}$

$-|x-EX|\geqslant\varepsilon-$

切比雪夫不等式的等价形式

$$P\{|X-E(X)|<\varepsilon\}\geqslant 1-\frac{D(X)}{\varepsilon^2}$$

$E(X)$

切比雪夫不等式的三点说明与计算机模拟
（累计 9min）

· 关于切比雪夫不等式的说明

1. 使用方便

无须知道随机变量 X 的分布，只要知道其数学期望和方差，就可以对事件 $\{|X-E(X)|\geqslant\varepsilon\}$ 发生的概率进行估计

2. 方差的意义

方差是描述随机变量取值与中心位置的敛散程度的一个度量，切比雪夫不等式从概率估计的角度进一步验证了方差的这一特性

对于固定的 $\varepsilon>0$，$D(X)$ 越小

$\longrightarrow P\{|X-E(X)|\geqslant\varepsilon\}$ 越小

$\longrightarrow P\{|X-E(X)|<\varepsilon\}$ 越大

$\longrightarrow X$ 取值越集中

ε

$E(X)$

意义：方差刻画了随机变量取值的集中程度.

3. 不等式的精度

不等式证明中由于有两次放大，所以有一定的误差. 例如，设 $X\sim N(0,1)$，事件概率精确值 $P\{|X-0|\geqslant 1.5\}=0.1336$，事件概率的上界 $P\{|X-E(X)|\geqslant\varepsilon\}$，可见精确值与上界有一定的误差

用计算机模拟演示：对不同的区间半径 ε，事件概率与上界的大小关系

切比雪夫不等式估计的区间与正态分布区间的比较

密度函数曲线

$P\{|X-E(X)|\geqslant\varepsilon\}$ 0.89 $\dfrac{1}{\varepsilon^2}D(X)$

0.289

外侧概率

时间：4min

对切比雪夫不等式做三点说明：

1）使用方便是不等式的特色；

2）进一步验证方差的意义；

3）使用方便的代价是精度的损失. 先用例子说明精确值与上界的差异，再用计算机模拟演示，给出上界与精度的直观认识

（续）

教学意图	教学内容	教学环节设计
对引入问题的求解 （累计 10min）	**· 应用一　白细胞数估计** 已知正常男性成人血液中，每毫升白细胞数平均值是 7300，均方差是 700. 试估计每毫升白细胞数在 5200～9400 之外的概率 分析：记 X 为正常男性血液中每毫升白细胞数，由题意知 $E(X) = 7300$，故所求为 $$P\{|X - 7300| \geqslant 2100\}$$ 问题的难点：不知道 X 的分布，如何计算概率	时间：1min 运用切比雪夫不等式，非常方便地给出本题的解答
	2. 切比雪夫大数定律（12min）	
问题引入 （累计 11min）	**· 问题引入** 各类比赛竞技中，需要评委打分决定胜负. 用评委打分的平均分衡量选手的成绩有何依据？ 问题：各种比赛中，以平均分来衡量选手的成绩是否有依据？ 记 X_1，X_2，$\cdots$，X_n 是各评委的打分，假设评委各自独立给出评分，那么 $\dfrac{1}{n}\sum\limits_{i=1}^{n} X_i$ 是各评委打分的平均分，平均分是否可以反映选手的真实水平？ 下面我们用切比雪夫大数定律来回答这个问题	时间：1min 提出问题，即评委打分的平均分是否可以反映选手水平，再将问题化为概率问题，为引出大数定律做铺垫
切比雪夫大数定律 （累计 15min）	**· 切比雪夫大数定律** 设 X_1，X_2，$\cdots$是相互独立的随机变量序列，它们都有有限的方差，并且方差有共同的上界，即 $$D(X_i) \leqslant K,\ i = 1, 2, \cdots$$ 则对任意的 $\varepsilon > 0$， $$\lim_{n \to \infty} P\left\{\left|\frac{1}{n}\sum_{i=1}^{n} X_i - \frac{1}{n}\sum_{i=1}^{n} E(X_i)\right| < \varepsilon\right\} = 1$$ 即　$\displaystyle\lim_{n \to \infty} P\left\{\left|\overline{X_n} - \mu\right| < \varepsilon\right\} = \lim_{n \to \infty} P\left\{\left|\frac{1}{n}\sum_{k=1}^{n} X_k - \mu\right| < \varepsilon\right\} = 1$ 证明：设 X_1，X_2，$\cdots$相互独立，则 $$D\left(\frac{1}{n}\sum_{i=1}^{n} X_i\right) = \frac{1}{n^2}\sum_{i=1}^{n} D(X_i) \leqslant \frac{1}{n^2} \cdot nK = \frac{K}{n}$$ 由切比雪夫不等式可知，对任意的 $\varepsilon > 0$，有 $$0 \leqslant \lim_{n \to \infty} P\left\{\left|\frac{1}{n}\sum_{i=1}^{n} X_i - \frac{1}{n}\sum_{i=1}^{n} E(X_i)\right| < \varepsilon\right\}$$ $$\leqslant \frac{1}{\varepsilon^2} D\left(\frac{1}{n}\sum_{i=1}^{n} X_i\right) \leqslant \frac{1}{\varepsilon^2}\frac{K}{n} \longrightarrow 0\ \ (n \to \infty)$$ 所以　$\displaystyle\lim_{n \to \infty} P\left\{\left|\frac{1}{n}\sum_{i=1}^{n} X_i - \frac{1}{n}\sum_{i=1}^{n} E(X_i)\right| < \varepsilon\right\} = 1$	时间：4min 切比雪夫大数定律证明，工具是切比雪夫不等式. 依据是高等数学里的夹逼准则

（续）

教学意图	教学内容	教学环节设计
切比雪夫大数定律的特例 （累计 17min）	**·切比雪夫大数定律的特例** 设 $X_1, X_2, \cdots$ 是相互独立的随机变量序列，它们具有相同的数学期望与方差： $$E(X_k) = \mu, \quad D(X_k) = \sigma^2, \quad k = 1, 2, \cdots$$ 则对任意的 $\varepsilon > 0$ 有 $$\lim_{n \to \infty} P\left\{\left|\frac{1}{n}\sum_{i=1}^{n} X_i - \mu\right| \geq \varepsilon\right\} = 0$$ 证法一：可以由切比雪夫大数定律直接推出 证法二：由切比雪夫不等式推出 因为 $X_1, X_2, \cdots, X_n, \cdots$ 相互独立，有 $$E\left(\frac{1}{n}\sum_{i=1}^{n} X_i\right) = \mu, \quad D\left(\frac{1}{n}\sum_{i=1}^{n} X_i\right) = \frac{1}{n^2}\sum_{i=1}^{n} D(X_i) = \frac{1}{n^2} n\sigma^2 = \frac{1}{n}\sigma^2$$ 由切比雪夫不等式，则对任意的 $\varepsilon > 0$ 有 $$0 \leq P\left\{\left|\frac{1}{n}\sum_{i=1}^{n} X_i - \mu\right| \geq \varepsilon\right\} \leq \frac{1}{\varepsilon^2} D\left(\frac{1}{n}\sum_{i=1}^{n} X_i\right) = \frac{1}{\varepsilon^2}\frac{1}{n}\sigma^2 \longrightarrow 0 \ (n \to \infty)$$ 由夹逼准则知 $$\lim_{n \to \infty} P\left\{\left|\frac{1}{n}\sum_{i=1}^{n} X_i - \mu\right| \geq \varepsilon\right\} = 0$$	时间：2min 切比雪夫大数定律特例可以直接从切比雪夫大数定律推出，也可以直接用切比雪夫不等式证明
依概率收敛 （累计 18min）	**·依概率收敛** 定义：设有一随机变量序列 $Y_1, Y_2, \cdots, Y_n, \cdots$，$a$ 为实数，若对任意正数 ε，有 $$\lim_{n \to \infty} P\{|Y_n - a| < \varepsilon\} = 1$$ 或 $\lim_{n \to \infty} P\{|Y_n - a| \geq \varepsilon\} = 0$， 称 $Y_1, Y_2, \cdots, Y_n, \cdots$ 依概率收敛于常数 a，记作 $Y_n \overset{P}{\longrightarrow} a\,(n \to \infty)$	时间：1min 分析对比依概率收敛与数列收敛的异同，强调依概率收敛是从概率的角度给出满足收敛条件发生的概率为 1
平均值稳定性 （累计 19min）	**·平均值稳定性** 切比雪夫大数定律表明，在满足定律条件的前提下，随机变量序列的算术平均值依概率收敛到它们相同的数学期望，即 $$\frac{1}{n}\sum_{i=1}^{n} X_i \overset{P}{\longrightarrow} \mu = E\left(\frac{1}{n}\sum_{i=1}^{n} X_i\right)$$ 大数定律揭示了平均值的稳定性. 就是说，n 足够大时，算术平均值与其数学期望有较大偏差的可能性很小，即平均值具有稳定性 所以由此可以解释评委打分. 由于理论上有平均值稳定性，所以评委打分的平均值应该接近选手的真实水平. 理由是，每个评委的打分可能因为若干原因，打分偏高或偏低，但当把所有打分平均起来，正负的偏差会抵消或补偿，最终反映出的是选手的客观水平	时间：1min 平均值稳定性是大数定律的本质，用此来解释评委打分的问题

（续）

教学意图	教学内容	教学环节设计
计算机模拟频率稳定性 （累计 20min）	**· 计算机模拟频率稳定性**  　　左上图和左下图模拟均匀分布：设随机变量 X 服从区间 $[-2, 2]$ 上的均匀分布．用计算机产生 200 个随机点．左上图纵列看，每列一个随机点，共 200 个红点．左下图是累计平均值的变化曲线．随着试验次数增大，累计平均值与其期望值 0 非常接近．由此演示说明，平均值具有稳定性． 　　右上图和右下图模拟指数分布：设随机变量 X 服从参数为 10 的指数分布．用计算机产生 200 个随机点．右上图纵列看，每列一个随机点，共 200 个红点．右下图是累计平均值的变化曲线．随着试验次数增大，累计平均值与其期望值 10 非常接近．由此演示说明，平均值具有稳定性． 　　对比两种分布的平均值模拟，信息量更大些，说明问题更有力度	时间：1min 用计算机模拟平均值的稳定性，使得学生对平均值稳定性有一个直观认识
切比雪夫简介 （累计 22min）	**· 切比雪夫简介** 　　切比雪夫（1821 年 5 月 26 日—1894 年 12 月 8 日），俄罗斯数学家．他一生发表了 70 多篇科学论文，内容涉及数论、概率论、函数逼近论、积分学等方面．他证明了伯特兰公式、自然数列中素数分布的定理、大数定律的一般公式以及中心极限定理．他不仅重视纯数学，而且十分重视数学的应用 　　切比雪夫是在概率论门庭冷落的年代从事这门学问的．他一开始就抓住了古典概率论中具有基本意义的问题，即那些"几乎一定要发生的事件"的规律——大数定律．历史上的第一个大数定律是由伯努利提出来的，后来泊松又提出了一个条件更宽的陈述，除此之外在这方面没有什么进展．相反，由于有些数学家过分强调概率论在伦理科学中的作用甚至企图以此来阐明"隐藏着的神的秩序"，又加上理论工具的不充分和古典概率定义自身的缺陷，当时欧洲一些正统的数学家往往把它排除在精密科学之外 　　1866 年，切比雪夫发表了"论平均数"，进一步讨论了作为大数定律极限值的平均数问题	时间：2min 简单介绍一下切比雪夫生平，让学生充分感觉到每一个数学结果都是数学家毕生为之奋斗的心血与成果

（续）

教学意图	教学内容	教学环节设计
3. 伯努利大数定律和辛钦大数定律（10min）		

教学意图	教学内容	教学环节设计
伯努利大数定律（累计23min）	**· 伯努利大数定律** 设随机变量 $X_1, X_2, \cdots, X_n, \cdots$ 相互独立，且同时服从以 p 为参数的 0—1 分布. 且 $$E(X_i) = p, \ D(X_i) = p(1-p), i = 1, 2, \cdots$$ 则对任意正数 ε 有 $$\frac{1}{n}\sum_{i=1}^{n} X_i \xrightarrow{P} p$$ 注意到 $\frac{1}{n}\sum_{i=1}^{n} X_i$ 的意义是事件 A 在 n 次试验中出现的次数与试验次数的比值，也就是频率. 而 p 是事件 A 在每次试验中发生的概率，所以伯努利大数定律说明了频率具有稳定性. 这点解释了概率正是频率的稳定值，弥补了概率作为公理化定义，其含义不明确的缺陷. 同时这也是历史上第一个大数定律	**时间：1min** 伯努利大数定律逻辑上是切比雪夫大数定律的推广，但这是历史上第一个大数定律，因此意义深远
伯努利简介（累计25min）	**· 伯努利简介** 伯努利家族3代人中产生了8位科学家，出类拔萃的至少有3位，而在他们一代又一代的众多子孙中，至少有一半相继成为杰出人物. 伯努利家族的后裔有不少于120位被人们系统地追溯过，他们在数学、科学、技术、工程乃至法律、管理、文学、艺术等方面享有名望，有的甚至声名显赫 雅各布·伯努利（Jakob Bernoulli，1654—1705） 伯努利家族代表人物之一，瑞士数学家. 被公认为概率论的先驱之一 雅各布·伯努利一生最有创造力的著作就是 1713 年出版的《猜度术》，是组合数学及概率论史的一件大事，他在这部著作中给出的伯努利数有很多应用，提出了概率论中的"伯努利定理"，这是大数定律的最早形式. 由于伯努利兄弟在科学问题上的过于激烈的争论，致使双方的家庭也被卷入，以至于雅各布·伯努利死后，他的《猜度术》手稿被他的遗孀和儿子在外藏匿多年，直到 1713 年才得以出版，几乎使这部经典著作的价值受到损害. 由于"大数定律"的极其重要性，1913 年 12 月彼得堡科学院曾举行庆祝大会，纪念"大数定律"诞生 200 周年 伯努利大数定律，无论是从理论还是从应用的角度看，都是有着根本重要性的命题，可以说其影响一直达到今日不衰，其对概率论和数理统计的发展也有不可估量的影响. 许多统计方法和理论都是建立在大数定律的基础上. 有的概率史学家认为，这本著作的出版，标志着概率论漫长的形成过程的终结与概率论的开端 	**时间：2min** 雅各布·伯努利生平简介 伯努利家族是科学史上著名的科学世家 伯努利从一个学神学到一个知名数学家，充分说明了数学的魅力

（续）

教学意图	教学内容	教学环节设计
频率稳定性试验 （累计 28min）	• 频率稳定性试验 试验 E——掷一枚均匀的硬币； 试验 A——出现正面 　　下面分组做试验，每轮掷 5 次，共做 10 轮；每轮掷 50 次，共做 10 轮；每轮掷 500 次，共做 10 轮．先将结果列表如下： （见下表） 可见，随着投掷次数增大，正面出现的频率与概率 0.5 越来越接近	时间：3min 用试验的方式讲解频率稳定性
辛钦大数定律 （累计 30min）	• 辛钦大数定律 设 X_1，X_2，…相互独立，且服从相同的分布，具有相同的数学期望： $E(X_k)=\mu$，$k=1,2,\cdots$ 则对任意的 $\varepsilon>0$ 有 $$\frac{1}{n}\sum_{i=1}^{n}X_i \xrightarrow{P} \mu$$ • 辛钦大数定律的推论 设 X_1，X_2，…相互独立，且服从相同的分布，具有相同的 k 阶矩： $E(X_i^k)=\mu_k$，$i=1,2,\cdots$ 则对任意的 $\varepsilon>0$ 有 $$\frac{1}{n}\sum_{i=1}^{n}X_i \xrightarrow{P} \mu$$ 辛钦大数定律的推论是统计学中矩估计法的理论依据	时间：2min 辛钦大数定律推论是统计估计方法的理论基础，非常重要
辛钦简介 （累计 32min）	• 辛钦简介 　　辛钦（1894—1959），苏联数学家、数学教育家．现代概率论的奠基人之一，莫斯科概率学派的开创者．1939 年当选为苏联科学院通讯院士，1944 年当选为俄罗斯教育科学院院士．他 1941 年获苏联国家奖金，并多次获列宁勋章、劳动红旗勋章、荣誉勋章等奖章．辛钦共发表 150 多篇数学及数学史论著，在函数的度量理论、数论、概率论、信息论等方面都有重要的研究成果．在数学中以他的名字命名的有：辛钦定理、辛钦不等式、辛钦积分、辛钦条件、辛钦可积函数、辛钦转换原理、辛钦单峰性准则等 　　辛钦的《数学分析八讲》已成为理解数学分析的一部名著．这部名著虽是给那些想提高自己数学分析水平的工程师写的，但对于经济学家、数学教师、数学系的学生等，都具有非凡意义 　　辛钦在这部名著的序言中说道：为了使教程能够尽可能地简明，我的方法完全在于选取最精简的材料，而不在叙述上压缩辞句	时间：2min 辛钦生平简介 《中国大百科全书》评价，辛钦是现代概率论的奠基者之一

试验	$n=5$		$n=50$		$n=500$	
	n_A	$f_n(A)$	n_A	$f_n(A)$	n_A	$f_n(A)$
1	2	0.4	22	0.44	251	0.502
2	3	0.6	25	0.50	249	0.498
3	1	0.2	21	0.42	256	0.512
4	5	1.0	25	0.50	253	0.506
5	1	0.2	24	0.48	251	0.502
6	2	0.4	21	0.42	246	0.492
7	4	0.8	18	0.36	244	0.488
8	2	0.4	24	0.48	258	0.516
9	3	0.6	27	0.54	262	0.524
10	3	0.6	31	0.62	247	0.494

（续）

教学意图	教学内容	教学环节设计
	4. 大数定律应用（11min）	
大数定律的意义及应用 （累计33min）	• **大数定律的意义及应用** 研究在什么条件下，随机变量序列 $\{X_n\}$ 的算术平均值 $\dfrac{1}{n}\sum\limits_{i=1}^{n} X_i$ 依概率收敛问题 **大数定律：** 在一定条件下，算术平均值具有稳定性是一种统计规律，这种规律称为大数定律 **大数定律的应用：** 1）以 n 次观察结果的平均值作为真实值的近似值； 2）以频率近似概率	**时间：1min** 归纳大数定律的内容，给出大数定律的本质和内涵，明确大数定律的应用
大数定律例1 （累计39min）	• **例1** 设随机变量序列 $\{X_n\}$ 相互独立，且 $$P\{X_k=\sqrt{\ln k}\}=P\{X_k=-\sqrt{\ln k}\}=\frac{1}{2}$$ 证明随机变量序列 $\{X_n\}$ 服从大数定律 **证明：** 容易算得 $$E(X_k)=0,D(X_k)=E(X_k^2)=\ln k,E(\bar{X})=0$$ $$D(\bar{X})=D(\frac{1}{n}\sum_{k=1}^{n}X_k)=\frac{1}{n^2}\sum_{k=1}^{n}D(X_k)$$ $$=\frac{1}{n^2}(\ln 1+\ln 2+\cdots+\ln n)$$ $$\leqslant\frac{n}{n^2}\ln n=\frac{\ln n}{n}$$ 则对任意的 $\varepsilon>0$，有 $$0\leqslant P\{|\bar{X}-0|\geqslant\varepsilon\}\leqslant\frac{1}{\varepsilon^2}D(\bar{X})\leqslant\frac{1}{\varepsilon^2}\frac{\ln n}{n}$$ 即 $$0\leqslant P\{|\bar{X}-0|\geqslant\varepsilon\}\leqslant\frac{1}{\varepsilon^2}\frac{\ln n}{n}$$ 所以 $$\lim_{n\to+\infty}P\{|\bar{X}-0|\geqslant\varepsilon\}=0$$ 即由定义证得随机变量序列 $\{X_n\}$ 服从大数定律	**时间：6min** 首先说明什么叫作服从大数定律，其次是如何证明服从大数定律
大数定律例2 （累计43min）	• **例2** 设 $\{X_n\}$ 为独立同分布的随机变量序列，且 $$E(X_i)=\mu,D(X_i)=\sigma^2$$ 根据辛钦大数定律，证明随机变量序列 $\dfrac{1}{n}\sum\limits_{i=1}^{n}X_i^2$ 依概率收敛 **证明：** 因 $X_1,X_2,\cdots,X_n,\cdots$ 独立同分布，故 $X_1^2,X_2^2,\cdots,X_n^2,\cdots$ 独立同分布，又 $$\forall i,E(X_i^2)=D(X_i)+[E(X_i)]^2=\sigma^2+\mu^2$$ 由辛钦大数定律，$\dfrac{1}{n}\sum\limits_{i=1}^{n}X_i^2\xrightarrow{P}\sigma^2+\mu^2$ 命题得证	**时间：4min** 辛钦大数定律推论的应用

（续）

教学意图	教学内容	教学环节设计
	5. 小结与思考拓展（2min）	
小结、设问来加深学生对本节内容的印象，并引导学生对下节课要解决的问题进行思考（累计45min）	• 小结 1）切比雪夫不等式及其应用； 2）切比雪夫大数定律与平均值稳定性； 3）伯努利大数定律与频率稳定性； 4）辛钦大数定律及其推论	时间：1min 根据本节讲授内容，做简单小结
	• 思考拓展 1）评委打分取平均值时经常会去掉最高分和最低分，这么做有什么意义？ 2）做扔硬币试验，观察出现正面的频率是否接近 0.5？ 3）非独立的随机变量序列，其平均值是否有稳定性？ 4）文献查阅还有哪些概率不等式	时间：1min 根据本节讲授内容，给出一些思考拓展的问题
	• 作业布置 习题五 A：1～4	要求学生课后认真完成作业

六、教学评价

本单元的教学设计符合理工科二年级学生的认知规律和实际水平. 大数定律是概率论中理论性最强的一部分内容，它既是概率论的基础，又是数理统计的理论依据. 根据多年的教学经验，学生学习这块内容时，总感觉理解很困难，不知所云. 因此在课程设计上花费了不少心思，也用了一些新颖的手段，试图达到清新、生动、有趣、有条理的效果，使学生在课堂上既学到了知识，又不觉枯燥，还希望学生能学以致用，在今后的生活工作中，可以自觉主动地使用概率论的知识解释分析一些现实问题，提高思维能力，进而提高生活质量.

5.2 中心极限定理

一、教学目的

使学生深刻理解中心极限定理的含义，重点掌握和理解独立随机变量和的分布与正态分布之间的关系，即列维 - 林德伯格定理和棣莫佛 - 拉普拉斯定理的应用条件及其重要结论. 引导学生对实际问题进行观察分析，建立实际问题与中心极限定理之间的联系，获得实用而简单的统计分析方法和结论. 培养学生由浅入深地分析问题、解决问题的思维方式，帮助学生逐步建立正确的统计观念. 能够自觉地用所学的知识去观察生活，通过建立简单的数学模型，运用统计方法，分析和解决生活中的实际问题.

二、教学思想

中心极限定理是概率论与数理统计课程中一个重要的定理，衔接着概率论知识与数理统计的相关知识. 数理统计中许多统计方法都是以中心极限定理为基本理论基础. 利用中心极限定理，数理统计中许多纷乱复杂的随机变量序列和的分布都可以用正态分布进行近似，而正态分布有着许多优美的结论，从而可以获得实用且简单的统计分析方法和结论．中心极限定理在数理统计、管理决策、近似计算以及保险业等诸多领域中有着重要的应用价值．

三、教学分析

1. 教学内容

1）中心极限定理的内容．

2）列维 - 林德伯格定理．

3）棣莫佛 - 拉普拉斯定理．

4）中心极限定理的应用举例．

2. 教学重点

1）中心极限定理的意义．

2）中心极限定理的条件与结论．

3）运用中心极限定理求解实际问题．

4）正态分布的意义．

3. 教学难点

1）问题的提出．

2）中心极限定理的本质．

3）实际问题的求解．

4. 对重点、难点的处理

1）中心极限定理的内容是研究独立随机变量和的极限分布，既然是极限分布，当然是和的项数越大越精确．所以问题引入就选取为大量和的分布情形，选取了小区用电规划问题，让学生对大量和的分布有一个深刻印象．

2）中心极限定理的本质，主要体现在极限分布是正态分布，而不是别的什么分布，正是中心极限定理揭示了正态分布的重要性．所以在讲解中要非常鲜明地说清楚，正态分布为什么这么重要．

3）实际问题的选取要贴近生活，以激发学生的学习兴趣，让学生感觉数学就在身边，通过提问，引导学生将实际问题与中心极限定理建立联系，进而加强对中心极限定理的理解及应用．

4）计算机模拟演示，给中心极限定理一个直观的解释．

四、教学方法与策略

1. 课堂教学设计思路

1）以小区用电规划问题作为问题的引入．在问题条件下，需要考虑 300 户居民的用电问题，为解决保证居民正常用电的概率计算，需要知道和的分布．但是 300 个独立随机变量的和的分布，其计算谈何容易！于是问题就提出来了．紧接着，从图形中感受一下和的分布又该是怎样的呢？给出问题中所涉及的均匀分布和的分布，项从一个、两个加到 30 个，发现其分布密度图形和正态分布密度图形很相似；再给出一个泊松分布（离散型）的例子．由于泊松分布有可加性，所以只需看分布参数就能说明问题．从图形中可见，参数为 20 时，其分布状况就接近正态分布了．把这两个问题综合起来，就得到了中心极限定理所研究的内容．

2）重点讲中心极限定理的研究内容．分几个点来解释中心极限定理的内容和意义．为什么中心极限定理研究和的极限分布，而不是精确分布？为什么独立随机变量和的极限分布是正态分布，而不是别的分布？如何描述极限分布是正态分布？为什么称之为中心极限定理，这个"中心"是什么意思？把这些问题一一说明后，学生才有可能真正理解中心极限定理的内涵．

3）本节重点介绍列维 - 林德伯格定理和棣莫佛 - 拉普拉斯定理．对这两个定理，要讲清楚条件、结论和应用形式．由于定理的证明超出课程要求范围，所以把精力和时间用在实际问题求解上，并设计了四个应用问题．食堂窗口规划问题、天文测量问题、保险问题和计算精度对比问题．每个问题求解分三步，先审题，根据中心极限定理寻找近似分布，求解问题．当然对其中一些问题可以进行拓展性讨论．

4）适当用点时间介绍一下四位数学家的生平，以及数学定理背后数学家付出的努力．学生有了对数学家的崇敬，理解这些定理就更有动力了．

5）计算机模拟演示．数学内容毕竟有些抽象和枯燥，计算机模拟演示可以作为教学的辅助手段，让抽象难懂的知识直观亲切．本节模拟的是四种分布的和与正态分布逼近的过程．四幅模拟逼近框图同时显示，依次是二项分布、泊松分布、均匀分布和指数分布．随着和的项数不断增大，分布密度的曲线与标准正态密度曲线无限接近，表明正态分布确实是独立随机变量和的极限分布．

2. 板书设计

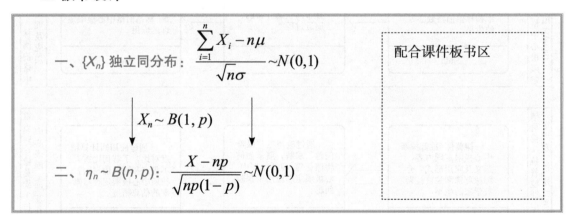

一、$\{X_n\}$ 独立同分布：$\dfrac{\sum\limits_{i=1}^{n} X_i - n\mu}{\sqrt{n}\sigma} \sim N(0,1)$

配合课件板书区

$X_n \sim B(1,p)$

二、$\eta_n \sim B(n,p)$：$\dfrac{X - np}{\sqrt{np(1-p)}} \sim N(0,1)$

五、教学安排

1. 教学进程框架

根据教学要求和教学计划安排，以教学过程图所示的教学进程进行安排，将各部分教学内容分解为"问题提出""问题定义 / 分析"和"问题求解 / 应用"三部分，始终以问题为导向，以分析为重点，以应用为巩固拓展，引导学生进行学习．

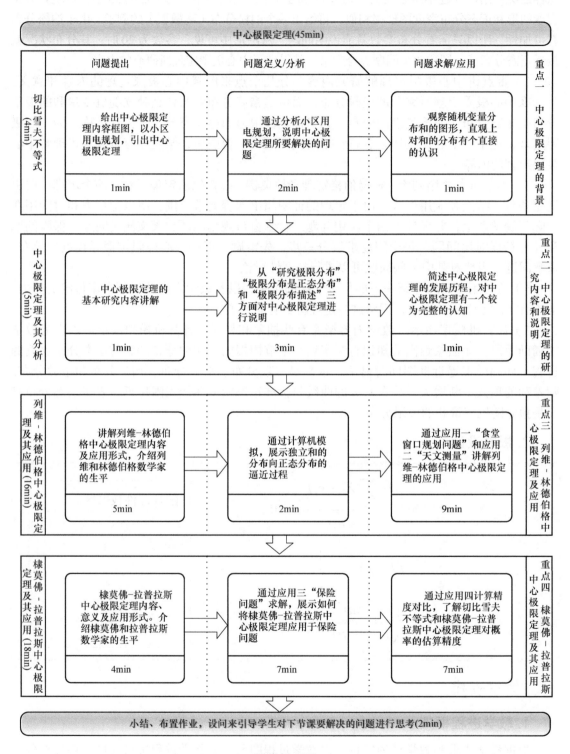

教学过程图

2.教学进程详细内容

根据教学框架，针对每个知识点进行详细设计，具体内容如下：

教学进程表

教学意图	教学内容	教学环节设计
	1. 切比雪夫不等式（4min）	
给出本节内容框图 （累计1min）	• 本节内容介绍 极限定理——用极限工具，研究在相同条件下大量重复试验中，随机现象呈现出的统计规律，揭示随机现象的偶然性向必然性转换的辩证关系 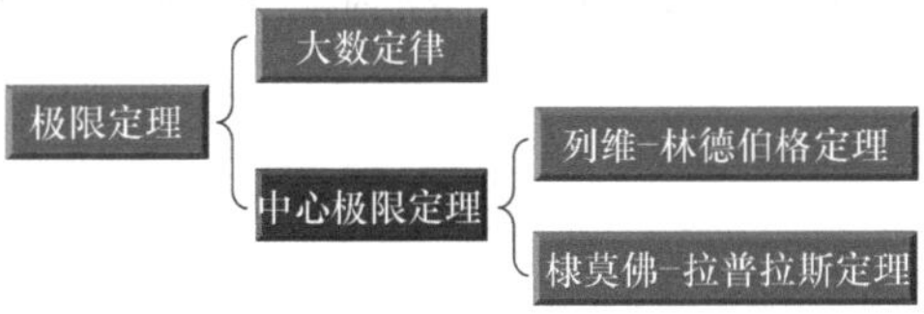 极限定理 { 大数定律 / 中心极限定理 { 列维-林德伯格定理 / 棣莫佛-拉普拉斯定理 } }	时间：1min 给出知识框图，让学生对所学内容有一个大概的了解
问题引入 住宅小区用电规划问题 （累计3min）	• 问题引入 住宅小区用电规划问题 城市设计院对某住宅小区设计时估算用电负荷，设该小区有300户居民，晚5：30～7：30每户居民使用电器总功率 $X_i \sim U(1,3)$（单位：kW），则该小区用电负荷设计至少多大才能以0.99的概率保证居民正常用电？   分析：设用电负荷设计为 kkW，记 Y 为该小区总电器功率（单位：kW），则 $Y = \sum_{i=1}^{300} X_i$，注意到 $X_1, X_2, \cdots, X_{300}$ 相互独立，由题意得 $$P\{Y \leqslant k\} \geqslant 0.99$$ 问题：大量随机变量和的分布该如何进行简便计算	时间：2min 从小区用电规划问题，引出随机变量和的分布的计算，这是本节研究的内容
分布图形直观分析 （累计4min）	• 观察一些分布的和的图形 （1）n 个独立同均匀分布的随机变量的和的分布 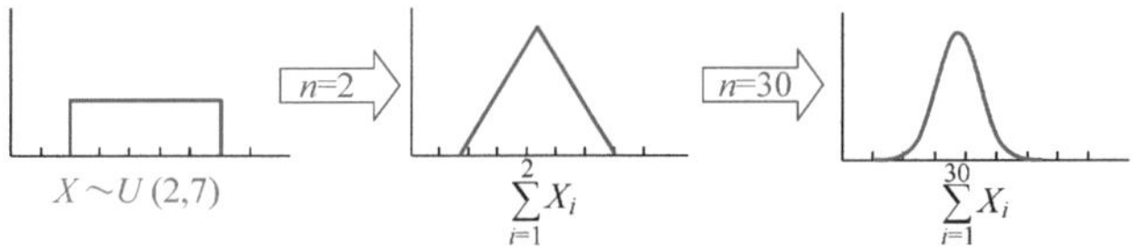 $X \sim U(2,7)$　　$n=2$　　$\sum_{i=1}^{2} X_i$　　$n=30$　　$\sum_{i=1}^{30} X_i$ （2）n 个独立同泊松分布的随机变量的和的分布 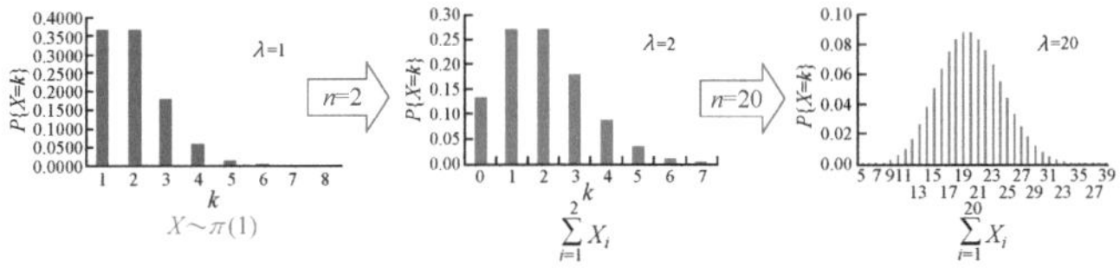 $\lambda=1$　$X \sim \pi(1)$　$n=2$　$\lambda=2$　$\sum_{i=1}^{2} X_i$　$n=20$　$\lambda=20$　$\sum_{i=1}^{20} X_i$	时间：1min 观察两组分布图，直观地能否看出独立随机变量和的分布有什么趋势？

（续）

教学意图	教学内容	教学环节设计
	2. 中心极限定理及其分析（5min）	
对中心极限定理研究内容的说明 1（累计 5min）	• **中心极限定理研究内容** 中心极限定理——研究在什么条件下，独立随机变量和的极限分布是正态分布 • **说明 1　为什么不研究独立随机变量和的精确分布？** 原因：具有可加性的分布，其精确分布容易获得，但是这种分布只占一少部分. 有时和的精确分布即使知道，但概率计算有难度！更多的不具有可加性的分布其精确分布可用卷积公式，但是计算量巨大！比如说二项分布，它是若干个独立均服从 0—1 分布的和，但是概率计算很麻烦	时间：1min 直截了当地给出中心极限定理研究的内容，再仔细解释. 分四点进行说明 先解释为什么不直接求精确分布
对中心极限定理研究内容的说明 2（累计 6min）	• **说明 2　为什么独立随机变量和的极限分布是正态分布？** 这正说明正态分布的重要性. 我们从三个方面来说明正态分布的重要意义 （1）普遍适用性 若影响某一数量指标的随机因素很多，这些因素相互独立，作用微小，则这一指标认为服从正态分布 （2）概率计算简便 正态分布的概率计算化为查表 （3）理论价值高 正态分布是二项分布、泊松分布等的极限分布（中心极限定理），可以诱导出一些重要分布（统计三大分布）	时间：1min 说明为什么极限分布是正态分布，而不是其他的分布，这恰恰意味着正态分布是何等的重要！
对中心极限定理研究内容的说明 3（累计 8min）	• **说明 3　如何描述极限分布是正态分布？** 设 $X_1, X_2, \cdots, X_n, \cdots$ 为独立同分布的随机变量序列，其共同的均值为 μ，方差为 σ^2，记 $Y_n = X_1 + X_2 + \cdots + X_n$，有 $E(Y_n) = n\mu$，$D(Y_n) = n\sigma^2$，将 Y_n 标准化后有 $$Z_n = \frac{Y_n - n\mu}{\sigma\sqrt{n}}$$ 即在什么条件下，Z_n 的极限分布是 $N(0,1)$ Z_n 的分布函数：$\forall x, F_{Z_n}(x) = P\left\{\frac{Y_n - n\mu}{\sigma\sqrt{n}} \leq x\right\}$ $N(0,1)$ 的极限分布函数：$\Phi(x) = \int_{-\infty}^{x} \frac{1}{\sqrt{2\pi}} e^{-\frac{x^2}{2}} dx$ 在一定条件下，$\forall x, \lim\limits_{n\to\infty} P\left\{\frac{Y_n - n\mu}{\sigma\sqrt{n}} \leq x\right\} = \Phi(x)$	时间：2min 把极限分布为正态分布的结论转化为数学符号语言 先说明为什么随机变量要进行标准化，再说明用分布函数的极限描述分布的逼近

（续）

教学意图	教学内容	教学环节设计
对中心极限定理研究内容的说明 4（累计 9min）	• 说明 4　为什么称为中心极限定理？ ┌────────────┐　　　　　　┌──────────────────┐ │1733年棣莫佛│　　**202** ➡│1935年费勒对中心极限定理│ │得到第一个中│　　　　　　│继续进行研究，并搞清楚了│ │心极限定理　│　　　　　　│向正态分布收敛的充要条件│ └────────────┘　　　　　　└──────────────────┘ 　　1733 年棣莫佛得到特殊情形下（$p = 1/2$）的棣莫佛-拉普拉斯中心极限定理，从此开始了研究独立和的极限分布为正态的各种充分条件的漫长历程 　　1922 年，林德伯格提出了充分条件，1935 年，费勒进一步指出，在某种条件下，这个条件也是必要的，这样就搞清了向正态分布收敛的充要条件 　　这样前后用了 200 年的时间. 在这 200 年中，有关独立随机变量和的极限分布的讨论，一直是概率论研究的一个中心，故称为中心极限定理 　　我们今天这节课只介绍其中两个中心极限定理	时间：1min 大体上回顾一下中心极限定理的发展历程
3. 列维-林德伯格中心极限定理及其应用（16min）		
列维-林德伯格中心极限定理内容（累计 11min）	• 列维-林德伯格中心极限定理 　　设（1）$\{X_n\}$ 独立同分布； 　　（2）$\forall i, E(X_i) = \mu, D(X_i) = \sigma^2, 0 < \sigma^2 < +\infty$ 　　这时 $E\left(\sum_{i=1}^{n} X_i\right) = n\mu$, $D\left(\sum_{i=1}^{n} X_i\right) = n\sigma^2$ 　　则 $\forall x \in \mathbf{R}$, $P\left\{\dfrac{\sum_{i=1}^{n} X_i - n\mu}{\sqrt{n}\sigma} \leqslant x\right\} = \Phi(x)$ 　　应用形式：$\dfrac{\sum_{i=1}^{n} X_i - n\mu}{\sqrt{n}\sigma} \overset{\text{近似}}{\sim} N(0,1)$；或者 $\sum_{i=1}^{n} X_i \overset{\text{近似}}{\sim} N(n\mu, n\sigma^2)$ 　　或者 $\dfrac{1}{n}\sum_{i=1}^{n} X_i \overset{\text{近似}}{\sim} N\left(\mu, \dfrac{1}{n}\sigma^2\right)$	时间：2min 介绍列维-林德伯格中心极限定理的内容及应用形式
列维、林德伯格简介（累计 14min）	• 列维、林德伯格简介 　　列维（Levy，1886—1971），法国数学家. 其主要贡献是概率论和泛函分析方面 　　1913 年以后在法国综合工科学校任教，1920 年任教授. 1950—1962 年曾到美国访学，1946 年当选为巴黎科学院院士. 他引入分布律的列维距离、散布函数和集结函数、鞍、局部时等概念，对极限理论和随机过程理论做出了重要贡献  　　林德伯格（Lindeberg，1876—1932），芬兰数学家. 林德伯格就读于赫尔辛基大学，早期对偏微分方程和积分变换感兴趣，从 1920 年开始转向概率统计，当年发表了第一篇中心极限定理的论文. 两年后，他用同样的方法得到了更进一步的结论——林德伯格条件，他也因中心极限定理而闻名 	时间：3min 列维和林德伯格生平简介 让学生明白，数学中的任何一个成果，都是数学家们毕生奋斗的结果

（续）

教学意图	教学内容	教学环节设计
列维 - 林德伯格中心极限定理模拟（累计 16min）	**· 列维 - 林德伯格中心极限定理模拟** 模拟四种分布的和与正态分布逼近的过程 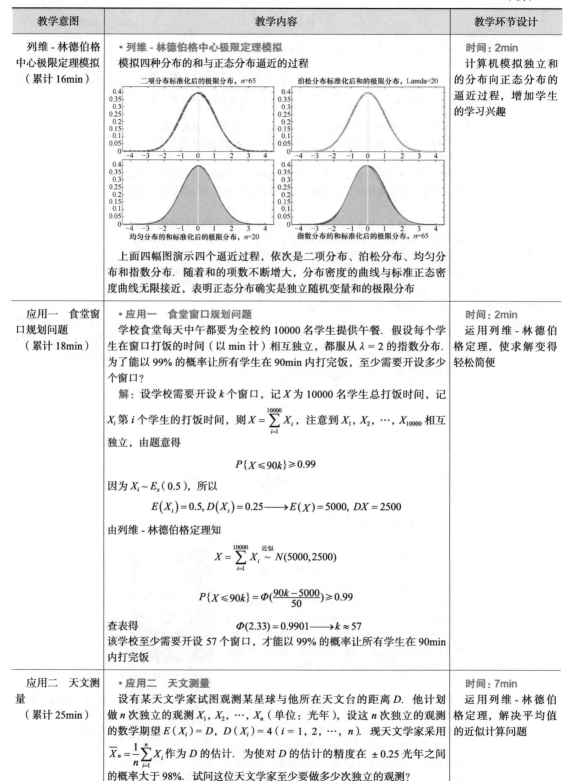 上面四幅图演示四个逼近过程，依次是二项分布、泊松分布、均匀分布和指数分布. 随着和的项数不断增大，分布密度的曲线与标准正态密度曲线无限接近，表明正态分布确实是独立随机变量和的极限分布	**时间：2min** 计算机模拟独立和的分布向正态分布的逼近过程，增加学生的学习兴趣
应用一 食堂窗口规划问题（累计 18min）	**· 应用一 食堂窗口规划问题** 学校食堂每天中午都要为全校约 10000 名学生提供午餐. 假设每个学生在窗口打饭的时间（以 min 计）相互独立，都服从 $\lambda=2$ 的指数分布. 为了能以 99% 的概率让所有学生在 90min 内打完饭，至少需要开设多少个窗口？ **解**：设学校需要开设 k 个窗口，记 X 为 10000 名学生总打饭时间，记 X_i 第 i 个学生的打饭时间，则 $X=\sum\limits_{i=1}^{10000} X_i$，注意到 $X_1,X_2,\cdots,X_{10000}$ 相互独立，由题意得 $$P\{X\leqslant 90k\}\geqslant 0.99$$ 因为 $X_i\sim E_x(0.5)$，所以 $$E(X_i)=0.5,\ D(X_i)=0.25\longrightarrow E(X)=5000,\ DX=2500$$ 由列维 - 林德伯格定理知 $$X=\sum_{i=1}^{10000} X_i \overset{近似}{\sim} N(5000,2500)$$ $$P\{X\leqslant 90k\}=\Phi\left(\frac{90k-5000}{50}\right)\geqslant 0.99$$ 查表得 $\qquad \Phi(2.33)=0.9901\longrightarrow k\approx 57$ 该学校至少需要开设 57 个窗口，才能以 99% 的概率让所有学生在 90min 内打完饭	**时间：2min** 运用列维 - 林德伯格定理，使求解变得轻松简便
应用二 天文测量（累计 25min）	**· 应用二 天文测量** 设有某天文学家试图观测某星球与他所在天文台的距离 D. 他计划做 n 次独立的观测 $X_1,X_2,\cdots,X_n$（单位：光年），设这 n 次独立的观测的数学期望 $E(X_i)=D$，$D(X_i)=4$（$i=1,2,\cdots,n$）. 现天文学家采用 $\overline{X}_n=\frac{1}{n}\sum\limits_{i=1}^{n} X_i$ 作为 D 的估计. 为使对 D 的估计的精度在 ± 0.25 光年之间的概率大于 98%. 试问这位天文学家至少要做多少次独立的观测？	**时间：7min** 运用列维 - 林德伯格定理，解决平均值的近似计算问题

（续）

教学意图	教学内容	教学环节设计
	解：由题意得 $P\{|\overline{X}_n-D|\le 0.25\}\ge 0.98$，需求最小 n。因为做的试验是 n 次独立重复观测，所以可以认为 $X_1,X_2,\cdots,X_n$ 独立同分布，且 $$E(\overline{X})=D,\ D(\overline{X})=\frac{4}{n}$$ 由列维 - 林德伯格定理知 $$\frac{1}{n}\sum_{i=1}^{n}X_i\overset{\text{近似}}{\sim}N\left(D,\frac{4}{n}\right)$$ 于是 $$P\{|\overline{X}_n-D|\le 0.25\}$$ $$=P\left\{\frac{|\overline{X}_n-D|}{2/\sqrt{n}}\le\frac{0.25}{2/\sqrt{n}}\right\}$$ $$\approx 2\varPhi\left(\frac{0.25}{2/\sqrt{n}}\right)-1\ge 0.98$$ 即 $\quad\varPhi\left(\dfrac{0.25}{2/\sqrt{n}}\right)\ge 0.99$ 查表知 $\dfrac{0.25}{2/\sqrt{n}}\ge 2.33$ 解得 $n\ge 347.4496$ 取 $n=348$ 所以可以得出这位天文学家至少要做 348 次独立的观测 说明：本题表明，由中心极限定理还可解决随机变量的算术平均值的近似计算问题。同时，也给出了独立同分布的一个应用背景。在数理统计中，我们将会经常遇到这种情形	本例题背景是天文数据观测，以平均值作为观察值，依据就是大数定律。题型是概率反算问题 带领学生逐步明确题意，分步骤把解题过程清晰化
	4. 棣莫佛 - 拉普拉斯中心极限定理及其应用（18min）	
棣莫佛 - 拉普拉斯中心极限定理内容 （累计 26min）	• 棣莫佛 - 拉普拉斯中心极限定理 设随机变量 $\eta_n\ (n=1,2,\cdots)$ 服从以 n，p 为参数的二项分布，且 $0<p<1$，这时 $$E(\eta_n)=np,\quad D(\eta_n)=np(1-p)$$ 则对任意实数 x，有 $$\lim_{n\to\infty}P\left\{\frac{\eta_n-np}{\sqrt{np(1-p)}}\le x\right\}=\varPhi(x)$$ 证明略 一般在实际应用中，若 $X\sim B(n,p)$，当 n 较大时，可使用如下近似公式： $$\frac{X-np}{\sqrt{np(1-p)}}\overset{\text{近似}}{\sim}N(0,1)\,;\ 或者\ X\overset{\text{近似}}{\sim}N(np,np(1-p))$$	时间：1min 棣莫佛 - 拉普拉斯中心极限定理的内容及应用形式

（续）

教学意图	教学内容	教学环节设计
棣莫佛-拉普拉斯中心极限定理的意义及数学家简介 （累计 29min）	**·棣莫佛-拉普拉斯中心极限定理的意义** 棣莫佛-拉普拉斯中心极限定理告诉我们：二项分布的极限分布是正态分布. 而正态分布的概率计算，可通过查表轻松地完成，故二项分布的计算，除了用泊松分布近似计算外，还可用正态分布近似计算. 至此，我们已基本解决二项分布的近似计算问题 中心极限定理有着有趣的历史. 这个定理的首先被法国数学家棣莫佛发现，他在 1733 年发表的卓越论文中使用了正态分布去估计大量抛掷硬币出现正面次数的分布. 这个超越时代的成果险些被历史遗忘，所幸著名法国数学家拉普拉斯在 1812 年发表的巨著《概率的分析理论》中拯救了这个默默无名的理论. 拉普拉斯扩展了棣莫佛的理论，并指出二项分布可用正态分布逼近. 但同棣莫佛一样，拉普拉斯的发现在当时并未引起很大反响. 直到 19 世纪末中心极限定理的重要性才被世人所知. 1901 年，俄国数学家李雅普诺夫用更普通的随机变量定义中心极限定理并在数学上进行了精确地证明. 如今，中心极限定理被认为是（非正式地）概率论中的首席定理 棣莫佛（De Moivre, 1667—1754），数学家，出生于法国，后移居英国. 1695 年写出颇有见地的有关流数术学的论文，并成为牛顿的好友，两年后当选为皇家学会会员. 为解决二项分布的近似，而得到了这个结论（相当于 $p = 0.5$）；并由此发现了正态分布的密度形式 拉普拉斯（Laplace, 1749 — 1827），法国数学家，研究领域很广，涉及天文、数学、物理、化学，一生主要精力花在天体力学上，把数学当作解决问题的重要工具，而在运用数学的同时又创造和发展了许多的数学方法. 1812 年发表《概率的分析理论》. 在此书中，拉普拉斯将棣莫佛的结果推广到 $0<p<1$，为此他花了约 20 年的时间	时间：3min 棣莫佛-拉普拉斯中心极限定理的意义 棣莫佛和拉普拉斯生平简介
应用三 保险问题 （累计 33min）	**·应用三 保险问题** 某保险公司拟推出在校大学生意外伤害险，每位参保人交付 50 元保费，出险时可获得 2 万元赔付；已知一年中的出险率为 0.15%，现有 6000 名新生欲参加保险. 求保险公司因开展这项业务获利不少于 6 万元的概率. **分析**：保险公司盈利不少于 6 万即参加保险者至多有 12 名出险 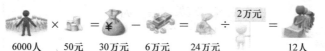 6000人　50元　30万元　6万元　24万元　　　12人 **解**：记 X 为参加保险者出险的人数. 注意到 X 服从二项分布 $B(6000, 0.0015)$ 易算得 $$E(X)=9, D(X)=8.9865$$	时间：4min 说明几点： 1）出险的人数为多少服从二项分布？ 2）如何确定其极限分布，也就是正态分布的参数

（续）

教学意图	教学内容	教学环节设计
	由中心极限定理知　　　　　　$X \overset{近似}{\sim} N(9, 8.9865)$ $$P\{X \leqslant 12\} \approx \Phi\left(\frac{12-9}{\sqrt{8.9865}}\right) = \Phi(1.0008) = 0.8415$$ 经计算，保险公司因开展这项业务获利不少于 6 万元的概率为 84.15%	
应用三　思考保险的相关因素（累计 36min）	• 应用三　思考保险的相关因素 　　设计一款保单时，如下图所示，需要考虑的因素有：参保人数、赔付金额、保费、盈利概率、盈利金额和出险率. 研究中可以同时考虑几个因素，也可以固定一些因素，只研究一个变量和另一个变量的关系. 左下图是固定参保人数为 6000 人、赔付金额 2 万元、保费 50 元和盈利金额 6 万元，研究盈利概率与出险率的关系图 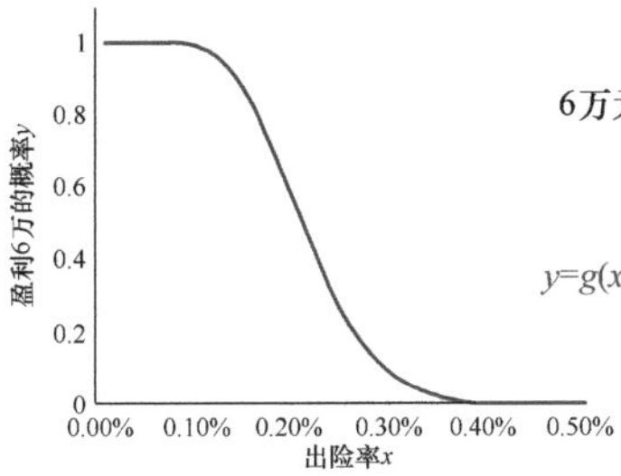 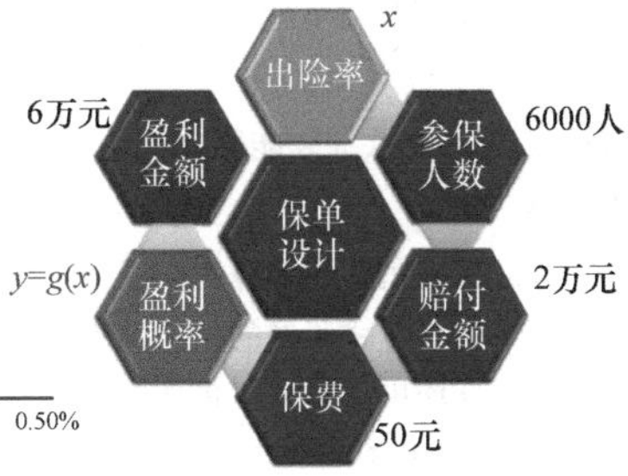	时间：3min 　　一般描述保单设计中所涉及的各种因素 　　仅就这些因素而言，可以固定其他因素，研究两个因素间的函数关系. 让学生可以自己编题、解题
应用四　计算精度对比　　用切比雪夫不等式求解（累计 40min）	• 应用四　计算精度对比 　　分别用切比雪夫不等式和棣莫佛 - 拉普拉斯中心极限定理估计，当掷一枚均匀硬币时，需掷多少次，才能保证出现正面的频率在 0.4～0.6 之间的概率不小于 90%？ 　　解：记 X 为将硬币掷 n 次时，出现正面的次数，由题意得 $$P\left\{0.4 \leqslant \frac{X}{n} \leqslant 0.6\right\} \geqslant 0.90, \text{ 估计 } n$$ 　　（1）用切比雪夫不等式求解 　　因为　　　　　　　　　　$X \sim B(n, 0.5)$ 　　所以　　　　　　$E(X) = 0.5n,\ D(X) = 0.25n$ 　　由切比雪夫不等式知 $$P\left\{0.4 \leqslant \frac{X}{n} \leqslant 0.6\right\} = P\{|X - 0.5n| \leqslant 0.1n\}$$ $$\geqslant 1 - \frac{0.25n}{(0.1n)^2} = 1 - \frac{25}{n} \geqslant 0.90$$ 　　解得　　　　　　　　　　$n \geqslant 250$ 　　算得需投掷至少 250 次，才能保证出现正面的频率在 0.4～0.6 之间的概率不小于 90%	时间：4min 　　前面讲过的切比雪夫不等式与棣莫佛 - 拉普拉斯中心极限定理都可以对事件概率做估计，两个方法的精度是怎样的关系呢？通过本例来计算对比一下

（续）

教学意图	教学内容	教学环节设计
应用四　计算精度对比用棣莫佛 - 拉普拉斯中心极限定理求解（累计 43min）	（2）用棣莫佛 - 拉普拉斯中心极限定理求解 因为 $X \sim B(n, 0.5)$，由棣莫佛 - 拉普拉斯中心极限定理知 $$\frac{X - 0.5n}{0.5\sqrt{n}} \overset{\text{近似}}{\sim} N(0,1)$$ 于是 $$P\left\{0.4 \leqslant \frac{X}{n} \leqslant 0.6\right\} = P\left\{\left|\frac{X}{n} - 0.5\right| < 0.1\right\}$$ $$= P\left\{\left|\frac{X - 0.5n}{0.5\sqrt{n}}\right| < \frac{\sqrt{n}}{5}\right\}$$ $$\approx 2\varPhi\left(\frac{\sqrt{n}}{5}\right) - 1 \geqslant 0.90$$ 解得　　$$\varPhi\left(\frac{\sqrt{n}}{5}\right) \geqslant 0.95 \longrightarrow \frac{\sqrt{n}}{5} \geqslant 1.65 \longrightarrow n \geqslant 68.0625$$ 算得需投掷至少 69 次，才能保证出现正面的频率在 0.4 ~ 0.6 之间的概率不小于 90% 说明：本题涉及的是由概率 $P\{|X_n - E(X_n)| < \varepsilon\}$ 估计 n 的题型. 结果表明，用切比雪夫不等式所做的估计远不如中心极限定理估计精确. 并且，用中心极限定理还可估算非对称区间上的概率. 还可用类似的方法处理，由概率 $P\{|X_n - E(X_n)| < \varepsilon\}$ 估计 ε 的问题	时间：3min 　计算对比表明，中心极限定理的精度比切比雪夫不等式要高. 并且中心极限定理可以分析计算非对称区间上取值的概率，而这个概率切比雪夫不等式是无法完成的

5. 小结与思考拓展（2min）

教学意图	教学内容	教学环节设计
小结、设问来加深学生对本节内容的印象，并引导学生对下节课要解决的问题进行思考（累计 45min）	• 小结 1）中心极限定理研究的内容； 2）列维 - 林德伯格中心极限定理； 3）棣莫佛 - 拉普拉斯中心极限定理； 4）有关数学家简介； 5）中心极限定理应用举例	时间：1min 　根据本节讲授内容，做简单小结
	• 思考拓展 1）独立不同分布的情形； 2）竞争问题中的公式推导； 3）独立同指数分布的和的密度图形； 4）文献查阅中心极限定理的意义	时间：1min 　根据本节讲授内容，给出一些思考拓展的问题
	• 作业布置 习题五 A：5，7，8	要求学生课后认真完成作业

六、教学评价

　　本单元的教学设计符合理工科二年级学生的认知规律和实际水平. 由于在教学设计中, 充分意识到参数区间估计的重要性与普遍性, 所以在问题的引入、概念的讲解、实例的选择, 都花费了不少心思、时间和精力, 特别是采用了计算机模拟手段, 让概率变得生动有趣, 并富有启发意义. 小区用电规划问题和食堂窗口规划问题是我们生活中常见问题, 其中会有哪些问题可以用概率来解读, 可能没有认真的思量过, 采用中心极限定理来解决上述问题, 是有效且有实际意义的. 实际上, 生活中有许多事物, 都可以用概率的眼光去发现研究. 通过对实例的分析, 意在培养学生自觉主动地用课堂上悟到的思想去分析他所见到的. 总之, 培养学生的数学素养, 是每一个数学教师的责任和追求.

第 6 章

数理统计

6.1 极大似然估计

一、教学目的

使学生深刻理解极大似然估计法的基本思想，掌握极大似然估计这种应用广泛的统计方法，分离散型总体与连续型总体两种情况，重点掌握似然函数和对数似然函数的构造和意义，掌握求似然函数（对数似然函数）最大值点的方法，学会在总体分布形式已知时运用极大似然估计给出未知参数估计的基本技能，并能够在方法步骤中找到与极大似然估计法基本思想的契合点．通过生动的实例引出极大似然估计的基本思想，再将学生思维引导到似然函数以及求其最大值点的方法之上，深入浅出地点明方法中所蕴含的统计思想，使学生更好地了解统计方法．使学生能够自觉地用统计的视角去观察生活，将统计方法用于分析和探讨生活中的实际问题，提高认知能力和水平．

二、教学思想

在数理统计中，统计推断问题分为参数估计和假设检验两大类．参数估计的形式有两种：点估计与区间估计．极大似然估计是英国统计学家费希尔（Fisher）首先提出的一种应用非常广泛的点估计方法．其想法非常简单，那就是选择参数的估计值，使观测到的样本出现的概率达到最大．极大似然估计是一种非常基本的统计方法，不仅在后面的分布拟合检验、回归分析等问题中有着延伸应用，而且在风险管理、方差分析、计量经济学中均有着广泛应用．因而，让学生在理解极大似然估计的基本思想的基础上，掌握好这种统计方法，使其既知其然，又知其所以然，便成为本节课的关键．

三、教学分析

1. 教学内容

1）极大似然估计法的基本思想．
2）离散型总体的样本似然函数及其意义．
3）连续型总体的样本似然函数及其意义．
4）极大似然估计法的步骤．
5）应用实例——使学生熟练掌握极大似然估计法，并掌握其应用．

2. 教学重点

1）理解极大似然估计法的基本思想.
2）掌握离散型总体的样本似然函数及其意义.
3）掌握连续型总体的样本似然函数及其意义.
4）熟练掌握极大似然估计的方法步骤.

3. 教学难点

1）掌握极大似然估计的基本思想，在何处上体现了这样的思想？
2）离散型与连续型总体的样本似然函数及各自的意义.
3）不同情况下求似然函数最大值点的方法.

4. 对重点、难点的处理

1）通过世界杯这一热议问题引入，深入浅出地使学生迅速抓住和深入理解极大似然估计的基本思想.

2）分别介绍离散型和连续型总体的样本似然函数，对比介绍两种情况下似然函数的意义，使学生在了解似然函数的基础上，也明白在极大似然估计中为什么要求似然函数的极大值点.

3）培养学生将所学知识和方法进行延伸的能力. 通过提问，引导学生在已给出极大似然估计法的步骤之后，思考为什么要引入对数似然函数，同时也进一步考虑对几个可能遇到的问题的解决方法.

4）给出若干实际应用的例子，一方面帮助学生逐步熟练掌握极大似然估计的方法步骤，另一方面也使之了解这一统计方法的广泛应用，以用促学，提高学生应用所学知识和方法解决实际问题的能力.

四、教学方法与策略

1. 课堂教学设计思路

1）以 2014 年世界杯引出极大似然估计的基本思想，一方面能迅速抓住学生的注意力，另一方面也深入浅出地使学生理解极大似然估计的思想，为课程内容的展开奠定良好的基础.

2）本节课的教学内容通过引导式地逐步提出问题、剖析与解释、给出方法、实例应用及拓展的模式串联起来，使得学生能够理解和熟练掌握极大似然估计这种基本的统计方法.

3）有了学生对极大似然估计思想的初步认知后，再逐步展开讲解离散型和连续型总体的样本似然函数及各自的意义，使学生能够更好地把握方法中为什么要求极大值点，明确"极大"两个字体现在哪里.

4）给出极大似然估计方法步骤的同时，通过提问的方式，引导学生思考为什么为了计算简便，往往要求对数似然函数的极大值点，以及在方法的应用中遇到某些特定问题时该如何处理. 使学生进一步从方法的执行中体会极大似然估计的思想.

5）通过多个应用实例让学生逐渐熟悉极大似然估计的方法步骤，同时也让学生了解这一方法的广泛应用.

6）计算机模拟演示. 计算机模拟是一种比较新颖的教学辅助手段，既可以验证所学到的知识点，又可以发现未被关注的新知识点. 结合手机寿命问题，本节设计了一个计算机模拟演示，用计算机产生随机数，模拟手机的寿命，再给出对应的似然函数和对数似然函数曲线，验证了确实在样本均值处取得最大值，还可以清楚地看见，随着样本值的不同，似然函数和对数似然函数两条曲线在不断变化. 模拟演示既加深了学生对知识点的理解，又提高了学生学习的兴趣.

2. 板书设计

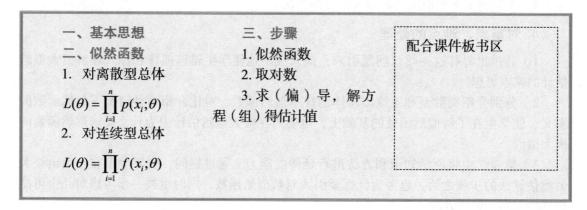

一、基本思想
二、似然函数
1. 对离散型总体
$$L(\theta) = \prod_{i=1}^{n} p(x_i; \theta)$$
2. 对连续型总体
$$L(\theta) = \prod_{i=1}^{n} f(x_i; \theta)$$

三、步骤
1. 似然函数
2. 取对数
3. 求（偏）导，解方程（组）得估计值

配合课件板书区

五、教学安排

1. 教学进程框架

根据教学要求和教学计划安排，以教学过程图所示的教学进程进行安排，将各部分教学内容分解为"问题提出""问题定义/分析"和"问题求解/应用"三部分，始终以问题为导向，以分析为重点，以应用为巩固拓展，引导学生进行学习.

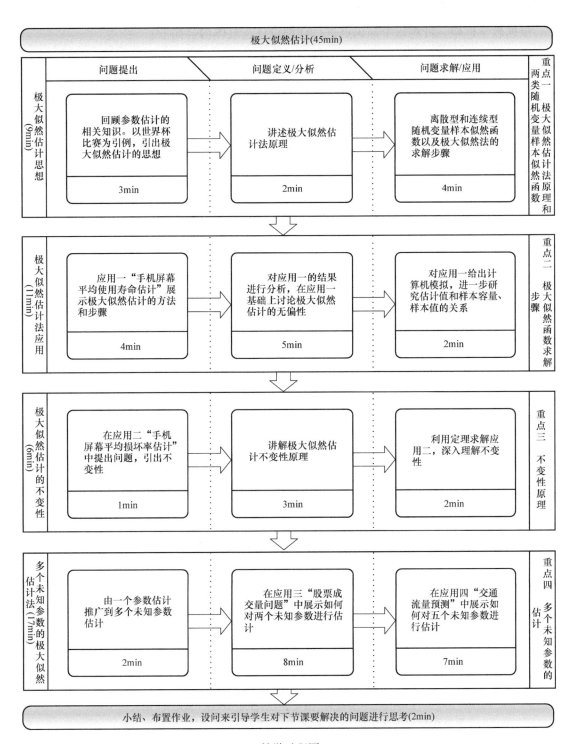

教学过程图

2. 教学进程详细内容

根据教学框架，针对每个知识点进行详细设计，具体内容如下：

教学进程表

教学意图	教学内容	教学环节设计
	1. 极大似然估计思想（9min）	
回顾参数估计问题 （累计 1min）	• **参数估计** 根据总体分布类型及抽取样本中提供的信息，对总体中未知参数进行估计 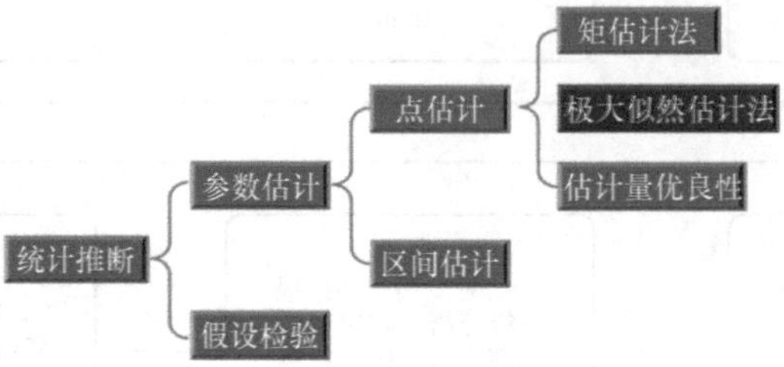 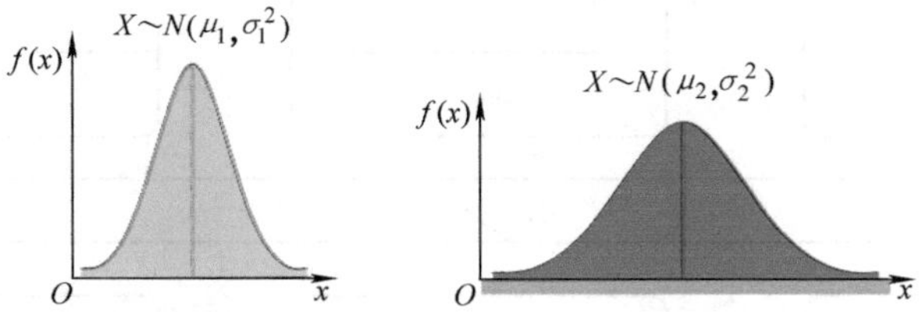  $X \sim N(\mu_1, \sigma_1^2)$ $\quad$ $X \sim N(\mu_2, \sigma_2^2)$	时间：1min **明确**：参数估计的任务
引入极大似然估计的基本思想 （累计 3min）	• **极大似然估计的基本思想** **提问引导**：在 2014 年巴西世界杯阿根廷对尼日利亚的比赛中，如果你没有观看，而是听到有人高喊"球进了！"，这时，你会认为是哪个队进球了？ 阿根廷 VS 尼日利亚  **分析**：因为阿根廷实力较强，故而学生会答是阿根廷. 借此引入极大似然估计的思想及方法 **极大似然估计的基本思想**：结果是在使它出现可能性最大的那个原因下发生的 **极大似然估计法**：从样本值出发，以使观察结果出现概率达到最大的参数值作为未知参数的估计值	时间：2min 热议 2014 年巴西世界杯达到以下目的： 1）吸引学生的注意力，使学生尽快进入上课状态； 2）帮助学生深入浅出地理解极大似然估计的基本思想

（续）

教学意图	教学内容	教学环节设计
给出离散型总体的样本似然函数，使学生理解其意义（累计 5min）	• 极大似然估计法分析一 如何度量样本值出现的可能性？ 设总体 X 属于离散型的，分布律为 $P\{X=k\}=p(x;\theta)$，其中 θ 为未知参数，$\theta \in \Theta$（这里 Θ 是 θ 可能的取值范围.） 任务：估计离散型总体中的未知参数 θ 设 $X_1, X_2, \cdots, X_n$ 是来自总体 X 的样本，又设 $x_1, x_2, \cdots, x_n$ 为相应的样本值，则样本值出现的概率为 $$P\{(X_1, X_2, \cdots, X_n) = (x_1, x_2, \cdots, x_n)\}$$ $$= P\{X_1 = x_1, X_2 = x_2, \cdots, X_n = x_n\}$$ $$= P\{X_1 = x_1\}P\{X_2 = x_2\}\cdots P\{X_n = x_n\}$$ $$= p(x_1;\theta)p(x_2;\theta)\cdots p(x_n;\theta)$$ $$= \prod_{i=1}^{n} p(x_i;\theta) = L(\theta)$$ 称 $L(\theta)$ 为样本的**似然函数** 似然函数的意义有两点：一是样本出现的概率，二是未知参数的函数. 也就是说，哪个参数使样本出现的可能性大，靠似然函数来度量	时间：2min 引导思考：通过考察离散型总体的样本值出现的概率来引出似然函数 提问：如何度量样本值出现的可能性？ 板书：离散型总体
给出对数似然函数及似然方程（累计 7min）	• 极大似然估计法分析二 求似然函数的最大值点 $\quad L(\hat{\theta}) = \max_{\theta \in \Theta} L(\theta)$ 注意到 $\quad\quad\quad\quad\quad\quad L(\theta) = \prod_{i=1}^{n} p(x_i;\theta)$ 取对数 $\ln L(\theta) = \sum_{i=1}^{n} \ln p(x_i;\theta)$，称为对数似然函数 由于 $\ln x$ 是 x 的增函数，所以 $\ln L$ 与 L 在同一点达到最大值. 似然函数与对数似然函数同升同降，有相同的极值点，另外取对数，可以变乘法为加法，简便运算 若 $\ln L(\theta)$ 对 θ 有连续导数，则可建立似然方程 $$\frac{\mathrm{d}}{\mathrm{d}\theta} \ln L(\theta) = 0, \theta \in \Theta$$ 1）若似然方程有唯一解，且是极大值点，则它就是极大似然估计； 2）若不易求解，或者无解，则直接求似然函数的最大值点似然方程的解（似然函数最大值点） $\hat{\theta}(x_1, x_2, \cdots, x_n)$ 为极大似然估计值，$\hat{\theta}(X_1, X_2, \cdots, X_n)$ 为极大似然估计值	时间：2min 确定求解目标，就是似然函数的最大值点，也就是对数似然函数的最大值点 说明取对数的目的，就是方便求导找驻点
给出连续型总体的似然函数（累计 8min）	• 极大似然估计法分析三 对连续型总体，如何寻找似然函数？ 对于连续型总体，样本落在样本点附近的概率为 $$P\{(X_1, X_2, \cdots, X_n) \in U(x_1, x_2, \cdots, x_n)\} \approx \prod_{i=1}^{n} f(x_i;\theta)\mathrm{d}x_i$$ 这个概率正比于 $\quad\quad\quad\quad \prod_{i=1}^{n} f(x_i;\theta)$	时间：1min

（续）

教学意图	教学内容	教学环节设计
	连续型总体参数的似然函数为 $$L(\theta) = \prod_{i=1}^{n} f(x_i;\theta)$$ 	总体	似然函数	似然函数的含义
离散型	$L(\theta) = \prod_{i=1}^{n} p(x_i;\theta)$	$p\{(X_1, X_2, \cdots, X_n) = (x_1, x_2, \cdots, x_n)\}$
连续型	$L(\theta) = \prod_{i=1}^{n} f(x_i;\theta)$	正比于样本值出现的概率		用对比的方法，给出连续型总体的似然函数，确定连续型与离散型似然函数意义的不同，但相同点是，都可以度量样本出现的概率
极大似然法解题步骤 （累计 9min）	• 极大似然估计法分析四 极大似然估计的解题步骤： （1）写出似然函数 $$L(\theta) = \prod_{i=1}^{n} p(x_i;\theta) \quad \text{或} \quad L(\theta) = \prod_{i=1}^{n} f(x_i;\theta)$$ （2）取对数似然函数 $$\ln L(\theta)$$ （3）求对数似然函数的最大值点 $$\frac{\mathrm{d}}{\mathrm{d}\theta}\ln L(\theta) = 0, \theta \in \Theta \longrightarrow \hat{\theta}$$	时间：1min 强调三个步骤，最重要的是似然函数，无论是否为离散型总体，似然函数一旦求出，后面两步过程完全一样
	2. 极大似然估计法应用（11min）	
应用一 手机屏幕平均使用寿命估计 （累计 13min）	• 应用一　手机屏幕平均使用寿命估计 某公司生产的大屏手机，想知道屏幕的平均使用寿命. 设屏幕寿命 X 服从参数为 θ 的指数分布. 现在对 7 位该款手机用户进行跟踪调查，得到的数据如下： | 手机编号	1	2	3	4	5	6	7
---	---	---	---	---	---	---	---
寿命 / 月	10	4.5	6	15	8	2	7 | 用极大似然估计法估计手机屏幕的平均使用寿命 	时间：4min 通过指数分布（连续型）参数的极大似然估计，讲解极大似然估计的方法与步骤

（续）

教学意图	教学内容	教学环节设计
	解：设手机屏幕的使用寿命为 X，则 X 的密度函数为 $$f(x,\theta)=\begin{cases}\dfrac{1}{\theta}\mathrm{e}^{-\frac{x}{\theta}}, & x>0\\ 0, & x\leqslant 0\end{cases}, \quad \theta>0\,(\theta\text{未知})$$ 1）似然函数：$L(\theta)=\prod\limits_{i=1}^{n}f(x_i;\theta)=\prod\limits_{i=1}^{n}\dfrac{1}{\theta}\mathrm{e}^{-\frac{x_i}{\theta}}=\dfrac{1}{\theta^n}\mathrm{e}^{-\frac{1}{\theta}\sum\limits_{i=1}^{n}x_i}$ 2）取对数：$\quad \ln L(\theta)=-n\ln\theta-\dfrac{1}{\theta}\sum\limits_{i=1}^{n}x_i$ 3）求导数：$\dfrac{\mathrm{d}}{\mathrm{d}\theta}\ln L(\theta)=-\dfrac{n}{\theta}+\dfrac{1}{\theta^2}\sum\limits_{i=1}^{n}x_i\overset{\diamond}{=}0$，解得 $$\theta=\dfrac{1}{n}\sum\limits_{i=1}^{n}x_i$$ 极大似然估计量 $\qquad\qquad \hat{\theta}=\dfrac{1}{n}\sum\limits_{i=1}^{n}x_i$ 代入样本值得极大似然估计值 $\hat{\theta}=7.5$ 问题：手机屏幕平均使用寿命为7.5，这个结果可信吗？ 一个统计估计值有两个要素：估计量和样本值，即 $$\left.\begin{array}{l}\text{估计量}\hat{\theta}=\dfrac{1}{n}\sum\limits_{i=1}^{n}X_i\\ \text{样本值}x_1,x_2,\cdots,x_n\end{array}\right\}\longrightarrow\hat{\theta}=\dfrac{1}{n}\sum\limits_{i=1}^{n}X_i$$ 所以下面从这两个方面来讨论一下	
分析估计量（累计15min）	• 分析估计量 分析1　估计量 $\hat{\theta}=\dfrac{1}{n}\sum\limits_{i=1}^{n}X_i$ 会有偏差吗？ 注意到样本 $X_1,X_2,\cdots,X_n$ 独立同分布，所以 $$E(\hat{\theta})=E\left(\dfrac{1}{n}\sum\limits_{i=1}^{n}X_i\right)=E(X)=\theta$$ 称 $E(\hat{\theta})-\theta$ 为系统偏差，故估计量 $\hat{\theta}=\dfrac{1}{n}\sum\limits_{i=1}^{n}X_i$ 也可以理解为无系统偏差，这就是我们下节要学的无偏估计 无系统偏差——对有些样本值可能估计值偏低，而对另一些样本值又偏高，但把这些正、负偏差在概率上平均起来，其值为0 结论：这个估计量整体性能良好	时间：2min 含义是无系统偏差 具体有两点：这种偏差在0附近随机摆动；而在大量重复使用时不会产生系统偏差

（续）

教学意图	教学内容	教学环节设计
分析估计量 （累计 17min）	•分析估计量 分析 2　取样个数增加估计会更准确吗? 因样本 $X_1, X_2, \cdots, X_n$ 独立同分布，由辛钦大数定律 $$\hat\theta = \frac{1}{n}\sum_{i=1}^{n} X_i \xrightarrow{P} E(X) = \theta$$ 说明只有样本容量足够大，$\hat\theta = \frac{1}{n}\sum_{i=1}^{n} X_i$ 与真值有较大偏差的概率很小. 所以，当跟踪的手机个数 n 越大时，得到的估计值越准确 结论：这个估计量整体性能良好 以上从两个角度说明估计量，作为一种估计方法，整体上还是比较优良的	时间：2min 通过提问使学生了解： 1）估计值随样本值改变而改变； 2）估计值与样本容量的关系
分析样本值 （累计 18min）	•分析样本值 分析 3　换一组样本值，估计值会改变吗? 这个问题是从样本值角度来看问题的. 同一个估计量在不同样本值下通常会得到不同的估计结果 结论：换一组样本值，估计值一般会改变 举例：若样本值换为 1.5, 2, 1, 2.5, 3，则 $$\theta = \frac{1}{5}\sum_{i=1}^{5} x_i = 2$$	时间：1min 估计值当然依赖样本值，同一个估计量，无论性能多好，不同样本值下有不同结果
应用一　计算机模拟 （累计 20min）	•应用一　计算机模拟 为了更好地理解极大似然估计法，特设计了计算机模仿仿真试验 右下图：一次试验产生了 7 个随机点，模拟 7 款手机屏幕平均使用寿命，计算出 7 个随机点的平均值用红点表示 右上图：由 7 个样本值得到的指数分布密度曲线 中上图：由 7 个样本值得到的似然函数曲线，可见似然函数在样本均值处取得最大值 中下图：由 7 个样本值得到的对数似然函数曲线，可见对数似然函数在样本均值处取得最大值 左上图：共进行 100 次试验，呈现的是 100 次试验得到的样本均值，红线为平均值为 2.5 的直线 左下图：100 次试验得到的样本平均值的累积频率折线 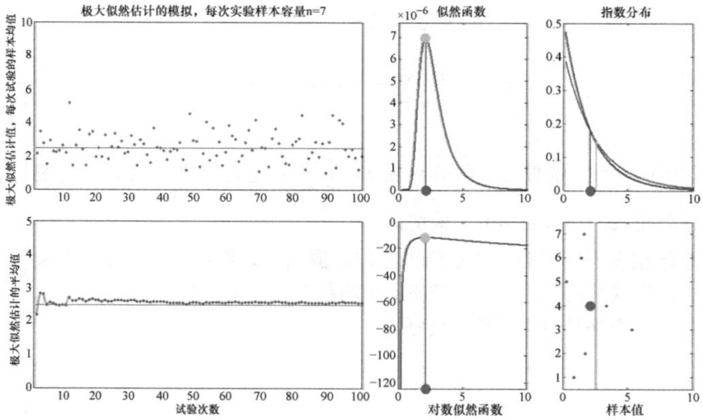 	时间：2min 通过计算机模拟，学生可以验证学到的知识点，还可以发现讲课中不易察觉的知识点. 比如：为什么似然函数和对数似然函数曲线在不断变动? 100 次试验得到的样本平均值的累积频率为什么有稳定趋势?

（续）

教学意图	教学内容	教学环节设计
	3. 极大似然估计的不变性（6min）	
引出极大似然估计法的不变性（累计 21min）	• 应用二　手机屏幕平均损坏率估计 某公司出售某款手机，设该款手机寿命 X 服从参数为 θ 的指数分布. 现在对 7 只该款手机的使用寿命进行跟踪调查，得到的数据如下： | 手机编号	1	2	3	4	5	6	7
---	---	---	---	---	---	---	---
寿命 / 年	3	1.5	2	3.5	2.5	2	3 | 用极大似然估计法估计手机屏幕的平均损坏率 $\dfrac{1}{\theta}$ 分析：利用应用一可求出手机屏幕平均使用寿命估计值 $\hat{\theta}=2.5$ 问题：手机平均损坏率是否为 $\dfrac{1}{\theta}=\dfrac{1}{2.5}=0.4$？	时间：1min 提问：让学生思考
使学生掌握极大似然估计法的不变性（累计 24min）	• 极大似然估计的不变性 定理　若 $\hat{\theta}$ 为 θ 的极大似然估计，$g(x)$ 为一一对应函数，则 $g(\hat{\theta})$ 为 $g(\theta)$ 的极大似然估计 证明：记 $\theta=h(\eta)$ 是 $\eta=g(\theta)$ 的反函数，于是 $$L(\theta)=\prod_{i=1}^{n}f(x_i;\theta)=\prod_{i=1}^{n}f(x_i,h(\eta))\overset{记}{=}L_1(\eta)$$ 现在求 $\hat{\eta}$ 使 $L_1(\hat{\eta})=\max_{\eta\in\Gamma}L_1(\eta)$，其中 $\hat{\eta}$ 是 η 的极大似然估计，由于 $\hat{\theta}$ 是 θ 的极大似然估计，所以 $L(\theta)$ 在 $\hat{\theta}$ 处取到最大值，记 $\hat{\theta}=h(\hat{\eta})$，即 $\hat{\theta}\longleftrightarrow\hat{\eta}$，可见 $L_1(\eta)$ 在 $\hat{\eta}$ 处取到最大值，从而证得 $\hat{\eta}$ 是 η 的极大似然估计	时间：3min 通过定理及证明，使学生理解极大似然估计
通过求解实际问题，让学生熟练应用极大似然估计法的不变性（累计 26min）	• 应用二　手机屏幕平均损坏率估计 解：θ——手机屏幕寿命， $\dfrac{1}{\theta}$——手机屏幕损坏率 利用应用一可求出手机屏幕平均使用寿命估计值 $\hat{\theta}=2.5$，注意到 $g(x)=\dfrac{1}{x}(x>0)$ 是一一对应函数，用极大似然估计法的不变性估计知，$g(\hat{\theta})=\dfrac{1}{\hat{\theta}}$ 为 $g(\theta)=\dfrac{1}{\theta}$ 的极大似然估计 $$g(\hat{\theta})=\dfrac{1}{\hat{\theta}}=\dfrac{1}{2.5}=0.4$$	时间：2min 运用极大似然估计的不变性，求解手机损坏率. 关键是对应函数是一一对应的
	4. 多个未知参数的极大似然估计法（17min）	
多个未知参数的极大似然估计（累计 28min）	• 推广至更一般的多个未知参数情形 若总体分布中含有多个未知参数，不妨设总体 X 的分布含多个未知参数 $\theta_1,\theta_2,\cdots\theta_k$，可得似然函数 $L(\theta_1,\theta_2,\cdots\theta_k)$，令 $$\begin{cases}\dfrac{\partial}{\partial\theta_1}\ln L(\theta_1,\theta_2,\cdots\theta_k)=0\\\dfrac{\partial}{\partial\theta_2}\ln L(\theta_1,\theta_2,\cdots\theta_k)=0\\\vdots\\\dfrac{\partial}{\partial\theta_k}\ln L(\theta_1,\theta_2,\cdots\theta_k)=0\end{cases}\longrightarrow\begin{cases}\hat{\theta}_1(x_1,x_2,\cdots,x_n)\\\hat{\theta}_2(x_1,x_2,\cdots,x_n)\\\vdots\\\hat{\theta}_k(x_1,x_2,\cdots,x_n)\end{cases}$$	时间：2min 总结归纳：给出总体分布中含有多个未知参数时的极大似然估计方法

（续）

教学意图	教学内容	教学环节设计
	极大似然估计值 $\longrightarrow \begin{cases} \hat{\theta}_1(X_1, X_2, \cdots, X_n) \\ \hat{\theta}_2(X_1, X_2, \cdots, X_n) \\ \vdots \\ \hat{\theta}_k(X_1, X_2, \cdots, X_n) \end{cases}$	
应用三　股票成 交量估计 （累计 34min）	• 应用三　股票成交量估计 　　股票成交量是分析股票走势的重要指标之一. 经验表明，在长期运作过程中，股票成交量 X 服从对数指数分布，即 $\ln X \sim N(\mu, \sigma^2)$. 求 μ, σ^2 的极大似然估计 　　解：设 $Y = \ln X \sim N(\mu, \sigma^2)$，其密度函数为 $$f(y : \mu, \sigma^2) = \frac{1}{\sqrt{2\pi}\sigma} e^{-\frac{(y-\mu)^2}{2\sigma^2}}$$ 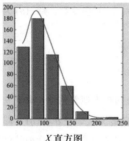 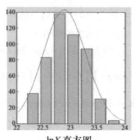 　　　　X 直方图　　　　　　$\ln X$ 直方图 注：样本选取上海股市 2012.6.1—2014.6.1 500 个交易日的日成交量数据。 构造极大似然函数 $$L(\mu, \sigma^2) = \prod_{i=1}^{n} \frac{1}{\sqrt{2\pi}\sigma} e^{-\frac{(y_i-\mu)^2}{2\sigma^2}}$$ $$= \left(\frac{1}{\sqrt{2\pi}\sigma}\right)^n e^{-\frac{1}{2\sigma^2}\sum_{i=1}^{n}(y_i-\mu)^2}$$ 取对数得 $$\ln L = -\frac{n}{2}\ln(2\pi) - \frac{n}{2}\ln\sigma^2 - \frac{1}{2\sigma^2}\sum_{i=1}^{n}(y_i-\mu)^2$$ 求导数得 $$\frac{\partial \ln L}{\partial \mu} = \frac{1}{\sigma^2}\left(\sum_{i=1}^{n} y_i - n\mu\right) = 0$$ $$\frac{\partial \ln L}{\partial \mu^2} = -\frac{n}{2\sigma^2} + \frac{1}{2(\sigma^2)^2}\sum_{i=1}^{n}(y_i-\mu)^2 = 0$$ 解得 $$\hat{\mu} = \overline{Y}, \hat{\sigma}_2 = \frac{1}{n}\sum_{i=1}^{n}(Y_i - \overline{Y})^2$$	时间：6min 　提出问题：正态总体中两个参数都未知，怎么办？引导学生解决问题 　在这个问题中，有两个未知参数 　强调：可以把 σ^2 作为一个整体

（续）

教学意图	教学内容	教学环节设计
	取 2012.6.1—2014.6.1 上海证券交易所成交量数据，可得 $$\hat{\mu} = \overline{Y} = 22.9$$ $$\hat{\sigma}_2 = \frac{1}{n}\sum_{i=1}^{n}\left(Y_i - \overline{Y}\right)^2 = 0.11$$ 可得 $\qquad Y = \ln X \sim N(22.9,\ 0.33^2)$	
应用三　股票成交量问题分析 （累计 36min）	• 应用三　股票成交量问题分析 思考：如何依靠成交量来判断大盘走势？ 分析：由于 $\ln X \sim N(22.9,\ 0.33^2)$，故而有 $$P\{\mu - 2\sigma < \ln X < \mu + 2\sigma\} = P\{22.24 < \ln X < 23.56\}$$ $$\approx 95\%$$ 即 $P\{4.56 \times 10^9 < X < 17.1 \times 10^9\} \approx 95\%$ 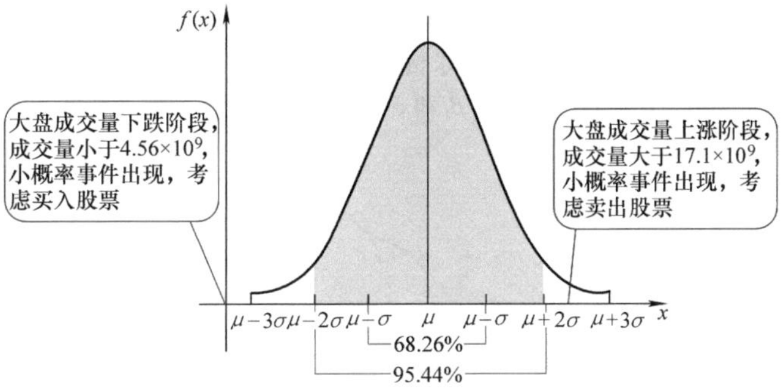 结论：大盘成交量上涨阶段，成交量大于 17.1×10^9，小概率事件出现，考虑卖出股票. 大盘成交量下跌阶段，成交量小于 4.56×10^9，小概率事件出现，考虑买入股票	时间：2min 对结果做进一步分析 引导提问：如何依靠成交量来判断大盘走势？ 结合正态分布概率计算，给出判断结论
应用四　交通流量预测 （累计 43min）	• 应用四　交通流量预测 某一时刻，对某市一交通路段（十字路口）进行交通流量观察拟对车流量进行预测 q_1：观测点公交车车流量 q_2：观测点轿车车流量 q_3：观测点货车车流量 d：预测点预测车流量 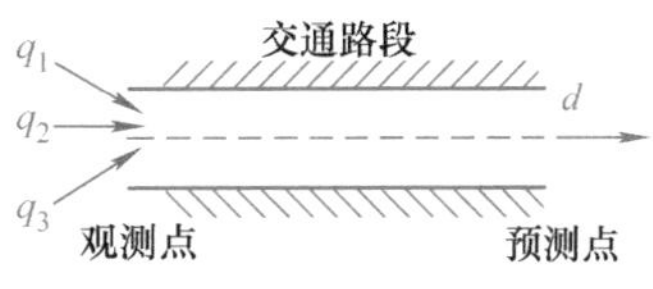 分析：预测模型为 $$d = \beta_0 + \beta_1 q_1 + \beta_2 q_2 + \beta_3 q_3 + \varepsilon$$ 其中 $\varepsilon \sim N(0, \sigma^2)$，$\beta_1$、$\beta_2$、$\beta_3$ 为不同类型车辆行驶因子，连同 β_0 均未知 求解目标：用极大似然法估计未知参数，再根据预测模型 $$\hat{d} = \hat{\beta}_0 + \hat{\beta}_1 q_1 + \hat{\beta}_2 q_2 + \hat{\beta}_3 q_3$$ 做出预测	时间：7min 这个问题中含有 5 个未知参数

（续）

教学意图	教学内容	教学环节设计
	解：对于每一组观测数据，易知 $$d_i \sim N(\beta_0 + \beta_1 q_{1i} + \beta_2 q_{2i} + \beta_3 q_{3i}, \sigma^2)$$ 概率密度为 $$f(d_i) = \frac{1}{\sqrt{2\pi}\sigma} \exp[-\frac{1}{2\sigma^2}(d_i - \beta_0 - \beta_1 q_{1i} - \beta_2 q_{2i} - \beta_3 q_{3i})^2]$$ 似然函数 $$L = \prod_{i=1}^{N} f(d_i)$$ $$= \frac{1}{(2\pi\sigma^2)^{N/2}} \exp[-\frac{1}{2\sigma^2}\sum_{i=1}^{N}(d_i - \beta_0 - \beta_1 q_{1i} - \beta_2 q_{2i} - \beta_3 q_{3i})^2]$$ 进一步地，有 $$\ln L = -\left(\frac{N}{2}\right)\ln(2\pi\sigma^2) - \frac{1}{2\sigma^2}\sum_{i=1}^{N}(d_i - \beta_0 - \beta_1 q_{1i} - \beta_2 q_{2i} - \beta_3 q_{3i})^2$$ 将 $\ln L$ 分别对 β_0、β_1、β_2、β_3、 σ^2 求偏导，得到 5 个线性方程，解得它们的极大似然估计量 $\hat{\beta}_0$、$\hat{\beta}_1$、$\hat{\beta}_2$、$\hat{\beta}_3$ 和 $\hat{\sigma}^2$. 预测值与实际值对比图如下： 红：预测值 蓝：实际值 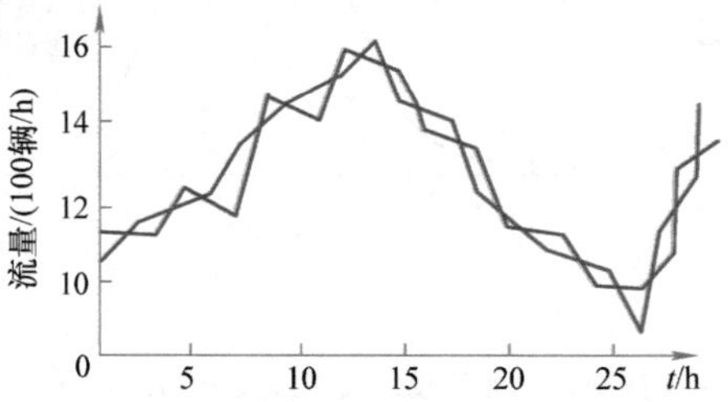	

5. 小结与思考拓展（2min）

小结、设问来加深学生对本节内容的印象，并引导学生对下节课要解决的问题进行思考（累计45min）	• **小结** 1）参数的极大似然估计法； 2）讨论了离散型和连续型总体的样本似然函数及其意义； 3）给出极大似然估计步骤； 4）应用举例	时间：1min 根据本节讲授内容，做简单小结
	• **思考拓展** 1）若似然方程无解，即似然函数无驻点时，该如何求解？ 2）试进行极大似然估计与矩估计的对比分析； 3）如果总体中含有很多个未知参数，而样本容量并不大，那么极大似然估计的结果还会好吗？（"过度拟合"问题） 4）点估计有什么缺陷？	时间：1min 根据本节讲授内容，给出一些思考拓展的问题
	• **作业布置** 习题七 A：3 ~ 6	要求学生课后认真完成作业

六、教学评价

本单元的教学设计符合理工科二年级学生的认知规律和实际水平，由世界杯引入问题，迅速抓住学生的注意力，让学生首先对极大似然估计的基本思想有所了解．在介绍离散型和连续型总体相应的样本似然函数过程中，着重于强调各自似然函数的意义；在给出极大似然估计的方法与步骤时，通过提出问题的方式，引发学生深入思考，最后结合实例，使学生掌握和逐步熟悉极大似然估计这一基本的统计方法，同时也了解它的广泛应用，达到"以用促学"的目的，能够较好地实现本单元的教学目标．在方法应用部分，引入手机屏幕寿命股票交易量、交通预测等实际问题，使学生拓宽视野，为将来运用统计方法解决实际问题打下良好的基础．

6.2　区间估计

一、教学目的

使学生理解置信区间、置信度以及区间估计的概念，重点掌握单个正态总体，方差已知和方差未知情形下进行区间估计的方法．通过新生儿平均体重的实例，引导学生发现问题、提出问题，由浅入深地分析问题、解决问题的思维方式．通过构造统计量，培养学生的发散思维能力．能够自觉地用所学的知识去观察生活，通过建立简单的数学模型，运用统计方法，分析和解决生活中的实际问题．

二、教学思想

区间估计是统计推断的一种基本形式，它是数理统计中的一个重要分支，通过从总体中抽取的样本，根据一定的正确度与精确度的要求，构造出适当的区间，以作为总体的分布参数（或参数的函数）的真值所在范围的估计．区间估计在医疗、交通、市场消费，甚至是自然灾害的预测等实际生活中都有着举足轻重的作用，它科学且精确地让我们预测一个未知参数的值，以达到预测和控制的目的．

三、教学分析

1. 教学内容

1）置信区间的定义．
2）单个正态总体中，方差已知情况下均值的区间估计．
3）单个正态总体中，方差未知情况下均值的区间估计．
4）单个正态总体方差的区间估计．
5）应用问题分析举例．

2. 教学重点

1）置信区间的概念．
2）置信度与精度的关系．
3）区间估计的应用实例分析．

3. 教学难点

1）置信区间的意义.

2）置信度与精度的关系.

3）实际问题的应用求解.

4. 对重点、难点的处理

1）首先通过引例说明为什么有区间估计的问题. 前面已经学了参数的点估计，但是点估计无法回答误差和可靠性两个问题，所以区间估计就是对点估计的一种补充.

2）给出奈曼原则. 解释为什么有这个准则，为什么置信度和精度是相互矛盾的，又是如何取舍的. 再结合具体应用问题，说明两者的关系.

3）精心选择例题. 选择贴近实际、贴近生活的例子，以激发学生的学习兴趣，让学生感觉数学的普遍适用性. 在实例分析的基础上，进行拓展思考，扩大学生的知识面.

4）计算机模拟演示. 用计算机模拟手段，让学生充分理解本节知识点，同时也让枯燥的数学内容直观化，增加教学效果.

四、教学方法与策略

1. 课堂教学设计思路

1）由票据核查问题引入. 总公司对分公司上报的众多票据进行核查时，不可能一一清点，可以采用抽样的方式，从中抽取的 100 张票据做点估计，得到一个点估计值，但是由于全部票据的平均值我们并不知道，所以这个估计值与真值有多大偏差，点估计的可信程度有多大，我们都无从所知. 因此点估计的缺陷就要靠区间估计来弥补修正. 这就是区间估计的意义.

2）缜密分析. 问题提出后，分析在点估计的基础上，如何给出一个估计误差范围，再给定一个可信的概率值，于是置信区间的概念就自然引出了. 然后设计一些问题，边问边分析，讲清楚如下几个问题：区间估计和点估计的不同表现在哪些地方？怎样理解置信度和精度？这两点为什么是矛盾的？什么是奈曼原则？如何理解置信度？层层深入地分析，把置信区间的概念理顺.

3）给出单个正态总体中，方差已知和方差未知两种情况下均值的区间估计问题. 分析给出区间估计的解题步骤. 设计了两个均值区间估计的应用问题. 一个是引例的票据审核问题. 根据正态总体方差未知，均值的置信区间公式及样本值，计算出票据均值的置信区间. 假设票据总数是 5000 张，就可以计算出票据总额度的置信区间，若上报的总额度在这个区间内，就是可信的，通过审核. 这个例子很有现实意义. 还有一个例子是新生儿体重的区间估计.

4）给出单个正态总体中，方差的区间估计问题. 这个问题的讨论和均值区间估计类似，也设计了一个引力常数测定问题.

5）思考拓展. 正态总体参数的区间估计已经解决得很完美了，问题是非正态分布总体参数的区间估计该如何考虑呢？甚至，当总体分布都不知道的情况下，又该如何做参数的区间估计呢？介绍我校 2014 届本科生的一篇毕业设计论文. 该论文应用蒙特卡罗方法对导弹的弹着点进行模拟分析，求得落点位置的置信区间.

6）计算机模拟演示. 为了更好地理解置信区间和置信度，用计算机模拟演示正态总体方差已知和方差未知两种情况下，均值的置信区间，共模拟了 100 次试验，置信度为 0.9，结果表明，100 次中，方差已知时估计区间含有真值的个数是 90 次，而方差未知时是 92 次，这和置信度 0.9 吻合得非常好.

2. 板书设计

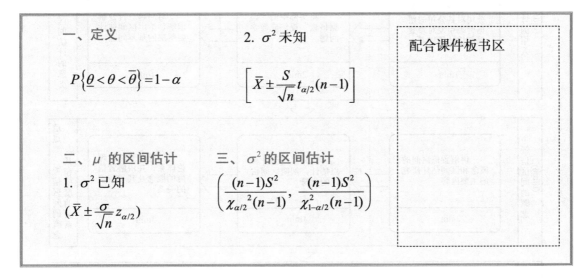

五、教学安排

1. 教学进程框架

根据教学要求和教学计划安排，以教学过程图所示的教学进程进行安排，将各部分教学内容分解为"问题提出""问题定义 / 分析"和"问题求解 / 应用"三部分，始终以问题为导向，以分析为重点，以应用为巩固拓展，引导学生进行学习.

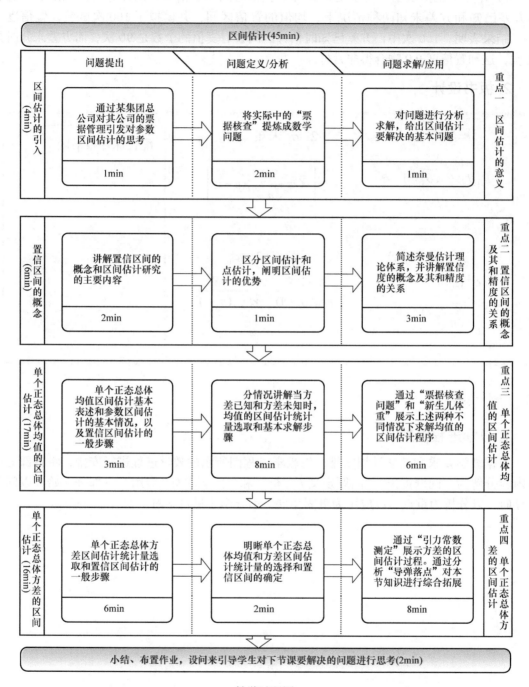

教学过程图

2. 教学进程详细内容

根据教学框架，针对每个知识点进行详细设计，具体内容如下：

教学进程表

教学意图	教学内容	教学环节设计
	1. 区间估计的引入（4min）	
问题引入 （累计 3min）	• 问题引入　票据核查问题 　2021 年 6 月某集团总公司对其分公司进行审核发现，发票金额近似地服从 $N(\mu,\sigma^2)$，现从中抽取 100 张作为样本，经过计算可知样本均值 $\bar{x}=110.27$ 元，样本标准差为 $s=28.95$ 元. 求 μ 的极大似然估计 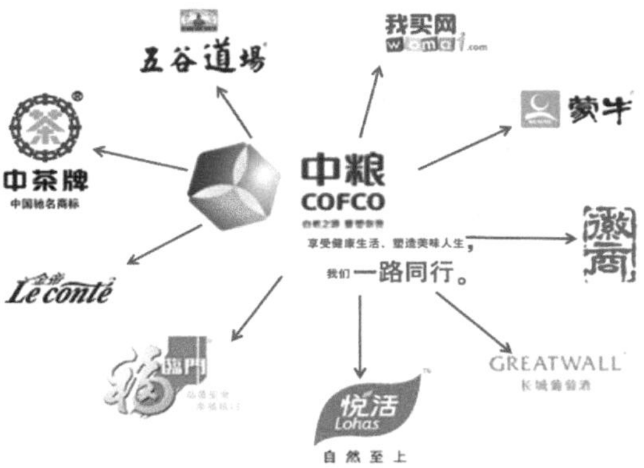 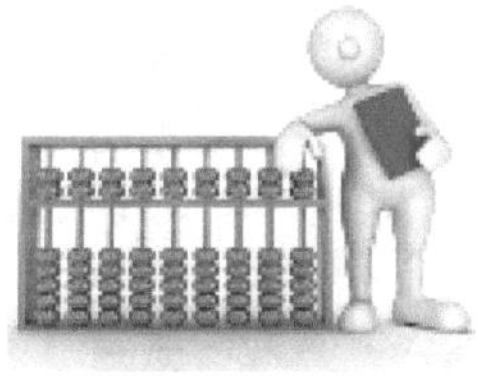 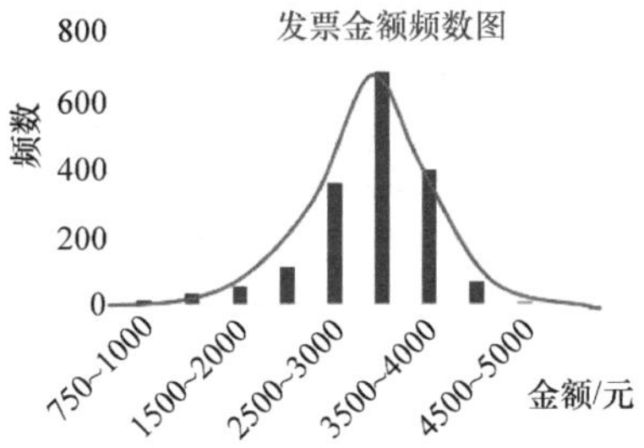 发票金额频数图	时间：3min 以某集团总公司对其分公司的票据进行核查为切入点，引发对参数区间估计的思考 强调为什么要抽样. 因为总公司不可能把所有票据一一审核，所以抽样是有效的方式
问题分析并引出区间估计概念 （累计 4min）	• 问题分析 　解：由前面的例题可知 　　μ 的极大似然估计量 $\bar{X}=\dfrac{1}{n}\sum_{i=1}^{n}X_i$ 　　μ 的极大似然估计值 $\hat{\mu}=\bar{x}=110.27$ 　问题：估计值与真值的误差是多少？点估计的可靠性是多少？ 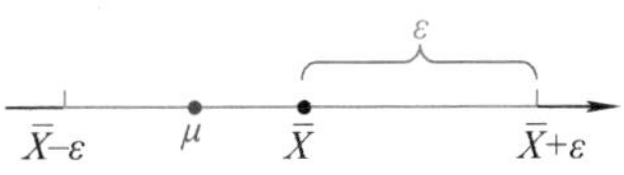 $$P\{\bar{X}-\varepsilon<\mu<\bar{X}+\varepsilon\}=1-\alpha$$ 一般情形：　　讨论 $P\{\underline{\theta}<\theta<\bar{\theta}\}=1-\alpha$	时间：1min 强调前面已经讲了点估计，由于未知参数不知道，我们无法了解点估计的误差，更谈不上置信度. 重点分析从点估计入手，如何给定一个误差范围，再给定一个信任概率

（续）

教学意图	教学内容	教学环节设计
	2. 置信区间的概念（6min）	
置信区间概念 （累计6min）	• **置信区间定义** 　总体 X 的分布含有未知参数 θ，$X_1, X_2, \cdots, X_n$ 是总体 X 的一个样本，$x_1, x_2, \cdots, x_n$ 是样本值，$\alpha(0<\alpha<1)$ 为事先给定的正数，若统计量 $\overline{\theta}$ $(X_1, X_2, \cdots, X_n)$ 与 $\underline{\theta}$ $(X_1, X_2, \cdots, X_n)$ 满足 $$P\{\underline{\theta}<\theta<\overline{\theta}\}=1-\alpha$$ 式中，$1-\alpha$ 为置信度；$\underline{\theta}, \overline{\theta}$ 分别为置信下限和置信上限 $(\underline{\theta},\overline{\theta})$ 为 θ 的置信度为 $1-\alpha$ 的置信区间	**时间：2min** 　注意强调未知参数是个确定的数，而不是随机的，置信区间的含义是随机区间覆盖参数真值的可能性比较大
区间估计与点估计对比 （累计7min）	• **区间估计与点估计** 区间估计：求未知参数的置信区间 点估计无法回答的两个问题： 精度：估计值的误差范围 可靠度：估计值落在真值附近的概率有多大 $$P\{\underline{\theta}<\theta<\overline{\theta}\}=1-\alpha$$ 　置信区间 $(\underline{\theta},\overline{\theta})$ 的长度反映精度　　置信度反映可靠度	**时间：1min** 　回答引入的问题，点估计无法回答的问题，区间估计可以回答
置信度与精度 （累计8min）	• **置信度与精度** 　置信度与精度成反比关系，即精度越高，置信度越小 　奈曼原则：先保证给定的置信度，再去寻找有优良精度的区间估计 　奈曼（Neyman, 1894 — 1981），美国统计学家. 奈曼是假设检验的统计理论的创始人之一. 他与 K. 皮尔逊的儿子 E.S. 皮尔逊合著《统计假设试验理论》，发展了假设检验的数学理论. 奈曼还想从数学上定义信赖区间，提出了置信区间的概念，建立置信区间估计理论. 奈曼将统计理论应用于遗传学、医学诊断、天文学、气象学、农业统计学等方面，取得了丰硕的成果. 他获得过国际科学奖，并在加利福尼亚大学创建了一个研究机构，后来发展成为世界著名的数理统计中心	**时间：1min** 　我们前面学习的这套区间估计理论，都是奈曼的估计理论体系. 即认为未知参数是确定常数，区间是随机区间，先保证置信度，再考虑最优精度
关于置信度 （累计10min）	• **关于置信度** 　$(\underline{\theta},\overline{\theta})$——随机区间，由样本完全确定 　置信度——多次抽样而得到的众多区间中，含 θ 真值的区间出现的频率近似为 $1-\alpha$ 　抽样一次 → 一组样本值 $x_1, x_2, \ldots, x_n$ → 一个确定的区间 $(\underline{\theta}, \overline{\theta})$ → $(\underline{\theta}, \overline{\theta})$ 或者含有 θ 或者不含有 θ 比如说，置信度为 0.9，真值为 0，抽样 100 次，得到的 100 个区间包含 0 的区间个数近似为 90 个	**时间：2min** 　置信度的理解也就是置信区间的理解

（续）

教学意图	教学内容	教学环节设计
3. 单个正态总体均值的区间估计（17min）		
正态总体参数的区间估计 （累计 11min）	**• 正态总体均值方差的区间估计** 设总体 X 服从正态分布 $N(\mu,\sigma^2)$，X_1，X_2，$\cdots$，X_n 是总体 X 的一个样本，x_1，x_2，$\cdots$，x_n 是样本值，$\alpha(0<\alpha<1)$ 为事先给定的正数，对参数的估计分三种情况： 1）方差已知对均值 μ 的区间估计； 2）方差未知对均值 μ 的区间估计； 3）对方差的区间估计 $$\dfrac{\bar{X}-\mu}{\sigma/\sqrt{n}}\sim N(0,1)$$ $$\dfrac{\bar{X}-\mu}{S/\sqrt{n}}\sim t(n-1)$$ $$\dfrac{(n-1)S^2}{\sigma^2}\sim\chi^2(n-1)$$	时间：1min 给出正态总体参数区间估计的三项任务
区间估计的步骤 （累计 13min）	**• 求置信区间的一般步骤** 1）寻求一个样本 X_1，X_2，$\cdots$，X_n 的函数 $$Z=Z(X_1,X_2,\cdots,X_n;\theta)$$ 其中仅包含待估参数（包括 θ）； 2）对于给定的置信度 $1-\alpha$，定出两个常数 a，b，使 $$P\{a<Z(X_1,X_2,\cdots,X_n;\theta)<b\}=1-\alpha$$ 3）若能从 $a<Z(X_1,X_2,\cdots,X_n;\theta)<b$ 得到等价不等式 $$P\{\underline{\theta}<\theta<\bar{\theta}\}=1-\alpha$$ 其中 $\underline{\theta}=\underline{\theta}(X_1,X_2,\cdots,X_n)$，$\bar{\theta}=\bar{\theta}(X_1,X_2,\cdots,X_n)$ 都是统计量，则 $(\underline{\theta},\bar{\theta})$ 是 θ 的一个置信度为 $1-\alpha$ 的置信区间 说明：1）寻找统计量； 2）根据统计量所服从的分布，构造统计量与置信度的关系； 3）解不等式，得到待估参数的置信区间	时间：2min 区间估计的求解步骤，给学生一个解题的主线
正态总体均值（方差已知）的区间估计 （累计 16min）	**• 正态总体方差已知时均值的区间估计** 问题：求方差 σ^2 已知时，参数 μ 的置信度为 $1-\alpha$ 的置信区间 解：考虑统计量 $Z=\dfrac{\bar{X}-\mu}{\sigma/\sqrt{n}}\sim N(0,1)$，且不依赖于任何参数. $$P\left\{\left|\dfrac{\bar{X}-\mu}{\sigma/\sqrt{n}}\right|\leqslant z_{\alpha/2}\right\}=1-\alpha$$ $$\longrightarrow P\left\{\bar{X}-\dfrac{\sigma}{\sqrt{n}}z_{\alpha/2}<\mu<\bar{X}+\dfrac{\sigma}{\sqrt{n}}z_{\alpha/2}\right\}=1-\alpha$$ 参数 μ 的置信度为 $1-\alpha$ 的置信区间为 $\left(\bar{X}\pm\dfrac{\sigma}{\sqrt{n}}z_{\alpha/2}\right)$ 	时间：3min 重点分析统计模型的选取. 另外为什么在置信度给定时，选取对称区间

（续）

教学意图	教学内容	教学环节设计
	说明： 1）统计量 Z 的选择具有两个特征：一是具有明确的分布，二是包含待估参数，解决区间估计问题必须找到相应的统计量； 2）上述置信区间中，给定样本容量、样本值、置信度、总体方差后，将得到一个具体的数值区间	
正态总体均值（方差未知）的区间估计 （累计 18min）	• **正态总体方差未知时均值的区间估计** 问题：求方差 σ^2 未知时，参数 μ 的置信度为 $1-\alpha$ 的置信区间 解：考虑统计量 $\dfrac{\bar{X}-\mu}{S/\sqrt{n}} \sim t(n-1)$，且不依赖于任何参数. 于是有 $$P\left\{\left|\frac{\bar{X}-\mu}{S/\sqrt{n}}\right| \leqslant t_{\alpha/2}(n-1)\right\}=1-\alpha$$ 参数 μ 的置信度为 $1-\alpha$ 的置信区间为 $$\left[\bar{X}-\frac{S}{\sqrt{n}}t_{\alpha/2}(n-1),\ \bar{X}+\frac{S}{\sqrt{n}}t_{\alpha/2}(n-1)\right]$$ 说明：1）统计量 Z 的选择需要满足上述两个条件，用 S^2 代替未知的方差 σ^2，得统计量 $\dfrac{\bar{X}-\mu}{S/\sqrt{n}} \sim t(n-1)$； 2）结合 t 分布的概率密度特点得到相应的置信区间	时间：2min 对比给出方差未知时，均值的区间估计. 可以用提问的方式进行教学
正态总体均值的区间估计模拟 （累计 21min）	• **计算机模拟演示** 方差已知时，μ 的置信度为 $1-\alpha$ 的置信区间为 $$\left(\bar{X} \pm \frac{\sigma}{\sqrt{n}} z_{\alpha/2}\right)$$ 模拟试验 设 $X \sim N(0,1)$，置信度 $1-\alpha=0.9$，$n=10$，做 100 次试验 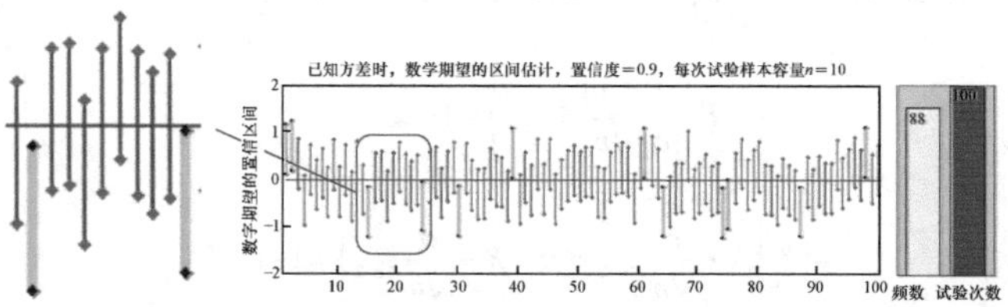 每次得到 10 个标准正态分布的样本点和一个区间，这个区间如果含有真值 0，则用蓝线表示，否则用绿线表示. 共做 100 次试验，得到的 100 个区间如纵线所示，放大出一个局部，可以看得更清楚. 下面就是方差已知和方差未知两种情况的模拟演示图：	时间：3min 对比给出方差已知和方差未知时，均值的区间估计. 先用一个小图解释模拟参数

（续）

教学意图	教学内容	教学环节设计
	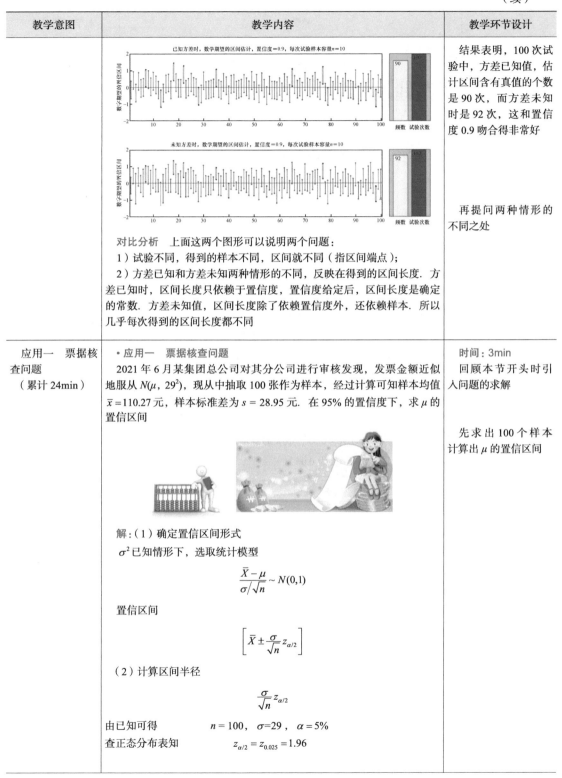 对比分析　上面这两个图形可以说明两个问题： 1）试验不同，得到的样本不同，区间就不同（指区间端点）； 2）方差已知和方差未知两种情形的不同，反映在得到的区间长度. 方差已知时，区间长度只依赖于置信度，置信度给定后，区间长度是确定的常数. 方差未知值，区间长度除了依赖置信度外，还依赖样本. 所以几乎每次得到的区间长度都不同	结果表明，100 次试验中，方差已知值，估计区间含有真值的个数是 90 次，而方差未知时是 92 次，这和置信度 0.9 吻合得非常好 再提问两种情形的不同之处
应用一　票据核查问题 （累计 24min）	• 应用一　票据核查问题 　　2021 年 6 月某集团总公司对其分公司进行审核发现，发票金额近似地服从 $N(\mu, 29^2)$，现从中抽取 100 张作为样本，经过计算可知样本均值 $\bar{x} = 110.27$ 元，样本标准差为 $s = 28.95$ 元. 在 95% 的置信度下，求 μ 的置信区间 解：（1）确定置信区间形式 　　σ^2 已知情形下，选取统计模型 $$\frac{\bar{X} - \mu}{\sigma / \sqrt{n}} \sim N(0,1)$$ 置信区间 $$\left[\bar{X} \pm \frac{\sigma}{\sqrt{n}} z_{\alpha/2} \right]$$ （2）计算区间半径 $$\frac{\sigma}{\sqrt{n}} z_{\alpha/2}$$ 由已知可得　　　　$n = 100$，$\sigma = 29$，$\alpha = 5\%$ 查正态分布表知　　$z_{\alpha/2} = z_{0.025} = 1.96$	时间：3min 回顾本节开头时引入问题的求解 先求出 100 个样本计算出 μ 的置信区间

（续）

教学意图	教学内容	教学环节设计
	得 $$\frac{\sigma}{\sqrt{n}}z_{\alpha/2}=\frac{29}{\sqrt{100}}\times1.96\approx5.68$$ 从而 μ 的置信度为 95% 的置信区间为（104.59，115.95） （2）发票总额的置信区间 $$5000张（上报为55万）\xrightarrow[\text{抽查}]{100张}\begin{array}{c}\bar{x}=110.27\\(104.59,115.95)\end{array}$$ 于是 522950 ≤ 发票总额度 ≤ 579750 522950　　550000　　579750	再给出发票总额度的置信区间
应用二　新生儿体重的区间估计 （累计 26min）	• 应用二　新生儿体重的区间估计 　现对某市三甲医院一年内 1715 个新生儿的体重进行实际的调查，测得其均值 $\bar{x}=3.17$kg，标准差 $s=0.61$kg，假设婴儿的体重近似服从正态分布 $N(\mu,\sigma^2)$. 求：μ 的置信度为 95% 的置信区间 　解：因 $X\sim N(\mu,\sigma^2)$，μ,σ^2 未知，选统计模型 $\frac{\bar{X}-\mu}{S/\sqrt{n}}\sim t(n-1)$，$\mu$ 的置信区间 $\left[\bar{X}\pm\frac{S}{\sqrt{n}}t_{\alpha/2}(n-1)\right]$，由已知可得 $1-\alpha=95\%$，因此 $\alpha=5\%$，当 $n>45$ 时，$t_{\alpha/2}(n-1)\approx z_{\alpha/2}=z_{0.025}=1.96$，又 $n=1715$，$s=0.61$，$\frac{S}{\sqrt{n}}t_{\alpha/2}(n-1)=\frac{0.61}{\sqrt{1715}}\times1.96\approx0.03$，故 μ 的置信度为 95% 的置信区间为（3.14，3.20），置信区间精度为 0.06	时间：2min 与应用一同是方差未知时均值的区间估计. 特别说明此例采用的数据是真实数据
应用二　思考 （累计 27min）	• 应用二　思考 　置信度与精度的关系：若置信度上升到 98%，此时 $\alpha=2\%$；置信区间长度由 0.06 扩大到 0.07，说明精度在下降 $\left[\bar{X}\pm\frac{S}{\sqrt{n}}t_{\alpha/2}(n-1)\right]$ 区间长度 $L=2\frac{s}{\sqrt{n}}t_{\alpha/2}(n-1)$ 置信度 $1-\alpha$(%)	时间：1min 分析置信度与精度的关系，直观表明，置信度与精度确是相互矛盾的

（续）

教学意图	教学内容	教学环节设计

4. 单个正态总体方差的区间估计（16min）

教学意图	教学内容	教学环节设计
正态总体方差的区间估计（累计33min）	• 单个正态总体方差的区间估计 问题：设 X_1，X_2，$\cdots$，X_n 是取自 $N(\mu, \sigma^2)$ 的样本，$\bar{X}, S^2$ 是样本的均值与方差，给定置信度 $1-\alpha$，求：方差 σ^2 的置信区间 解：因 $X \sim N(\mu, \sigma^2)$，选择统计模型 $\dfrac{(n-1)S^2}{\sigma^2} \sim \chi^2(n-1)$ 由双侧分位点定义解得 $$P\left\{\left|\frac{(n-1)S^2}{\sigma^2}\right| \leqslant \chi^2_{\alpha/2}(n-1)\right\}$$ $$P\left\{\chi^2_{1-\alpha/2}(n-1) \leqslant \frac{(n-1)S^2}{\sigma^2} \leqslant \chi^2_{\alpha/2}(n-1)\right\} = 1-\alpha$$ 所求 σ^2 的置信度为 $1-\alpha$ 的置信区间为 $$\left(\frac{(n-1)S^2}{\chi^2_{\alpha/2}(n-1)}, \frac{(n-1)S^2}{\chi^2_{1-\alpha/2}(n-1)}\right)$$ 说明： 1）统计量 Z 的选择需要满足上述两个条件，得统计量 $$\frac{(n-1)S^2}{\sigma^2} \sim \chi^2(n-1)$$ 2）结合 χ^2 分布的概率密度特点得到相应的置信区间	时间：6min 提问：单个正态总体中，如何对方差进行区间估计？方差估计时，统计量又如何选择呢？ 这里，强调统计量的选择依据 结合板书：进行方差的置信区间的表达式的推导
正态总体参数区间估计的结果汇总（累计35min）	• 单个正态总体分布参数的区间估计 将上面我们讨论的情况汇总一下，再考虑到总体标准差的区间估计，就可以得到下表：	时间：2min 小结正态总体参数区间估计的结果，其中由方差的区间估计顺便给出了标准差的区间估计

	模型	置信区间
$\mu(\sigma^2$ 已知$)$	$\dfrac{\bar{X}-\mu}{\sigma/\sqrt{n}} \sim N(0,1)$	$\left[\bar{X} \pm \dfrac{\sigma}{\sqrt{n}} z_{\alpha/2}\right]$
$\mu(\sigma^2$ 未知$)$	$\dfrac{\bar{X}-\mu}{S/\sqrt{n}} \sim t(n-1)$	$\left[\bar{X} \pm \dfrac{S}{\sqrt{n}} t_{\alpha/2}(n-1)\right]$
σ^2	$\dfrac{(n-1)S^2}{\sigma^2} \sim \chi^2(n-1)$	$\left[\dfrac{(n-1)S^2}{\chi^2_{\alpha/2}(n-1)}, \dfrac{(n-1)S^2}{\chi^2_{1-\alpha/2}(n-1)}\right]$
σ	$\dfrac{(n-1)S^2}{\sigma^2} \sim \chi^2(n-1)$	$\left[\sqrt{\dfrac{(n-1)S^2}{\chi^2_{\alpha/2}(n-1)}}, \sqrt{\dfrac{(n-1)S^2}{\chi^2_{1-\alpha/2}(n-1)}}\right]$

（续）

教学意图	教学内容	教学环节设计
应用三　引力常数测定 （累计40min）	• 应用三　引力常数测定 分别用金球测定引力常数（单位：$10^{-11}\mathrm{m}^3 \cdot \mathrm{kg}^{-1} \cdot \mathrm{s}^{-2}$），设测定值的总体分布为 $N(\mu,\sigma^2)$，μ，σ^2 均未知. 金球测定观察值为 $\quad$ 6.683，6.681，6.676，6.678，6.679，6.672 求 σ^2 的置信度为 0.9 的置信区间 解：由题意得 $$s^2 = \frac{1}{6-1}\sum_{i=1}^{6}(x_i - \overline{X}) = 0.15 \times 10^{-4}$$ $$\chi^2_{0.1/2}(6-1) = \chi^2_{0.05}(5) = 11.071$$ $$\chi^2_{1-0.1/2}(6-1) = \chi^2_{0.95}(5) = 1.145$$ σ^2 的置信度为 0.9 的置信区间为 $$\left(\frac{(n-1)S^2}{\chi^2_{\alpha/2}(n-1)}, \ \frac{(n-1)S^2}{\chi^2_{1-\alpha/2}(n-1)}\right)$$ $$\left(\frac{0.0003}{11.071}, \ \frac{0.0003}{1.145}\right) = (0.0000271, \ 0.000262)$$ $$= \left(2.71 \times 10^{-5}, \ 2.62 \times 10^{-4}\right)$$	时间：5min 　分析题意：配合板书，引导学生思考引力常数方差的区间估计 　逐步求解：引力常数方差 σ^2 的置信度为 0.9 的置信区间
应用四　导弹落点分析 （累计41min）	• 应用四　导弹落点分析 	时间：1min 　介绍我校一本科生毕业设计论文，其中运用区间估计分析导弹的落点范围，目的是拓展学生知识面
应用四　导弹落点分析（续） （累计42min）	• 应用四　导弹落点分析（续） 军事上，往往需要估算导弹落点区间，评估导弹可靠性和命中精度	时间：1min 　应用蒙特卡罗方法对弹着点进行模拟求置信区间，发现结合对偶变量法在相同置信下，得到的区间精度更高

（续）

教学意图	教学内容					教学环节设计

教学意图： 应用四 导弹落点分析（续）（累计 43min）

教学内容： ·应用四 导弹落点分析（续）

方法	落点位置	置信区间	置信区间长度	方差缩减百分比
一般蒙特卡罗模拟	302.7690	（204.0905, 404.4744）	200.3839	**
蒙特卡罗模拟结合对偶变量法	302.6496	（284.0082, 324.2965）	40.2882	79.89%

	落点位置	置信区间	置信区间长度	方差缩减百分比
X	507.0868	（429.4755, 605.7425）	176.2670	0.099%
Y	507.1249	（431.5201, 611.2438）	179.7237	13.74%

教学环节设计：

时间：1min

因为导弹不能进行重复试验，所以我们应用蒙特卡罗方法对弹着点进行模拟，通过改进方法后，求置信区间，发现结合对偶变量法在相同置信水平下，得到的区间更短，也就是精度更高.

本研究工作，是由我校本科生完成的，现已正式发表，感兴趣的同学可以查阅相关文献（见左图）

Simple Application of Variance Reduction Techniques In Monte Carlo and Missile Simulation

Keywords: Monte Carlo Method, Missile Simulation, Variance Reduction.

Abstract. Nowadays the Monte Carlo Method has grown in maturity in the simulation area of missile trails. Considering that, this paper presents several techniques of variance reduction combined with Monte Carlo method. Hoping that technology will improve the precision and reliability of the simulation. The results of tests indicate that different methods can reduce the variance of missile simulation in various degrees which will help us handle the conclusions of simulation well and truly.

Introduction

In recent years, our national defense capability has been increasingly improved while weapons manufacturing technology has improved rapidly. The Second Artillery Force is playing a very important role in Missile's research and development area. In the process of missile's manufacture, the reliability, hit accuracy, dynamic characteristics have become the core of the weapon's evaluation system. Because of the increasing demand of the simulation experimental data, the weapons target-injuring efficiency has become a very important indicator so as to be included in the evaluation system. The key method to get these indicators is flight tests. In reality, it is unscientific and impractical to carry out tests with real missiles. Facing this, these indicators should be got via virtual experiments. Virtual experiments can not only reduce the development cost and time, it is also safer and has become the general method of the dangerous experiments in the area of aircraft design.

The Monte Carlo Method is a virtual experiment method. It is also called stochastic simulation method or statistical experiment method and is widely used in military. Its basic idea is getting an approximate solution via produce random numbers or stochastic process. The main part of a whole simulation is controlling the variance of the approximate solution and improving the computational efficiency. The variance reduction techniques should be combined with Monte Carlo method. It improved the original simulation method, using a new unbiased estimator with less variance to improve the computational efficiency [1].

This paper simply introduced several techniques of variance reduction and combined them with simulation computation of one flight phase. The result indicates that the introduction of variance reduction techniques can optimize the missile's simulation process.

Simulation of Missile's Flight Process

While the high-speed computer is developing fast, using Monte Carlo Method to estimate statistic data of weapons system has become an important branch of military simulation [2].

Study item: take intercontinental missile as an example, the flight process can be divided into three parts: first part start when the missile leave the launcher until it flies out of the atmospheric layer, in this part the missile flies in the atmospheric layer and is generally called the rise period; in the second part the missile flies out of the atmospheric layer and target the goal, which is generally named middle piece of the flight; In that third part the missile flies to the upper space of the target, gets back into the atmospheric layer and hit the goal, it is generally called the reentry phase, and it's the end of flight, the orbit of the missile is simulated as shown in Fig. 1.

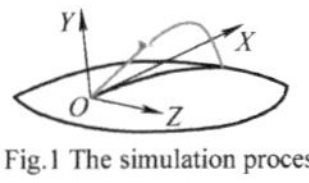

Fig.1 The simulation process

About 20 differential equations will be needed if we want to describe the process of the missile as accurate as possible, including the aerodynamics, kinematics and geometry knowledge. To simplify the equation system, this paper only discuss the last period of the whole flight when the missile approaches the target during this period of time , the guidance system has stopped working.

About dimensions: usually, the missile moves in three-dimension space, plane motion is just a particular case. Under some circumstances, the motivation of a missile can be seen as a plane motion. For example, some ground-to-air guided missile flies in a plumb surface or a tilting plane. The winged missile's path can be seen as plane motion approximately during its climbing and terminal phase. On the primary stage of missile design, a research of the planar trajectory has some application value [3].

Considering this, we make the following assumptions for our study missile:
(1) Treat the missile as a mass point which is controlled only by gravity and air resistance;
(2) Leave out the moment of force produced by guidance system;
(3) Neglect the influence of the minute variation in weight.

On the start point of the simulation which is also the end point of the guidance process, the distance between the missile and the ground is δ. Build up a coordinate system which take the mass point as the origin. The projection of the velocity vector is on the ground, take its direction as the positive direction. The positive direction of the y-axis is straight downwards. Resolute the velocity vector as Vx, Vy on x and y axes. Take the influence of environment factors as the wind into account. We can produce two series of random numbers to simulation the wind force. The horizon range between the landing point of the missile and the start point of the research process is shown as S. The simulation process is shown in Fig. 2.

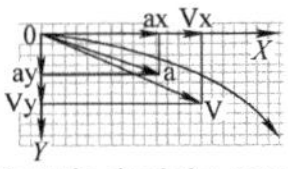

Fig.2 The simulation process

Simple equation set of kinesiology can be constructed as follows:

（续）

教学意图	教学内容	教学环节设计
	5. 小结与思考拓展（2min）	
小结、设问来加深学生对本节内容的印象，并引导学生对下节课要解决的问题进行思考（累计45min）	• **小结** 1）置信区间的概念； 2）单个正态总体均值的区间估计； 3）单个正态总体方差的区间估计； 4）给出了一些应用实例	时间：1min 根据本节讲授内容，做简单小结
	• **思考拓展** 1）非正态分布总体（指数、泊松）的区间估计； 2）总体分布未知的区间估计； 3）课后实验：班级同学身高均值的区间估计； 4）查阅有关区间估计在审计中的应用文献	时间：1min 根据本节讲授内容，给出一些思考拓展的问题
	• **作业布置** 习题七 A：10～13，16	要求学生课后认真完成作业

六、教学评价

本单元的教学设计符合理工科二年级学生的认知规律和实际水平. 由于在教学设计中，充分意识到参数区间估计的重要性与普遍性，所以在问题的引入、概念的讲解、实例的选择上都花费了不少心思、时间和精力，特别是采用了计算机模拟手段，让概率变得生动有趣，并富有启发意义. 票据核查问题和新生儿体重的区间估计问题是我们生活中常见的问题，其中会有哪些问题可以用概率来解读，可能还没有认真地思量过，用参数区间估计解决上述问题，是比较有效和有实际意义的. 实际上，生活中有许多事物，都可以用概率的眼光去发现研究. 通过对实例的分析，意在培养学生自觉主动地用课堂上悟到的思想去分析他所见到的，一句话，培养学生的数学素养，是每一个数学教师的责任和追求.

6.3　假设检验

一、教学目的

使学生在前面已学抽样分布内容的基础上，深入理解统计推断中假设检验的基本思想与方法，重点掌握单个正态总体均值的假设检验的方法与步骤，尤其是检验统计量的构造、拒绝域的选择. 在面临单个正态总体时，不仅能够根据样本数据，对所提出的关于总体均值的原假设进行检验，而且要清楚检验统计量的构造原则，以及拒绝域的选择理由. 通过引导学生有原则、有目标地构造能够量化样本数据与原假设之间差异的检验统计量，锻炼其数学建模思维，提高其解决问题的能力. 通过实例应用，引导学生能够逐渐自觉地运用统计方法，分析和处理各种来自实际问题的观测数据.

二、教学思想

统计问题的一个主要核心就是用样本去推断总体的某些性质，前面所讲的参数估计是其中的一类问题，但实际生活中还大量存在着另一类统计推断问题. 例如，要检查某批次罐装可乐的容量是否合格，问题要求的结论是"合格"或者"不合格". 正因为各种因素所导致机器分装的误差是客观存在的，每罐可乐的容量之间存在差异，所以才有了这一问题. 利用统计方法，通过抽样数据判断合格与否，即为参数假设检验问题. 由于正态分布是广泛存在的，故而对于正态总体的参数进行假设检验，是统计学中一项重要的基本内容.

三、教学分析

1. 教学内容

1）假设检验的基本思想和方法.
2）单个正态总体方差已知时对均值的假设检验.
3）单个正态总体方差未知时对均值的假设检验.

2. 教学重点

1）假设检验的基本思想.
2）假设检验中拒绝域的概念.
3）假设检验方法的实际运用.
4）正态总体方差已知和方差未知时均值的假设检验.

3. 教学难点

1）检验的依据. 如何制定一个"合理的"拒绝原假设的法则，使得能够根据这一法则，利用已知样本数据做出判断：是接受原假设还是拒绝原假设.
2）小概率事件的构造. 怎样选取合适的检验统计量，来描述和表达符合问题的小概率事件？
3）显著性水平和拒绝域的关系.

4. 对重点、难点的处理

1）关键在于帮助学生理清思路：通过茅台酒灌装机器是否正常工作的问题引入对单个正态总体均值的假设检验问题（方差已知）之后，首先明确解决这个问题的第一目标是制定拒绝原假设（机器正常）的法则，并逐步帮助学生理清显著性检验的逻辑.
2）加强课堂互动，引导学生回顾以前所学的知识，主动参与构造合适的检验统计量，使其在参与过程中明白对于检验统计量的要求. 因而，也就自然而然地理解了为什么总体方差已知与未知时要选择不一样的检验统计量.
3）在讲解单个正态总体方差未知的情形时，对照已讲过的方差已知的情形，通过回溯要点，帮助学生进一步理清显著性假设检验解决问题的思路.

四、教学方法与策略

1. 课堂教学设计思路

1）首先设计了一个生活中买葡萄的例子. 通过对这个例子的分析，把假设检验的基本思想介绍给学生．重点明确判断的依据，以及小概率事件的两个要点．然后再设计一个问题背景，就是茅台酒灌装机是否正常工作，对这个问题进行深入细致的讲解．此处设计了四个问题，由问题为先导，一步步地把检验的思想、依据、手段和法则推演出来．这段的讲解是本课程的重点，速度不能快，还要配合板书讲解，随时观察学生的反映情况．在问题都分析完后，给出茅台酒灌装机问题的一个完整解题过程．再给出假设检验的四个检验步骤．

2）本节还有一个主要任务，就是正态总体参数的假设检验．分析茅台酒灌装机问题的类型，就是一个正态总体在方差已知时的均值假设检验．所以，只要把刚才的问题的解题过程回顾一下，就可以得到一般情形下的均值检验步骤．然后用对比问答的方式，给出正态总体方差未知情形下均值的假设检验问题．首先问方差已知的检验统计量是否适用于方差未知情形，为什么不行；其次是检验统计量不一样，意味着统计量的分布也不一样，所以由此推导出的拒绝域也就不一样了．对比两种情形的拒绝域形式的不同之处，主要是分布不同；还有拒绝域的范围除了都与显著性水平有关系，可以明显看出，方差已知时，拒绝域与样本没有关系，而方差未知时，拒绝域与样本有密切关系．在对比中，讲清问题，并帮助学生理解．

3）在方差未知时，设计了新生儿体重的例子，特别说明这个例子中的数据来源于某医院的真实数据．另外还讲解了正态总体方差的假设检验问题．

4）计算机模拟演示．本节特别设计了两处计算机模拟演示．一个是茅台酒灌装机问题的模拟演示，还有一个是对比正态总体方差已知和未知接受域的模拟．模拟目的是两个，一个是直观，把概率直观化；另一个是验证，验证显著性水平和拒绝频率的近似程度．比如说茅台酒灌装机的模拟，这个模拟重点说明拒绝域的直观意义．每次模拟产生 10 个随机数，模拟 10 个茅台酒的重量，然后模拟出其样本均值及检验统计量的观察值，再直观看到这个观察值是否落在 H_0 的拒绝域中；进一步地，计算机模拟出 100 次试验的结果，给出的拒绝频率与显著性水平很接近．学生可以通过演示加深对检验方法的理解．

2. 板书设计

一、假设检验方法	二、假设检验步骤	配合课件板书区
1. σ^2 已知时 ——Z 检验法	1. 提出 H_0，H_1	
2. σ^2 未知时 ——t 检验法	2. 检验统计量 3. 拒绝域 4. 抽样判断	

五、教学安排

1. 教学进程框架

根据教学要求和教学计划安排，以教学过程图所示的教学进程进行安排，将各部分教

学内容分解为"问题提出""问题定义 / 分析"和"问题求解 / 应用"三部分，始终以问题为导向，以分析为重点，以应用为巩固拓展，引导学生进行学习.

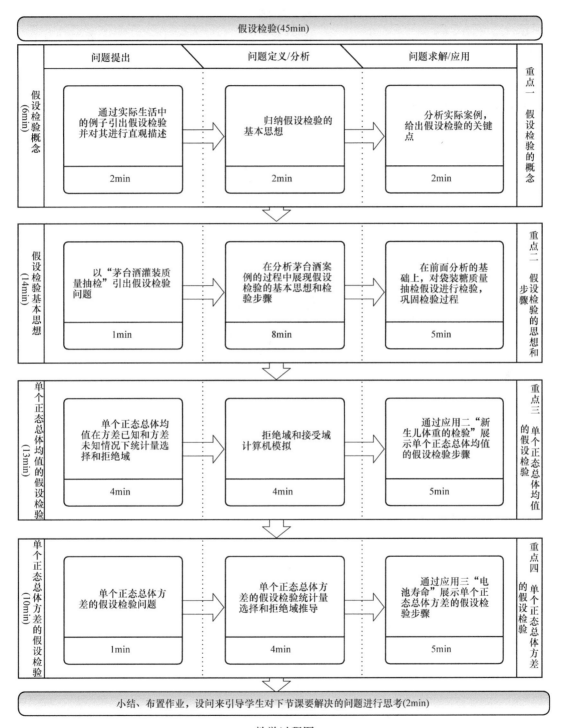

教学过程图

2. 教学进程详细内容

根据教学框架，针对每个知识点进行详细设计，具体内容如下：

教学进程表

教学意图	教学内容	教学环节设计
1. 假设检验概念（6min）		
本节内容简介 （累计 1min）	• **什么是假设检验？** 假设检验——根据样本的信息，检验关于总体的某个假设是否正确的统计推断过程 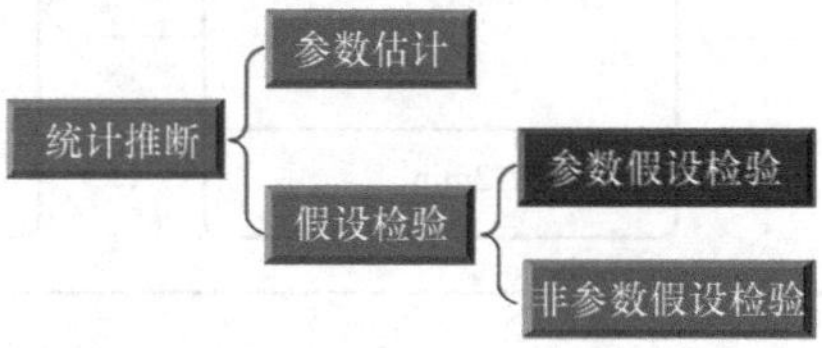 统计推断 → 参数估计 统计推断 → 假设检验 → 参数假设检验 假设检验 → 非参数假设检验	时间：1min 给出知识框图，让学生对所学内容有一个大概的了解
问题引入 （累计 2min）	• **假设检验名词解释** 假设——提出一个假设或者一个陈述 检验——检验这个假设是否正确或合理  葡萄甜呀！快来买呀！ 甜? 还是不甜? 又到了葡萄熟了的季节，摊主大叔叫卖起来了，说葡萄甜呐，快来买. 但是对消费者来说，葡萄甜只是摊主的一个假设，真想知道甜不甜，还得亲自品尝. 这里的"品尝"就是检验假设是否成立的方法	时间：1min 先从生活中的一个例子入手，讲解假设检验的基本思想
问题分析 （累计 4min）	如果第一个葡萄是甜的，我们很可能就相信"葡萄甜"的说法 如果连续品尝 5 个都不甜，你会怎么想呢？一定毫不犹豫地认为葡萄不甜，否定"葡萄甜"这个假设. 我们的思维过程就是下图：  **假设** 葡萄是甜的 → **检验** 连尝5个葡萄都不甜 → **结论** 葡萄不甜 下面仔细分析一下这个思考过程 把品尝葡萄过程的情绪变化用表情符号表达出来 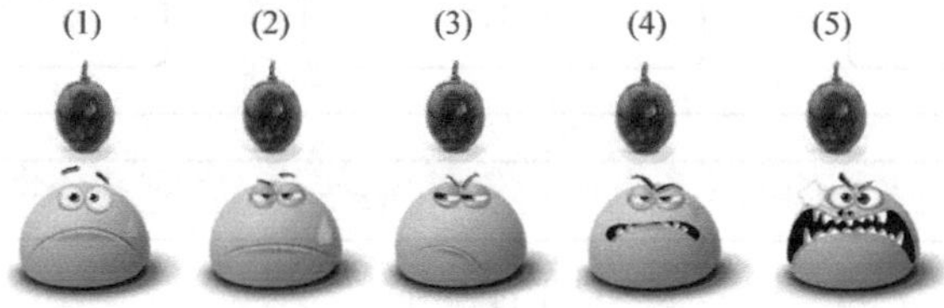 (1) (2) (3) (4) (5)	时间：2min 分析这个例子，描述品尝过程消费者的心理情绪变化，合情合理，绘声绘色地分析

（续）

教学意图	教学内容	教学环节设计
	分析：在葡萄甜的假设下，设一个葡萄甜的概率为 0.6，记事件 A 为连尝 5 个都不甜，我们可以在"葡萄甜"的前提下，计算事件 A 发生的概率 $0.4 \times 0.4 \times 0.4 \times 0.4 \times 0.4$ $\xrightarrow{\text{葡萄甜}} P(A) = (0.4)^5 = 0.01$ 也就是说，品尝结果（连续 5 个葡萄不甜）与假设（葡萄甜）出入这么大的事件，其发生概率很小，100 次里只有一次会发生，而我们做了一次试验就发生了，太不好接受．因此拒绝"葡萄甜"的假设 强调事件 A 的两个特点： 1）A 含义为观察结果与假设出入较大； 2）从假设的角度看，它是个小概率事件依据——小概率事件的实际推断原理，即：小概率事件在一次试验中实际上几乎是不发生的	分析重点是其中的小概率事件及其小概率实际推断原理，为后面的讲解打基础
其他检验问题举例 （累计 6min）	• 假设检验问题举例 一个假设的提出总是以一定的理由为基础，而这些理由通常是不完全充分的，故有检验的需求 类似的一些检验问题还有： 1）制药公司研制新药，需要检验该药物对某种疾病是否有疗效； 2）法庭审判，需要判定（检验）某犯罪嫌疑人是否有罪； 3）生产工艺改造，需要检验生产效率是否有明显提高	时间：2min 除了葡萄是否甜的例子，还有很多的检验问题
	2. 假设检验基本思想（14min）	
问题背景 （累计 7min）	• 问题的提出 茅台酒灌装质量抽检 在正常情况下，茅台酒厂某车间使用灌装机生产的茅台酒容量服从 $N(500, 1)$，某天计量检验人员随机抽取 10 瓶酒，算得平均重量 499.3ml，问这天机器是否正常？	时间：1min 以茅台酒灌装为背景，只是为了提高学生学习的兴趣

（续）

教学意图	教学内容	教学环节设计
问题分析 1 （累计 8min）	• **问题分析 1　为什么会有这个问题** 因为存在"差异"！$500 - 499.3 = 0.7$（ml） 我们必须回答差异的原因，先分析一下差异的来源 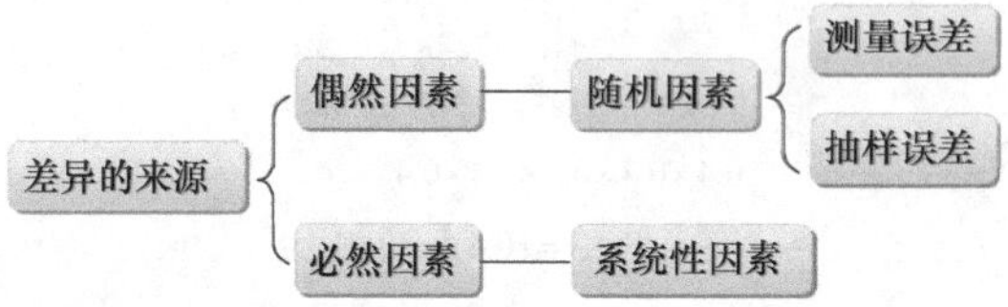 若是随机因素造成的差异，则无须理会，因为机器正常。反之，说明差异是系统因素造成的，则机器不正常，需要停产检修。但停产检修会造成损失，做这个判定是需要慎重考虑的	时间：1min 　0.7，这个差异大还是小？分析的目的是，将差异量化，并对差异给出一个判断
问题分析 2 （累计 9min）	• **问题分析 2　如何化为一个统计问题** 总体 X——这天袋装糖的重量。标准差稳定不变， 这里，$X \sim N(\mu, 0.015^2)$，μ 未知 原假设 $H_0: \mu = \mu_0 = 500$ 偶然因素（机器正常） 备择假设 $H_1: \mu \neq \mu_0$ 必然因素（机器不正常） 用样本（值）判断：接受 H_0，还是拒绝 H_0？	时间：1min 　给出总体，提出假设。即把一个判定问题转化为统计问题
问题分析 3 （累计 14min）	• **问题分析 3　如何求解这个统计问题** 目标——制定一个拒绝 H_0 的法则 依据——小概率实际推断原理 思路——构造小概率事件 A_α，它一旦发生，则拒绝 H_0 A_α 的意义有： 1）表示数据（样本值）与 H_0 差异较大； 2）从 H_0 的角度看，出现概率较小，为 α 如何构造小概率事件？ 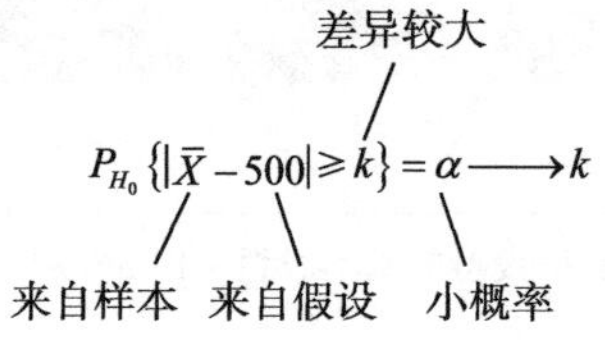 注意小概率是在假设时计算出来的。为了计算概率，首先假设 H_0 为真，其次找到相关的分布模型 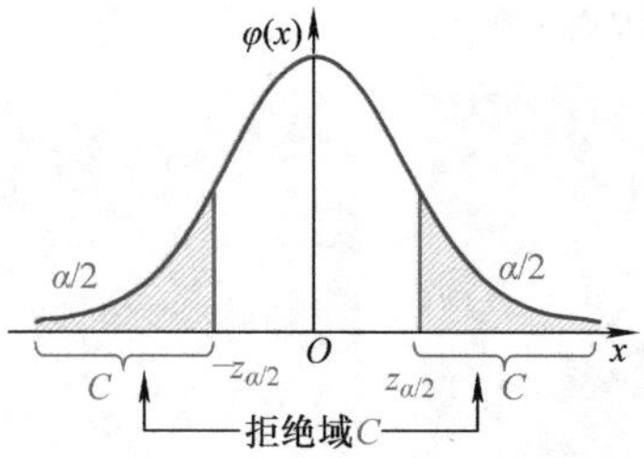 	时间：5min 　构造小概率事件是问题的关键 **分析四点**：谁代表样本？谁代表假设？怎样表明差异较大？怎样说明是小概率？ 　首先找到小概率形式，然后根据概率模型得到小概率的严格表述，之后用随机变量的几何意义描述小概率事件，得到 H_0 的拒绝域 C

（续）

教学意图	教学内容	教学环节设计
	为得到确定分布，将小概率事件形式恒等变形得 $$P_{H_0}\left\{\dfrac{\left|\bar{X}-500\right|}{\sigma/\sqrt{n}} \geqslant k_1\right\} = \alpha \longrightarrow k_1$$ 记 $Z = \dfrac{\bar{X}-500}{\sigma/\sqrt{n}}$，$H_0$ 为真时，$Z \sim N(0,1)$ $\longrightarrow P_{H_0}\left\{Z \geqslant z_{\alpha/2}\right\} = \alpha \longrightarrow A_\alpha = \left\{Z \geqslant z_{\alpha/2}\right\}$ 小概率事件——$A_\alpha = \left\{|Z| > z_{\alpha/2}\right\}$ 又 $$A_\alpha = \left\{Z \in C \,\middle|\, C = (-\infty, -z_{\alpha/2}] \bigcup [z_{\alpha/2}, +\infty)\right\}$$ C 的意义：若 Z 的观察值属于 C，便意味着 A_α 已发生，这时 H_0 将被拒绝 H_0 的拒绝域： $$C = (-\infty, -z_{\alpha/2}] \bigcup [z_{\alpha/2}, +\infty)$$	最后说明 H_0 的拒绝域 C 是我们寻找的拒绝法则的最终体现
问题分析 4 （累计 15min）	• 问题分析 4　问题的进一步分析 统计量 $Z = \dfrac{\bar{X}-500}{\sigma/\sqrt{n}}$ 需满足以下两点： 1）Z 的观察值可以量化数据与 H_0 差异较大； 2）H_0 为真时，$Z \sim N(0,1)$ 故此，我们称 $Z = \dfrac{\bar{X}-500}{\sigma/\sqrt{n}}$ 为本问题的检验统计量	时间：1min 给出检验统计量的概念，它是构造小概率事件的重要工具
应用一　袋装糖质量抽检 （累计 16min）	• 应用一　袋装糖质量抽检 在正常情况下，制糖厂某车间使用灌装机生产的袋装糖质量（以 kg 计）服从 $N(0.5, 0.015^2)$，某天计量检验人员随机抽取 9 袋糖，算得平均质量 0.489kg，问这天机器是否正常？ 解：1）提出假设 $$H_0: \mu = \mu_0 = 0.5 \ [\text{偶然因素（机器正常）}]$$ $$H_1: \mu \neq \mu_0 \ [\text{必然因素（机器不正常）}]$$ 2）检验统计量 $Z = \dfrac{\left|\bar{X}-0.5\right|}{\sigma/\sqrt{n}}$，$H_0$ 为真时， $$Z \sim N(0,1)$$ 3）H_0 的拒绝域 给定 $\alpha = 0.05$，有 $$C: |Z| \geqslant z_{\alpha/2} = z_{0.025} = 1.96$$	时间：1min 分析完检验的基本思想和具体求解方法后，再回过头把引入的问题给出一个求解全过程 明确解题的四步

（续）

教学意图	教学内容	教学环节设计
	4）取样判定 $$Z = \frac{0.489 - 0.5}{0.015/\sqrt{9}} = -2.2 \in C,$$ 故拒绝 H_0，即这天机器工作不正常	

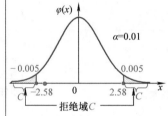

教学意图	教学内容	教学环节设计
应用一　袋装糖质量抽检思考（累计17min）	·**应用一　袋装糖质量抽检思考**	时间：1min 对检验结果做一个讨论，就是小概率值与检验结果的关系，借此提出下节要进一步讨论的问题

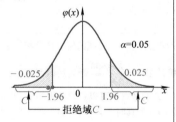

分析：统计量观察值 $Z = -2.2$
在 $\alpha = 0.05$ 时，落入拒绝域，故拒绝 H_0，
现在改变小概率值，结果对比如下：

显著性水平	拒绝域 C	检验结论
$\alpha = 0.05$	$|Z| \geqslant 1.96$	拒绝 H_0
$\alpha = 0.01$	$|Z| \geqslant 2.58$	接受 H_0

　　说明：α 是我们指定的小概率值，当缩小 α 时，拒绝域随之缩小，原来拒绝的假设可能会被接受，这意味着 α 的大小与拒绝假设关系很大，我们称之为显著性水平.
　　问题：α 是大些好，还是小些好？
　　　　　α 与 H_0 到底是怎样的关系？
　　　　　该如何提出假设？
　　　　　无论是接受还是拒绝，会犯错误吗？
　　　　　这些问题我们下次课来回答.

（续）

教学意图	教学内容	教学环节设计
应用一　计算机模拟 （累计 19min）	• 应用一　计算机模拟 为了更好地理解拒绝域的概念，设计计算机模拟来直观演示. 右中图：一次试验产生总体 10 个随机点的模拟结果，10 个随机点的平均值用红点表示 右上图：由 10 个随机点算得的统计量观察值用红点表示，若落入标准正态图形黄色域内，表明接受假设 H_0；若落入标准正态图形黄色域外，表明拒绝假设 H_0 左上图：进行 100 次试验，每一纵列表示一次试验结果 左中图：100 次试验中接受假设 H_0 的次数 左下图：折线为 100 次试验中接受假设 H_0 的累积频率，紫色直线为接受假设 H_0 的理论概率值 右下图：显著性水平与标准正态分布的双侧分位点 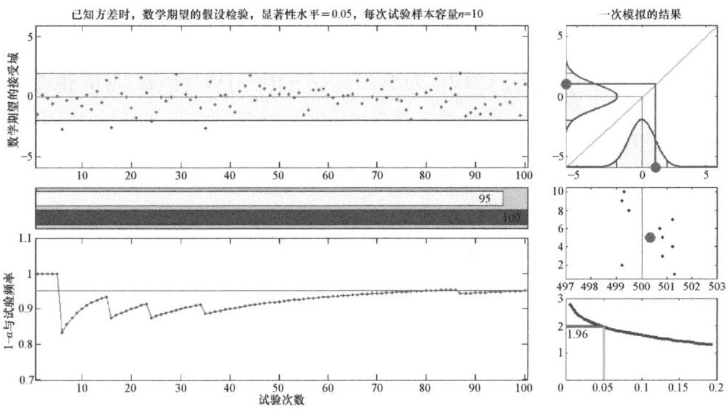	时间：2min 模拟拒绝域（也就是接受域） 整个模拟演示中有众多元素，需要详细讲解 目的有两个，一个是直观，把概率直观化，便于理解；另一个是验证. 验证显著性水平和拒绝频率的近似程度
假设检验的步骤 （累计 20min）	• 假设检验的步骤 1）对总体的分布参数提出假设 H_0：原假设，H_1：备择假设 2）寻找适合当前问题的检验统计量，统计量需满足以下两点： ① 它的观察值可以量化数据与 H_0 差异较大； ② H_0 为真时，有确切分布. 3）由给定的 α，确定 H_0 的拒绝域 C 4）取样判断，若检验统计量的观察值属于 C，则拒绝 H_0；否则接受	时间：1min 检验步骤：第一步是明确问题，第二步的检验统计量是为了构造小概率事件，第三步是拒绝法则的体现
	3. 单个正态总体均值的假设检验（13min）	
单个正态总体参数的假设检验 （累计 21min）	• 单个正态总体参数的假设检验 设总体 X 服从正态分布 $N(\mu,\sigma^2)$，X_1，X_2，$\cdots$，X_n 是总体 X 的一个样本，x_1，x_2，$\cdots$，x_n 是样本值，α 为显著性水平，对参数的估计分三种情况： 1）方差已知对均值 μ 的区间估计 2）方差未知对均值 μ 的区间估计 3）对方差的区间估计 $$\dfrac{\overline{X}-\mu}{\sigma/\sqrt{n}} \sim N(0,1)$$ $$\dfrac{\overline{X}-\mu}{S/\sqrt{n}} \sim t(n-1)$$ $$\dfrac{(n-1)S^2}{\sigma^2} \sim \chi^2(n-1)$$	时间：1min 介绍正态总体参数检验的问题

（续）

教学意图	教学内容	教学环节设计
单个正态总体均值（方差已知）的检验（累计22min）	**• 单个正态总体均值（方差已知）的假设检验** 设总体 X 服从正态分布 $N(\mu,\sigma^2)$，σ^2 已知，$X_1, X_2, \cdots, X_n$ 是总体 X 的一个样本，$x_1, x_2, \cdots, x_n$ 是样本值，α 为显著性水平，则 $$H_0:\mu=\mu_0,\quad H_1:\mu\neq\mu_0$$ 检验统计量 $Z=\dfrac{\bar{X}-\mu_0}{\sigma/\sqrt{n}}$，当 H_0 为真时，$Z\sim N(0,1)$，于是 H_0 的拒绝域 $C:\|Z\|\geqslant z_{\alpha/2}$	时间：1min 把前面讨论茅台酒灌装机问题的过程抽象出来，给出正态总体（方差已知）均值的检验程序
单个正态总体均值（方差未知）的检验（累计24min）	**• 单个正态总体均值（方差未知）的假设检验** 设总体 X 服从正态分布 $N(\mu,\sigma^2)$，σ^2 未知，$X_1, X_2, \cdots, X_n$ 是总体 X 的一个样本，$x_1, x_2, \cdots, x_n$ 是样本值，α 为显著性水平，则 $$H_0:\mu=\mu_0,\quad H_1:\mu\neq\mu_0$$ 检验统计量 $T=\dfrac{\bar{X}-\mu_0}{S/\sqrt{n}}$，当 H_0 为真时，$T\sim t(n-1)$，于是 H_0 的拒绝域 $\|T\|>t_{\alpha/2}(n-1)$	时间：2min 对比方差已知情形，给出方差未知情形下的均值检验程序
拒绝域与接受域为下面计算机模拟做铺垫（累计26min）	**• 拒绝域与接受域** 设总体 X 服从正态分布 $N(\mu,\sigma^2)$，σ^2 已知，则 H_0 的拒绝域 $C:\|Z\|\geqslant z_{\alpha/2}$ H_0 的接受域 $\|Z\|=\left\|\dfrac{\bar{X}-\mu_0}{\sigma/\sqrt{n}}\right\|<z_{\alpha/2}$ $\longrightarrow \mu_0-\dfrac{\sigma}{\sqrt{n}}z_{\alpha/2}\leqslant\bar{X}\leqslant\mu_0+\dfrac{\sigma}{\sqrt{n}}z_{\alpha/2}$，即 $\bar{X}\in\left[\mu_0\pm\dfrac{\sigma}{\sqrt{n}}z_{\alpha/2}\right]$ 例如，设总体 X 服从正态分布 $N(\mu,1)$，已知 $$H_0:\mu=0,\quad H_1:\mu\neq0$$ $$\alpha=0.1, n=10$$ 则 H_0 的接受域（接受域是固定区间） $\bar{X}\in\left(-\dfrac{1}{\sqrt{10}}z_{0.05},\dfrac{1}{\sqrt{10}}z_{0.05}\right)=(-0.52,\ 0.52)$ 在标准正态分布下，一次试验生成10个样本点，计算样本均值，若 $\bar{x}$ 落在接受域内，就接受 H_0，现在做100次试验，得到100个 $\bar{x}$，观察 $\bar{x}$ 落在接受域内的情况 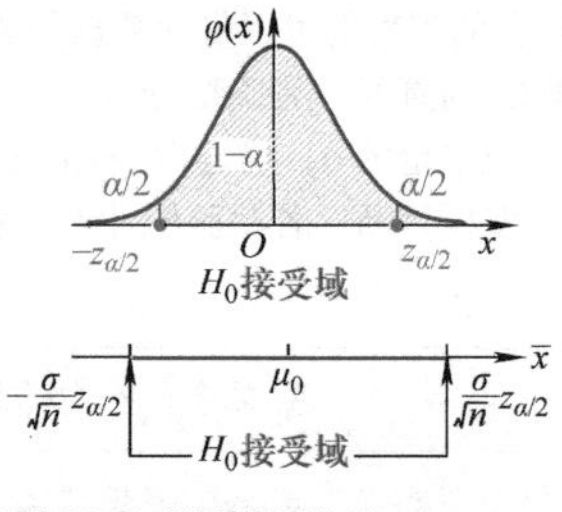 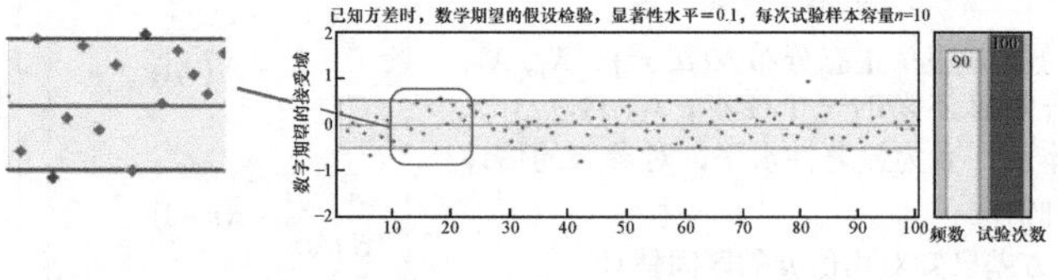 100次的所有结果如上图所示，放大一个局部看一下，黄色区域是 H_0 的接受域，若 $\bar{x}$ 落在接受域内，则是一个红点，表明 H_0 被接受. 若 $\bar{x}$ 落在接受域外，则用蓝点表示，表明 H_0 被拒绝. 这100次的试验结果是用动画方式来逐一呈现的	时间：2min 将 H_0 的拒绝域等价转换为 H_0 的接受域，目的有两个. 一是为了计算机模拟方便，二是将 H_0 的拒绝域直接与样本均值联系起来. 当样本容量、显著性水平给定后，就可计算出一个确定的区间，而由样本值一旦计算出样本均值，就立刻能判断出结果，比起计算检验统计量观察值要简便一些

（续）

教学意图	教学内容	教学环节设计
接受域的计算机模拟演示 （累计 28min）	**·接受域的计算机模拟演示** ❀ σ^2 已知情形 H_0 的接受域： $\overline{X}\in[-0.52，0.52]$ 已知方差时，数学期望的假设检验，显著性水平=0.1，每次试验样本容量n=10 ❀ σ^2 未知情形 H_0 的接受域： $\overline{X}\in[-0.58s，0.58s]$ 未知方差时，数学期望的假设检验，显著性水平=0.1，每次试验样本容量n=10 两个演示动画在一个 PPT 页面呈现，目的是对比观察 1）方差已知和方差未知，最明显的差别是 H_0 的接受域的长度．方差已知时，接受域长度固定不变，因为长度与样本值无关．而方差未知时，接受域长度受样本值影响，随不同的样本值而不断在变化 2）两图的最右边的竖条表明，随着 100 次试验的进展过程，H_0 被接受的试验次数与当前试验次数的对比情况．当全部试验结束后，竖条显示，方差已知时，在 100 次试验中，H_0 被接受的次数是 90 次，而方差未知时，H_0 被接受的次数是 91 次，这两个数字都接近于 90 次．注意到本演示中显著性水平是 0.1，理论上接受 H_0 的次数是 90 次．这也就很好地理解了显著性水平 α 的含义	时间：2min 计算机模拟，给出拒绝域（接受域）一个直观认识
应用二 新生儿体重的检验 （累计 33min）	**·应用二 新生儿体重的检验** 某地区新生男婴的体重 X 近似服从正态分布，μ 和 σ 均未知．样本数据选择随机抽取的 100 个男婴，样本均值为 3350kg，样本标准差为 559kg，在显著性水平 $\alpha=0.05$ 下，能否认为该地区男婴体重达到了标准体重 3300g ？ **解**：总体 X—某地区男婴的体重．这里，$X\sim N(\mu,\sigma^2)$，μ,σ^2 未知， $$H_0:\ \mu=\mu_0=3300,\quad H_1:\ \mu\neq\mu_0$$ 检验统计量 $T=\dfrac{\overline{X}-3300}{S/\sqrt{100}}$，当 H_0 为真时，$T\sim t(99)$，H_0 的拒绝域为 $$|T|\geq t_{\alpha/2}(99)=t_{0.025}(99)\approx1.96$$ 算得 $|t|=\left|\dfrac{3350-3300}{559/\sqrt{100}}\right|=0.894<1.96$ 观察值没有落入拒绝域，故接受 H_0 **说明**：该地区男婴的平均体重与标准体重无显著差异 	时间：5min 大部分实际问题都是方差未知的情形，所以本例给出了一个方差未知时均值的检验问题．特别说明，本例的数据来自于某医院的真实临床记录

（续）

教学意图	教学内容	教学环节设计
	4. 单个正态总体方差的假设检验（10min）	
单个正态总体方差的假设检验（累计38min）	**· 单个正态总体方差的假设检验** 设总体 X 服从正态分布 $N(\mu, \sigma^2)$，σ^2 未知，$X_1, X_2, \cdots, X_n$ 是总体 X 的一个样本，$x_1, x_2, \cdots, x_n$ 是样本值，α 为显著性水平，则 $$H_0: \sigma = \sigma_0, \quad H_1: \sigma \neq \sigma_0$$ **分析**：因为样本方差 S^2 是总体方差 σ^2 的无偏估计. 因此，当 H_0 成立时，比值 $\dfrac{S^2}{\sigma^2}$ 不能太小，也不能太大，这样就得到 H_0 的拒绝域形式为 $$\frac{S^2}{\sigma^2} < k_1 \text{ 或 } \frac{S^2}{\sigma_0^2} < k_2$$ 选择检验统计量 $$\chi^2 = \frac{(n-1)S^2}{\sigma_0^2}$$ 当 H_0 成立时，$\qquad \chi^2 = \dfrac{(n-1)S^2}{\sigma_0^2} \sim \chi^2(n-1)$ 由 χ^2 分布分位点定义，得临界值 $\chi^2_{1-\alpha/2}(n-1)$ 和 $\chi^2_{\alpha/2}(n-1)$，使下式成立： $$P\left\{ \chi^2_{1-\alpha/2}(n-1) < \frac{(n-1)S^2}{\sigma_0^2} < \chi^2_{\alpha/2}(n-1) \right\} = \alpha$$ 这样，就得到单个正态总体方差双侧检验的拒绝域为 $$\chi^2 = \frac{(n-1)S^2}{\sigma_0^2} \in \left(0, \chi^2_{1-\alpha/2}(n-1)\right) \cup \left(\chi^2_{\alpha/2}(n-1), +\infty\right)$$	**时间：5min** 正态总体方差的检验与均值检验的基本思想是一致的，不同之处在于检验统计量的选取，以及拒绝域的形式
应用三 电池寿命（累计43min）	**· 应用三 电池寿命** 某厂生产的某种型号的电池，其寿命（以 h 计）长期以来服从方差 $\sigma^2 = 5000$ 的正态分布，现有一批这种电池，从它的生产情况来看，寿命的波动性可能有所改变. 现随机地取 26 只电池，测出其寿命的样本方差 $S^2 = 9200$. 问：根据这一数据能否推断这批电池寿命的波动性较以往有显著变化（取 $\alpha = 0.02$）？ **解**：这是正态总体均值未知时的关于方差的双侧假设检验，则 $$H_0: \sigma^2 = 5000, \quad H_1: \sigma^2 \neq 5000$$ 利用 χ^2 检验法，选择检验统计量 $$\chi^2 = \frac{25S^2}{5000}$$ 当 H_0 成立时，$\qquad \dfrac{25S^2}{5000} \sim \chi^2(25)$ 对 $\alpha = 0.02$，查表得 $$\chi^2_{1-\alpha/2}(n-1) = \chi^2_{0.99}(25) = 11.524$$ $$\chi^2_{\alpha/2}(n-1) = \chi^2_{0.01}(25) = 44.314$$ $$\chi^2 = \frac{25 \times 9200}{5000} = 46 > 44.314$$ 所以拒绝 H_0，即可以认为这批电池寿命的波动性较以往有显著的变化	**时间：5min** 给出一个正态总体方差检验的例子

（续）

教学意图	教学内容	教学环节设计
	5. 小结与思考拓展（2min）	
小结、设问来加深学生对本节内容的印象，并引导学生对下节课要解决的问题进行思考（累计45min）	• 小结 1）假设检验的基本思想与解题步骤； 2）假设检验计算机模拟演示； 3）正态总体均值（方差已知和方差未知）的检验； 4）正态总体方差的检验； 5）假设检验应用举例	时间：1min 根据本节讲授内容，做简单小结
	• 思考拓展 1）上述所讲的假设检验均是显著性检验，在显著性检验中控制了犯哪种错误的概率比较小？体现在哪里？ 2）区间估计与假设检验的关系？ 3）两个正态总体的假设检验？ 4）非正态总体的假设检验？ 5）什么是非参数的假设检验？	时间：1min 根据本节讲授内容，给出一些思考拓展的问题
	• 作业布置 习题八 A：1~4	要求学生课后认真完成作业

六、教学评价

本单元的教学设计符合理工科二年级学生的认知规律和实际水平，由生动的实例引出问题，板书与PPT配合，有目标、有条理并逐步深入地引导学生找到解决问题的方法，并通过动画演示，加深学生对显著性水平这个抽象概念的直观印象，这些都有助于学生更好地学习和掌握本节课的内容．同时，通过实际问题的解决，又可以"用以促学"，提高学生将实际问题转化为数学问题，进而通过数学手段解决问题的能力，同时也注重培养学生的创新精神和思维能力．

6.4　分布拟合检验

一、教学目的

使学生深刻理解和掌握分布拟合检验的原理与方法，重点掌握皮尔逊的卡方拟合检验法的步骤、检验统计量的选择、拒绝域的范围，以及皮尔逊 – 费希尔定理的应用条件．不仅能够根据样本数据，对所提出的关于分布的原假设进行检验，而且要清楚为什么选择这样的检验统计量，以及拒绝域的由来．引导学生在参数假设检验的基础上，将思维延伸到对总体分布的非参数假设检验上，比较其中的异同，完成统计思维的拓展．能够自觉地运用所学的知识去观察生活，运用统计方法分析和探讨生活中小到考试成绩，大到国民经济中的一些实际问题．

二、教学思想

统计推断中的一类重要问题是假设检验问题. 前面所讲的假设检验总是在总体分布形式已知的前提下进行的，是对参数的假设检验，但实际问题中有时不知道总体服从什么分布，这就需要根据样本数据来检验关于分布的假设，这时为非参数假设检验. 分布拟合检验在经济学、管理学、生物学、医学等诸多领域中都有着重要的应用价值. 本节主要介绍有关分布的皮尔逊 χ^2 拟合检验法.

三、教学分析

1. 教学内容

1）分布拟合检验（非参数假设检验）的概念.

2）χ^2 拟合检验法的步骤，皮尔逊 – 费希尔定理，检验统计量与拒绝域.

3）皮尔逊 – 费希尔定理的应用条件.

4）应用——战争爆发次数与股票成交量的分布拟合检验.

2. 教学重点

1）了解分布拟合检验与参数假设检验的差异.

2）掌握 χ^2 拟合检验法的原理与步骤，理解检验统计量的选择与拒绝域的由来.

3）掌握皮尔逊 – 费希尔定理的应用条件，以及实际应用中的处理方法.

4）分布拟合检验的应用实例.

3. 教学难点

1）χ^2 拟合检验中的检验统计量是如何得到的？

2）χ^2 拟合检验中拒绝域的由来是什么？

3）为什么在实际应用中要求样本容量 $n \geqslant 50$，理论频数 $np_i \geqslant 5$？

4. 对重点、难点的处理

1）通过战争爆发次数和股票成交量等实际问题引入，使学生很容易看出分布拟合检验（非参数假设检验）与参数假设检验的差异.

2）加强课堂互动，引导学生按照以前所学的参数假设检验中检验统计量的构造思路，找到能够反映出实测频率与理论概率值"差异"的合适检验统计量. 通过启发学生自主思考、主动参与，使之对检验统计量的构造思路有更加深刻的认知.

3）培养学生将所学知识和方法进行延伸的能力. 通过提问，引导学生在已经有了检验统计量之后，根据皮尔逊 – 费希尔定理的结论，进一步明确在什么情况下要拒绝原假设，进而深入理解拒绝域的选取缘由.

4）从皮尔逊 – 费希尔定理要求样本容量 n 充分大的条件入手，使得学生学会正确应用数学定理与结论的方法，同时也明确经验处理方法通常也有其理论依据，进而在解决实际问题时既知其理论根源，又能够适当地依托于前人的实践经验.

四、教学方法与策略

1. 课堂教学设计思路

1）以战争爆发次数和股票成交量这样的实际问题引出分布拟合检验（非参数假设检验）的定义，令学生在脑海中迅速建立起分布拟合检验的概念，并能带着问题，有目的地学习，为课程内容的展开奠定良好的基础.

2）本节课的教学内容通过提出问题、分析问题、搭建方法、解决问题的模式串联起来，使得学生能够完成建立这种统计方法的系统学习.

3）假设检验的关键点在于构建合适的检验统计量，并找到拒绝域. 在构建检验统计量和寻找拒绝域的过程中，充分利用板书，与学生互动，向学生展示检验统计量的选取原则，检验统计量是如何体现样本的观测值与原假设所对应理论值之间差异的，以及为什么选取这样的拒绝域. 对于一种新的统计方法，不仅要让学生知其然，又要使之知其所以然. 通过板书配合讲解，能够更好地启发学生的思路.

4）皮尔逊 - 费希尔定理给出了检验统计量在样本容量 n 充分大时的近似分布，这就使得在实际应用中对于某些情形要进行适当的处理. 引导学生在解决实际问题时既知其理论根源，又能够适当地依托于前人的实践经验.

5）通过应用实例让学生逐渐熟悉分布拟合检验方法步骤，同时将第二个例子设计成两种情形，让学生看到，经检验股票成交量本身不服从正态分布，而是服从对数正态分布.

6）计算机模拟演示. 为了更好地理解分布拟合检验，对战争爆发次数的分布检验做了计算机仿真试验. 首先模拟一次试验，即给出 432 个随机点，模拟 432 年间爆发的战争，计算出检验统计量的观测值，判断出是否落入 H_0 的拒绝域. 共做 100 次试验，得到 100 个模拟结果，统计出落入拒绝域的次数为 96，这与显著性水平 0.95 非常接近. 计算机模拟演示既可以对检验进行仿真，还可以发现问题的本质，是一个非常好的教学辅助手段，也是课程设计的一大亮点.

2. 板书设计

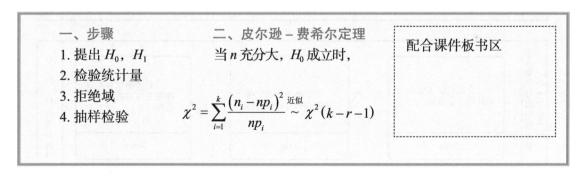

一、步骤
1. 提出 H_0，H_1
2. 检验统计量
3. 拒绝域
4. 抽样检验

二、皮尔逊 - 费希尔定理
当 n 充分大，H_0 成立时，

$$\chi^2 = \sum_{i=1}^{k} \frac{(n_i - np_i)^2}{np_i} \overset{\text{近似}}{\sim} \chi^2(k-r-1)$$

配合课件板书区

五、教学安排

1. 教学进程框架

根据教学要求和教学计划安排，以教学过程图所示的教学进程进行安排，将各部分教

学内容分解为"问题提出""问题定义/分析"和"问题求解/应用"三部分，始终以问题为导向，以分析为重点，以应用为巩固拓展，引导学生进行学习.

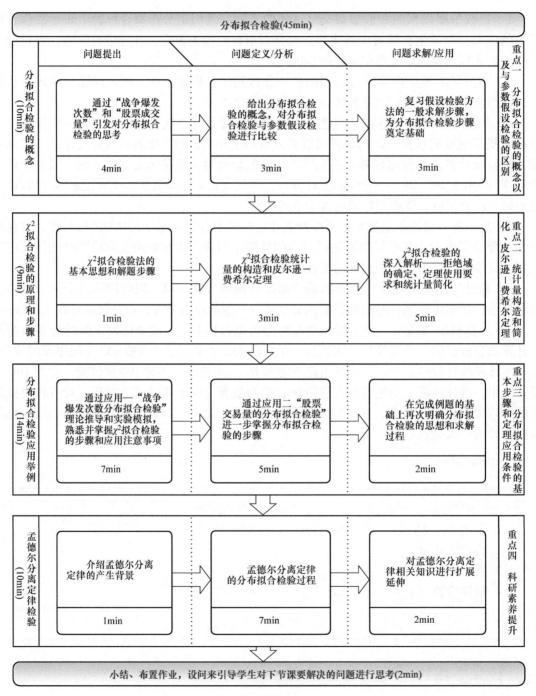

教学过程图

2. 教学进程详细内容

根据教学框架，针对每个知识点进行详细设计，具体内容如下：

教学进程表

教学意图	教学内容	教学环节设计
	1. 分布拟合检验与显著性检验的一般步骤（10min）	
本节内容框图 （累计1min）	• 内容框图 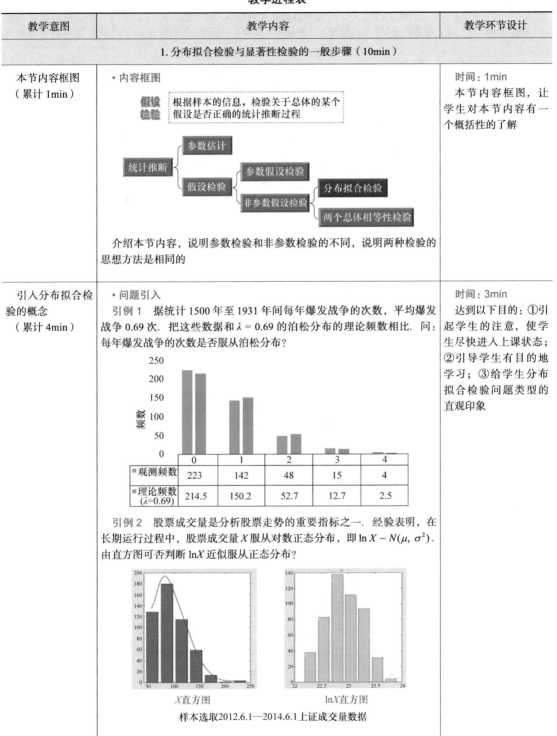 介绍本节内容，说明参数检验和非参数检验的不同，说明两种检验的思想方法是相同的	时间：1min 本节内容框图，让学生对本节内容有一个概括性的了解
引入分布拟合检验的概念 （累计4min）	• 问题引入 引例1　据统计1500年至1931年间每年爆发战争的次数，平均爆发战争0.69次. 把这些数据和 $\lambda=0.69$ 的泊松分布的理论频数相比. 问：每年爆发战争的次数是否服从泊松分布？ 引例2　股票成交量是分析股票走势的重要指标之一. 经验表明，在长期运行过程中，股票成交量 X 服从对数正态分布，即 $\ln X \sim N(\mu, \sigma^2)$. 由直方图可否判断 $\ln X$ 近似服从正态分布？ X直方图　　$\ln X$直方图 样本选取2012.6.1—2014.6.1上证成交量数据	时间：3min 达到以下目的：①引起学生的注意，使学生尽快进入上课状态；②引导学生有目的地学习；③给学生分布拟合检验问题类型的直观印象

（续）

教学意图	教学内容	教学环节设计
分布拟合检验的定义 （累计 7min）	• **分布拟合检验的定义** 定义：设 $X_1, X_2, \cdots, X_n$ 为来自总体 X 的样本，样本值为 $x_1, x_2, \cdots, x_n$，在总体分布未知的情况下，根据样本检验关于总体分布的假设： H_0：总体 X 的分布函数是 $F(x)$， H_1：总体 X 的分布函数不是 $F(x)$ 然后根据样本的经验分布和所假设的理论分布之间的吻合程度来决定是否接受原假设 这种检验方法即为分布拟合检验，是一种非参数检验 解释：1）前面所讲的假设检验总是在总体分布形式已知的前提下进行的，是对参数的假设检验； 2）分布拟合问题如前面两个引例所示，总体分布未知，要根据样本数据来检验对分布的假设，是非参数假设检验	时间：3min 分布拟合检验与此前所学参数假设检验的区别 分布拟合检验
复习假设检验的一般步骤 （累计 10min）	• **复习假设检验的一般步骤** 步骤 1　提出原假设和备择假设 H_0 与 H_1； 步骤 2　确定检验统计量； 步骤 3　根据显著性水平，确定拒绝域； 步骤 4　从总体中抽样，根据样本值是否落入拒绝域，做出拒绝或接受原假设的判断 解释：1）分布拟合检验从总体上看，也是按照这样的一般步骤进行的； 2）关键在于如何找到能够体现样本数据分布与所假设的理论分布之间差异的检验统计量	时间：3min 为后面讲解 χ^2 拟合检验法做准备
2. χ^2 拟合检验法的原理和步骤（9min）		
χ^2 拟合检验法的解题步骤 （累计 11min）	• **χ^2 拟合检验法的解题步骤** 步骤 1　分割总体区间得 $A_1, A_2, \cdots, A_k$； 步骤 2　由样本数据计算实测频数 n_i； 步骤 3　计算理论频数 np_i，其中，当 H_0 为真时，p_i 满足： $$p_i = P\{X \in A_i\}$$ 步骤 4　计算实测与理论频数之差 $n_i - np_i$； 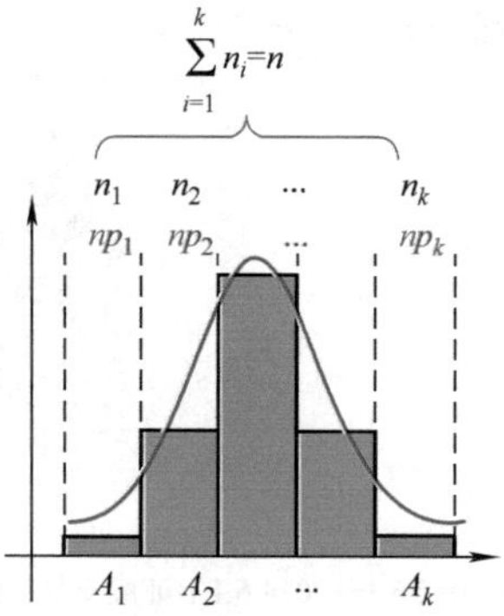 	时间：1min 给出检验法的步骤

（续）

教学意图	教学内容	教学环节设计
皮尔逊 χ^2 统计量（累计 13min）	• χ^2 拟合检验法分析一 如何度量差异的大小？ 即如何构造能够体现样本数据分布与所假设的理论分布之间差异的检验统计量？ 检验统计量是假设检验的重要工具，有了它，就可以制定拒绝假设 H_0 的小概率事件. 而这个小概率事件的含义是： 1）事件含义是样本值与假设 H_0 的偏差比较大； 2）事件发生的概率，是在 H_0 为真时计算出来的，且概率值比较小 分析： 注意到 $\dfrac{n_i}{n}$ 为样本落入 A_i 内的频率， $p_i = P\{X \in A_i\}$ 为 H_0 真时样本落入 A_i 内的概率 由伯努利大数定理知 $\dfrac{n_i}{n} \xrightarrow{\ p\ } p_i$ $\longrightarrow \left\lvert \dfrac{n_i}{n} - p_i \right\rvert$ 不应很大， $\longrightarrow$ 相对误差 $\dfrac{\frac{n_i}{n} - p_i}{p_i} = \dfrac{\lvert n_i - np_i \rvert}{np_i}$ 不应很大， $\longrightarrow \dfrac{(n_i - np_i)^2}{np_i}$ 不应很大， 由此得到皮尔逊 χ^2 统计量 $$\chi^2 = \frac{(n_i - np_i)^2}{np_i}$$	时间：2min 关键是找适合当前问题的统计量 按照参数假设检验的思想，构造小概率事件 所以要明确这里小概率事件的含义
皮尔逊 χ^2 统计量的分布（累计 14min）	• χ^2 拟合检验法分析二 找到皮尔逊 χ^2 统计量后，就可以表示小概率事件了，但是计算概率需要有确定的分布. 故在假设 H_0 为真时，有如下皮尔逊 - 费希尔定理： **皮尔逊 - 费希尔定理** 当 n 充分大时，在 H_0 成立的条件下，统计量 $$\chi^2 = \sum_{i=1}^{k} \frac{n}{p_i} \left(\frac{n_i}{n} - p_i \right)^2 \overset{\text{近似}}{\sim} \chi^2(k-r-1)$$ 其中，r 为 $F(x)$ 中未知参数的个数	时间：1min 为了考虑概率计算，所以要寻找统计量的分布；否则，没有确定分布的统计量是没有意义的

（续）

教学意图	教学内容	教学环节设计
H_0 的拒绝域 （累计 15min）	• χ^2 拟合检验法分析三 H_0 的拒绝域如何确定？ 考虑到若样本数据的分布即为所假设的理论分布，则当 n 充分大时，检验统计量 $$\sum_{i=1}^{k}\frac{n}{p_i}\left(\frac{n_i}{n}-p_i\right)^2$$ 不应很大，故而应该在它的观测值大到一定程度时，拒绝原假设. 于是，对于给定的显著性水平 $1-\alpha$，拒绝域的形式为 $$\chi^2=\sum_{i=1}^{k}\frac{n}{p_i}\left(\frac{n_i}{n}-p_i\right)^2\geqslant\chi_\alpha^2(k-r-1)$$ 其中，r 为 $F(x)$ 中未知参数的个数 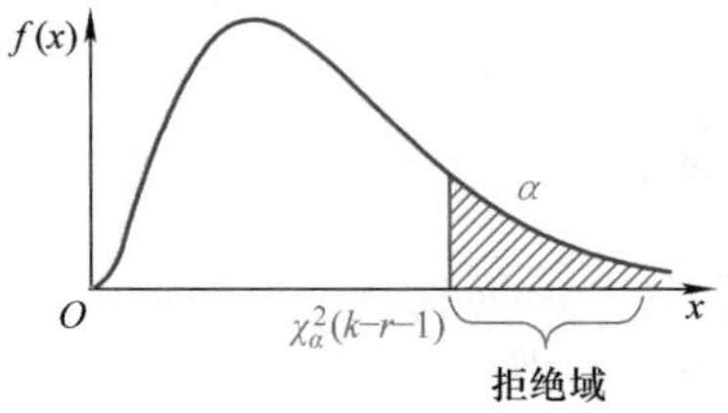 	时间：1min 现已知检验统计量在 H_0 成立时的近似分布，通过分析在什么情况下应拒绝原假设，即可由显著性水平 α 和 χ^2 分布的分位点来得到拒绝域的形式 板书： χ^2 分布概率密度曲线与分位点
χ^2 拟合检验法使用要求 （累计 16min）	• χ^2 拟合检验法分析四 检验法有什么使用要求？ 1）皮尔逊 - 费希尔定理使用要求： ① n 要足够大；② np_i 不太小 根据实践经验： ① n 不小于 50；② np_i 都不小于 5 不满足怎么办？ 适当合并区间，使 np_i 满足这个要求 2）若含有未知参数怎么办？ 用极大似然估计法得到位置参数的估计	时间：1min 通过提问引导学生掌握处理实际问题的方法，同时学会把握定理的条件，从而正确应用数学定理
χ^2 统计量常用形式 （累计 17min）	• χ^2 拟合检验法分析五 检验统计量的常用简化形式 $$\chi^2=\sum_{i=1}^{k}\frac{n}{p_i}\left(\frac{n_i}{n}-p_i\right)^2$$ $$=\sum_{i=1}^{k}\frac{(n_i-np_i)^2}{np_i}=\sum_{i=1}^{k}\frac{n_i^2}{np_i}-n$$	时间：1min 为方便记忆检验统计量的形式，给出它的两种常用简化形式

（续）

教学意图	教学内容	教学环节设计
皮尔逊生平简介 （累计19min）	• 皮尔逊（Pearson，1857—1936） 　皮尔逊是英国著名的统计学家、生物统计学家、数学家，又是名副其实的历史学家、哲学家也是精力充沛的社会活动家、律师，还是受欢迎的教师、编辑、文学作品和人物传记的作者 　皮尔逊提出了 χ^2 检验法. 皮尔逊认为，不管理论分布构造得如何好，它与实际分布之间总存在着或多或少的差异. 这些差异是由于观察次数不充分、随机误差太大引起的呢？还是由于所选配的理论分布本身就与实际分布有实质性的差异？还需要用一种方法来检验. 1900年，皮尔逊发表了一个著名的统计量，称之为 χ^2 统计量，用来检验实际值的分布数列与理论数列是否在合理范围内相符合，即用以测定观测值与期望值之间的差异显著性. "χ^2 检验法"提出后得到了广泛的应用，在现代统计理论中占有重要地位 	时间：2min 介绍皮尔逊. 人们公认他是现代统计学的奠基人，统计之父. 所以应该让学生了解

3. 分布拟合检验应用举例（14min）

| 应用一　战争爆发次数的分布拟合检验
　问题求解
（累计24min） | • 应用一　战争爆发次数的分布拟合检验
　据统计 1500~1931 年间每年爆发战争的次数，如下表所示： | 时间：5min
问题：
1）理论分布是谁？是否含有未知参数？
2）实测频数与理论频数分别是哪些，如何得到？通过提问来抓住学生的注意力，使学生掌握 χ^2 拟合检验的实际应用步骤 |

战争次数 i	0	1	2	3	4
实际频数 n_i	223	142	48	15	4

试问每年爆发战争的次数是否服从泊松分布？（$1-\alpha$ =95%）

分析：这一问题中，理论分布为泊松分布，含有未知参数.

题中已知实际频数，只需计算理论频数，代入检验统计量，计算即可根据观测值是否进入拒绝域来进行判断

解：提出原假设 H_0：X 服从参数为 λ 的泊松分布，备择假设 H_1：X 不服从参数为 λ 的泊松分布，这里含有一个未知参数，由极大似然估计得

$$\hat{\lambda} = \bar{X} = 0.69$$

即

$$H_0 : X \sim \pi (0.69)$$

选择检验统计量

$$\chi^2 = \sum_{i=1}^{k} \frac{(n_i - np_i)^2}{np_i}$$

拒绝域为

$$\chi^2 = \sum_{i=1}^{k} \frac{(n_i - np_i)^2}{np_i} \geqslant \chi_\alpha^2 (k - r - 1)$$

其中，未知参数个数 $r = 1$

（续）

教学意图	教学内容	教学环节设计
	由泊松分布，得 $$p_i = P\{X=i\} = \frac{0.69^i \cdot \mathrm{e}^{-0.69}}{i!}, \ i = 0, 1, 2, 3, 4$$ 计算出结果得下表：	注意不符合检验法使用要求的分组，应该合并

战争次数 i	0	1	2	3
实际频数 n_i	223	142	48	19
概率 p_i	0.502	0.346	0.119	0.033
理论频数 np_i	216.9	149.9	51.4	13.9

于是有

$$\chi^2 = \sum_{i=1}^{k} \frac{(n_i - np_i)^2}{np_i} = 2.64$$

查 χ^2 分布表得

$$\chi_a^2(k-r-1) = \chi_{0.05}^2(4-1-1) = 5.991$$

可见

$$\chi^2 = 2.64 < \chi_{0.05}^2(4-1-1) = 5.991$$

未落入拒绝域，故认为每年发生战争的次数 X 服从参数为 0.69 的泊松分布

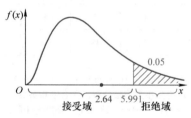

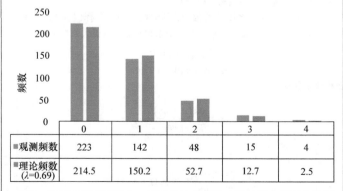

	0	1	2	3	4
■ 观测频数	223	142	48	15	4
■ 理论频数 (λ=0.69)	214.5	150.2	52.7	12.7	2.5

解释： 采用表格可使学生一目了然地看到检验统计量中所需的数据，且能明确都需要计算哪些量

（续）

教学意图	教学内容	教学环节设计
应用一　战争爆发次数的分布拟合检验模拟（累计 26min）	• 应用一　战争爆发次数的分布拟合检验模拟 右上图：一次试验（432 年爆发的战争数）的模拟结果 左上图：100 次试验的模拟结果，其中红点落入黄色区域的表明这次试验结果是接受 H_0 左中图：100 次试验中接受 H_0 的次数 左下图：折线为 100 次试验中接受 H_0 的累积频率，直线为 H_0 的接受概率理论值，即 $1-\alpha(=95\%)$ 右下图：泊松分布与一次试验的频率 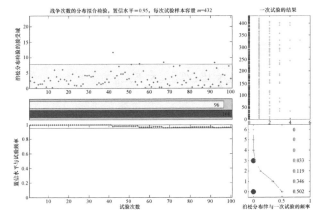	时间：2min 　概率课程是一门数学实验课程，我们可以用模拟试验证实上述结果和结论
应用二　股票成交量的分布拟合检验（累计 27min）	• 应用二　股票成交量的分布拟合检验 　股票成交量是分析股票走势的重要指标之一. 经验表明，在长期运行过程中，股票成交量 X 服从对数正态分布，即 $\ln X \sim N(\mu, \sigma^2)$. 由直方图可否判断 $\ln X$ 近似服从正态分布？ 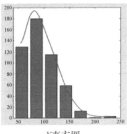　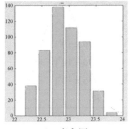 　　X直方图　　　　$\ln X$直方图 注：样本选取2012.6.1—2014.6.1上证成交量数据。 提出问题： 1）题目中理论分布是什么？ 2）上例中理论分布为泊松分布，是离散型的，而此例中理论分布为正态分布，是连续型的，该如何处理？ 3）分布中是否含有未知参数？如何处理？ 分析： 1）此题中理论分布为正态分布； 2）需分割区间，计算实测频数和理论频数； 3）含有 2 个未知参数，极大似然估计.	时间：1min 　上例中理论分布为泊松分布，是离散型的，而此例中理论分布为正态分布，是连续型的，该如何处理？分布中是否含有未知参数？

（续）

教学意图	教学内容	教学环节设计
应用二　股票成交量的分布拟合检验第一问 （累计 30min）	• 应用二　求解第一问 解：（1）首先检验股票成交量 X 是否服从正态分布 根据题意提出假设 $$H_0 : X \sim N(\mu, \sigma^2)$$ 由极大似然估计法，得 $$\hat{\mu} = 94.9 \times 10^8, \ \hat{\sigma}^2 = (32.5 \times 10^8)^2$$ 原假设变为 $$H_0 : X \sim N\left(94.9 \times 10^8, (32.5 \times 10^8)^2\right)$$ 选择检验统计量 $$\chi^2 = \sum_{i=1}^{k} \frac{(n_i - np_i)^2}{np_i} = \sum_{i=1}^{k} \frac{n_i^2}{np_i} - n$$ 拒绝域为 $$\chi^2 = \sum_{i=1}^{k} \frac{n_i^2}{np_i} - n \geqslant \chi_\alpha^2(k - r - 1)$$ 其中，$r = 2$ 　样本数据最小值为 42.58×10^8，最大值为 244.3×10^8．现取区间 $[42 \times 10^8, \ 245 \times 10^8]$，将区间分为 7 个小区间．可得：	时间：3min 　第二问的解题步骤和第一问很类似 　可以让学生自己先思考一下，也可以边问边讲解，或者留给学生课后完成详细的计算过程

组限	频数 n_i	概率 $\hat{p}_i$	$n\hat{p}_i$
$(42.0 \times 10^8, 71.84 \times 10^8]$			
$(71.84 \times 10^8, 101 \times 10^8]$			
$(101 \times 10^8, 131 \times 10^8]$			
$(131 \times 10^8, 160 \times 10^8]$			
$(160 \times 10^8, 170 \times 10^8]$			
$(170 \times 10^8, 200 \times 10^8]$			
$(200 \times 10^8, 245 \times 10^8]$			
求和			

合并后 χ^2 检验计算表得：

组限	频数 n_i	概率 $\hat{p}_i$	$n\hat{p}_i$
$(42.0 \times 10^8, 71.84 \times 10^8]$	129	0.1873	93.65
$(71.84 \times 10^8, 101 \times 10^8]$	180	0.3463	173.15
$(101 \times 10^8, 131 \times 10^8]$	115	0.2912	145.6
$(131 \times 10^8, 160 \times 10^8]$	59	0.1113	55.65
$(160 \times 10^8, 170 \times 10^8]$	13	0.0118	5.9
$(170 \times 10^8, 245 \times 10^8]$	4	0.0104	5.2
求和	500		

（续）

教学意图	教学内容	教学环节设计
	其中， $$\hat{p}_i = P\{42\times10^8 < x \leqslant 71.84\times10^8\}$$ $$= \Phi\left(\frac{71.84-94.9}{32.5}\right) - \Phi\left(\frac{42-94.9}{32.5}\right)$$ $$= \Phi(-0.710) - \Phi(-1.628) = 0.1873$$ 其他类似 　利用样本数据计算，得 $$\chi^2 = \sum_{i=1}^{k}\frac{n_i^2}{np_i} - n = 572.7618 - 500 = 72.7618$$ 查 χ^2 分布表得 $$\chi_{0.05}^2(k-r-1) = \chi_{0.05}^2(4) = 9.488$$ 可见， $$\chi^2 = 72.7618 > \chi_{0.05}^2(4) = 9.488$$ 故在显著性水平 0.05 下，拒绝假设 H_0，认为 X 不服从正态分布	
应用二　股票成交量的分布拟合检验第二问 （累计 33min）	• 应用二　求解第二问 （2）再检验股票成交量 $\ln X$ 是否服从正态分布 （方法与过程均类似） 提出原假设 $$H_0: \ln X \sim N(\mu, \sigma^2)$$ 这里，参数 μ 和 σ 未知 　基于样本数据，采用极大似然估计法对正态分布的两个参数进行估计，可知 $$\hat{\mu} = 22.9, \quad \hat{\sigma}_2 = 0.33^2$$ 原假设变为 $$H_0: \ln X \sim N(22.9, 0.33^2)$$ 样本数据最小值为 22.172，最大值为 23.919. 现取区间 [22，24]，将区间 [22，24] 分为 7 个小区间，得： **χ^2 检验计算表** 	组限	频数 f_i	概率 $\hat{p}_i$	$n\hat{p}_i$	$f_i^2/n\hat{p}_i$
---	---	---	---	---
(22，22.42]	37	0.0697	34.85	39.2826
(22.42，22.67]	84	0.1700	85.00	83.0118
(22.67，22.92]	137	0.2813	140.65	133.4447
(22.92，23.18]	120	0.2778	138.90	103.6717
(23.18，23.42]	87	0.1405	70.25	107.7438
(23.42，23.76]	31	0.0530	26.50	36.2642
(23.76，24]	4	0.0042	2.10	7.6190
求和	500			511.0378		时间：3min 为学生更好地理解和掌握 χ^2 拟合检验的方法与步骤，首先来检验股票成交量 X 是否服从正态分布，然后再检验是否服从对数正态分布

教学意图	教学内容	教学环节设计
	其中， $$\hat{p}_1 = P\{22 < \ln x \leqslant 22.42\}$$ $$= \Phi\left(\frac{22.42 - 22.9}{0.33}\right) - \Phi\left(\frac{22 - 22.9}{0.33}\right)$$ $$= \Phi(-1.454) - \Phi(-2.727) = 0.0697$$ 其他类似 　计算可得 $$\chi^2 = \sum_{i=1}^{k} \frac{n_i^2}{np_i} - n$$ $$= 511.0378 - 500 = 11.0378$$ 查 χ^2 分布表得 $$\chi_{0.05}^2(k - r - 1) = \chi_{0.05}^2(4) = 9.488$$ 可见 $$\chi^2 = 11.0378 > \chi_{0.05}^2(4) = 9.488 ，落入拒绝域，$$ 故在显著性水平 0.05 下，拒绝假设 H_0，认为 $\ln X$ 不服从正态分布	
	**4. 孟德尔分离定律检验（10min）**	
应用三　分布拟合检验法在生物遗传学中的应用（累计41min）	**· 应用三　分布拟合检验法在生物遗传学中的应用** 　引出：我们以遗传学上的一项伟大发现为例，说明统计方法在研究自然界和人类社会的规律性时，是起着积极的、主动的作用 　背景介绍：奥地利生物学家孟德尔进行了长达八年之久的豌豆杂交试验，并根据试验结果，运用他的数理知识，发现了豌豆遗传的基本规律 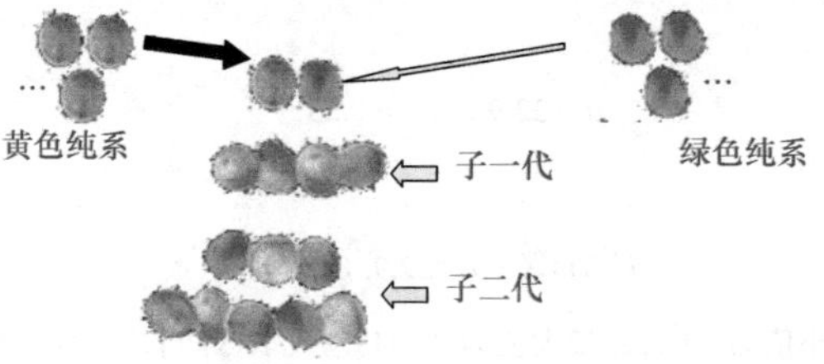 　根据他的理论，子二代中，黄、绿之比近似为3:1；而他的一组观察结果为：黄70，绿27，近似为2.59:1，与理论值相近 　问题与分析：由于随机性，观察结果与3:1总有些差距，因此有必要去考察某一大小的差异是否已构成否定3:1理论的充分根据，这就是如下的检验问题： 　检验孟德尔的3:1理论，提出原假设 $$H_0: \quad p_1 = \frac{3}{4}, \quad p_2 = \frac{1}{4}$$ 其中，　　　　　$n = 70 + 27 = 97, \ k = 2$ 实测频数为　　　　　　　70, 27 理论频数为　　$np_1 = 72.75, \ np_2 = 24.25$	时间：8min 　介绍问题的背景，为什么有这样的问题，和遗传学有什么关系？ 　加深学生对 χ^2 拟合检验步骤的掌握

（续）

教学意图	教学内容	教学环节设计
	选择检验统计量 $$\chi^2 = \sum_{i=1}^{k} \frac{(n_i - np_i)^2}{np_i}$$ 拒绝域为 $$\chi^2 = \sum_{i=1}^{k} \frac{(n_i - np_i)^2}{np_i} \geqslant \chi_\alpha^2(k-1)$$ 其中，总体理论分布中不含有未知参数　计算可得 $$\chi^2 = \sum_{i=1}^{k} \frac{(n_i - np_i)^2}{np_i} = 0.4158$$ 查表可得 $$\chi_\alpha^2(k-1) = \chi_{0.05}^2(1) = 3.841$$ 可见 $$\chi^2 = 0.4158 < \chi_{0.05}^2(1) = 3.841 \text{，未落入拒绝域，}$$ 故在显著性水平 0.05 下，接受原假设 H_0，认为试验结果符合孟德尔的 $3:1$ 理论	使学生更多地了解分布拟合检验的应用领域
孟德尔生平简介（累计 43min）	• 孟德尔（Mendel，1822—1884）  　　孟德尔今天以遗传学基本原理的发现者而驰名于世．然而他在有生之年却是一个默默无闻的奥地利修道士和业余科学家，他那光辉的研究成果却被科学界所忽视 　　孟德尔定律由孟德尔在 1865 年发表并催生了遗传学诞生的著名定律．他揭示出遗传学的两个基本定律——分离定律和自由组合定律，统称为孟德尔遗传规律．这两个重要规律的发现和提出，为遗传学的诞生和发展奠定了坚实的基础，这也正是孟德尔名垂后世的重大科研成果 　　豌豆具有一些稳定的、容易区分的性状，这很符合孟德尔的试验要求．所谓性状，即指生物体的形态、结构和生理、生化等特性的总称．在他的杂交试验中，孟德尔全神贯注地研究了 7 对相对性状的遗传规律．所谓相对性状，即指同种生物同一性状的不同表现类型，如豌豆花色有红花与白花之分，种子形状有圆粒与皱粒之分等 　　本节涉及的例题是分离定律．孟德尔根据豌豆种子的表皮是光滑还是含有皱纹等几种不同的特征指标进行了试验．得到的结果是，表皮光滑的豆子与皱纹豆子杂交后，次年收获的种子均为光滑表皮．将下一代的种子再进行播种，下一年得到了光滑表皮与皱纹表皮两种，比例也为 3:1．此外孟德尔还针对种子颜色黄绿两色作为区别标准进行了杂交试验也得出了同样的结果（就是本题的背景）．孟德尔对豌豆茎高的研究同样有类似的结果 　　孟德尔以及初期研究者多以植物进行试验．英国的威廉姆·贝特松等使用鸡、日本的外山龟太郎利用蚕蛾等动物验证了孟德尔定律	时间：2min 可以说孟德尔为以后的遗传因子理论奠定了框架基础，这一发现具有历史性的意义

（续）

教学意图	教学内容	教学环节设计
	5. 小结与思考拓展（2min）	
小结、设问来加深学生对本节内容的印象，并引导学生对下节课要解决的问题进行思考．（累计45min）	• 小结 1）介绍了分布拟合检验中的 χ^2 拟合检验法的基本思想； 2）介绍了皮尔逊-费希尔定理； 3）给出了 χ^2 拟合检验法的步骤； 4）给出了 χ^2 拟合检验法的应用实例	时间：1min 根据本节讲授内容，做简单小结
	• 思考拓展 1）收集一门课程的全班考试成绩，用所学的 χ^2 拟合检验法去检验成绩是否服从正态分布？ 2）股票成交量为什么服从对数正态分布？ 3）χ^2 拟合检验法是一种显著性假设检验吗？有没有控制犯第二类错误的概率？ 4）画出所收集到的那门课程全班考试成绩的散点图，试利用散点图法判断成绩是否服从正态分布	时间：1min 根据本节讲授内容，给出一些思考拓展的问题
	• 作业布置 习题八 A：6，7，11	要求学生课后认真完成作业

六、教学评价

本单元的教学设计符合理工科二年级学生的认知规律和实际水平，由战争爆发次数、股票成交量等实际问题引入，让学生首先对分布拟合的概念产生直观印象．在介绍皮尔逊的 χ^2 拟合检验法的过程中，着重于检验统计量的构造要求和思想方法，帮助学生能借此与前面所学参数假设检验相应内容相联系，融会贯通，掌握假设检验的方法和逻辑，可望获得理想的学习效果，实现本单元的教学目标．此外，一方面通过实例讲解使学生了解分布拟合方法在各领域中的应用，另一方面还通过课程内容向外延伸，介绍了分布的直观检验法——散点图法，并对各方法进行点评，使学生在较为系统地学习一种统计方法的同时，也能了解该方法的优缺点，为将来运用统计方法解决实际问题打下良好的基础．

6.5 一元线性回归

一、教学目的

使学生深刻理解和掌握一元线性回归的统计分析方法，重点掌握一元线性回归在估计与预测中的应用．不仅能够根据观测数据，借助最小二乘法建立一元线性回归模型，给出因变量的预测值和预测区间，而且能够借助假设检验方法，判定所得到的一元线性回归模型是否贴近问题本身的特性．引导学生根据某些具体问题的观测数据，运用统计思想和方法得到估计与预测模型．使学生在学习过程中积累数学活动经验，逐渐形成由浅入深地分析、解决问题的思维方式，并锻炼学生提出质疑、独立思考的习惯与精神．能够自觉地运用所学的知识去观察生活，通过建立简单的数学模型，运用统计方法，分析和解决生活中的实际问题．

二、教学思想

在客观世界中普遍存在着变量之间的关系. 变量之间的关系一般可分为确定性和非确定性两种，回归分析正是研究变量之间非确定性关系的一种数学工具. 一元线性回归常被用于研究某一现象与影响它的一个最主要因素之间的关系. 根据带有随机性的观测数据对整体进行预测和推断，是统计学的研究任务. 统计方法的引入，使得人们得以通过分析所能获取的有限的样本数据，对整体情况或将来的状态进行估计和预测，为做出决策提供依据，这在实际生活以及社会各个领域中都起着相当重要的作用. 因此，对于统计方法的学习和研究，不仅有着深刻的理论意义，而且有着重要的实际应用价值.

三、教学分析

1. 教学内容

1）一元线性回归的数学模型.
2）回归系数的最小二乘估计.
3）一元线性回归模型的应用——预测值与预测区间.
4）线性假设的显著性检验——t 检验法.

2. 教学重点

1）理解一元线性回归模型，掌握模型中各个量的地位与意义.
2）掌握回归系数的最小二乘估计法.
3）掌握根据实际观测数据构建一元线性回归模型，并利用模型获得预测值和预测区间的方法.
4）掌握线性假设的显著性检验——t 检验法，锻炼学生提出质疑的精神.

3. 教学难点

1）如何理解"回归"的含义？
2）如何在实际问题中通过构建一元线性回归模型得到预测值和"可靠的"预测区间？
3）一元线性回归模型是否具有应用于所探讨的特定问题（观测数据）的价值？

4. 对重点、难点的处理

1）首先通过身高预测问题引入，而后根据实际样本数据，结合一元线性回归方法进行预测，使学生能够产生直观的印象：高个子父母的子女身高有低于其父母身高的趋势，而矮个子父母的子女身高有高于其父母身高的趋势，即有"回归"到平均数去的趋势，这是"回归"的最初含义. 此外，在讲授中点明：在客观世界中大量存在着变量之间的非确定性关系，回归分析正是探寻这种非确定性关系的一种数学工具，"回归"还意味着去追溯与还原.

2）加强课堂互动，引导学生在学习过程中发现问题，思考问题，通过启发学生自主思考、主动参与，让学生体验预测值与"可靠的"预测区间的差异，使学生对一元线性回归模型在预测中的应用有更加深刻的认知，并能够掌握相应的统计方法，学以致用.

3）培养学生的质疑精神. 一元线性回归模型用于拟合所获取的观测数据是否合适？

它是否具有应用于所探讨特定问题的价值？这还需要进行线性假设的显著性检验．这里要引导学生不仅要找到解决问题的方法，而且要对该方法的有效性进行检验，激发学生深入探究的兴趣．

四、教学方法与策略

1. 课堂教学设计思路

1）以引人注目的身高预测问题引出本节内容，激发学生的兴趣，抓住学生的"眼球"，为整堂课奠定良好的基础氛围．

2）本节课的教学内容通过提出问题、构建模型、解决问题和深入探讨的模式串联起来，使得学生能够有目的地学习．

3）在先构建一元线性回归模型再进行预测的过程中，方法的展开设计遵循逐步深入的原则，从寻求一个预测值（单值预测）到寻求"可靠的"预测区间（置信区间），让学生体验处理和分析带有随机性的数据的方法和步骤，这样既符合认知规律，又向学生传达了用统计手段解决问题的思维方法．

4）通过考察某地区居民收入与消费支出的关系的例题，让学生进一步巩固根据观测数据建立回归方程进而获得单值预测和区间预测的方法和步骤，同时也使学生了解了回归分析在经济领域的应用．

5）深入探讨与拓展：引导学生用不同方法对回归系数进行估计并进行比较，启发学生提出质疑和思考模型与方法的适用性和有效性，进而结合假设检验方法对回归系数的线性假设进行检验，通过回到数据进行模型检验的过程，使学生对一元线性回归分析方法形成较为全面的认识．

6）计算机模拟演示．为了让学生更好地理解所学内容，同时也丰富教学手段，特设计制作了计算机仿真试验．对身高问题中的回归直线做了模拟．计算机每次模拟产生 10 个随机点，得到它的回归直线和预测曲线，并且计算一下"问题引入"中他们 6 岁女儿身高的预测值和预测区间，比较一下这个预测区间是否覆盖了刚才给出的 203cm．模拟可以强化知识点，增加学生的学习兴趣．

2. 板书设计

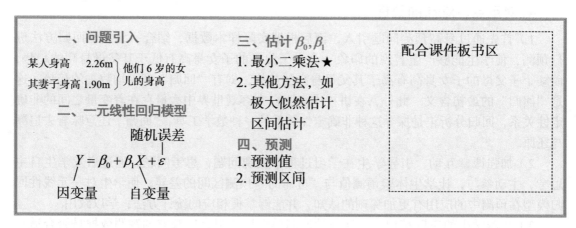

五、教学安排

1. 教学进程框架

根据教学要求和教学计划安排，以教学过程图所示的教学进程进行安排，将各部分教学内容分解为"问题提出""问题定义/分析"和"问题求解/应用"三部分，始终以问题为导向，以分析为重点，以应用为巩固拓展，引导学生进行学习.

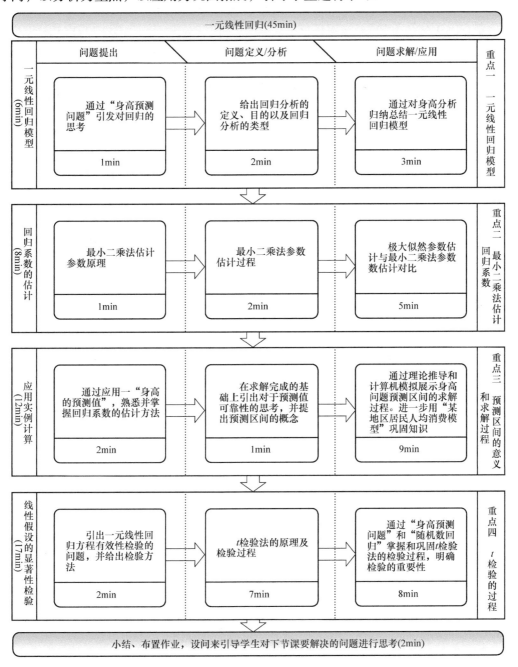

教学过程图

2. 教学进程详细内容

根据教学框架，针对每个知识点进行详细设计，具体内容如下：

教学进程表

教学意图	教学内容	教学环节设计
	1. 一元线性回归模型（6min）	
通过引起大家热议的问题来引出本节内容 （累计 1min）	**·一元线性回归模型的引入** 问题引入：某人身高 2.26m，其妻子身高 1.90m，他们 6 岁的女儿的身高预测问题引起了热议. 那么，我们能否也来预测一下其女儿长大后的身高呢？ 解释：子女身高与父母之间应该存在着某种关系，这是一种非确定性的关系. 那么，如何找到这种关系呢？可以借助回归分析的方法	时间：1min 通过引起大家热议的问题来引入，达到以下目的： 1）快速激发学生的兴趣，吸引学生的注意力； 2）让学生有目的地学习一元线性回归方法
使学生初步了解回归分析及其研究目的 （累计 2min）	**·回归分析的定义与类型** 定义　研究一个随机变量与一个（多个）可控变量之间的相关关系的统计方法称为回归分析 目的：通过建立两个或两个以上变量 X_i 和 Y 间的关系模型，推断变量 Y 如何依赖于变量 X_i，从而可以根据 X_i 预测 Y 回归分析的类型： 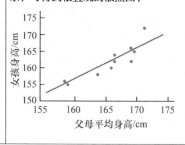	时间：1min 结合引例中子女身高与父母身高，让学生初步了解为什么讲回归分析方法，体会回归分析是什么，是做什么的，以及其分类
使学生掌握一元线性回归模型 （累计 3min）	**·一元线性回归模型** 引出模型：据统计 10 个女孩及其父母平均身高，数据如下表： 为研究其中的关系，可将父母平均身高作为横坐标 x，女孩身高作为纵坐标 y，将样本数据点描在直角坐标系，可得到很直观的散点图：	时间：1min 我们可否分析其他成年女孩身高和她们父母身高的数据，探索女孩身高与父母身高的可能潜在关系，进而做出预测呢？

序号	女孩身高 /cm	父母平均身高 /cm
1	156	158.5
2	172	170.5
3	162	166
4	158	163.5
5	164	166
6	166	168.5
7	160	165.5
8	155	159
9	174	180.5
10	165	169

（续）

教学意图	教学内容	教学环节设计
线性回归模型解释 （累计 5min）	• 一元线性回归模型 解释：（可能穿过数据点，也可能不穿过，如下图），对于数据点中的横坐标 $x = x_i$，把观测值与直线上的对应值之差作为随机误差，将随机误差视为服从正态分布 $$y_i = \beta_0 + \beta_1 x_i + \varepsilon_i$$ 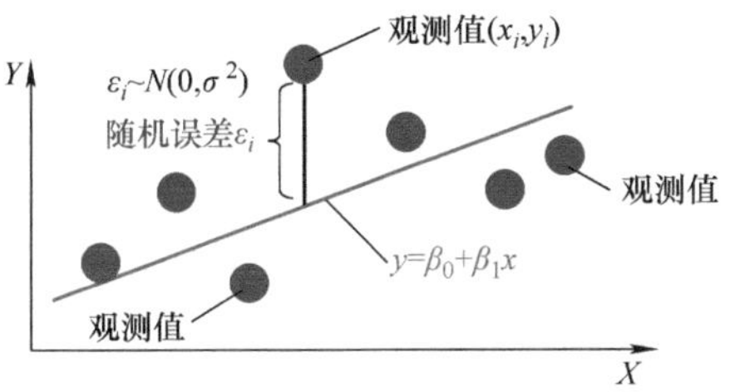 关于对这样的直线的要求，以及如何得到这条直线，我们后面再说，现有如下**一元线性回归模型**： 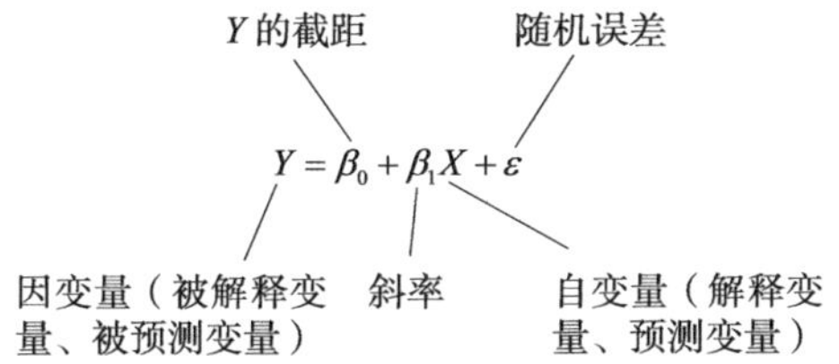 	时间：2min 我们要建立的是"线性"模型，故而要在坐标系中找到一条距离所有数据点都尽可能近的直线 只要有这样一条比较好的直线，那么对于每个给出的父母平均身高，都可以得到其女儿身高的一个大致的估计值
线性回归的基本任务 （累计 6min）	• 一元线性回归的基本内容 1）构建回归方程，根据样本观测值，寻求适当的估计方法，求 β_0，β_1 的估计值（量）； 2）估计方法的优良性. $\hat{\beta}_0$，$\hat{\beta}_1$ 是否有很好的统计特性； 3）β_0，β_1 的置信区间； 4）$\varepsilon \sim N(0, \sigma^2)$ 中 σ^2 的估计； 5）线性回归方程的检验； 6）预测，由给定的 x_0，求 y_0 的预测值及预测区间； 7）控制，由给定的 y_0，求 x_0 的取值范围 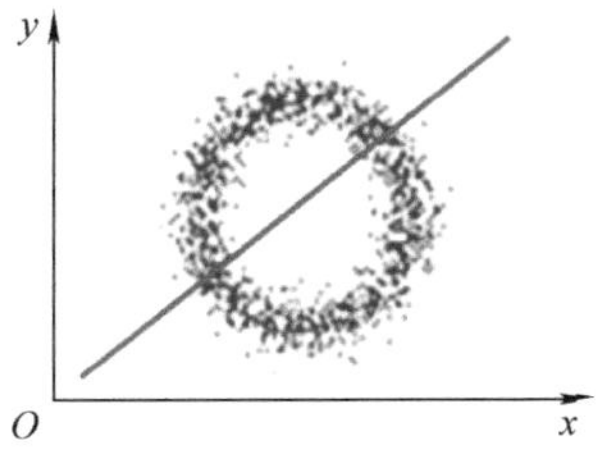 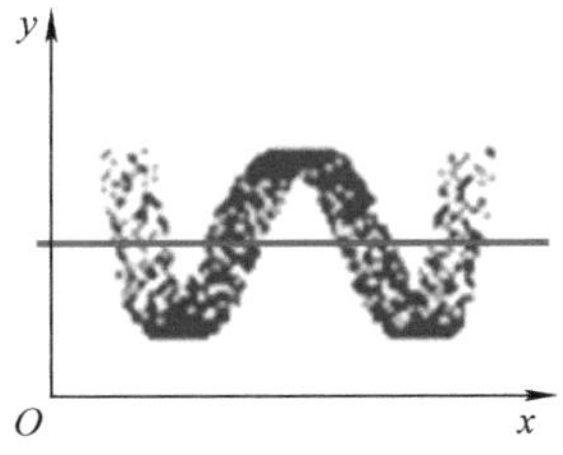 	时间：1min 介绍一下线性回归的基本任务，让学生对回归的全貌有一个了解 任一组样本点都可以得到一个回归方程，但这个方程是否具有线性回归的关系，是另一回事

（续）

教学意图	教学内容	教学环节设计
	2. 回归系数的估计（8min）	
引入最小二乘法 （累计7min）	**·回归系数的最小二乘估计** **解释**：由于直角坐标系中的直线是由截距和斜率确定的，故而我们只需要通过某种方式得到一条与所有数据点都很接近的"最合适的"直线的这两个参数即可 	时间：1min 穿过或距离所有数据点都不远的直线有许多条，哪一条最能代表变量X与Y之间的关系呢？
最小二乘法 （累计9min）	**·最小二乘法分析** 设 (X, Y) 有 n 组观测数据 $(x_1, y_1), (x_2, y_2), \cdots, (x_n, y_n)$，则 $$y_i = \beta_0 + \beta_1 x_i + \varepsilon_i$$ 从而有偏差 $$\varepsilon_i = y_i - \beta_0 - \beta_1 x_i$$ 偏差平方和 $$S(\beta_0, \beta_1) = \sum_{i=1}^{n} \varepsilon_i^2 = \sum_{i=1}^{n} (y_i - \beta_0 - \beta_1 x_i)^2$$ 最小二乘法：选择 $\hat{\beta}_0$，$\hat{\beta}_1$ 使得偏差平方和 $S(\hat{\beta}_0, \hat{\beta}_1)$ 达到最小 于是，由 $$\begin{cases} \dfrac{\partial S}{\partial \beta_0} = -2\sum_{i=1}^{n}(y_i - \beta_0 - \beta_1 x_i) = 0 \\ \dfrac{\partial S}{\partial \beta_1} = -2\sum_{i=1}^{n} x_i(y_i - \beta_0 - \beta_1 x_i) = 0 \end{cases}$$ 可得 β_0，β_1 的最小二乘估计如下： $$\begin{cases} \hat{\beta}_1 = \dfrac{n\sum\limits_{i=1}^{n} x_i y_i - \left(\sum\limits_{i=1}^{n} x_i\right)\left(\sum\limits_{i=1}^{n} y_i\right)}{n\sum\limits_{i=1}^{n} x_i^2 - \left(\sum\limits_{i=1}^{n} x_i\right)^2} \\ \hat{\beta}_0 = \bar{y} - \hat{\beta}_1 \bar{x} \end{cases}$$ 其中， $$\bar{x} = \frac{1}{n}\sum_{i=1}^{n} x_i, \quad \bar{y} = \frac{1}{n}\sum_{i=1}^{n} y_i$$	时间：2min **分析**：与所有数据点都很接近的直线，需要偏差的总和最小，即使得如下偏差平方和函数达到最小 **板书**： 回归方程 $\hat{Y} = \hat{\beta}_0 + \hat{\beta}_1 x$ 以加深学生的印象

（续）

教学意图	教学内容	教学环节设计
拓展学生思维的同时，复习极大似然估计法（累计 14min）	• 回归系数的极大似然估计 提问引导学生讨论： 除了最小二乘法，还有无其他方法可用于对回归系数的估计? 分析：由于假定 $$\varepsilon_i \sim N(0, \sigma^2)$$ 故而，由 $$y_i = \beta_0 + \beta_1 x_i + \varepsilon_i$$ 可知 $$y_i \sim N(\beta_0 + \beta_1 x_i, \sigma^2)$$ 可用极大似然估计法来得到 β_0, β_1 的估计 y_i 的概率密度为 $$f_i(y_i) = \frac{1}{\sqrt{2\pi}\sigma} \exp\left[-\frac{1}{2\sigma^2}(y_i - \beta_0 - \beta_1 x_i)^2\right]$$ 似然函数为 $$L(\beta_0, \beta_1, \sigma^2) = \prod_{i=1}^{n} f_i(y_i) = (2\pi\sigma^2)^{-\frac{n}{2}} \exp\left\{-\frac{1}{2\sigma^2}\sum_{i=1}^{n}[y_i - (\beta_0 + \beta_1 x_i)]^2\right\}$$ 对数似然函数为 $$\ln L = -\frac{n}{2}\ln(2\pi\sigma^2) - \frac{1}{2\sigma^2}\sum_{i=1}^{n}[y_i - (\beta_0 + \beta_1 x_i)]^2$$ 对 β_0, β_1 求偏导，令偏导为 0，得 $$\begin{cases} 2\frac{1}{2\sigma^2}\sum_{i=1}^{n}(y_i - \beta_0 - \beta_1 x_i) = 0 \\ 2\frac{1}{2\sigma^2}\sum_{i=1}^{n}(y_i - \beta_0 - \beta_1 x_i) \cdot x_i = 0 \end{cases} \longrightarrow \begin{cases} \hat{\beta}_1 = \dfrac{\sum\limits_{i=1}^{n}(x_i - \bar{x})(y_i - \bar{y})}{\sum\limits_{i=1}^{n}(x_i - \bar{x})^2} \\ \hat{\beta}_0 = \bar{y} - \hat{\beta}_1 \bar{x} \end{cases}$$ 其中， $$\bar{x} = \frac{1}{n}\sum_{i=1}^{n} x_i, \quad \bar{y} = \frac{1}{n}\sum_{i=1}^{n} y_i$$ 化简可得，与最小二乘法所得回归系数的估计结果相同	时间：5min 通过提问，引导学生利用以前所学的极大似然估计法对回归系数进行估计，比较结果. 既达到复习的目的，又启发学生将所学知识和方法融会贯通

（续）

教学意图	教学内容	教学环节设计
	3. 应用实例计算（12min）	

教学意图	教学内容	教学环节设计
使学生掌握用回归直线进行点预测（求预测值）的方法 （累计 16min）	• 应用一　身高的预测值 据统计，10 个女孩身高及其父母平均身高的数据见下表：	时间：2min 已得回归方程（回归直线）后，对于任意给定的自变量 X，都可以得到相应 y 的预测值，记为 $\hat{Y} = \hat{\beta}_0 + \hat{\beta}_1 X$，这样的预测称为点预测

序号	女孩身高 /cm	父母平均身高 /cm
1	156	158.5
2	172	170.5
3	162	166
4	158	163.5
5	164	166
6	166	168.5
7	160	165.5
8	155	159
9	174	180.5
10	165	169

试建立女孩身高与父母平均身高之间的回归方程，并据此给出"问题引入"中他们 6 岁的女儿身高的预测值

解：根据样本数据，进行最小二乘估计，得回归系数

$$\begin{cases} \hat{\beta}_1 = \dfrac{n\sum\limits_{i=1}^{n} x_i y_i - \left(\sum\limits_{i=1}^{n} x_i\right)\left(\sum\limits_{i=1}^{n} y_i\right)}{n\sum\limits_{i=1}^{n} x_i^2 - \left(\sum\limits_{i=1}^{n} x_i\right)^2} = 0.95 \\ \hat{\beta}_0 = \bar{y} - \hat{\beta}_1 \bar{x} = 5.01 \end{cases}$$

于是可得回归方程为

$$\hat{Y} = 5.01 + 0.95X$$

回归直线图形：

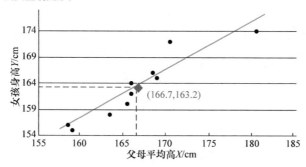

易知，"问题引入"中父母身高平均值

$$x_0 = 208\text{cm}$$

可得他们 6 岁的女儿身高的预测值

$$\hat{y}_0 = 5.01 + 0.95 \times 208 = 203$$

（续）

教学意图	教学内容	教学环节设计
	回归系数的估计值的计算过程见下表：	

序号	y_i	x_i	x_i^2	x_iy_i
1	156	158.5	25122.25	24726
2	172	170.5	29070.25	29326
3	162	166	27556	26892
4	158	163.5	26732.25	25833
5	164	166	27556	27224
6	166	168.5	28392.25	27971
7	160	165.5	27390.25	26480
8	155	159	25281	24645
9	174	180.5	32580.25	31407
10	165	169	28561	27885
求和	1632	1667	278241.5	272389

教学意图	教学内容	教学环节设计
讲解预测区间的由来 （累计 17min）	• 预测区间 他们 6 岁的女儿身高 203cm 的可信程度有多大？ 定义：对于给定的点 $x = x_0$，可以按照一定的置信水平 $1-\alpha$ 预测 y_0 值的置信区间，即预测区间 预测区间的形式： 可以证明 $$\frac{y_0 - \hat{y}_0}{\sqrt{1 + \dfrac{1}{n} + \dfrac{(x_0 - \bar{x})^2}{\sum\limits_{i=1}^{n}(x_i - \bar{x})^2}}\,\hat{\sigma}} \sim t(n-2)$$ 所以可得 y_0 的置信水平为 $1-\alpha$ 的置信区间为 $$\left[\hat{y}_0 \pm t_{\alpha/2}(n-2)\sqrt{1 + \frac{1}{n} + \frac{(x_0 - \bar{x})^2}{\sum\limits_{i=1}^{n}(x_i - \bar{x})^2}}\,\hat{\sigma}\right]$$ 其中， $$\hat{\sigma}^2 = \frac{1}{n-2}\sum_{i=1}^{n}(y_i - \hat{y}_i)^2$$	时间：1min "问题引入"中他们 6 岁女儿的身高预测值是 203cm 的可靠性？ 在第 6.2 节参数估计中介绍过，要想得到"可靠的估计"，需要的是区间估计方法。若基于一元线性回归模型进行区间估计，可得到在一定置信水平下的预测区间
使学生掌握用回归直线进行区间预测的方法，并了解影响预测区间宽度的因素 （累计 18min）	• 应用二　身高的预测区间 在置信水平 $1-\alpha = 90\%$ 下，试求"问题引入"中他们 6 岁女儿的身高的预测区间 解：由 $x_0 = 208$cm 已得到预测值 $$\hat{y}_0 = 5.01 + 0.95 \times 208 = 203$$ 置信水平$\qquad\qquad\qquad 1-\alpha = 0.9$	时间：1min 用预测区间法来分析"问题引入"中他们 6 岁女儿的身高为 203cm 的可信程度

（续）

教学意图	教学内容	教学环节设计
	查 t 分布表可知， $$t_{\alpha/2}(n-2)=t_{0.05}(8)=1.8595$$ 将数据代入所得的预测区间公式可得 $$\left[\hat{y}_0 \pm t_{\alpha/2}(n-2)\sqrt{1+\frac{1}{n}+\frac{(x_0-\bar{x})^2}{\sum\limits_{i=1}^{n}(x_i-\bar{x})^2}}\hat{\sigma}\right]=[192,214]$$ 所以，置信水平为 90% 的预测区间为 [192，214]，该区间有 90% 的可能性包含他们 6 岁女儿的身高真值	
用图形进一步分析结果 （累计 19min）	• 预测直线与预测区间图形 $$\left[\hat{y}_0 \pm t_{\alpha/2}(n-2)\sqrt{1+\frac{1}{n}+\frac{(x_0-\bar{x})^2}{\sum\limits_{i=1}^{n}(x_i-\bar{x})^2}}\hat{\sigma}\right]$$ 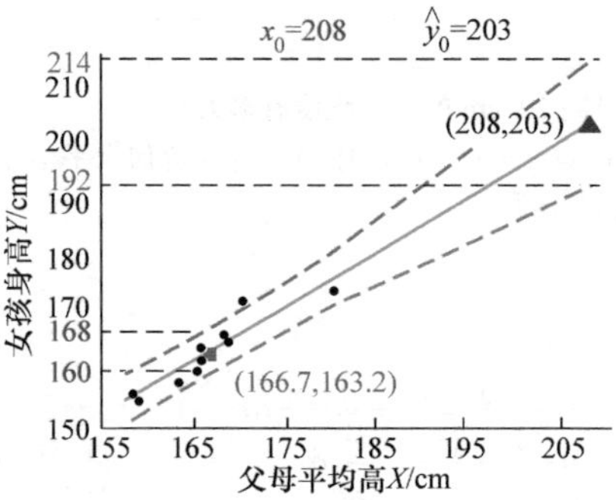 说明： 1）$x_0=\bar{x}$ 时，预测区间宽度取最小值； 2）$x_0=208$ 时，预测区间宽度取最大值	时间：1min 解释预测区间在 $x=203$ 处变化大的原因 分析影响区间宽度的因素： 1）置信水平（$1-\alpha$）； 2）数据的离散程度（s）； 3）样本容量； 4）用于预测的 x_p 与 $\bar{x}$ 的差异程度
应用二　身高的预测计算机模拟 （累计 21min）	• 应用二　身高的预测计算机模拟 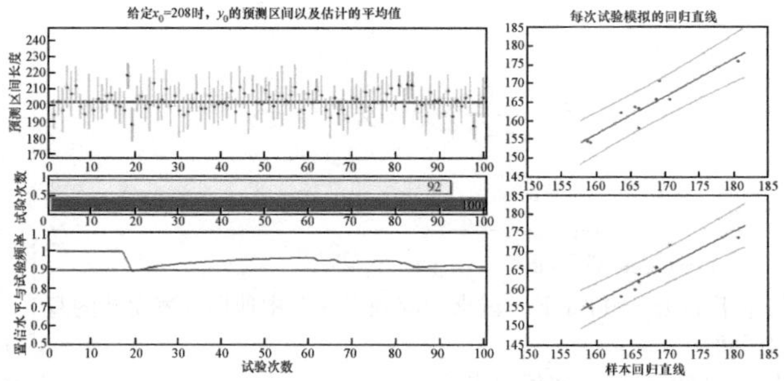 右下图：由本节中的 10 个样本点，得到理论直线方程和它的预测曲线，这个图是固定不动的	时间：2min 通过计算机模拟加深学生对所学知识的直观理解

（续）

教学意图	教学内容	教学环节设计
	右上图：计算机模拟产生 10 个随机点，得到它的回归直线和预测曲线，并且计算一下"问题引入"中他们 6 岁女儿的身高预测值和预测区间，比较一下这个预测区间是否覆盖了刚才给出的 203cm. 这样的试验一共做了 100 次，这个窗口闪现的就是每次得到的回归直线和预测区间 　左上图：图中每一条竖线就是一个预测区间，蓝点是预测值，横线就是 203cm. 如果区间覆盖了 203cm，就标为浅蓝色，否则是绿色. 可见有 100 条竖线. 结果覆盖 203cm 的区间个数为 92 个，接近置信水平 90% 　左下图：此图是覆盖 203cm 的区间个数的累积频率. 体现了预测区间的本质	
建立某地区居民人均消费模型. 巩固所学内容，并使学生了解一元线性回归在经济学中的应用 　（累计 25min）	• 应用三　某地区居民人均消费模型 　试根据如下数据建立该地区居民人均消费模型，考察该地区居民收入与消费支出的关系 **某地区居民人均消费支出与人均 GDP 单位：元 / 人（2015 年不变价）**	时间：4min 　如何建立居民消费支出与收入关系模型. 重复建立一元线性回归模型及预测过程，并用 2022 年数据考察预测精度，巩固本节所学内容

某地区居民人均消费支出与人均 GDP 单位：元 / 人（2015 年不变价）

年份	X(GDPP)	Y(CONSP)	年份	X(GDPP)	Y(CONSP)
1990	970	498	2006	7060	3368
1991	942	506	2007	7607	3557
1992	953	519	2008	7941	3691
1993	1012	548	2009	8244	3854
1994	1163	604	2010	8857	4094
1995	1393	724	2011	9503	4284
1996	1530	789	2012	10193	4494
1997	1717	872	2013	11198	4753
1998	2036	1065	2014	12745	5199
1999	2183	1132	2015	14185	5596
2000	2276	1152	2016	15984	6102
2001	2535	1249	2017	18989	6882
2002	3031	1463	2018	21977	7815
2003	3848	1787	2019	23556	8540
2004	5086	2305	2020	27281	9564
2005	6202	2894	2021	31375	11205

　可利用 1990 年至 2021 年的收入与消费支出数据建立一元线性回归方程来描述两者之间的关系. 再用 2022 年的数据来分析预测精度

　建立模型：

　令 X：人均国内生产总值（GDPP），

　　Y：人均居民消费（CONSP），

根据样本数据，进行最小二乘估计，得回归系数

（续）

教学意图	教学内容	教学环节设计
	$$\begin{cases} \hat{\beta}_1 = \dfrac{n\sum\limits_{i=1}^{n} x_i y_i - \left(\sum\limits_{i=1}^{n} x_i\right)\left(\sum\limits_{i=1}^{n} y_i\right)}{n\sum\limits_{i=1}^{n} x_i^2 - \left(\sum\limits_{i=1}^{n} x_i\right)^2} = 0.3487 \\ \hat{\beta}_0 = \bar{y} - \hat{\beta}_1 \bar{x} = 490.8 \end{cases}$$ 于是可得回归方程为 $$\hat{Y} = 490.8 + 0.3487X$$ 预测： 1）2022 年该地区居民人均消费的预测值 已知 2022 年 GDPP = 33694 元（2015 年不变价） 即，已知 $x_0 = 33694$，根据回归方程预测得 $$\hat{y}_0 = 490.8 + 0.3487 \times 33694 = 12239.90$$ 2）2022 年该地区居民人均消费的预测区间 置信水平 $\qquad 1 - \alpha = 95\%$ 可算得样本均值 $\qquad \bar{x} = 8549.18 \qquad \hat{\sigma} = 311.07$， 查 t 分布表可知， $\qquad t_{\alpha/2}(n-2) = t_{0.025}(30) = 2.0423$ 代入数据算得置信区间 $$\left[\hat{y}_0 \pm t_{\alpha/2}(n-2)\sqrt{1 + \frac{1}{n} + \frac{(x_0 - \bar{x})^2}{\sum\limits_{i=1}^{n}(x_i - \bar{x})^2}}\,\hat{\sigma} \right] = [11509.6, 12971.2]$$ 所以，置信水平为 95% 的预测区间为 [11509.6，12971.2]，即该区间内有 95% 的可能性包含真值	
知识拓展：使学生了解一些用于统计分析的软件包（累计 26min）	• EViews 简介 EViews 是 Econometrics Views 的缩写，是专门从事数据分析、回归分析和预测的工具 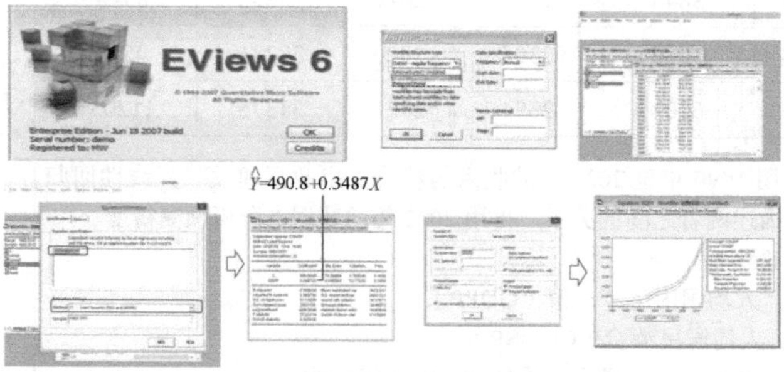 	时间：1min EViews 软件求解介绍

（续）

教学意图	教学内容	教学环节设计
	4. 线性假设的显著性检验（17min）	
使学生了解为什么要检验一元线性回归方程的有效性（累计28min）	• 一元线性回归方程有效性的检验问题 提问引入：由前面所讲，只要给出一组样本观测值 (x_i, y_i)，就能根据最小二乘法给出回归系数的估计，进而得到一元线性回归方程，那么所得的一元线性回归方程一定是有效的吗？ 对如右图所示的数据点，可以建立一元线性回归方程，但是，这样的回归方程对于这组数据会是有效的吗？  因此，还需要对一元线性回归方程的有效性进行检验 • 检验的方法简介： 1）可根据散点图做判断，若散点图上显示点分布在一条直线附近，则可以认为一元线性回归方程有效； 2）根据样本相关系数判断，一般认为若样本相关系数的绝对值大于0.8，则可以认为一元线性回归方程有效； 3）更精细的检验：t 检验法、F 检验法 解释：前两种方法较为直观，而用统计中的假设检验方法则更为精细，且容易推广到多元的情形	时间：2min 用提问的方式带动学生思考，引导学生学会在建模之后，对模型进行检验
用 t 检验法对线性假设进行检验（累计29min）	• 线性假设的显著性检验——t 检验法 下面介绍相对简单的 t 检验法．由于通常自变量 x 是可观测到的，故以下讨论中视 x 为普通变量，y 为随机变量，同时假定 $\varepsilon \sim N(0,\sigma^2)$ 一元线性回归模型：$\qquad y = \beta_0 + \beta_1 x + \varepsilon$ 分析：若 β_1 为 0，则 y 不依赖于 x；若 β_1 显著不为 0，则 y 依赖于 x．故而，提出原假设与备择假设： $$H_0:\beta_1 = 0,\quad H_1:\beta_1 \neq 0$$ 问题：如何确定检验统计量？	时间：1min 用边梳理变量分布、边复习上一章所学的 t 检验法，对线性假设进行显著性检验
t 检验法具体检验过程讲解（累计35min）	• t 检验法过程 可以证明： 1）$y_i \sim N(\beta_0 + \beta_1 x_i, \sigma^2)$； 2）$\hat{\beta}_1 = \dfrac{n\sum\limits_{i=1}^{n}x_i y_i - \left(\sum\limits_{i=1}^{n}x_i\right)\left(\sum\limits_{i=1}^{n}y_i\right)}{n\sum\limits_{i=1}^{n}x_i^2 - \left(\sum\limits_{i=1}^{n}x_i\right)^2} = \dfrac{\sum\limits_{i=1}^{n}(x_i - \bar{x})y_i}{\sum\limits_{i=1}^{n}(x_i - \bar{x})^2}$ 是 y_i 的线性组合，且 $\hat{\beta}_0 = \bar{y} - \hat{\beta}_1 \bar{x}$ 也是 y_i 的线性组合．可知，$\hat{\beta}_1$ 与 $\hat{\beta}_0$ 均服从正态分布．且可算得 $$E(\hat{\beta}_1) = \frac{\sum\limits_{i=1}^{n}(x_i - \bar{x})E(y_i)}{\sum\limits_{i=1}^{n}(x_i - \bar{x})^2} = \beta_1 \quad（无偏估计）$$	时间：6min t 检验法的检验过程．可以采用提问的方式进行教学

（续）

教学意图	教学内容	教学环节设计

$$D(\hat{\beta}_1) = \sum_{i=1}^{n}\left[\frac{(x_i-\overline{x})}{\sum_{i=1}^{n}(x_i-\overline{x})^2}\right]^2 D(y_i) = \frac{\sigma^2}{\sum_{i=1}^{n}(x_i-\overline{x})^2}$$

3）$\dfrac{(n-2)\hat{\sigma}^2}{\sigma^2} \sim \chi^2(n-2)$，且 $\hat{\beta}_1$ 与 $\hat{\sigma}^2$ 相互独立，这里

$$\hat{\sigma}^2 = \frac{1}{n-2}\sum_{i=1}^{n}(y_i-\hat{y}_i)^2$$

由以上三条可知，

$$\frac{\hat{\beta}_1 - \beta_1}{\hat{\sigma}}\sqrt{\sum_{i=1}^{n}(x_i-\overline{x})^2} \sim t(n-2), \quad \hat{\sigma} = \sqrt{\hat{\sigma}^2}$$

故而，当 $H_0: \beta_1 = 0$ 时，

$$t = \frac{\hat{\beta}_1}{\hat{\sigma}}\sqrt{\sum_{i=1}^{n}(x_i-\overline{x})^2} \sim t(n-2)$$

因此，选择

检验统计量：$t = \dfrac{\hat{\beta}_1}{\hat{\sigma}}\sqrt{\sum_{i=1}^{n}(x_i-\overline{x})^2}$

且对给定显著性水平 α，H_0 的拒绝域为

$$|t| = \frac{|\hat{\beta}_1|}{\hat{\sigma}}\sqrt{\sum_{i=1}^{n}(x_i-\overline{x})^2} \geq t_{\alpha/2}(n-2)$$

判断：当 H_0 被拒绝时，认为回归效果是显著的；否则，认为回归效果不显著

教学意图： 用 t 检验法检验用于身高预测问题的一元线性回归模型（累计 39min）

教学内容：

• 对身高预测问题中线性回归方程的 t 检验

问题：在一元线性回归的应用一中，根据右表中样本数据，我们建立了女孩身高与父母平均身高之间的回归方程．并据此给出了"问题引入"中他们 6 岁女儿身高的预测值．下面我们用 t 检验法对此模型的有效性进行检验（显著性水平 $\alpha = 0.1$）

解：提出原假设与备择假设：

$$H_0: \beta_1 = 0, \quad H_1: \beta_1 \neq 0$$

检验统计量：$t = \dfrac{\hat{\beta}_1}{\hat{\sigma}}\sqrt{\sum_{i=1}^{n}(x_i-\overline{x})^2}$

拒绝域：$|t| \geq t_{\alpha/2}(n-2)$

序号	女孩身高 / cm	父母平均身高 /cm
1	156	158.5
2	172	170.5
3	162	166
4	158	163.5
5	164	166
6	166	168.5
7	160	165.5
8	155	159
9	174	180.5
10	165	169

教学环节设计： 时间：4min

通过实例应用，让学生了解对线性假设进行 t 检验的过程

与某地区居民人均消费模型的 t 检验类似，学生课下完成

（续）

教学意图	教学内容	教学环节设计
	根据样本数据，已利用最小二乘估计得到回归系数 $$\hat{\beta}_1 = \frac{n\sum\limits_{i=1}^{n}x_iy_i - \left(\sum\limits_{i=1}^{n}x_i\right)\left(\sum\limits_{i=1}^{n}y_i\right)}{n\sum\limits_{i=1}^{n}x_i^2 - \left(\sum\limits_{i=1}^{n}x_i\right)^2} = 0.95$$ 可求得 $$\hat{\sigma}^2 = \frac{1}{n-2}\sum_{i=1}^{n}(y_i - \hat{y}_i)^2 = 5.76 , \quad \hat{\sigma} = \sqrt{5.76} = 2.4$$ 代入数据可得　　　　　　　　$t = 7.4245$ 查 t 分布表知　　　　$t_{\alpha/2}(n-2) = t_{0.05}(8) = 1.8595$ 可见，$t = 7.4245 > t_{0.05}(8) = 1.8595$，拒绝原假设，即，在显著性水平 $\alpha = 0.1$ 下，认为回归效果是显著的，一元线性回归方程有效	
使学生更好地理解对线性假设进行显著性检验的意义 （累计43min）	·对随机生成散点建立线性回归方程的 t 检验 问题：在 $[0,1] \times [0,1]$ 的正方形中随机生成散点，试用 t 检验法对由这些数据建立的纵坐标与横坐标之间的一元线性回归方程的有效性进行检验 （显著性水平 $\alpha = 0.1$ ） 解：利用数据可计算出 $$\hat{\beta}_1 = \frac{n\sum\limits_{i=1}^{n}x_iy_i - \left(\sum\limits_{i=1}^{n}x_i\right)\left(\sum\limits_{i=1}^{n}y_i\right)}{n\sum\limits_{i=1}^{n}x_i^2 - \left(\sum\limits_{i=1}^{n}x_i\right)^2} = 0.1625$$ $$\hat{\beta}_0 = \bar{y} - \hat{\beta}_1\bar{x} = 0.5082$$ 一元线性回归方程为 $$\hat{y} = \hat{\beta}_0 + \hat{\beta}_1 x = 0.5082 + 0.1625x$$ 提问：这样的一元线性回归方程有实用价值吗？ 进行 t 检验. 提出假设	时间：4min 通过引入一个经检验线性假设不显著成立的例子，让学生理解对模型进行检验的重要意义

（续）

教学意图	教学内容	教学环节设计
	$$H_0 : \beta_1 = 0, \ H_1 : \beta_1 \neq 0$$ 检验统计量：$t = \dfrac{\hat{\beta}_1}{\hat{\sigma}} \sqrt{\sum\limits_{i=1}^{n}(x_i - \bar{x})^2}$ 拒绝域：$|t| \geq t_{\alpha/2}(n-2) = t_{0.05}(8) = 1.8595$ 根据样本数据，计算可得 $$\hat{\sigma}^2 = \frac{1}{n-2}\sum_{i=1}^{n}(y_i - \hat{y}_i)^2 = 0.0877$$ $$\hat{\sigma} = \sqrt{0.0877} = 0.2962$$ 代入数据得 $t = 0.5261 < t_{0.05}(8) = 1.8595$，接受原假设，即，在显著性水平 $\alpha = 0.1$ 下，认为回归效果是不显著的，可认为此一元线性回归方程对于研究随机生成的这组数据中纵坐标与横坐标的关系没有实用价值	从数据所描绘的散点图也可以看出，数据点的纵坐标与横坐标之间没有明显的线性关系. 与 t 检验结果相符
	5. 小结与思考拓展（2min）	
小结、设问来加深学生对本节内容的印象，并引导学生对下节课要解决的问题进行思考 （累计 45min）	• 小结 1）介绍了一元线性回归方法； 2）介绍了最小二乘估计； 3）给出对回归方程进行点预测与区间预测； 4）给出对预测问题的计算机模拟； 5）对线性假设进行了显著性检验； 6）给出了线性回归的应用实例	时间：1min 根据本节讲授内容，做简单小结
	• 思考拓展 1）给出一组样本数据，总是能用最小二乘法得到一条回归直线，这样的回归直线一定适用吗？ 2）本节开头，假设一元线性回归模型中的随机误差服从相同正态分布 $\varepsilon_i \sim N(0, \sigma^2)$，若其中的方差不同，即具有"异方差性"，会怎样？ 3）多元线性回归的思想与方法 4）若两个或多个量之间不是线性的关系，那么对它们应该做什么类型的回归分析？	时间：1min 根据本节讲授内容，给出一些思考拓展的问题
	• 作业布置 习题九 A：2，4，5	要求学生课后认真完成作业

六、教学评价

　　本单元的教学设计符合理工科二年级学生的认知规律和实际水平，由引人注目的热议问题引入、实例预测与检验、图形板书配合讲解等形式营造出相对轻松活跃的教学氛围，以此有效地激发学生的学习兴趣，加深学生的直观印象，有助于学生更好地理解本节课的学习内容. 通过利用数据建立模型，利用模型进行预测，再回到数据对回归方程进行检验的过程，使学生对一元线性回归分析方法形成较为全面的认识，同时能更好地把握统计学中的解决问题思路.

参 考 文 献

[1] 范玉妹, 等. 概率论与数理统计 [M]. 2 版. 北京：机械工业出版社, 2012.

[2] 范玉妹, 等. 概率论与数理统计全程指导 [M]. 2 版. 北京：机械工业出版社, 2012.

[3] 布莱克. 商务统计学 [M]. 4 版. 李静萍, 等译. 北京：人民大学出版社, 2006.

[4] 蔡一鸣. 几种方差概念的比较 [J]. 统计与信息论坛, 2008, 23（4）：19-22.

[5] 陈希孺. 概率论与数理统计 [M]. 合肥：中国科技大学出版社, 2009.

[6] 陈希孺. 数理统计学简史 [M]. 长沙：湖南教育出版社, 2002.

[7] 杜瑞芝. 数学史词典 [M]. 济南：山东教育出版社, 2000.

[8] 傅军和. 二项分布和泊松分布的剖析 [J]. 统计教育, 2006,（10）：10-11.

[9] 胡端平. 条件分布与椭球等高分布的特征性质 [J]. 数理统计与应用概率. 1998, 13（4）：295-299.

[10] 贺国光, 崔岩, 王桂珠. 单个交叉路口到车服从泊松分布条件下控制动态响应的仿真研究 [J]. 系统工程, 2002, 20（5）：65-71.

[11] 罗斯. 概率论基础教程 [M]. 8 版. 郑忠国, 詹从赞, 译. 北京：人民邮电出版社, 2010.

[12] 罗斯. 统计模拟 [M]. 北京：机械工业出版社, 2013.

[13] 马克威茨. 资产选择——投资的有效分散化 [M]. 北京：首都经济贸易大学出版社, 2000.

[14] 莫智锋, 余嘉, 孙跃. 基于泊松分布的微观交通仿真断面发车数学模型研究 [J]. 武汉理工大学学报（交通科学与工程版）, 2003, 27（1）：73-76.

[15] 梅启智. 大型核电厂电力系统可靠性分析 [J]. 核动力工程. 1994, 15（6）：486-492.

[16] 肖盛燮, 吕恩琳. 离散型区间概率随机变量和模糊概率随机变量的数学期望 [J]. 应用数学和力学, 2005, 26（10）：1253-1260.

[17] 尹晓伟, 钱文学, 谢里阳. 系统可靠性的贝叶斯网络评估方法 [J]. 航空学报, 2008, 29（6）：1482-1489.

[18] 于洋, 孙月静. 对数正态分布参数的最大似然估计 [J]. 九江学院学报, 2007,（6）：55-57.

[19] 于洋. 对数正态分布在股票价格模型中的应用 [J]. 廊坊师范学院学报（自然科学版）. 2012, 12（5）：69-72.

[20] 章刚勇, 朱世武. 科技发展目标、R&D 资源清查工作与 R&D /GDP 指标数据的正态分布特征 [J]. 中国软科学, 2013,（5）：183-192.

[21] 钟佑明, 吕恩琳, 王应芳. 区间概率随机变量及其数字特征 [J]. 重庆大学学报, 2001, 24（1）：24-27.

[22] 赵渊, 等. 大电力系统可靠性评估的解析计算模型 [J]. 中国电机工程学报, 2006, 26（5）：19-25.

[23] 赵艳侠. 数学期望在经济问题中的应用 [J]. 吉林师范大学学报（自然科学版）, 2005,（2）：92-93.